普通高等教育"十三五"规划教材

工程传热学

主　编　贾冯睿

副主编　陈东雨　肖红侠

　　　　潘颢丹　马丹竹

主　审　刘宝玉

U0338621

中国石化出版社

内 容 提 要

　　本书是根据教育部指定的"高等学校工科本科传热学课程教学基本要求",并总结近几年教学改革成果编写而成的,是省级资源共享课传热学课程主讲教材,省级跨校修读学分试点工作传热学课程建议教材。

　　本书根据我国"国家中长期科学和技术发展规划纲要"的精神以及当前世界范围内学科技术的飞速发展,在教材内容上力争反映最新科技成就,提倡节约能源,拓展教材适应性,以适应我国工业化进程的需要,尤其在石油化工领域进行了拓展和延伸。全书共 11 章,包括导热、对流换热、辐射换热、换热器和炼厂节能等内容,从第 5 章开始每章都有小结。全书典型题例剖析深刻,参考文献详尽,可供读者深入学习时参考。

　　本书可作为高等学校能源动力类、交通运输类、环境与安全类、机械类以及土建类等专业的教科书或者教学参考书,也可供其他专业选用和相关科技工作者参考。

图书在版编目(CIP)数据

工程传热学 / 贾冯睿主编. —北京:中国石化出版社,2017.8

普通高等教育"十三五"规划教材

ISBN 978-7-5114-4576-6

Ⅰ.①工… Ⅱ.①贾… Ⅲ.①工程传热学-高等学校-教材 Ⅳ.①TK124

中国版本图书馆 CIP 数据核字(2017)第 217610 号

中国石化出版社出版发行

地址:北京市朝阳区吉市口路 9 号

邮编:100020　电话:(010)59964500

发行部电话:(010)59964526

http://www.sinopec-press.com

E-mail:press@ sinopec.com

北京柏力行彩印有限公司印刷

全国各地新华书店经销

*

787×1092 毫米 16 开本 21.5 印张 539 千字

2017 年 8 月第 1 版　2017 年 8 月第 1 次印刷

定价:52.00 元

前　言

石油化工行业在国民经济发展中占有重要的地位，是我国重要的支柱型产业，同时也是主要的能源生产和高耗能产业。2015 年，中国石油化工行业的能源消耗量约占全国工业能源消耗量的 10% 以上，且能源利用效率与国外先进国家相比还有差距。如何在保持国家经济快速发展的前提下，培养从事石油化工节能领域的能源与动力工程人才是我国经济可持续发展的重要人才发展战略。

传热学课程是能源与动力工程类专业最重要的专业基础课程之一，本教材详细讲述了热传导、对流换热、热辐射、换热器及换热网络等相关内容。通过本教材的学习，学生能快速掌握热量的传递规律及其计算方法，树立系统节能的观点，提高分析、研究、解决生产实际工程中传热问题的能力。本书主要以导热过程、对流换热过程、辐射换热过程热量传递规律以及设备和系统层面的传热过程中的热量计算方法为基础，注重与石油、化工工业生产中的传热问题相结合，旨在培养石油化工节能特色的工程应用型人才。

全书共分为 11 章，第 1 章为绪论，重点介绍了传热学的研究内容和方法、发展历程以及在石油、化工生产中的应用；第 2 章~第 4 章，着重讲述了热传导部分，主要有两条逻辑线索，其一为以时间为线索的稳态导热与非稳态导热，其二为以连续方程为线索的导热微分解法和数值解法；第 5 章~第 7 章为对流换热部分，分别从对流换热理论、工程计算和相变对流换热角度进行了深入的探讨；第 8 章和第 9 章分别从热辐射的理论和计算两个方面进行了学习；第 10 章和第 11 章分别从设备层面和系统层面进行了传热和节能分析。

本教材由辽宁石油化工大学贾冯睿担任主编，副主编分别由沈阳农业大学陈东雨、沈阳工程学院肖红侠、辽宁石油化工大学潘颢丹、马丹竹担任，辽宁

I

石油化工大学赵磊、刘飞、建伟伟也参与此书的编写工作。其中，第1、2、5、8章由贾冯睿负责，第3章由潘颢丹负责，第4章由陈东雨、潘颢丹负责，第6章由马丹竹负责，第7章由马丹竹、肖红侠负责，第9章由赵磊负责，第10章由刘飞负责，第11章由建伟伟负责。在编写过程中博士研究生刘广鑫、硕士研究生孔令森、李洲等在资料收集、图表处理等方面付出了辛勤的劳动，在此表示感谢。

感谢中国石化出版社、辽宁石油化工大学教务处、石油天然气工程学院、能源工程系各位领导和老师的大力支持和帮助。

由于书中涉及的内容广，在编写过程中参考和引用了大量相关文献，在此谨向各位作者及其单位表示衷心感谢。

由于编者水平所限，书中不妥之处，恳请读者批评指正！

编　者

目　录

第1章 绪 论

1.1 传热学的研究内容与方法

1.1.1 传热学的研究内容

传热学是一门研究热量传递规律的学科，这种传递过程可能是在不同温度的物体间，也可是同一物体的不同部分。热力学第二定律指出：只要有温差的存在，热能(热量)就会自发地从高温物体向低温物体传递。温差广泛存在于自然界和各种生产技术领域中，例如，昼夜温差、不同季节室内外温差、石油开采过程中浅井与深井的温差及炼化厂余热锅炉换热器中循环水与炉膛之间的温差等，这种存在温度差的现象在我们生活中数不胜数，由于篇幅的原因，就不一一举例了。由此可见，热能(热量)的传递与我们人类生活密切相关，传热学这一门学科也因此得到广泛运用。

热能(热量)的传递主要是通过热传导、热对流和热辐射三种形式进行传递的，因此这三种传递方式也是传热学这门学科中的重中之重。热传导现象是指，物体各部分之间不发生相对位移或不同的物体直接接触时，依靠物质的分子、原子及自由电子等微观粒子的热运动而产生的热量传递。热对流是流体流过固体表面时与固体表面之间进行热量传递的过程，该过程包括流体的宏观运动(热对流)和微观运动(热传导)。例如，反应器中固体物料或催化剂与流体之间的热量传递，间壁式换热器中的流体与间壁侧面之间的热量传递等过程。热辐射为物体向外界发射各种波长的电磁波进行能量传递的过程。

1.1.2 传热学的研究方法

1.1.2.1 实验研究

在传热学研究中，实验研究是最基本的方法，因为所有热传递过程基本规律的揭示，都是通过实验测定来完成，在传热学中引入的诸如导热系数这一类的热物性参数都要通过实验测定获得。

在传热学发展进程中，相似原理试验方法的形成与发展，极大地促进了对流传热的实验研究。实验研究是寻找客观规律最基本、最重要的方法。在实验过程中，可提出假设，建立模型，最后通过实验对假设的理论进行验证。

实际的传热设备往往非常庞大，而且其传热过程相当复杂，若要对其进行实验测定，根本不可能实现。因此，以相似理论为指导的实验方式发挥了重要的作用，它不仅可以节省人力、物力和时间，而且可行性非常高，实验结果应用也非常广泛，从而达到事半功倍的效果。所以在学习传热学这门课程时，除了掌握理论知识外，还应对实验技能予以充分重视。

1.1.2.2 理论分析

理论分析主要是指运用科学理论进行实际问题分析的方法。理论分析法解决传热学问题时，首先是在科学分析的基础上提出合理假设，然后对该现象进行物理建模，运用数学方法进行转换，使其变成数学模型，最后带入已知的值进行求解。在传热学发展过程中，理论分析法在解决传热学问题中发挥了重要作用。分析解法是以数学分析为基础，通过求解微分方程获得用函数形式表示的温度分布，进而确定热量传递规律。但是，分析解具有局限性，因其求解只适用于较简单的传热问题，然而对于几何形状复杂、复杂边界条件等问题，利用分析解进行求解非常困难。因此，通过对实际物理模型进行假设，使描述传热现象的控制方程得以简化，求得近似分析解，这对于解决传热学中的问题发挥了重要作用。

1.1.2.3　数值模拟

随着计算技术的飞速发展，用数值计算的方法解决传热学问题得到了重大的发展，因此，传热学出现了一个新兴分支，即数值传热学。近年来，数值传热学得到了突飞猛进的发展，一些成熟的流动和传热计算软件，如 PHOENICS、FLUENT、CFX、ANSYS、STAR-CD、HJJENT 等，在解决实际传热问题中得到广泛应用。

1.2　传热学的发展历程

传热学这一门学科是在 18 世纪 30 年代发展起来的。传热学的发展史实际就是热传导、热对流和热辐射三种传热方式的发展历程。三种传热方式在不同时期被人们所发现，其中热传导和热对流较早为人们所认识，而热辐射是在 1803 年发现了红外线才确认的。

1.2.1　热传导

在 1761 年，布莱克引进潜热和比热的概念之后，热科学的另一个重大的进步是兰伯特对固体传热规律的研究，他认为在长金属杆一端加热，热量通过另一端散发到大气中。安农斯也做了类似的实验，他认为温度沿着杆线性变化。兰伯特重新验证了实验，结论于 1779 年发表，纠正了安农斯的假设，他发现温度沿着杆的分布呈对数降低。该公式在傅里叶公式中起到非常重要的作用。

在 1798 年，伦福特通过钻炮筒实验发现，炮筒产生大量的热量。另外，在 1799 年戴维将两块冰块进行了摩擦实验，在摩擦过程中产生了热量，然后冰块融化形成水。正是这两个实验，对于证实热是一种运动过程的结论起到了关键作用，确认了热源自于物体本身内部的运动，打开了探求导热规律的大门。在此基础上，19 世纪初，傅里叶、兰贝特和毕渥都从固体一维导热开始研究。随着研究的进行，毕渥的实验研究在 1804 年得出结果，并提出了相应的公式，该公式认为，在单位时间内，单位面积通过的导热热量与固体两表面的温差成正比，而与壁厚成反比，并且比例系数与材料的物理性质有关。该公式的提出使得对导热规律的认识得到提高，但是还不够完善。傅里叶在毕渥提出的公式中得到启发，并进行实验研究，而且将实验与数学计算相结合，将理论解与实验进行对比，使公式得到不断完善，得到了非常理想的研究结果。在 1807 年向巴黎科学院呈交"热的传播"论文中，他提出任一函数都可以展成三角函数的无穷级数，得到学术界的重视。在此之后，傅里叶继续进行研究，经过努力，于 1822 年发表了"热的解析理论"，导热理论得以创建。该理论正确概括了导热实验的结果，现称为傅里叶定律，为导热理论奠定了基础。

导热性在物理史上起着非常重要的作用。傅里叶挣扎了几年，给出了一个较完整的概念和数学描述，这是因为他大胆地摆脱了远距离的行动力学和行星力学，以建立连续的范式。傅里叶定律中的导热系数不单单只是表示导热过程中物质的物理性质，在定义其他重要的物理系数中亦起到启发作用，如电阻率、分子扩散系数和流体的流动的阻力。这些系数在物理、生物和地质科学中被广泛使用。另外，他所提出的采用无穷级数表示理论解的方法为数学求解开辟了新途径。

1.2.2　热对流

热对流是流动流体之间的换热过程，因此，对流换热理论的必要前提是流体流动的理论。在对流换热理论形成初期，贡献最大的是纳维，他在 1823 年提出了流动方程可适用于不可压缩性流体，这一理论的提出为热对流的研究打下一个良好的基础。但此方程并不够完善，斯托克斯与纳维于 1845 年将该方程改进为纳维-斯托克斯方程，完成了建立流体流动基本方程的任务。然而，该方程式十分复杂，只适用于求解少数简单流动，很难普遍推广，发展遇到了困难。直到 1880 年，雷诺观察了流体在圆管内的流动，指出了流体的流动形态除了与流速有关外，还与管径、流体的黏度、流体的密度这三个因素有关，在此之后，这种局面才得到改观。雷诺在 1880~1883 年间开展了大量的实验研究，发现管内流动层流向湍流的转变发生在雷诺数的数值为 1800~2000 之间，澄清了实验结果之间的混乱，对指导实验研究作出了重大贡献。在 18 世纪，在除单纯流动之外的复杂对流换热问题方面的理论求解没有太大进展。只有少数几位科学家做出了一定的贡献，如 1881 年洛仑兹提出的自然对流的理论解，1885 年格雷茨和 1910 年努塞尔管内换热的理论解及 1916 年努塞尔凝结换热的理论解。具有突破意义的进展是努塞尔在 1909 年和 1915 年发表的两篇论文所做的贡献。在这两篇论文中，对强制对流和自然对流的基本微分方程及边界条件进行量纲分析，获得了有关无量纲数之间的原则关系，从而开辟了在无量纲数原则关系正确指导下，通过实验研究求解对流换热问题的一种基本方法，对热对流研究的发展起到很大的促进作用。努塞尔的成果有其独创性，因为量纲分析法是由白金汉于 1914 年提出的，而相似理论则由基尔皮切夫在 1931 年才发表。努塞尔于是成为发展对流换热理论的杰出先驱。在微分方程的理论求解上，边界层概念提出和湍流计算模型发展发挥了重要作用。普朗特在 1904 年提出了边界层概念，即黏性低的流体只有在横向速度梯度很大的区域内才有必要考虑黏性的影响，这个区域主要在流体接触的壁面附近，而其外的主流则可以看作是无黏性流体的流动。边界层概念的提出，使得微分方程得到合理的简化，使理论求解的发展得到有力的推动。波尔豪森在流动边界层概念的启发下于 1921 年又引进了热边界层的概念，他与施密特及贝克曼合作，数学家与传热学家合作，发挥各自的长处，于 1930 年成功地求解了竖壁附近空气的自然对流换热。此外，湍流计算模型得到很大的发展，1925 年的普朗特比拟和 1939 年的卡门比拟，以及 1947 年马丁纳利的引伸记录着早期发展的轨迹。由于在实际应用中，湍流问题广泛存在，因此对其研究具有重要的意义。随着对湍流机理认识的不断深化，湍流计算模型的发展也越来越大。

1.2.3　热辐射

热辐射是物体由于具有温度而辐射电磁波的现象。热辐射的发现较热传导和对流换热晚，对于热辐射理论的形成具有重要作用的是，人们认识到黑体辐射的重要意义，并且用人工黑体进行实验研究。卢默等在 1889 年通过实验测得了黑体辐射光谱能量分布的实验数据。在 19 世纪末，斯忒藩通过实验研究法，研究了黑体辐射力与其绝对温度的关系，最后得出黑体辐射力正比于它的绝对温度的四次方的规律，后来该结果在理论上被玻耳兹曼所证实，由于该规律的确认由二者共同完成，所以后来被称为斯忒藩-玻耳兹曼定律。热辐射基础理论研究中最重要的就是确定黑体辐射的光谱能量，只有确定了光谱的能量，热辐射理论才变得有实际意义。维恩在1896年通过半理论半经验的方法进行推导，得出一个公式，但该公式只在短波段与实验符合，而在长波段实验明显不符。在这之后几年中，瑞利也从理论上推导出一个公式，金斯在1905年对该公式进行改进得出的公式，被称为瑞利-金斯公式，然而这个公式与瑞利提出的公式相反，即在长波段与实验结果比较符合而在短波段则与实验差距很大，并且随着频率的增高，辐射能量将增至无穷大，这显然是违背自然规律的。这一理论的出现使人们强烈地意识到，已经相当完美的经典物理学理论确实存在着问题，因此，若想要解决该问题，首先观念上就得有新的突破。在此种情况下，普朗克进行大量的实验与理论分析，最后在1900年提出了一个公式，该公式在后来得到实验证实，它在整个光谱段都符合。朗普克之所以能取得成功，是因为他大胆地提出了新假说，完全不同于经典物理学的连续性概念，即能量子假说。普朗克提出的能量子假说认为，辐射由物体发出或被吸收时，其能量不是连续地变化的，而是跳跃地变化的，即能量的发射和吸收是由许多很少的能量组成的，每一份能量都有一定的数值，这些能量单元称为"量子"。普朗克提出的公式并没有立刻被人们所接受，因为缺乏理论依据。直到爱因斯坦在1905年光量子的研究得到公认后，普朗克公式才被接受。普朗克公式的确认正确地揭示了黑体辐射能量光谱分布的规律，为热辐射理论的形成奠定了基础。在1859年和1860年，基尔霍夫的两篇论文阐述了物体的发射率与吸收比之间的关系，虽然该结论在他1860年论文中被证明只针对单色和偏振辐射，但它对全光谱辐射的推广具有深远的意义。另外，物体间辐射换热的计算方法也相应被提出，物体之间的辐射换热是一个复杂物理过程，计算方法的研究具有重要意义。有三种计算方法为辐射热的计算方法完善做出了很大的贡献，他们分别是：ⓐ1935年波略克借鉴商务结算提出的净辐射法；ⓑ1954年霍特尔提出，然后在1967年又加以改进的交换因子法；ⓒ1956年奥本亥姆提出的模拟网络法。

　　随着科学技术的高速发展，在传热学实验研究方面产生许多新技术，特别是计算机的应用，对解决传热学中的一些计算复杂的问题非常有帮助，即利用数值计算解决传热问题，由此形成一门叫做数值传热的学科，其形成时期是在20世纪70年代，时至今日，人们对其研究已经取得重大的突破，其应用也越来越广泛。

1.3 传热学在石油化工行业的应用

　　前面介绍了在生活的各个角落及工程各个领域都有温差的存在，即都发生热量的传递。因此，传热学的研究与应用，对于提高人类生活质量以及促进社会发展具有重要作用。传热学的研究主要是研究热量的传递规律，其规律对于工业的节能减排以及如何高效、安全生产发挥着重要作用。因此传热学的应用也变得十分广泛，如石油、化工、冶金、建筑、建材、轻工纺织、医药、航空航天、农业工程等工程领域。下面以石油开采输送工程和石油炼化中的传热问题简要介绍。

1.3.1 在石油行业中的应用

1.3.1.1 油气开采过程中的应用

　　在石油开采过程中，钻井属于比较最重要的一个环节，在钻井过程中，钻井液起到至关重要的作用；并被称作是石油钻井工程的血液，它一方面具有冷却和润滑钻头，降低钻头温度，减少钻具磨损，以延长钻头的使用寿命的作用；另一方面，它可以清洗井底，携带岩屑，保持井底清洁，避免钻头重复切削，减少磨损，提高效率。常规钻井液是溶胶状和悬浮体系，通常由黏土、水及各种化学药剂组成。常规钻井液对浅井和中等深度油井能够符合条件，但由于我国石油资源的分布不只是在浅井和中等深度油井，若要满足当前我国油气资源需求量，就必须对深井的油气资源进行开采。目前，对于深度为 4~5km 的深井已很普遍，这样一来，就使得油气开采比较困难，因为在这种深井井底的温度一般在能达到 130~180℃，有的甚至超过了 200℃，这就对钻井液的品质提出了更高的要求，即钻井液必须符合井底的温度和压力。除此之外，有的油田是低压、低产能、低渗、断块等形式，因此开发了低压低密度钻井流体技术。因此，在对深井、超深井、低压、低密度油田进行开采时，钻井液就得加一定量的气体及一些化学药剂，这使其能够更好的适应井底的压力和温度。显然，在上述情况中，温度已经成为影响钻井液性能的重要参数，因此对在温度对钻井液的影响的研究十分有必要。在研究过程中，除了运用实验的手段研究钻井液在高温高压下的性能外，还须运用数值计算方法对钻井液在井筒内的流动和传热规律进行模拟研究，从而确定钻井液井深范围内的温度变化规律，为实际工程设计提供理论依据。

石油开采过程中须进行固井，即向井内下入套管，并向井眼和套管之间的环形空间注入水泥，用以加固井眼，保持井眼稳定。在施工过程中，井下温度是非常重要的参数，因为水泥浆的稠化时间、流变性质、抗压强度及凝固时间等均受温度的影响。随着油气井深度的增加，温度的影响也十分明显。有研究指出，若井下温度有 5℃ 左右的误差时，纤维素水泥浆的稠化时间就会有一个小时左右的误差，并且随温度、压力的增加，其流动特性将会发生根本性的变化。另外，井下温度还会影响井内压力平衡、井壁稳定、工作液体系的选择、套管强度等。因此，对固井过程中的温度变化规律的研究，对固井体系设计具有重要意义。

在石油工程中，除了上述两个工艺中存在的传热问题外，在采油工程中也存在着大量的热量传递问题。采油工程就是通过一系列的工艺技术措施，使油藏流体顺利流入井底，并高效地将其举升到地面进行分离和计量，其目标是经济有效地提高油井产油量和油气采收率。

（1）油层产液从井底举升至地面的传热问题。油层的温度随着油藏深度的增加，温度逐渐升高，其产液在从井底举升至地面的过程中，温度沿井筒是不断变化着的。并且这种温度的变化对产液的流动特性能产生一定的影响，因此，这种温度变化规律是不能忽略的，准确地预测井筒内的温度分布规律，对设计深井或超深井举升工艺具有非常重要的意义。

（2）水力压裂就是利用地面高压泵，通过井筒向油层挤注具有较高黏度的压裂液，当注入压裂液的速度超过油层的吸收能力时，则在井底油层上形成很高的压力，当这种压力超过井底附近油层岩石的破裂压力时，油层将被压开并产生裂缝。这时，继续不停地向油层挤注压裂液，裂缝就会继续向油层内部扩张。该方法不仅用于低渗透油气藏，而且在中、高渗透油气藏的增产改造中也有很好的效果。目前，由于油井压裂深度的不断增加，地层温度也逐渐升高。那么，压裂液沿井筒和裂缝流动过程中，会与地层发生热交换，改变压裂液的温度。当压裂液温度发生变化时，其黏滞性、悬砂能力、造缝能力和滤失速度等都会受到不同程度的影响。因此，对压裂液沿井筒和裂缝内的复杂传热规律进行充分研究，才能保障深井压裂设计的合理性、可靠性。

（3）目前，我国油气资源大多以稠油、高凝油为主，其分布广、储量大。但其高黏度导致的流动性差是开发稠油时所面临的主要问题。在其开采过程中，由于稠油渗流阻力大，难于从油层流入井底，并且稠油在举升过程中由于脱气和降温会导致黏度继续增加，使油井生产困难，大大降低了生产效率。高凝油是指凝点高于35℃，且含蜡量大于30%的原油，其特点是存在析蜡点和凝点。当高凝油的温度低于析蜡点时，原油中的重质组分开始析出，当原油温度进一步降至凝点时，原油将失去流动性。目前我国和世界其他国家的开采实践证明，热处理油层采油技术是开发稠油和高凝油的一种行之有效的方法。这种方法通过有计划地向油层注入热量，提高油层温度，从而降低油层流体的黏度，防止油层中的结蜡现象，增加油藏驱油能力，减小油层流动阻力，以达到增加开采量的目的。目前常用的热处理油层采油技术包括注热流体和火烧油层两类方法。

在注热流体工艺中，较常用的方法是注蒸汽，该方法是指注汽井连续注蒸汽，利用其携带的热量为稠油降黏，以保障油井连续生产的过程。当注入的蒸汽从注入井向生产井流动时，主要形成蒸汽带、热凝析液带、冷凝析液带和油藏流体带。热凝析带还可细分为溶剂墙和热水墙。同样，从注汽井的蒸汽温度到生产井的油藏温度，是一个渐变过程。蒸汽进入油藏，井筒周围形成饱和蒸汽带，该饱和蒸汽带随着蒸汽的不断注入而不断扩展，其温度基本为注入蒸汽的温度。在饱和蒸汽带的前沿，由于向地层的传热，蒸汽会凝析成热水并形成热凝析带，随着注蒸汽的推进，热凝析带携带一些热量进入蒸汽前缘的较冷地带，并把所携热量传递给地层，使油的黏度下降，流动性变好。

火烧油层也是一种原油降黏效果不错的方法，它是将空气(或氧气、液氮)连续地注入到油层中，通过自燃或点火使油层中的部分原油燃烧，利用燃烧释放出的热量来加热油层，以提高油层温度、降低原油黏度、增强原油的流动性和地层能量的一种开采方式。按注入空气在油层内的流动方向与燃烧前缘的推进方向之间的关系，火烧油层可分为正向燃烧法和反向燃烧法。在正向燃烧中若在注入空气的同时注入水，则称为湿式正向燃烧法，否则称为干式正向燃烧方法。

由此可见，对稠油和高凝油的开发，加热降黏或通过加热维持温度是热处理油层技术和井筒热力降黏技术的目的，其中涉及到的传热问题的分析和解决是相关工艺设计与实施的关键所在。

1.3.1.2　在油气输送过程中的应用

在我国生产的原油中大部分都是含蜡原油，约占80%，含蜡原油的主要特点是随着温度的降低，原油中的蜡晶会逐渐析出，使原油的黏度增加，使得流动性变差。因此，在油气输送过程中，必须对原油进行加热，以降低其黏度，使原油具有良好的流动性。这样一来，在油气输送过程中就涉及很多传热问题，这些问题大致可分为以下几种：

(1)在新建埋地热油管线投产前，往往需要用热水对管线预热，这就可以防止原油在冷管中降温过快发生胶凝而导致流动性变差。那么在这个过程中，就会存在一些复杂的传热问题，例如管内热水与管壁、土壤、地面以及土壤深处的热量传递。

(2)在运输过程中，各种不同的热油通过管线时，其温度随管长的变化情况。

(3)在输油系统由于出现故障而抢修或输油设备定期保养维修时，输油管线就会停输，这就会使得管内原油温度下降，导致蜡晶的析出。若油温继续降低，可能会使原油凝固在管内造成凝管事故，使输送管线再启困难，为此必须进行传热计算，以确定安全的停输时间。

(4)为了使输油管道合理设计和安全经济运行，必须对管内介质输量、介质类型、管线埋深、管线所处的地理环境、气候条件变化等因素对管线传热和介质温度变化所产生的影响，进行全面、详实、准确的了解和分析。

综上所述，若要在石油工程中可持续发展、降低成本、提高生产效益，就必须充分分析在该过程中所涉及的传热学问题。

1.3.2 在石化行业中的应用

1.3.2.1 在原油蒸馏过程中的应用

原油是极其复杂的混合物，必须经过一系列加工处理，才能得到合格的石油产品，即原油蒸馏。在原油蒸馏过程中一般分为常压蒸馏和减压蒸馏，在蒸馏过程中涉及许多传热问题。

在常压蒸馏中，二元精馏塔中、塔底一般采用重沸器，向塔内提供气相回流，使塔底产品中的轻组分被汽化出来，以保证塔底产品质量。在原油精馏塔中，塔底温度一般较高，常压塔为330~350℃，减压塔为390℃左右。在此种情况下，如果采用重沸器很难找到合适的热源，同时温度再升高还会使油品分解、结焦，因此，需要通入一定量的过热水蒸气，降低塔内油气分压，同时也能满足热量供给。

在减压蒸馏中，石油在加热条件下容易受热分解而使油品颜色变深、胶质增加。在常压蒸馏时，为保证产品质量，炉出口温度一般不高于370℃，通过常压蒸馏可以把原油中350℃以前的汽油、煤油、轻柴油等直馏产品分馏出来。350~500℃的馏分在常压条件下则难以蒸出，而这部分分馏油是生产润滑油和催化裂化原料油的主要原料。根据油品沸点随系统压力降低而降低的原理，可以采用降低蒸馏塔压力的方法进行蒸馏，在较低的温度下将这些重质馏分蒸出，故一般炼油装置在常压蒸馏之后都继之配备减压蒸馏过程。

综上所述，在蒸馏过程中，温度直接影响了原油的蒸馏效果，所以在对蒸馏过程中所涉及的传热学问题的研究，对原油蒸馏的生产效率以及产品质量起到至关重要的作用。

1.3.2.2 在催化裂化过程中的应用

催化裂化是重质油在酸性催化剂存在下，在500℃左右、$1 \times 10^5 Pa$下发生裂解，生成轻质油、气体和焦炭的过程。催化裂化是现代化炼油厂用来改质重质瓦斯油和渣油的核心技术，是炼厂获取经济效益的重要手段。催化裂化过程一般由反应-再生系统、分馏系统和吸收-稳定系统三部分组成。在这三个过程中涉及大量的热量传递问题。

在反应-再生系统中新鲜原料油与回炼油混合后换热至220℃左右进入提升管反应器下部的喷嘴，回炼油浆进入提升管上喷嘴，与来自再生器的高温催化剂（600~750℃）相遇，立即汽化并进行反应。油气与雾化蒸汽及预提升蒸汽一起以4~7m/s的线速携带催化剂沿提升管向上流动，在470~510℃的反应温度下停留2~4s，以12~18m/s的高线速通过提升管出口，经快速分离器进入沉降器，夹带少量催化剂的反应产物与蒸汽的混合气经若干组两级旋风分离器，进入集气室，通过沉降器顶部出口进入分馏系统。经快速分离器分出的积有焦炭的催化剂（称待生剂）出沉降器后落入下面的汽提段，反应油气经旋风分离器后回收的催化剂通过料腿也流入汽提段。汽提段内装有多层人字形挡板并在底部通入过热水蒸气。待生剂上吸附的油气和颗粒之间的油气被水蒸气置换出来而返回上部。经汽提后的待生剂通过待生立管进入再生器一段床层，其流量由待生塞阀控制。

再生器的主要作用是用空气烧去催化剂上的积炭，使催化剂的活性得以恢复。再生所用空气由主风机供给，空气通过再生器下面的辅助燃烧室及分布管进入一段流化床层。待生剂在640~690℃的温度下进行流化烧焦。一段再生后烧炭量在75%左右，氢几乎完全烧净，再进入二段床后进一步烧去剩余焦炭。二段没有氢的燃烧，降低了水蒸气分压，使二段再生器可以在 710~760℃ 更高温度下操作，减轻了催化剂水热失活。二段床层氧浓度虽然较小，但因采用较小二段床层，提高了气体线速，所以还能维持较高的烧炭强度，再生剂含炭量可降低到 0.05%。再生催化剂经再生斜管和再生单动滑阀进入提升管反应器循环使用。为防止 CO 的后燃，应使用 CO 助燃剂。为适应渣油裂化生焦量大、热量过剩的特点，再生器设有外取热器，取走多余的热量用以产生中压蒸汽。

1.3.2.3 在催化重整过程中的应用

催化重整是以石脑油为原料生产高辛烷值汽油、轻芳烃（苯、甲苯、二甲苯，简称 BTX），同时副产氢气的重要炼油过程。在催化重整过程中，人们最关心的芳构化主要是在相同碳原子数的烃类上进行，六碳、七碳、八碳的环烷烃和烷烃，在重整条件下相应地脱氢或异构脱氢和环化脱氢，生成苯、甲苯、二甲苯。小于六碳原子的环烷烃和烷烃，则不能进行芳构化反应。C_6 烃类沸点在 60~80℃，C_7 沸点在 90~110℃，C_8 沸点大部分在 120~144℃。<60℃ 的馏分烃分子的碳原子数小于 6，如果也作为重整原料进入反应系统，它并不能生成芳烃，而只能降低装置的处理能力。对生产高辛烷值汽油来说，≤C_6 的烷烃本身已有较高的辛烷值，而 C_6 环烷转化为苯后其辛烷值反而下降，而且有部分被裂解成 C_3、C_4 或更低的低分子烃，降低重整液体产品收率，使装置的经济效益降低。因此，重整原料一般应切取大于 C_6 馏分，即初馏点在 90℃ 左右。至于原料的终馏点则一般取 180℃，因为烷烃和环烷烃转化为芳烃后其沸点会升高，如果原料的终馏点过高则重整汽油的干点会超过规格要求，通常，原料经重整后其终馏点升高 6~14℃。若从全炼厂综合考虑，为保证航空煤油的生产，重整原料油的终馏点不宜>145℃。因此，不难看出，温度对催化重整过程中的产物种类有很大的影响，故在催化重整过程中，温度是一个重要的因素，必须高度重视。

1.3.2.4 在加氢裂化过程中的应用

加氢裂化是指各种大分子烃类在一定氢压、较高温度和适宜催化剂的作用下，进行以加氢和裂化为主的一系列平行-顺序反应，转化成优质轻质油品的加工工艺过程，是重要而灵活的石油深度加工工艺，其工艺中存在许多传热问题。目前，在工业上大量应用的加氢裂化有单段工艺、一段串联工艺等类型。

单段（一段）加氢裂化工艺的具体工艺流程为：原料由泵升压至 16.0MPa 后与新氢及循环氢混合，再与 420℃ 左右的加氢生成油换热至 320~360℃ 进入加热炉。反应器进料温度为 370~450℃，原料在反应温度为 380~440℃、空速为 1.0h^{-1}、氢油体积比约为 2500 的条件下进行反应。为了控制反应温度，向反应器分层注入冷氢。反应产物经与原料换热后温度降至 200℃，再经冷却，温度降至 30~40℃ 之后进入高压分离器。反应产物进入空冷器之前注入软化水，以溶解其中的 NH_3、H_2S 等，以防水合物析出而堵塞管道。自高压分离器顶部分出循环氢，经循环氢压缩机升压后，返回反应系统循环使用。自高压分离器底部分出生成油，经减压系统减压至 0.5MPa，进入低压分离器，在此将水脱出，并释放出部分溶解气体，作为富气送出装置，可以作燃料气用。最后，生成油经加热送入稳定塔进行分离，在 1.0~2.0MPa 下分出液化气，塔底液体经加热炉加热送至分馏塔，最后分离出轻汽油、喷气燃料、低凝柴油和塔底尾油。

一段串联工艺具体工艺流程为：原料油经高温油泵升压并与循环氢混合后，首先与第一段生成油换热，再在第一段加热炉中加热至反应温度，进入第一段加氢精制反应器，在加氢活性高的催化剂上进行脱硫、脱氮反应，原料中的微量金属也被脱掉。反应生成物经换热、冷却后进入第一段高压分离器，分出循环氢。生成油进入脱氨（硫）塔，脱去 NH_3 和 H_2S 后，作为第二段加氢化反应器进料。在脱氨塔中用氢气吹掉溶解气、氢和硫化氢。第二段进料与循环氢混合后，进入第二段加热炉，加热至反应温度，在装有高酸性催化剂的第二段加氢裂化反应器内进行裂化等反应。反应生成物经换热、冷却、分离，分出溶解气和循环氢后送至稳定分馏系统。

从加氢裂化的工艺可以看出，在裂化过程中需要进行大量的换热，因此在对工艺过程进行设计时，必须充分分析过程中的传热问题，传热效率高低对其能耗有很大的影响。

综上所述，无论是在石油的开采、运输、炼化过程中，都存在大量的传热问题，即存在能耗问题，能耗与经济效益有密切联系。据统计，油气生产、炼化工和运输的能耗费用在生产成本中约占 20%~50%。所以要实现可持续，并且获得较好的经济效益，就必须降低能耗。这样一来，传热学的研究对石油工业发展具有重要的作用。

第2章　稳态热传导

2.1　导热基本概念及定律

2.1.1　导热基本概念

当一个物体(固体或者静止的液体等)的内部有温度差存在时，热量就在这个物体内部由高温部分向低温部分传递，这种传热方式就是热传导。

举例来说，如图2-1所示，当仅对锅炉水管的管壁内部进行研究时，高温侧就是直接暴露在火焰之中的管壁外表面，低温侧则为锅炉水直接接触的管壁内表面，因此，管壁内外两侧存在有温差，火焰所产出的热量就以热传导的方式从管壁的高温侧通过管壁内部向低温侧传递。

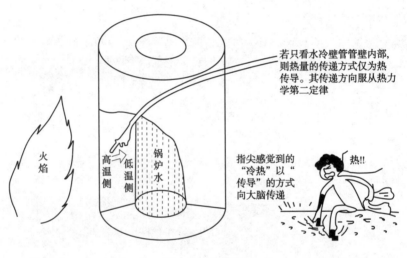

图2-1　热传导

2.1.1.1　温度场

温度场是某一时刻导热物体中各点温度分布的总称，一般是空间坐标和时间坐标的函数，在直角坐标系下，有：

$$t = t(x, y, z, \tau) \tag{2-1}$$

式中，t为温度；x、y、z为空间坐标；τ为时间坐标。

温度场按照是否随时间变化分为两类：一类是温度场中温度的分布不随时间发生变化，即稳态温度场(或称定常温度场)；另一类温度场中温度的分布随时间发生变化，即非稳态温度场(或称非定常温度场)。

温度不随时间变化，$\dfrac{\partial t}{\partial \tau} = 0$，此时的导热即为稳态导热(Steady-state heat conduction)。

稳态温度的表达式可简化为：$t = t(x, y, z)$。根据物体的温度在几个坐标上发生变化，

10

又可分为一维稳态分布、二维稳态分布和三维稳态分布。

对于温度随时间变化 $\frac{\partial t}{\partial \tau} \neq 0$ 的导热称为非稳态导热(Unsteady-state heat conduction)。按照温度分布的不同坐标数，非稳态导热也可划分为：

当温度场为一维温度场时，温度与坐标 x 和时间 τ 有关，即 $t = t(x, \tau)$，此时导热为一维非稳态导热；

当温度场为二维温度场时，温度与坐标 x，y 和时间 τ 有关，即 $t = t(x, y, \tau)$，此时导热为二维非稳态导热；

当温度场为三维温度场时，温度与坐标 x、y、z 和时间 τ 有关，即 $t = t(x, y, z, \tau)$，此时导热为三维非稳态导热。

2.1.1.2 等温线(面)

温度场通常用等温面或等温线表示。温度场中同一时刻同温度各点连成的面，称为等温面。在任何一个二维截面上等温面表现为等温线。习惯上，温度场用等温面与等温线图来表示，图 2-2 是用等温线图来表示温度场的实例。

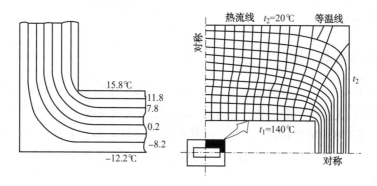

图 2-2　温度场的表示

同一时刻物体温度相同的点连成的线(或面)称为等温线(面)，它们分别对二维和三维问题而言。等温线(面)有如下特点：ⓐ不可能相交；ⓑ对连续介质，等温线(面)只可能在物体边界中断或完全封闭；ⓒ沿等温线(面)无热量传递；ⓓ由等温线(面)的疏密可直观反映出不同区域温度梯度(或热流密度)的相对大小。

2.1.1.3 温度梯度(温度变化率)(Temperature gradient)

温度梯度是指沿等温面法线方向上的温度增量与法向距离比值的极限，表达式为 grad t(见图 2-3)。在数学上，梯度矢量的方向是变化最剧烈的，而在等温面的法线方向上，单位长度的温度变化率最大，故温度梯度的方向沿等温面的法线方向。同时等温面上没有温差，不会有热传递。因此在不同的等温面之间存在温差，才有导热发生。

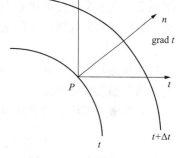

图 2-3　温度梯度矢量

如图 2-3 所示，两条等温线 t 和 $t+\Delta t$ 之间，温度变化最剧烈的方向 n(法线方向)即为温度梯度的方向。其中 n 指向温度升高的方向。

温度梯度的数学表达式如下：

$$\mathrm{grad}\ t = \lim_{\Delta n \to 0} \frac{\Delta t}{\Delta n} n = \frac{\partial t}{\partial n} n \qquad (2-2)$$

直角坐标系(Cartesian coordinates)的温度梯度：

$$\mathrm{grad}\ t = \frac{\partial t}{\partial x} i + \frac{\partial t}{\partial y} j + \frac{\partial t}{\partial z} k \qquad (2-3)$$

温度变化值与距离变化值都是标量，与单位向量相乘后成为矢量，温度梯度是向量，正向朝着温度增加的方向。

2.1.1.4 热流密度矢量(heat flux)

单位时间、单位面积上所传递的热量即为热流密度，在不同方向上的热流密度的大小不同。热流密度通常表示为 $q(\mathrm{W/m^2})$。

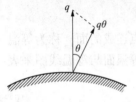

在等温面上某点，以通过该点处最大热流密度的方向为方向、数值上正好等于沿该方向的热流密度时称为热流密度矢量(见图2-4)。

直角坐标系中的热流密度矢量表达式为：

$$q = q_x i + q_y j + q_z k \qquad (2-4)$$

$$q_0 = |q|\cos\theta \qquad (2-5)$$

图2-4 热流密度矢量

2.1.2 导热基本定律

傅里叶(J B J fourier，法国物理学家、数学家，1768~1830年)在将理论解与实验研究对比的基础上，经历15年的辛勤工作，终于在1822年成功地完成了创建导热理论的工作，发表了他的著名论著《热的解析理论》，把导热基本规律用数学形式表达出来，即傅里叶定律。傅里叶还提出采用无穷级数表示微分方程理论解，开辟了数学求解的新途径，成为公认的导热理论的奠基人。

傅里叶定律是反映导热现象的最基本的物理定律，其文字叙述是：单位时间内通过单位截面积所传递的热量，正比于当地垂直于截面方向上的温度变化率，热量传递的方向与温度升高的方向相反。用热流密度 q 表示为：

$$q = -\lambda \frac{\partial t}{\partial x}(\mathrm{W/m^2}) \qquad (2-6)$$

式(2-6)所表示的仅是物体中温度沿 x 方向的变化率与热流密度 q 的关系。当物体的温度是2个或3个坐标的函数时，所传递的热量、温度的变化都在每个方向上发生不同的变化，故根据矢量代数，导热基本定律的一般矢量形式为：

$$q = -\lambda \mathrm{grade}\ t(\mathrm{W/m^2}) \qquad (2-7)$$

在导热基本定律的矢量形式中，垂直导过等温面的热流密度，正比于该处的温度梯度，其方向与温度梯度相反。

直角坐标系中，傅里叶定律表达式为：

$$q = q_x i + q_y j + q_z k = -\lambda \frac{\partial t}{\partial x} i - \lambda \frac{\partial t}{\partial y} j - \lambda \frac{\partial t}{\partial z} k \qquad (2-8)$$

式中，$q_x = -\lambda \frac{\partial t}{\partial x}$ 表示 x 方向的导热量，$q_y = -\lambda \frac{\partial t}{\partial y}$ 表示 y 方向的导热量，$q_z = -\lambda \frac{\partial t}{\partial z}$ 表示 z 方向的导热量。

式(2-6)~式(2-8)中的系数 λ 称为导热系数或热导率，是物质的重要热物性参数。由于 λ 在傅里叶定律中是作为常数出现的，这表明傅里叶定律只适用于各向同性材料。热导率在各个方向是相同的材料为各向同性材料；热导率在各个方向不同的材料为各向异性材料。常见的各向异性材料有石英、木材、叠层塑料板、叠层金属板等，其热导率随方向而变化。

各向异性材料中：$-q_x = -\lambda_{xx}\dfrac{\partial t}{\partial x} + \lambda_{xy}\dfrac{\partial t}{\partial y} + \lambda_{xz}\dfrac{\partial t}{\partial z}$

$$-q_y = -\lambda_{yx}\frac{\partial t}{\partial x} + \lambda_{yy}\frac{\partial t}{\partial y} + \lambda_{yz}\frac{\partial t}{\partial z}$$

$$-q_z = -\lambda_{zx}\frac{\partial t}{\partial x} + \lambda_{zy}\frac{\partial t}{\partial y} + \lambda_{zz}\frac{\partial t}{\partial z}$$

关于傅里叶定律应注意以下几点：

（1）负号"−"表示热量传递指向温度降低的方向；而 n 是通过该点的等温线上法向单位矢量，指向温度升高的方向；

（2）热流方向总是与等温线（面）垂直；

（3）物体中某处的温度梯度是引起物体内部及物体间热量传递的根本原因；

（4）一旦物体内部温度分布已知，则由傅里叶定律即可求得各点的热流量或热流密度。因而，求解导热问题的关键在于求解并获得物体中的温度分布；

（5）傅里叶定律是实验定律，是普遍适用的，即不论是否改变物性，不论是否有内热源，不论物体的几何形状如何，不论是否非稳态，也不论物质的形态（固、液、气），傅里叶定律都是适用的。

2.1.3　热导率

热导率是物质的重要热物性参数。热导率的数值就是物体中单位温度梯度、单位时间、通过单位面积的热导量，其单位为 W/(m·K)。

热导率的数值表征物质的导热能力的大小。工程计算用的数值都由专门实验测定，列于图表及手册中供查用。影响热导率的因素主要有物质的种类、材料成分、温度、湿度、压力、密度等。就热导率而言，金属的热导率最高，非金属与液体次之，气体最小。例如，纯铜的热导率为 $\lambda_{纯铜} = 398\,W/(m·K)$，大理石的热导率则为 $\lambda_{大理石} = 2.7\,W/(m·K)$；在 0℃ 时，冰的热导率为 $\lambda_{冰} = 2.22\,W/(m·K)$，水的热导率为 $\lambda_{水} = 0.551\,W/(m·K)$，此温度下蒸汽的热导率则为 $\lambda_{蒸汽} = 0.0183\,W(m·K)$。

不同物质在不同状态下由于物质结构的不同，其热导具有不同的机理。

2.1.3.1　气体的热导机理及变化规律

气体的导热是由于分子的热运动相互碰撞时发生能量的传递。图2-5为气体导热原理示意图，气体的热导率 $\lambda_{气体} = 0.006 \sim 0.6\,W/(m·K)$。0K 时，空气的热导率为 $\lambda_{空气} = 0.0244\,W/(m·K)$；而 20℃ 时，空气的热导率为 $\lambda_{空气} = 0.026\,W/(m·K)$。

根据气体分子运动理论，常温常压下气体导热率可表示为：$\lambda = \dfrac{1}{3}\bar{\mu}\rho l c_v$。

式中，$\bar{\mu}$ 为气体分子运动的均方根速度；l 为气体分子在两次碰撞间平均自由行程；ρ 为

13

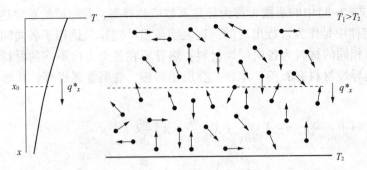

图 2-5　气体导热原理示意图

气体的密度；c_v 表示气体的质量定容热容。

影响气体导热率的因素：

(1)压力变化。气体的压力升高时，气体分子的密度增大，平均自由行程减小，而两者的乘积保持不变。除非压力很高或很低，在 $2.67×10^{-3} \sim 2.0×10^3$ MPa 范围内，气体的热导率基本不随压力变化。

(2)温度变化(图 2-6)。气体温度升高时，气体分子运动速度和质量定容比热容随温度的升高而增大。气体的导热率随温度的升高而增大。

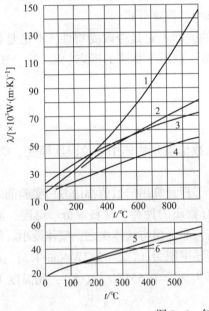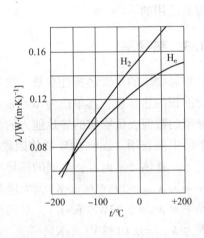

图 2-6　气体的导热率图

1—水蒸气；2—二氧化碳；3—空气；4、6—氢气；5—氧气

相对分子质量小的气体(H_2，He)因为分子运动速度大，因此导热率较大。对混合气体而言，导热率不能用部分求和的方法求，只能靠实验测定。

2.1.3.2　液体的热导率

液体主要依靠晶格的振动进行导热。所谓晶格是指理想的晶体中，分子在无限大空间里排列成的周期性点阵。液体热导率范围 $λ_{液体} ≈ 0.07 \sim 0.7$ W/(m·K)。在 20℃时，水的热导率为 $λ_水 = 0.6$ W/(m·K)。

影响液体热导率的因素：

14

（1）温度变化(见图2-7)。大多数液体，其分子质量 M 不变。但随着温度的升高，液体密度降低从而导致液体热导率降低，反之亦然。对于水和甘油等强缔合液体，分子量随温度而变化。在不同温度下，热导率随温度的变化规律不一样；

（2）压力变化。液体的热导率随压力 p 的升高而增大。

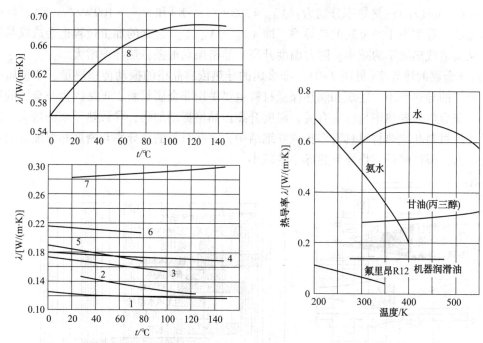

图 2-7　液体的导热率图

1—凡士林油；2—苯；3—丙酮；4—蓖麻油；5—乙醇；6—甲醇；7—甘油；8—水

2.1.3.3　固体的导热率

（1）金属的热导率(见图2-8)。纯金属的导热有两种方式：自由电子的迁移和晶格的振动，导热主要依靠前者。金属导热与导电机理一致，故良导电体为良导热体。常温下，金属热导率的范围，$\lambda_{金属} \approx 12 \sim 418 W/(m \cdot K)$，并且 $\lambda_{银} > \lambda_{铜} > \lambda_{金} > \lambda_{铝}$。

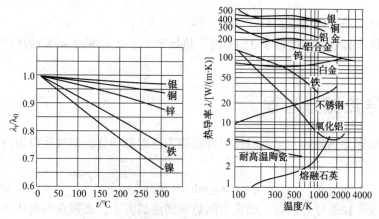

图 2-8　金属的导热率图

金属的导热主要受温度低影响，随着温度的升高，晶格振动加强，自由电子运动受到干扰，从而导致热导率减少。10K 时，铜的导热率为 $\lambda_{Cu} = 12000W/(m \cdot K)$；而在 15K 时，铜

的导热率为 $\lambda_{Cu} = 7000W/(m \cdot K)$。可以看出，随着温度的升高，铜的导热率随之减小。

（2）合金的热导率。合金是由两种或两种以上的金属元素（或金属元素与非金属元素）组成的具有金属特性的材料。向金属中掺入任何杂质将破坏晶格的完整性，干扰自由电子的运动，导致热导率降低，并且掺入组分的含量越大，导热率降低越多。例如：常温下纯铜和黄铜（70%Cu，30%Zn）的热导率分别为：$\lambda_{纯铜} = 398W/(m \cdot K)$ 和 $\lambda_{黄铜} = 109W/(m \cdot K)$。可以看出，合金的热导率小于纯金属的热导率，即 $\lambda_{合金} < \lambda_{纯金属}$。合金的加工过程也会造成晶格的缺陷，从而造成热导率的减小。随着温度升高，晶格振动加强，热导率增大。

（3）非金属的热导率（见图2-9）。非金属的导热依靠晶格的振动传递热量。非金属的导热率比金属的导热率小。建筑和隔热保温材料主要采用非金属材料，正是因为非金属的导热率较小。非金属的导热率与温度有关：温度升高，晶格振动加强，导致热导率的增大。同时大多数建筑材料和绝热材料具有多孔或纤维结构，多孔材料的热导率与密度和湿度有关：物体密度降低，湿度降低，将导致热导率的减小。

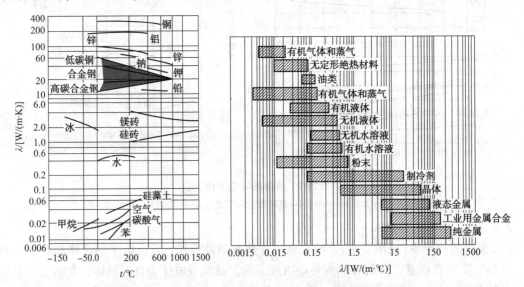

图2-9 非金属材料的热导率图

非金属材料的热导率范围：$\lambda \approx 0.025 \sim 3W/(m \cdot K)$。

保温材料国家标准：温度低于350℃时，热导率小于 $0.12W/(m \cdot K)$ 的材料为隔热材料，即保温材料。

2.2 导热微分方程

求解一维稳态导热问题，只需对傅里叶定律表达式总积分，即可获得用两端温差表示的导热量：

$$q = - \lambda \mathrm{grad}t \quad (W/m^2) \qquad (2-9)$$

但对多维及不稳态导热问题，确定空间热流密度的大小，必须获得物体内的温度场的数学表达式即 $t = f(x, y, z, \tau)$ 后，才能由傅里叶定律计算空间各点的热流密度矢量。

因此，确定导热体内的温度分布（三维）是求解导热问题的首要任务，不需根据能量守恒定律与傅里叶定律来建立导热物体中的温度场应满足的数学关系式，即建立导热微分方程。从而通过对导热微分方程的数学求解，确定不同坐标方向上导热热流密度的相互联系和温度分布。建立导热微分方程的理论基础是傅里叶定律和能量守恒定律在热力学中的应用——热力学第一定律。在建立实际问题的数学模型时，首先需要提出下列假设：①所研究的导热物体是各向同性的连续介质；②所研究的导热物体的导热率、比热容和密度均为常物性；③所研究的导热物体内具有内热源，内热源均匀分布，其强度为 $q_\tau(\mathrm{W/m^3})$，q_τ 表示单位体积的导热体在单位时间内放出的热量。

首先，在导热体中取一微元平行六面体，将空间内任一点的任一方向的热流量分解为 x，y，z 坐标轴方向上的热流量；然后依据热力学第一定律列出在任意时间间隔内的热平衡关系。

按照热力学第一定律，微元体的内能变化和对外界功量交换之和应等于微元体与外界的热量交换，即：$Q=\Delta U+W$。由于这里讨论导热问题，不考虑与外界的功的交换，则有：$W=0$，即 $Q=\Delta U$。

这样，微元体中在任意时间间隔 $\mathrm{d}\tau$ 内，有以下热平衡关系：

导入与导出净热量+内热源发热量=热力学能增加

下面分别计算式中所列三项。

2.2.1 导入与导出微元体的净热量

导入与导出微元体的总热流量可从傅里叶定律推出：任一方向的热流量可以分解成 x，y，z 坐标轴方向的分热流量。这些分热流量如图 2-10 所示。根据傅里叶定律，$\mathrm{d}\tau$ 时间内沿 x 轴方向、经 x 表面导入的热量为：

$$\mathrm{d}Q_x = q_x \cdot \mathrm{d}y \cdot \mathrm{d}z \cdot \mathrm{d}\tau \; (\mathrm{J}) \qquad (\mathrm{a})$$

$\mathrm{d}\tau$ 时间内沿 x 轴方向经 $x+\mathrm{d}x$ 表面导出的热量为：

$$\mathrm{d}Q_{x+\mathrm{d}x} = q_{x+\mathrm{d}x} \cdot \mathrm{d}y \cdot \mathrm{d}z \cdot \mathrm{d}\tau \; (\mathrm{J}) \qquad (\mathrm{b})$$

由于 $q_{x+\mathrm{d}x} = q_x + \dfrac{\partial q_x}{\partial x}\mathrm{d}x$，从而导出 $\mathrm{d}\tau$ 时间内、沿 x 轴方向导入与导出微元体净热量为：

$$\mathrm{d}Q_x - \mathrm{d}Q_{x+\mathrm{d}x} = -\frac{\partial q_x}{\partial x}\mathrm{d}x\mathrm{d}y\mathrm{d}z\mathrm{d}\tau \; (\mathrm{J}) \qquad (\mathrm{c})$$

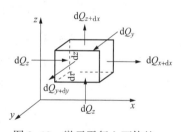

图 2-10　微元平行六面体的导热分析

同样的步骤导出：

$\mathrm{d}\tau$ 时间内、沿 y 轴方向导入与导出微元体净热量为：

$$\mathrm{d}Q_y - \mathrm{d}Q_{y+\mathrm{d}y} = -\frac{\partial q_y}{\partial y}\mathrm{d}x\mathrm{d}y\mathrm{d}z\mathrm{d}\tau \; (\mathrm{J}) \qquad (\mathrm{d})$$

$\mathrm{d}\tau$ 时间内、沿 z 轴方向导入与导出微元体净热量为：

$$\mathrm{d}Q_z - \mathrm{d}Q_{z+\mathrm{d}z} = -\frac{\partial q_z}{\partial z}\mathrm{d}x\mathrm{d}y\mathrm{d}z\mathrm{d}\tau \; (\mathrm{J}) \qquad (\mathrm{e})$$

因此可得：

$$导入与导出净热量 = -\left(\frac{\partial q_x}{\partial x} + \frac{\partial q_y}{\partial y} + \frac{\partial q_z}{\partial z}\right)\mathrm{d}x\mathrm{d}y\mathrm{d}z \; (\mathrm{J}) \qquad (\mathrm{f})$$

基于傅里叶定律有，$q_x = -\lambda\dfrac{\partial t}{\partial x}$，$q_y = -\lambda\dfrac{\partial t}{\partial y}$，$q_z = -\lambda\dfrac{\partial t}{\partial z}$。

式(f)可写为:

$$导入与导出净热量 = \left[\frac{\partial}{\partial x}\left(\lambda \frac{\partial t}{\partial x}\right) + \frac{\partial}{\partial y}\left(\lambda \frac{\partial t}{\partial y}\right) + \frac{\partial}{\partial z}\left(\lambda \frac{\partial t}{\partial z}\right)\right] dxdydz \text{ (J)} \tag{g}$$

2.2.2 微元体中内热源的发热量

$$d\tau 时间微元体中内热源的发热量 = q_v dxdydz \text{ (J)} \tag{h}$$

微元体热力学能的增量:

$$d\tau 时间微元体中热力学能的增量 = \rho c \frac{\partial t}{\partial \tau} dxdydz \text{ (J)} \tag{i}$$

最后,导出导热微分方程的一般新形式。

由(g)+(h)=(i),可得式(2-10):

$$\rho c \frac{\partial t}{\partial \tau} = \frac{\partial}{\partial x}\left(\lambda \frac{\partial t}{\partial x}\right) + \frac{\partial}{\partial y}\left(\lambda \frac{\partial t}{\partial y}\right) + \frac{\partial}{\partial z}\left(\lambda \frac{\partial t}{\partial z}\right) + q_v \tag{2-10}$$

因为已假设热导率、比热容和密度均为常物性,因此将上式中 λ 提到括号外,再将等式两边同时除以 ρc,可得:

$$\frac{\partial t}{\partial \tau} = a\left(\frac{\partial^2 t}{\partial x^2} + \frac{\partial^2 t}{\partial y^2} + \frac{\partial^2 t}{\partial z^2}\right) + \frac{q_v}{\rho c} \tag{2-11}$$

也可写为:

$$\frac{\partial t}{\partial \tau} = \alpha \nabla^2 t + \frac{q_v}{\rho c} \tag{2-12}$$

式中, $\alpha = \dfrac{\lambda}{\rho c}$ (m²/s)为热扩散率(导温系数), ∇^2 为拉普拉斯算子。

这就是直角坐标系中三维非稳态导热微分方程的一般形式。针对不同的具体导热过程,导热微分方程还有以下相应的简化形式。

物性参数为常数,无内热源(傅里叶方程,Fourier Equation):

$$\frac{\partial t}{\partial \tau} = \alpha\left(\frac{\partial^2 t}{\partial x^2} + \frac{\partial^2 t}{\partial y^2} + \frac{\partial^2 t}{\partial z^2}\right) \tag{2-13}$$

它适用于常物性、无内热源的三维非稳态导热问题的求解。

物性参数为常数,无内热源,稳态导热(拉普拉斯方程,Laplace Equation):

$$\nabla_{2t} = \frac{\partial^2 t}{\partial x^2} + \frac{\partial^2 t}{\partial y^2} + \frac{\partial^2 t}{\partial z^2} = 0 \tag{2-14}$$

它适用于常物性、无内热源的三维稳态导热问题的求解。

物性参数为常数,有内热源的稳态导热(泊松方程,Poission Equation):

$$\frac{\partial^2 t}{\partial x^2} + \frac{\partial^2 t}{\partial y^2} + \frac{\partial^2 t}{\partial z^2} + \frac{q_v}{\rho c} = 0 \tag{2-15}$$

它适用于常物性、有内热源的三维稳态导热问题的求解。

对于实际问题中遇到的圆柱坐标系及球坐标系的导热问题,运用数学上的坐标转换,可得到转换成圆柱坐标系及球坐标系的导热微分方程表达式。

2.2.3 圆柱坐标系(r, φ, z)

运用坐标变换 $x = r\cos\varphi$, $y = r\sin\varphi$, $z = z$ 可得:

$$q_r = -\lambda\,\frac{\partial t}{\partial r}\,,\ q_\varphi = -\lambda\,\frac{1}{r}\,\frac{\partial t}{\partial\varphi}\,,\ q_z = -\lambda\,\frac{\partial t}{\partial z}$$

将之带入傅里叶定律可得：

$$q = -\lambda\,\mathrm{grad}\ t = -\lambda\nabla t = -\lambda\left(i\,\frac{\partial t}{\partial r} + j\,\frac{1}{r}\,\frac{\partial t}{\partial\varphi} + k\,\frac{\partial t}{\partial z}\right) \tag{2-16}$$

即圆柱坐标系的导热微分方程为：

$$\rho c\,\frac{\partial t}{\partial\tau} = \frac{1}{r}\,\frac{\partial}{\partial r}\left(\lambda r\,\frac{\partial t}{\partial r}\right) + \frac{1}{r^2}\,\frac{\partial}{\partial\varphi}\left(\lambda\,\frac{\partial t}{\partial r}\right) + \frac{\partial}{\partial z}\left(\lambda\,\frac{\partial t}{\partial z}\right) + q_v \tag{2-17}$$

球坐标系$(r,\ \theta,\ \varphi)$：

运用坐标变换 $x = r\sin\theta\cdot\cos\varphi$，$y = r\sin\theta\cdot\sin\varphi$，$z = r\cos\theta$ 可得：

$$q_r = -\lambda\,\frac{\partial t}{\partial r}\,,\ q_\theta = -\lambda\,\frac{1}{r}\,\frac{\partial t}{\partial\theta}\,,\ q_\varphi = -\lambda\,\frac{1}{r\sin\theta}\,\frac{\partial t}{\partial\varphi}$$

将之带入傅里叶定律可得：

$$q = -\lambda\,\mathrm{grad}\ t = -\lambda\nabla t = -\lambda\left(i\,\frac{\partial t}{\partial r} + j\,\frac{1}{r}\,\frac{\partial t}{\partial\theta} + k\,\frac{1}{r\sin\theta}\,\frac{\partial t}{\partial\varphi}\right) \tag{2-18}$$

即可得球坐标系的微分方程：

$$\rho c\,\frac{\partial t}{\partial\tau} = \frac{1}{r^2}\,\frac{\partial}{\partial r}\left(\lambda r^2\,\frac{\partial t}{\partial r}\right) + \frac{1}{r^2\sin\theta}\,\frac{\partial}{\partial\theta}\left(\lambda\sin\theta\,\frac{\partial t}{\partial\theta}\right) + \frac{1}{r^2\sin\theta^2}\,\frac{\partial}{\partial\varphi}\left(\lambda\,\frac{\partial t}{\partial z}\right) + q_v \tag{2-19}$$

式（2-11）所示导热微分方程是描写导热过程共性的数学表达式。等号左边一项是单位时间内微元体热力学能的增量，称为非稳态项；等号右边前三项之和是通过界面的导热而使微元体在单位时间内增加的能量，称为扩散项；等号右边最后一项是源项。但实际工程中各类导热问题都具有各自的特性。例如针对某具体问题，如果在某一坐标方向上温度不发生变化，该方向的净导热量为零，则上述三维表达式中相应的扩散项即可去掉。又如在许多实际导热问题中，把热导率取为常量是可以容许的。而有一些特殊场合热导率是温度的函数，不能当作常量处理，即变热导率导热问题，注意到热导率不能作为常数的特点，可以推导出变热导率的导热方程式。例如，在直角坐标系中，非稳态、有内热源的变热导率导热微分方程式为导热微分方程的一般形式。

当导热过程为非傅里叶导热过程时，导热微分方程式即不可使用。所谓非傅里叶导热过程是指导热体不遵从傅里叶导热定律的导热过程，例如，极短时间产生极大的热流密度的热量传递现象，如激光加工过程以及低温度（接近于0K）时的导热问题，导热微分方程就不能使用了。

2.3 导热过程的初始条件与边界条件

求解导热问题归结为对导热微分方程式的求解。导热微分方程描写了物体温度随时间和空间变化的关系，没有涉及具体、特定的导热过程，是一个通用表达式。所获得的解是该导热微分方程式的通解。但实际工程的导热问题的求解，必须得到既满足导热微分方程式，又满足根据具体问题规定的附加条件下的特解，这才是具体问题的解答。使微分方程得到特解的附加条件即数学上的定解条件。

确定唯一解的附加补充说明条件的完整数学描述被称为定解条件。定解（单值性）条件包括四类：几何条件、物理条件、时间条件和边界条件。

（1）几何条件。说明导热体的几何形状和大小，如：平壁、圆筒壁、厚度、直径等。

（2）物理条件。说明导热体的物理特征，如：物性参数 λ、c 和 ρ 的数值是否随温度变化；有无内热源、其大小和分布；是否各向同性等。

（3）时间条件（初始条件）。说明导热过程随时间进行的特点。

①导热过程与时间无关——稳态过程无时间条件；

②导热过程与时间有关——非稳态过程有时间条件。

非稳态导热过程的求解，必须给出过程开始时刻导热体内的温度分布，即 $t|_{\tau=0} = f(x, y, z)$。时间条件又称为初始条件（Initial conditions）。例如：$t|_{\tau=0} = t_0$。边界条件：说明导热体边界上导热过程的特点，反应过程与周围环境相互作用的条件。

导热问题常见的边界条件一般可分为三类：

①第一类边界条件。规定了边界上的温度值。此类边界条件最简单的典型特例就是规定边界温度保持常数，即 $t_w =$ 常数。

对于稳态导热，第一类边界条件为：$t_w =$ 常数；

对于非稳态导热，第一类边界条件为：$t_w = f(\tau)$。

例：如图 2-11 所示，$x=0$，$t=t_{w_1}$；$x=\delta$，$t=t_{w_2}$。

②第二类边界条件。规定了边界上的热流密度值（见图 2-12）。

已知物体边界上热流密度的分布及变化规律为：

$$q|_s = q_w = f(x, y, z, \tau) \tag{2-20}$$

根据傅里叶定律有：

$$q_w = -\lambda \left(\frac{\partial t}{\partial n}\right)_w \tag{2-21}$$

即

$$\left(\frac{\partial t}{\partial n}\right)_w = \frac{q_w}{\lambda} \tag{2-22}$$

第二类边界条件相当于已知任何时刻物体边界面法向的温度梯度值。

对于稳态导热，第二类边界条件为：$q_w = \text{const}$；非稳态导热，第二类边界条件为：$q_w = f(\tau)$。特例：对于绝热边界面，第二类边界条件为：$q_w = -\lambda \left(\frac{\partial t}{\partial n}\right)_w = 0$，即 $\left(\frac{\partial t}{\partial n}\right)_w = 0$。

③第三类边界条件。规定了边界上物体与周围流体间的表面传热系数 h 及周围流体的温度 t_f（见图 2-13）。

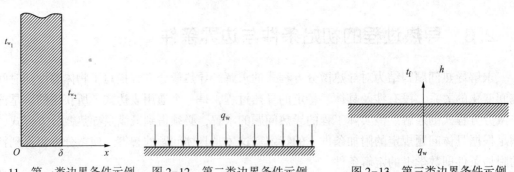

图 2-11 第一类边界条件示例　　图 2-12 第二类边界条件示例　　图 2-13 第三类边界条件示例

当物体壁面与流体相接触进行对流换热时，已知任一时刻边界面周围流体的温度和表面传热系数：由牛顿冷却定律 $q_w = h(t_w - t_f)$ 和傅里叶定律 $q_w = -\lambda(\partial t / \partial n)_w$，可得第三类边界条件为 $-\lambda(\partial t / \partial n)_w = h(t_w - t_f)$。

导热微分方程式的求解方法有多种，主要有：解析解、积分法、拉普拉斯变换法、分离变量法、积分变换法、数值解法、数值计算法等。

导热问题求解的步骤：

第一步：分析题中已知条件，将实际工程问题用数学方程表示出，确定属于哪一类导热问题、定性地确定温度分布等，从而确定所用导热微分方程式；第二步：根据方程及已知定解条件，确定求解方法，求得特解后将已知数据代入求解；第三步：检查所用单位，分析所获结果是否合理。

2.4 典型一维稳态导热问题的分析解

在以导热方式进行热量传递的过程中，若物体的温度场不随时间改变，称为稳态导热。不考虑时间因素，为分析研究提供了某些简化。具有内热源的稳态导热的基本方程式：

$$\alpha \nabla^2 t + \frac{\Phi}{\rho c} = 0 \tag{2-23}$$

式(2-23)称为泊松方程式。若没有内热源的稳态导热，可应用拉普拉斯方程求解：

$$\nabla^2 t = 0 \tag{2-24}$$

需要指出的是，上述两个方程式适用于性质不随方向而改变的各向同性介质的稳态导热。

一维拉普拉斯方程的通用形式为：

$$\frac{\mathrm{d}}{\mathrm{d}x}\left(\lambda x^i \frac{\mathrm{d}t}{\mathrm{d}x}\right) + q_v = 0 \tag{2-25}$$

式中，对于直角、圆柱和球坐标系，分别取 $i = 0$、1 或 2。

2.4.1 通过平壁的导热

如图 2-14 所示平壁。首先假设平壁的长度和宽度远大于其厚度 δ，并且平壁各向同性且物性 ρ、c、λ 已知。

2.4.1.1 第一类边界条件下（即已知 t_w）通过平壁的一维稳态导热

（1）单层平壁。

①λ 为常数、无内热源时：

$$\frac{\mathrm{d}^2 t}{\mathrm{d}x^2} = 0 \begin{cases} x = 0 \ (t = t_{w_1}) \\ x = \delta \ (t = t_{w_2}) \end{cases} \tag{2-26}$$

对微分方程式(2-26)连续两次积分，得通解为：

$$t = C_1 x + C_2 \tag{2-27}$$

根据边界条件来确定积分常数 C_1 和 C_2，得：$C_2 = t_{w_1}$，$C_1 = (t_{w_2} - t_{w_1})/\delta$，将 C_1 和 C_2 代入式(2-27)，可得平壁内温度分布：

$$t = \frac{t_{w_2} - t_{w_1}}{\delta}x + t_{w_1} = t_{w_1} - (t_{w_1} - t_{w_2})\frac{x}{\delta} \tag{2-28}$$

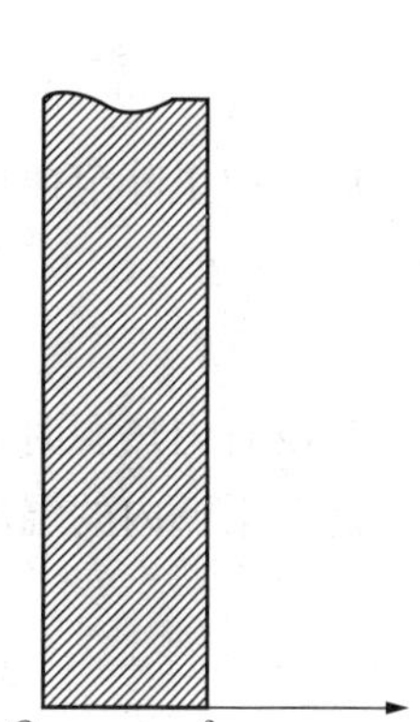

图 2-14 平壁示意图

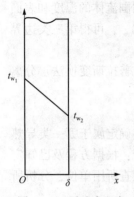

图 2-15 平壁中温度
变化示意图

根据式（2-28），在给定条件下平壁中的温度变化是直线，如图 2-15 所示。

应用傅里叶定律可以确定导过平壁的热流量为：

$$\Phi = -\lambda A \frac{\mathrm{d}t}{\mathrm{d}x} = \lambda A \frac{t_{w_1} - t_{w_2}}{\delta} = \frac{t_{w_1} - t_{w_2}}{\delta/\lambda A} = \frac{t_{w_1} - t_{w_2}}{R_\lambda} \quad (\text{W}) \quad (2\text{-}29)$$

式中，$R_\lambda = \delta/(\lambda A)$ 是导热面积为 A 时的导热热阻，单位为 K/W。

将热流量除以导热面积 A 即可得热流密度：

$$q = \frac{Q}{A} = \lambda \frac{t_{w_1} - t_{w_2}}{\delta} = \frac{t_{w_1} - t_{w_2}}{\delta/\lambda} = \frac{t_{w_1} - t_{w_2}}{r_\lambda} \quad (\text{W/m}^2) \quad (2\text{-}30)$$

式中，$r_\lambda = \delta/\lambda$ 为单位面积上导热热阻，单位为 $(\text{m}^2 \cdot \text{K})/\text{W}$。

② λ 为常数、有内热源时（见图 2-16）：

导热方程为：

$$\frac{\mathrm{d}^2 t}{\mathrm{d}x^2} + \frac{q_w}{\lambda} = 0 \qquad (2\text{-}31)$$

边界条件为：$\begin{cases} x = 0(t = t_{w_1}) \\ x = \delta(t = t_{w_2}) \end{cases}$

对微分方程式（2-31）连续两次积分，得：

$$\frac{\mathrm{d}t}{\mathrm{d}x} = -\frac{q_v}{\lambda}x + C_1$$

$$t = -\frac{q_v}{2\lambda}x^2 + C_1 x + C_2 \qquad (2\text{-}32)$$

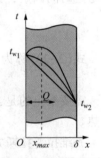

图 2-16　有内热源时
平壁内的温度
分布示意图

根据边界条件来确定积分常数 C_1 和 C_2 温度分布：

$$C_2 = t_{w_1}, \quad C_1 = \frac{t_{w_2} - t_{w_1}}{\delta} + \frac{q_v}{2\lambda}\delta$$

$$t_{w_1} = C_2$$

$$t_{w_2} = -\frac{q_v}{2\lambda}\delta^2 + C_1\delta + C_2$$

$$t = -\frac{q_v}{2\lambda}x^2 + \left(\frac{t_{w_2} - t_{w_1}}{\delta} + \frac{q_v}{2\lambda}\delta\right)x + t_{w_1} = \frac{\delta x - x^2}{2\lambda}q_v + \frac{t_{w_2} - t_{w_1}}{\delta}x + t_{w_1} \quad (2\text{-}33)$$

应用傅里叶定律可以确定导过平壁的热流密度为：

$$q = -\lambda\frac{\mathrm{d}t}{\mathrm{d}x} = -\lambda\left(\frac{\delta - 2x}{2\lambda}q_v + \frac{t_{w_2} - t_{w_1}}{\delta}\right) \qquad (2\text{-}34)$$

当没有内热源时：$q_v = 0$

此时平壁内的温度分布为：

$$t = t_w - \frac{t_{w_1} - t_{w_2}}{\delta}x \qquad (2\text{-}35)$$

下面，对平壁内温度曲线的形状进行讨论。

当 $t_{w_1} = t_{w_2}$ 时（即平壁两侧面温度相等），有：

$$t = \frac{\delta x - x^2}{2\lambda} q_{\mathrm{v}} + t_{\mathrm{w}_1} \tag{2-36}$$

令 $\dfrac{\mathrm{d}t}{\mathrm{d}x} = \dfrac{(\delta - 2x)}{2\lambda} q_{\mathrm{v}} = 0$，则有：

$$x = \frac{\delta}{2} \tag{2-37}$$

当 $t_{\mathrm{w}_1} \neq t_{\mathrm{w}_2}$ 时，有：

$$\frac{\mathrm{d}t}{\mathrm{d}x} = \frac{\delta}{2\lambda} q_{\mathrm{v}} - \frac{x}{\lambda} q_{\mathrm{v}} + \frac{t_{\mathrm{w}_2} - t_{\mathrm{w}_1}}{\delta} \tag{2-38}$$

令 $\dfrac{\mathrm{d}t}{\mathrm{d}x} = 0$，则可得：

$$x = \frac{\delta}{2} + \frac{t_{\mathrm{w}_2} - t_{\mathrm{w}_1}}{\delta} \cdot \frac{\lambda}{q_{\mathrm{v}}} \tag{2-39}$$

【例 2-1】 单层平壁导热

已知用平底锅烧开水导热量 $q = 42400\mathrm{W/m^2}$，锅底水垢厚度为 $\delta = 2\mathrm{mm}$，水垢上表面温度为 $t_1 = 111\,^\circ\mathrm{C}$，$\lambda = 1\mathrm{W/(m \cdot K)}$。试求水垢的下表面温度 t_2。

解：根据傅里叶定律可知：

$$q = -\lambda \frac{\Delta t}{\delta} = -\lambda \frac{t_2 - t_1}{\delta}$$

移项可得：

$$t_2 = t_1 + \frac{q}{\lambda}\delta = 111 + \frac{42400}{1} \times 0.002 = 195.8\,^\circ\mathrm{C}$$

（2）多层平壁。热阻概念的建立给复杂热转移过程的分析带来很大的便利，可以借用比较熟悉的串、并联电路电阻的计算公式来计算热转移过程的合成热阻（或称总热阻）。串联电路叠加总电阻的计算原则可以应用到串联导热热阻的计算上，从而方便地推导出复合壁的导热公式。

多层平壁是指由多种不同材料叠加在一起组成的复合壁（见图 2-17）。例如，房屋的墙壁由白灰内层、水泥沙浆层、红砖（青砖）主体层等组成。假设各层之间接触良好，可以近似地认为结合面上各处的温度相等，则有：

$$\Phi = \frac{t_{\mathrm{w}_1} - t_{\mathrm{w}_2}}{\delta_1 / \lambda_2 A} = \frac{t_{\mathrm{w}_2} - t_{\mathrm{w}_1}}{\delta_2 / \lambda_2 A} = \frac{t_{\mathrm{w}_3} - t_{\mathrm{w}_4}}{\delta_3 / \lambda_3 A}$$

$$\Phi = \frac{t_{\mathrm{w}_1} - t_{\mathrm{w}_4}}{\dfrac{\delta_1}{\lambda_1 A} + \dfrac{\delta_2}{\lambda_2 A} + \dfrac{\delta_3}{\lambda_3 A}} \tag{2-40}$$

式（2-40）中，Φ 就等于温差除以热阻。求得热流量，就可以得到热流密度：

$$q = \frac{\Phi}{A} = \frac{t_{\mathrm{w}_1} - t_{\mathrm{w}_4}}{\dfrac{\delta_1}{\lambda_1} + \dfrac{\delta_2}{\lambda_2} + \dfrac{\delta_3}{\lambda_3}} \tag{2-41}$$

将多层平壁扩展到 n 层平壁，同理，有：

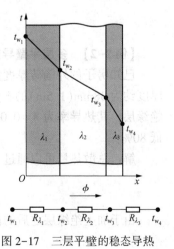

图 2-17 三层平壁的稳态导热

23

$$\Phi = \frac{t_{w_1} - t_{(n+1)}}{\sum_{i=1}^{n} R_{\text{总}}} \qquad (2\text{-}42)$$

式中，$R_{\text{总}} = \dfrac{\delta_i}{\lambda_i A}$ 为总热阻。

2.4.1.2 第三类边界条件下通过平壁的一维稳态导热(见图2-18)

(1)单层平壁(λ 为常数、无内热源)。控制方程：

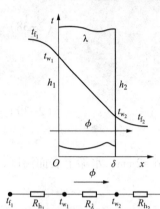

图2-18 第三类边界条件下
一维平壁的非稳态导热

$$\frac{\mathrm{d}^2 t}{\mathrm{d}x^2} = 0$$

第三类边界条件：

$$x = 0, \quad -\lambda \frac{\mathrm{d}t}{\mathrm{d}x} = h_1(t_{f_1} - t_{w_1})$$

$$x = \delta, \quad -\lambda \frac{\mathrm{d}t}{\mathrm{d}x} = h_2(t_{w_2} - t_{f_2})$$

由于是稳态传热，因此在传热过程中热流密度保持不变，有：

$$q_{x=0} = h_1(t_{f_1} - t_{w_1}) = q = \lambda(t_{w_1} \cdot t_{w_2})/\delta = q_{x=\delta} = h_2(t_{w_2} - t_{f_2})$$
$$(2\text{-}43)$$

由式(2-43)可得：

$$q = \frac{t_{f_1} - t_{f_2}}{\dfrac{1}{h_1} + \dfrac{\delta}{\lambda} + \dfrac{1}{h_2}} \qquad (2\text{-}44)$$

式中，$k = \dfrac{1}{\dfrac{1}{h_1} + \dfrac{\delta}{\lambda} + \dfrac{1}{h_2}}$，称为传热系数，单位为 $W/(m^2 \cdot K)$。

(2)多层平壁(λ 为常数、无内热源)。由于多层平壁的总热阻等于各层热阻之和，利用上述算法对多层平壁热流密度的算法进行计算，可得：

$$q = \frac{t_{f_1} - t_{f_2}}{\dfrac{1}{h_1} + \sum_{i=1}^{n} \dfrac{\delta_i}{\lambda_i} + \dfrac{1}{h_2}} \quad (W/m^2) \qquad (2\text{-}45)$$

【例2-2】 多层平壁导热

已知房子的外墙砖厚度大约是100mm(4in)，其热导率 $\lambda = 0.7W/(m^2 \cdot K)$，接着是一层厚度约为38mm(1.5in)的石膏涂层，其热导率 $\lambda = 0.48W/(m^2 \cdot K)$。如果再在其上涂一层热绝缘层，其热导率为 $\lambda = 0.065W/(m^2 \cdot K)$，试问当热绝缘层为多厚时，通过墙壁的散热量降低80%？

解：总散热量可以通过下式求得：

$$q = \frac{\Delta T}{\sum R_{\text{th}}}$$

由于加上绝缘层之后的散热量仅是没加绝缘层时散热量的20%(降低80%)，即

$$\frac{q_{with}}{q_{without}} = 0.2 = \frac{\sum q_{with}}{\sum q_{without}}$$

在单位面积上，砖和石膏涂层的热阻分别为：

$$R_b = \frac{\Delta x}{\lambda} = \frac{4 \times 0.0254}{0.7} = 0.145 (m^2 \cdot K)/W$$

$$R_p = \frac{\Delta x}{\lambda} = \frac{1.5 \times 0.0254}{0.48} = 0.079 (m^2 \cdot K)/W$$

因此，没有绝缘层时的总热阻为：

$$R = 0.145 + 0.079 = 0.224 (m^2 \cdot K)/W$$

则有绝缘层时的热阻为：

$$R_{with} = \frac{0.224}{0.2} = 1.12 (m^2 \cdot K)/W$$

因此，绝缘层的热阻可通过总热阻 R_{with} 和 R 求得：

$$1.12 = 0.224 + R_{rw}$$

$$R_{rw} = 0.896 = \frac{\Delta x}{\lambda} = \frac{\Delta x}{0.065}$$

因此：

$$\Delta x_{rw} = 0.0582m = 2.3m$$

2.4.2 通过圆筒壁的导热

2.4.2.1 第一类边界条件下通过圆筒壁的导热

(1)单层圆筒壁。工程上许多导热体是圆筒形的，如：热力管道、换热器中的管道等。当圆筒壁的外半径小于长度的 1/10 时，可以将圆筒看作无限长，同时当内、外壁温保持不变时，不必考虑轴向和周向导热，这样圆筒的导热问题就可以简化成一维径向稳态导热(见图 2-19)。

假设，单层圆筒的长度为 L，热导率 λ 为定值，无内热源，则有导热微分方程为：

$$\frac{d}{dr}\left(r \frac{dt}{dr}\right) = 0 \qquad (2-46)$$

几何条件：单层圆筒壁内外径分别为 r_1、r_2
物理条件：λ 已知，且无内热源
时间条件：稳态导热，不随时间变化，$\partial t/\partial \tau = 0$
边界条件：$r = r_1$ 时，$t = t_{w_1}$；$r = r_2$ 时，$t = t_{w_2}$
将式(2-46)两边同时积分两次，可得：

$$r \frac{dt}{dr} = C_1$$

$$t = C_1 \ln r + C_2 \qquad (2-47)$$

将边界条件代入式(2-47)，可得：

$$t_{w_1} = C_1 \ln r_1 + C_2 \qquad (2-48)$$

$$t_{w_2} = C_1 \ln r_2 + C_2 \qquad (2-49)$$

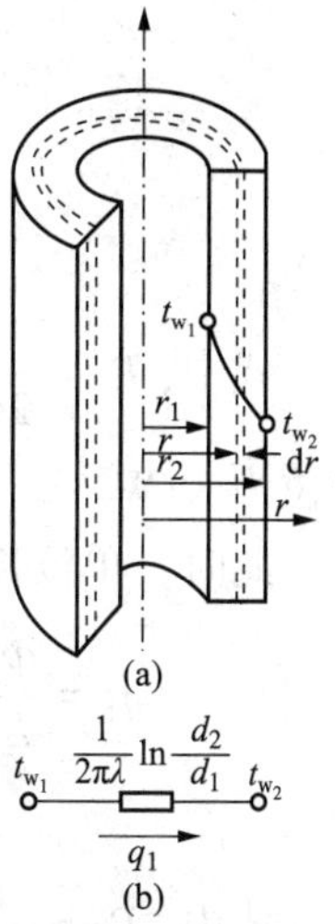

图 2-19 圆筒壁的
一维导热

25

求解，即可确定积分常数 C_1 和 C_2：

$$C_1 = \frac{t_{w_2} - t_{w_1}}{\ln(r_2/r_1)}$$

$$C_2 = t_{w_1} - (t_{w_2} - t_{w_1})\frac{\ln r_1}{\ln(r_2/r_1)}$$

将 C_1 和 C_2 代入式(2-47)，可得圆筒壁内温度分布(见图2-20)：

$$t = \frac{t_{w_2} - t_{w_1}}{\ln(r_2/r_1)}\ln r + t_{w_1} - (t_{w_2} - t_{w_1})\frac{\ln r_1}{\ln(r_2/r_1)}$$

$$= t_{w_1} - (t_{w_2} - t_{w_1})\frac{\ln(r/r_1)}{\ln(r_2/r_1)} \qquad (2-50)$$

下面，对圆筒壁内温度分布曲线的形状进行讨论：

$$t = t_{w_1} - (t_{w_2} - t_{w_1})\frac{\ln(r/r_1)}{\ln(r_2/r_1)} \qquad (2-51)$$

$$\frac{dt}{dr} = -\frac{t_{w_1} - t_{w_2}}{\ln(r_2/r_1)}\frac{1}{r} \qquad (2-52)$$

$$\frac{d^2t}{dr^2} = \frac{t_{w_1} - t_{w_2}}{\ln(r_2/r_1)}\frac{1}{r^2} \qquad (2-53)$$

分析式(2-52)和式(2-53)，可知若 $t_{w_1} > t_{w_2}$ 时，$\frac{d^2t}{dr^2} > 0$，温度曲线向上凹；若 $t_{w_1} < t_{w_2}$ 时，$\frac{d^2t}{dr^2} < 0$，温度曲线向下凹。

此时可得圆筒壁内导热热流量为：

$$\Phi = -\lambda A\frac{dt}{dr} = -\lambda 2\pi rL\left(-\frac{t_{w_1} - t_{w_2}}{\ln(r_2/r_1)}\frac{1}{r}\right)$$

$$= \frac{t_{w_1} - t_{w_2}}{\frac{1}{2\pi rL}\ln(r_2/r_1)} = \frac{t_{w_1} - t_{w_2}}{R_\lambda} \qquad (2-54)$$

式中，$R_\lambda = \frac{1}{2\pi rL}\ln(r_2/r_1)$ 为长度为 L 的圆筒壁的导热热阻，单位为 K/W。

此时，单位长度圆筒壁的热流量为：

$$q_1 = \frac{\Phi}{L} = \frac{t_{w_1} - t_{w_2}}{\frac{1}{2\pi rL}\ln(r_2/r_1)} = \frac{t_{w_1} - t_{w_2}}{R_{\lambda_1}} \ (\text{W/m}) \qquad (2-55)$$

式中，$R_\lambda = \frac{1}{2\pi\lambda}\ln\frac{r_2}{r_1}$ 为单位长度的圆筒壁的导热热阻，单位为 m·K/W。

(2) 多层圆筒壁(见图2-21)。

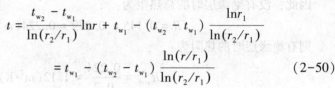

图 2-20　圆筒壁的温度分布

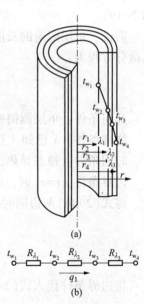

图 2-21　三层圆筒壁的稳态导热

对于由不同材料构成的多层圆筒壁，其导热热流量可按总温差和总热阻计算：

$$\Phi = \frac{t_{w_1} - t_{w_2}}{\sum\limits_{i=1}^{3} \frac{1}{2\pi \lambda_i L} \ln \frac{r_{i+1}}{r_i}} (\text{W}) \tag{2-56}$$

$$q_1 = \frac{t_{w_1} - t_{w_4}}{\sum\limits_{i=1}^{3} \frac{1}{2\pi \lambda_i} \ln \frac{r_{i+1}}{r_i}} (\text{W/m}) \tag{2-57}$$

对于 n 层圆筒壁，其计算方法与上面相同，有：

$$q_1 = \frac{t_{w_1} - t_{w(n+1)}}{\sum\limits_{i=1}^{n} R_{\lambda li}} = \frac{t_{w_1} - t_{w(n+1)}}{\sum\limits_{i=1}^{n} \frac{1}{2\pi \lambda_i} \ln \frac{r_{i-1}}{r_i}} \tag{2-58}$$

2.4.2.2 第三类边界条件下通过圆筒壁的导热

（1）单层圆筒壁。在第三类边界条件下对圆筒壁的简化假设与第一类边界条件下的相同，即当圆筒壁的外半径小于长度的 1/10 时，可以将圆筒看作无限长，同时当内、外壁温保持不变时，不考虑轴向和周向导热，这样将圆筒的导热问题简化成为一维径向稳态导热（见图 2-22）。

假设，单层圆筒的长度为 L；热导率 λ 为定值；无内热源，则有导热微分方程为：

$$\frac{d}{dr}\left(r \frac{dt}{dr}\right) = 0 \tag{2-59}$$

几何条件：单层圆筒壁内外径分别为 r_1、r_2

物理条件：λ 已知，且无内热源

时间条件：稳态导热，不随时间变化：$\frac{\partial t}{\partial \tau} = 0$

边界条件：$r = r_1$ 时，$-\lambda \frac{dt}{dr}\Big|_{r_1} = h_1(t_{f_1} - t_{w_1})$ ；$r = r_2$ 时，

$-\lambda \frac{dt}{dr}\Big|_{r_2} = h_2(t_{w_2} - t_{f_2})$ ，根据能量守恒定律，可得：

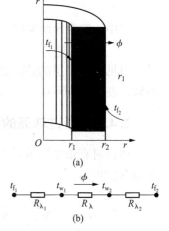

图 2-22 第三类边界
条件下的导热

$$q_l\big|_{r_1} = 2\pi r_1 h_1(t_{f_1} - t_{w_1}) = q_1 = \frac{t_{w_1} - t_{w_2}}{\frac{1}{2\pi\lambda}\ln(r_2/r_1)} = q_1\big|_{r_2} = 2\pi r_2 h_2(t_{w_2} - t_{f_2}) \tag{2-60}$$

$$q_l = \frac{t_{f_1} - t_f}{\frac{1}{h_1 2\pi r_1} + \frac{1}{2\pi\lambda \ln \frac{r_2}{r_1}} + \frac{1}{h_2 2\pi r_2}} = \frac{t_{f_1} - t_{f_2}}{R_1} (\text{W/m}) \tag{2-61}$$

式中，R_1 为通过单位长度圆筒壁传热过程的热阻，单位为 $(\text{m} \cdot \text{K})/\text{W}$。$R_1$ 的表达式为：

$$R_1 = \frac{1}{h_1 2\pi r_1} + \frac{1}{2\pi\lambda}\ln \frac{r_2}{r_1} = \frac{1}{h_2 \pi r_2} = \frac{1}{h_1 \pi d_1} + \frac{1}{2\pi\lambda}\ln \frac{d_2}{d_1} + \frac{1}{h_2 \pi d_2} \tag{2-62}$$

（2）多层圆筒壁。利用上述求解过程对第三类边界条件下的多层圆筒壁的导热进行计

算，这里不详细介绍计算过程，仅给出结果。第三类边界条件下多层圆筒壁的热流量为：

$$q_1 = \frac{t_{f_1} - t_{f_2}}{\frac{1}{h_1 \pi d_1} + \sum_{i=1}^{n} \frac{1}{2\pi \lambda_1} \ln \frac{d_{i+1}}{d_1} + \frac{1}{h_2 \pi d_{n+1}}} \tag{2-63}$$

【例 2-3】 多层圆筒壁导热

已知一个内径为 2cm、外径为 4cm 的厚壁不锈钢管[18%Cr，8%Ni，$\lambda = 19 W/(m \cdot K)$]，外壁上覆盖着 3cm 的石棉绝缘层[$\lambda = 0.2 W/(m \cdot K)$]，绝缘层外壁温度为 100℃。如果管内壁温度保持恒温 600℃，试计算单位长度上的热损失和绝缘层内壁的温度。

解：单位长度的热流量为：

$$\frac{q}{L} = \frac{2\pi(T_1 - T_2)}{\ln(r_2/r_1)/\lambda_s + \ln(r_3/r_2)/\lambda_a} = \frac{2\pi(600 - 100)}{(\ln 2)/19 + (\ln 2.5)/0.2} = 680 W/m$$

热流量用来计算管外壁和绝缘层内壁之间的界面温度。有：

$$\frac{q}{L} = \frac{T_1 - T_2}{\ln(r_3/r_2)/2\pi\lambda_s} = 680 W/m$$

式中，T_a 为界面温度。因此可得：

$$T_a = 595.8℃$$

可见，绝缘层的热阻影响很大，温度降绝大部分发生在绝缘层，从而有效地保证了热量不致散发到周围环境。

2.4.3 通过球壳的稳态导热

通过对直角坐标系下的导热微分方程进行坐标变换（见图 2-23），可得球坐标系下的导热微分方程为：

$$\rho c \frac{\partial t}{\partial \tau} = \frac{1}{r^2} \frac{\partial}{\partial r}\left(\lambda r^2 \frac{\partial t}{\partial r}\right) + \frac{1}{r^2 \sin\theta} + \frac{1}{r^2 \sin\theta} \frac{\partial}{\partial \theta}\left(\lambda \sin\theta \frac{\partial t}{\partial \theta}\right) + \frac{1}{r^2 \sin^2\theta} \frac{\partial}{\partial \Phi}\left(\lambda \frac{\partial t}{\partial \Phi}\right) + q_v \tag{2-64}$$

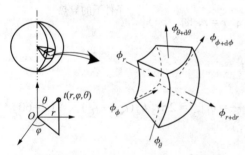

图 2-23 球坐标系中的微元体

对于内、外表面维持均匀恒定温度的空心球壁的导热，在球坐标系中也是一维导热问题。假设热导率 λ 为常数，无内热源，则导热微分方程为：

$$\frac{1}{r^2} \frac{\partial}{\partial r}\left(\lambda r^2 \frac{\partial t}{\partial r}\right) = 0 \tag{2-65}$$

通过积分求解，可得：

温度分布：

$$t = t_2 + (t_1 - t_2)\frac{1/r - 1/r_2}{1/r_1 - 1/r_2} \tag{2-66}$$

热流量：

$$\Phi = \frac{4\pi\lambda(t_1 - t_2)}{1/r_1 - 1/r_2} \tag{2-67}$$

导热热阻：

$$R = \frac{1}{4\pi\lambda}\left(\frac{1}{r_1} - \frac{1}{r_2}\right) \tag{2-68}$$

2.4.4 其他变面积或变热导率问题

对于热导率为变数或沿导热热流密度矢量方向导热截面积为变量的情形，可通过直接得出导热热流量的计算式进行计算。此时，热导率一般可表示为温度的函数 $\lambda(t)$。以一维问题为例，傅里叶定律的表达式为：

$$\Phi = -A(x)\lambda(t)\frac{\mathrm{d}t}{\mathrm{d}x} \tag{2-69}$$

分离变数后积分，并注意到热流量 Φ 与 x 无关可得：

$$\Phi\int_{x_1}^{x_2}\frac{\mathrm{d}x}{A(x)} = -\int_{t_1}^{t_2}\lambda(t)\,\mathrm{d}t \tag{2-70}$$

即：

$$\Phi\int_{x_1}^{x_2}\frac{\mathrm{d}x}{A(x)} = -\int_{t_1}^{t_2}\lambda(t)\,\mathrm{d}t\,\frac{(t_2-t_1)}{t_2-t_1} \tag{2-71}$$

显然，式中 $\dfrac{-\int_{t_1}^{t_2}\lambda(t)\,\mathrm{d}t}{t_2-t_1}$ 项是 λ 在 $t_1 \sim t_2$ 范围内的积分平均值，可用 $\bar{\lambda}$ 来表示。于是式 (2-71) 可写成：

$$\Phi = \frac{\bar{\lambda}(t_1-t_2)}{\int_{x_1}^{x_2}\dfrac{\mathrm{d}x}{A(x)}} \tag{2-72}$$

只要把具体问题中的 A 与 x 的关系代入上式就可得到适用于具体情况的计算公式。

在工程计算中，许多材料的热导率对温度的依变关系为线性关系。式 (2-72) 中的 $\bar{\lambda}$ 就是算术平均温度 $\bar{t} = \left(\dfrac{t_1+t_2}{2}\right)$ 下的 $\bar{\lambda}$ 值。因此只要取用算术平均温度下的热导率 $\bar{\lambda}$ 值，前面导得的定热导率公式就可适用于变热导率问题。

2.4.5 通过肋片的稳态导热

工程上在一些换热设备中，为了增大换热面积、强化换热，一般采取在换热面上加装肋片的途径。肋片通常是指依附于零件基础表面上的扩展面。如：钢片式暖气片、汽车水箱及家用冰箱、空调换热器加装的肋片等。扩展面的形状有针肋、直肋、环肋和大套片等不同形状。

肋片的分类多种多样，主要有以下两种分类方法：第一种，按照肋片的形状可分为直肋、环肋；第二种，按照肋片的截面可分为等截面肋片、变截面肋片，如图 2-24 和图 2-25 所示。

计算肋片导热量的关键问题是具体分析肋片的导热特点，即将基础面看作是长杆的导热，而在扩展面方向上同时具有对流换热及辐射散热，并导致肋片中沿导热热流传递的方向上热流量是不断变化的。对于长杆，无论截面形状如何，导热均可作为一维。当它的表面存在散热时，就是第三类边界条件下通过平壁的一维稳态导热，其导热热流量为：

$$\Phi = \frac{t_{f_1} - t_{f_2}}{\dfrac{1}{h_1 A} + \dfrac{\delta}{\lambda A} + \dfrac{1}{h_2 A}} \quad (\text{W}) \tag{2-73}$$

图 2-24　现实生活中常见的肋片

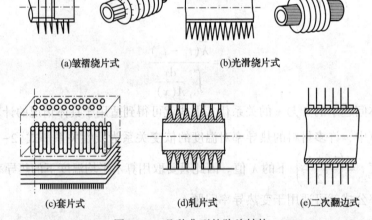

(a)皱褶绕片式　　　　　(b)光滑绕片式

(c)套片式　　　　(d)轧片式　　　　(e)二次翻边式

图 2-25　几种典型的肋片结构

下面按照不同情况讨论肋片导热量的计算。

2.4.5.1　等截面直肋的稳态导热

肋片中的温度场实际上是三维的，其温度分布取决于内部 x、y、z 三个方向的导热热阻以及表面与流体之间的对流换热热阻。但求解二维、三维导热问题十分复杂，在满足工程需要的前提下，将问题进行简化。提出假设如下：

（1）肋片在垂直于纸面方向很长，不考虑温度沿该方向的变化，因此可取单位长度来分析；

（2）材料的热导率 λ 及表面传热系数 h 均为常数，沿肋高方向肋片横截面积 A 保持不变；

（3）表面上的传热热阻 $1/h$ 远远大于肋片中的导热热阻 δ/λ，因此认为温度沿厚度变化很小；

（4）肋片顶端可视为绝热，即在肋的顶端无热量导出。

经过上述简化，所研究的问题就可按照一维稳态导热问题处理。现对图 2-26 所示的微元体进行分析。已知微元体截面积为 $A=l\delta$，周长为 $U=2(l+\delta)$，换热面积为 U_{dx}。可得其热平衡方程为：

$$\Phi_x = \Phi_{x+dx} + \Phi_c \tag{2-74}$$

式 $(2-74)$ 中，$\Phi_x = -\lambda A \dfrac{dt}{dx}$，$\Phi_c = hUdx(t - t_\infty)$

$$\Phi_{x+dx} = \Phi_x + \frac{d\Phi_x}{dx} = -\lambda A \frac{dt}{dx} - \frac{d}{dx}\left(\lambda A \frac{dt}{dx}\right)dx$$

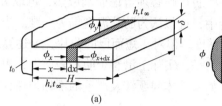 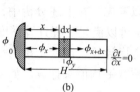 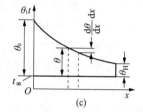

图 2-26 等截面直肋稳态导热的计算

假设 λ 与 A 为常数，由此可得导热微分方程为：

$$\frac{d^2t}{dx^2} - \frac{hU}{\lambda A}(t - t_\infty) = 0 \tag{2-75}$$

边界条件为：$x=0$，$t=t_0$；$x=H$，$-\lambda \dfrac{dt}{dx}\Big|_H = 0$；

令 $\dfrac{hU}{\lambda A} = m^2$，并引入过余温度 $\theta = t - t_\infty$，则导热微分方程变为齐次方程：

$$\frac{d^2\theta}{dx^2} - m^2\theta = 0 \tag{2-76}$$

式 $(2-76)$ 是一个二阶线性齐次常微分方程，其通解为：

$$\theta = C_1 e^{mx} + C_2 e^{-mx} \tag{2-77}$$

由边界条件，可确定 C_1、C_2，有：

$$C_1 = \theta_0 \frac{e^{-mH}}{e^{mH} + e^{-mH}}$$

$$C_2 = \theta_0 \frac{e^{-mH}}{e^{mH} + e^{-mH}}$$

最后可得肋片中的温度分布（见图 2-27）：

$$\theta = \theta_0 \frac{e^{m(H-x)} + e^{-m(H-x)}}{e^{mH} + e^{-mH}} = \theta_0 \frac{\cosh[m(H-x)]}{\cosh(mH)} \tag{2-78}$$

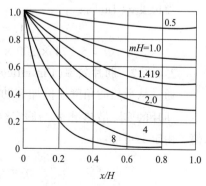

令 $x=H$，可算得肋端的过余温度为：

$$\theta_H = \theta_0 \frac{1}{\cosh(mH)} \tag{2-79}$$

或

$$\frac{\theta_H}{\theta_0} = \frac{1}{\cosh(mH)} \tag{2-80}$$

图 2-27 肋片温度分布图

在稳态条件下，由肋片散入外界的全部热流量都必须通过 $x=0$ 处的肋根截面，将式(2-78)的 θ 代入傅里叶定律的表达式，即得肋片表面的散热量：

$$\Phi = -\lambda A \frac{\mathrm{d}\theta}{\mathrm{d}x}\Big|_{x=0} = \lambda A \theta_0 m \cdot \tanh(mH) = \sqrt{hU\lambda A}\,\theta_0 \cdot \tanh(mH) \qquad (2-81)$$

式中，$\tanh(mH) = \dfrac{\mathrm{e}^{mH} - \mathrm{e}^{-mH}}{\mathrm{e}^{mH} + \mathrm{e}^{-mH}}$ 是双曲正切函数。

上述推导中虽然忽略了肋端的散热(认为肋端绝热)，但对于一般工程计算，尤其对于高而薄的肋片，所得的结果已经足够精确。有时一些肋片则必须考虑肋端散热，可取 $H_c = H + \delta/2$，即将肋端放在两侧面加以考虑。在上述分析中，近似认为肋片温度场为一维。当 $Bi = h\delta/\lambda \leqslant 0.05$ 时，误差小于1%，可以满足工程计算精度。但对于短而厚的肋片，上述算式不适用，应作为二维温度场进行考虑计算。需要指出的是，实际上沿整个肋片表面上，表面传热系数 h 是不均匀的，但可以按其平均值来计算。如果具体问题涉及严重的不均匀性，则需采用数值方法进行计算。

值得注意的是，敷设肋片不一定就能强化传热，只有满足一定的条件才能增加散热量，因此在设计肋片时要注意这一点。

【例2-4】 肋片散热

已知：一个壁面上伸出一根纯铝的等截面直肋，已知肋片厚度 l 为3mm，垂直于壁面的长度 L 为 7.5cm，热导率为 $\lambda = 200\text{W}/(\text{m}\cdot\text{K})$，如图2-26所示。肋根的温度恒为573K，周围环境温度为323K，表面传热系数 $h = 10\ \text{W}/(\text{m}^2\cdot\text{K})$。试计算垂直纸面方向单位长度肋片的热损失。

解：在计算肋片散热时，可近似地将肋端截面折入肋长中，有：

$$L_c = L + l/2 = 7.5 + 0.3/2 = 7.65\text{cm}$$

$$m = \sqrt{\frac{hU}{\lambda A_f}} = \sqrt{\frac{h(2z + 2l)}{\lambda z l}} \approx \sqrt{\frac{2h}{\lambda l}}$$

当肋片沿垂直纸面方向的长度 $z \gg l$ 时，有：

$$m = \left(\frac{2 \times 10}{200 \times 3 \times 10^{-3}}\right)^{\frac{1}{2}} = 5.774$$

因此就有：

$$\Phi = \tanh(mL_c) \cdot \sqrt{hU\lambda A_f}\,\theta_0$$

当长度 $z = 1\text{m}$ 时：

$$A_f = 1 \times 3 \times 10^{-3} = 3 \times 10^{-3}\ \text{m}^2$$

$$\Phi = 5.774 \times 200 \times 3 \times 10^{-3} \tanh(5.774 \times 0.0765) = 359\text{W/m}$$

2.4.5.2 肋片效率(Fin efficiency)

通常从散热的角度评价加装肋片后的换热效果。肋片效率是指在肋片表面平均温度 t_m 下，肋片的实际散热量 Φ 与假定整个肋片表面都处在肋基温度 t_0 时的理想散热量 Φ_0 的比值。由定义可得：

$$\eta_f = \frac{\Phi}{\Phi_0} = \frac{hUH(t_m - t_\infty)}{hUH(t_0 - t_\infty)} = \frac{\theta_m}{\theta_0} < 1 \qquad (2-82)$$

当 $t_m = t_0$ 时，$\eta_f = 1$，即相当于热导率 $\lambda \to \infty$ 时的情况。

所以：

$$\eta_f = \frac{\tanh(mH)}{mH} \qquad (2-83)$$

式中，$m = \sqrt{\dfrac{hU}{\lambda A}}$。

因此，式(2-82)又可写为：

$$\eta_f = \frac{\Phi}{\Phi_0} = \frac{hUH(t_m - t_\infty)}{hUH(t_0 - t_\infty)} = \frac{\tanh(mH)}{mH} \qquad (2-84)$$

或

$$\eta_f = \frac{\Phi}{\Phi_0} = \frac{\sqrt{hU\lambda A}\,\theta_0 \tanh(mH)}{hUH\theta_0} = \sqrt{\frac{\lambda A}{hU}}\,\frac{\tanh(mH)}{H} = \frac{\tanh(mH)}{mH} \qquad (2-85)$$

影响肋片效率的因素很多，主要有肋片材料的热导率 λ、肋片表面与周围介质之间的表面传热系数 h、肋片的几何形状和尺寸(U，A，H)。

分析肋片效率计算式，可知 $\dfrac{\tanh(mH)}{mH}$ 的数值随 mH 的增加而趋于一定值($mH \sim 3$ 数值基本不变)。

分析式(2-81)和式(2-83)可知，当 m 数值一定时，随着肋片高度 H 增加，Φ 先迅速增大，但逐渐增量越来越小，最后趋于一定值。当 H 继续增加到一定程度，再继续增加 H 将导致肋片效率的降低。

从图 2-28 可以看出，当 mH 的数值较小时，η_f 较高。在高度 H 一定时，较小的 m 有利于提高 η_f。为了提高肋片效率，肋片应选用热导率较大的材料；而当 λ 和 h 都给定时，m 随 U/A 的降低而降低。U/A 取决于肋片几何形状和尺寸。

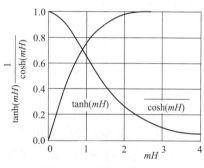

图 2-28　肋效率关系

只有肋效率 $\eta_f > 80\%$ 的肋片才经济实用，图 2-29 给出了不同剖面肋片的效率曲线。

在保持散热量基本不变的前提下，采用变截面肋片可以达到减轻肋片重量、节省材料的目的。

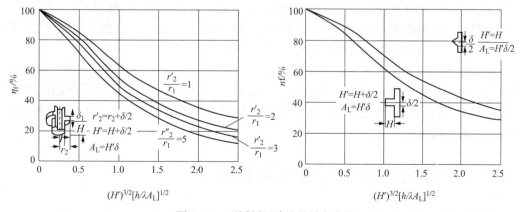

图 2-29　不同剖面肋片的效率曲线

33

肋片散热量的计算方法通常有以下几种：

(1)由图线或计算公式得到 η_f；

(2)计算出理想情况下的散热量 $\Phi_0 = hUH(t_0 - t_\infty)$；

(3)由式 $\Phi = \eta_f \Phi_0$ 计算出实际散热量 Φ。

在设计肋片时，首先要考虑肋片的质量、制造的难易程度、价格和空间位置的限制等，选择合适的形状，并对散热效率以及散热量进行计算，以确定符合要求的肋片。

2.4.5.3 通过接触面的导热

在讨论多层平壁导热时，假定两固体表面直接接触的界面是紧密结合无间隙的，但实际固体表面不是理想平整的，两固体表面直接接触的界面容易出现点接触，或者只是部分的而不是完全的、平整的面接触，而导致额外的导热热阻。这种由接触界面间隙产生的热阻称为接触热阻(Thermal contact resistance)(见图 2-30)。

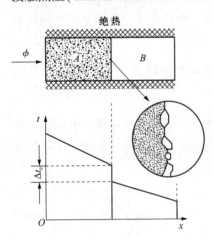

图 2-30　通过接触面的导热示意图

当界面上的空隙中充满热导率远小于固体的气体时，接触热阻的影响更突出；当两固体壁具有温差时，接合处的热传递机理为接触点间的固体导热和间隙中的空气导热之和，对流和辐射的影响一般不大。

在有接触热面的热阻计算中，面积热流量为：

$$q = \frac{t_1 - t_3}{\dfrac{\delta_A}{\lambda_A} + r_c + \dfrac{\delta_B}{\lambda_{AB}}} \qquad (2-86)$$

则

$$t_1 - t_3 = q\left(\frac{\delta_A}{\lambda_A} + r_c + \frac{\delta_B}{\lambda_{AB}}\right) \qquad (2-87)$$

式中，$r_c = \dfrac{\Delta t_c}{q}$ 为界面接触热阻。

由式(2-87)可知：

(1)当热流量不变时，接触热阻 r_c 较大时，必然在界面上产生较大温差；

(2)当温差不变时，面积热流量必然随着接触热阻 r_c 的增大而下降；

(3)即使接触热阻 r_c 不是很大，若热流量很大，界面上的温差是不容忽视的。

例如，当 $q = 6\times10^5\,\mathrm{W/m^2}$，$r_c = 2.64\times10^4\,\mathrm{m^2 \cdot K/W}$ 时，$\Delta t_c = q \cdot r_c = 158.4\,℃$。

接触热阻的影响因素主要有：第一，固体表面的粗糙度；第二，接触表面的硬度匹配；第三，接触面上的挤压压力；第四，空隙中的介质的性质。

在实验研究与工程应用中，消除接触热阻很重要。为了减小接触热阻，实用上可在接触界面上加一片薄铜皮或类似银等延展性好、热导率高的材料，或者涂一薄层热姆涂油或硅油。这些简单易行的措施都能收到显著的效果。使用在微电子行业的先进的电子封装材料(AIN)，热导率达 400 以上。

2.5　二维稳态导热问题与形状因子

工程上经常遇到二维和三维稳态导热问题，例如房间墙角的传热、热网地下埋设管道的热损失、短肋片导热等。

式(2-88)是对导热微分方程式进行简化后所获的二维、常物性、无内热源的导热微分方程式：

$$\frac{\partial^2 t}{\partial x^2} + \frac{\partial^2 t}{\partial y^2} = 0 \tag{2-88}$$

对于二维导热的求解方法，通常有以下三种：分析解法(简单形状、线性边界条件)；数值计算(复杂形状、复杂边界条件)；适于工程计算的、两边界上的温度恒定的问题可以利用导热形状因子。

下面介绍分析解法以及利用导热形状因子进行计算的方法。

2.5.1 分析解法

利用分析解法对二维稳态导热进行计算的方法通常是分离变量法(见图2-31)。

导热微分方程为：

$$\frac{\partial^2 t}{\partial x^2} + \frac{\partial^2 t}{\partial y^2} = 0$$

边界条件为：$t(0, y) = t_1; \ t(b, y) = t_1$
$$t(x, 0) = t_1; \ t(x, \delta) = t_2$$

这是个关于温度的齐次方程，为能采用分离变量法，需要将其边界条件表达式也齐次化(最多只能包含一个非齐次边界条件)。所谓齐次边界条件是指边界上的被求函数或其一阶法向导数为零的边界条件。

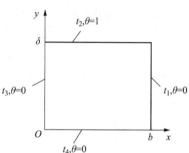

图 2-31 矩形区域中的
二维稳态导热

为此，引进以下量纲为 1 的过余温度作为求解变量：

$$\Theta = \frac{t - t_1}{t_2 - t_1} \tag{2-89}$$

于是上述方程变为：

$$\frac{\partial^2 \Theta}{\partial x^2} + \frac{\partial^2 \Theta}{\partial y^2} = 0 \tag{2-90}$$

边界条件变为：

$$\Theta(0, y) = 0; \ \Theta(b, y) = 0$$
$$\Theta(x, 0) = 0; \ \Theta(x, \delta) = 1$$

采用分离变量法，令 $\Theta(x, y) = X(x)Y(y)$，并利用傅里叶级数，可得出温度场的分析解：

$$\Theta(x, y) = \frac{2}{\pi} \sum_{n=1}^{\infty} \frac{(-1)^{n+1} + 1}{n} \sin \frac{n\pi r}{b} \frac{\sinh(n\pi y/b)}{\sinh(n\pi\delta/b)} \tag{2-91}$$

2.5.2 导热形状因子法

比较平壁、圆筒壁和球壁导热热量计算式的导出过程，可以发现两个等温面间的导热热量计算总是可以表示成统一的形式：

$$\Phi = \lambda S(t_1 - t_2) \tag{2-92}$$

式中，S 为形状因子，它与导热物体的形状及大小有关，其单位为 m。它取决于等温面面积沿热流途径改变的性质。

35

理论分析表明，式(2-92)是个适用于任何形状的通式，它可以用于二维或三维问题中两个等温面间的导热热量计算。只要确定已知特定几何条件下的形状因子 S，导热热流量就可以利用式(2-92)算出。这样，对于前述的平壁、圆筒壁和球壁的导热，可以分别求得其形状因子后，很方便地进行计算。

$$平壁\ S = \frac{A}{\delta}$$

$$圆筒壁\ S = \frac{2\pi l}{\ln \dfrac{d_2}{d_1}}$$

$$球壁\ S = \frac{\pi d_1 d_2}{\delta}$$

表 2-1 列出了通过理论或实验方法得出的一些特殊几何形状的形状因子计算式(对于几何形状或边界条件过于复杂，无现成的形状因子可应用时需用数值法求解)。

表 2-1　几种几何条件下的形状因子 S

1	地下埋管		$d \ll H$ 和 $H \ll l$ 时 $$S = \frac{2\pi l/\ln\dfrac{2l}{d}}{1 + \dfrac{\ln(2H/l)}{\ln(2H/d)}}$$ l 无限长时，每米管长的导热形状因子为： $$\frac{S}{l} = \frac{2\pi}{arcosh\dfrac{2H}{d}}$$ 当 $H > 2d$ 时，可简化为 $$\frac{S}{l} = \frac{2\pi}{\ln\dfrac{4H}{d}}$$
2	地下埋管		$d \ll l$ 时 $$S = \frac{2\pi l}{\ln\dfrac{4l}{d}}$$
3			$H > d$、$d \ll l$ 时，对于每根管 $$S = \frac{2\pi l}{\ln\left[\dfrac{2w}{\pi d}sinh\left(2\pi\,\dfrac{H}{w}\right)\right]}$$ l 为管子长度

4	地下深埋双管道之间的导热		管长 $l \gg d_1$ 时，$d_1 > d_2$ $$S = \dfrac{2\pi l}{arcosh\dfrac{w^2 - r_1^2 - r_2^2}{2r_1 r_2}}$$
5	管道偏心热绝缘		管长 $l \gg d_2$ 时 $$S = \dfrac{2\pi l}{\ln\dfrac{\sqrt{(d_2 + d_1)^2 - 4w^2} + \sqrt{(d_2 - d_1)^2 - 4w^2}}{\sqrt{(d_2 + d_1)^2 - 4w^2} - \sqrt{(d_2 - d_1)^2 - 4w^2}}}$$
6	圆管外包方形绝缘层		管长 $l \gg d$ 时 $$S = \dfrac{2\pi l}{\ln\left(1.08\dfrac{b}{d}\right)}$$
7	炉墙与交边		内尺寸 a 和 b 均大于 $\dfrac{1}{5}\Delta x$ 时 $$S = \dfrac{al}{\Delta x} + \dfrac{bl}{\Delta x} + 0.54l$$
8	炉墙交角		$$S = 0.15\Delta x$$

【例 2-5】 形状因子的应用

已知：一个直径为 15cm、长度为 4m 的圆管被水平地埋在地下 20cm 处。管壁温度为 75℃，此时泥土温度为 5℃。假设泥土的热导率 $\lambda = 0.8\text{W}/(\text{m}\cdot\text{℃})$。试计算管子的热损失。

解：在计算此类问题时可利用形状因子给出的计算式来计算热损失。因为 $H > 1.5d$，且 $L \ll H$，则有：

$$S = \frac{2\pi l}{\arccos\left(\dfrac{2H}{d}\right)} = \frac{2\pi(4)}{\arccos\left(\dfrac{0.20}{0.075}\right)} = 15.35\text{m}$$

热损失则可由下式计算：

$$q = \lambda S \Delta t = 0.8 \times 15.35 \times (75 - 5) = 859.6\text{W}$$

【例 2-6】 形状因子的应用

已知：一个内空腔的长宽高均为 50cm 的小火炉，内壁为耐火砖，其热导率为 $\lambda = 1.04\text{W}/(\text{m}\cdot\text{℃})$，壁厚为 10cm。小火炉的内壁始终保持 500℃，环境温度恒为 50℃。试计算通过炉壁的热损失。

解：通过将壁面、边和角的形状因子相加获得总的形状因子：

壁面：$S = \dfrac{A}{\Delta x} = \dfrac{0.5 \times 0.5}{0.1} = 2.5\text{m}$

边：$S = 0.54l = 0.54 \times 0.5 = 0.27\text{m}$

角：$S = 0.15\Delta x = 0.15 \times 0.1 = 0.015\text{m}$

小火炉共有 6 个面、12 条边和 8 个角，则总的形状因子为：

$$S = 6 \times 2.5 + 12 \times 0.27 + 8 \times 0.015 = 18.36\text{m}$$

总热损失为：

$$q = \lambda S \Delta t = 1.04 \times 18.36 \times (500 - 50) = 8.592\text{kW}$$

参 考 文 献

[1] 王补宣著. 工程传热传质学[M]. 北京：科学出版社，1998.

[2] 王经. 传热学与流体力学基础[M]. 上海：上海交通大学出版社，2006.

[3] 杨世铭，陶文铨. 传热学[M]. 4 版. 北京：高等教育出版社，2006.

[4] 王秋旺. 传热学重点难点及典型题精解[M]. 西安：西安交通大学出版社，2001.

[5] 任世铮. 传热学[M]. 北京：冶金工业出版社，2007.

[6] D. 皮茨，L. 西索姆著. 传热学[M]. 葛新石等译. 2 版. 北京：科学出版社，2002.

第 3 章　非稳态热传导

3.1　非稳态导热的基本概念

3.1.1　非稳态导热

根据物体温度随时间的推移而变化的特性可以分为两类非稳态导热：瞬态非稳态导热，即物体的温度随时间的推移逐渐趋近于恒定的值；周期性非稳态导热，即物体的温度随时间而作周期性的变化。

设有一平壁，其初始温度为 t_0（如图 3-1）。令其左侧表面的温度突然升高到 t_1 并保持不变，而右侧温度仍与温度为 t_0 的空气相接触。在这种非稳态导热过程中，物体中的温度分布存在着两个不同的阶段。在第一阶段里，温度的分布呈现出主要受初始温度分布控制的特性，即在这一阶段物体中的温度分布受初始温度分布的影响很大，将其称为非正规状况阶段。当过程进行到一定深度的时候，物体的初始温度分布的影响很大，将其称为非正规状况阶段。上述两个不同阶段的存在是第一类非稳态导热与周期性非稳态导热的重要区别。在周期性非稳态导热过程中，物体中各点的温度及热流量都随时间作周期性的变化。需要指出的是，无论对哪一类非稳态导热过程，由于在热量传递的路径中，物体各处本身温度的变化要积聚或消耗热量，所以即使对穿过平壁的导热来说，其非稳态导热过程中，在与热流方向相垂直的不同截面上，所通过的热流量也是处处不相等的，这正是非稳态导热区别于稳态导热的一个特点。图 3-2 中定性地表示出了从平壁左侧面导入的热流量 Φ_1 不等于从右侧面导出的热流量 Φ_2 的特点。图 3-2 还表示，随着过程的进行，两者趋于一致。图中阴影部分代表平板升温过程中积蓄的能量。

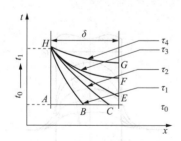
图 3-1　非稳态导热示意图

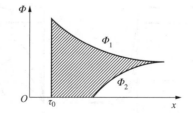
图 3-2　非稳态导热材料升温过程能量的积蓄

3.1.1.1　非稳态导热的分类

根据物体内温度随时间而变化的特征不同分：

（1）物体的温度随时间的推移而趋于恒定值；

（2）物体的温度随时间而作周期性变化。

3.1.1.2 非稳态导热的基本特点

(1)在导热微分方程式中 $\frac{\partial_t}{\partial_\tau}$ 不等于零，这意味着任何非稳态导热过程必然伴随着加热或冷却的过程。

(2)在垂直于热量传递方向上，每一截面上热流量不相等。

(3)非稳态导热可以分为周期性和非周期性两种类型。对非周期性非稳态导热，又存在受初始条件影响的非正规状况阶段和初始条件影响消失而仅受边界条件和物性影响的正规状况阶段。

(4)当 λ 为常数时，直角坐标系下的控制方程为：

$$\rho c \frac{\partial_t}{\partial_\tau} = \lambda \left(\frac{\partial^2 t}{\partial x^2} + \frac{\partial^2 t}{\partial y^2} + \frac{\partial^2 t}{\partial z^2} \right) + \Phi \tag{3-1}$$

求解非稳态导热问题的实质便是在给定的边界条件和初始条件下获得导热体的瞬态温度分布和在一定时间间隔内所传导的热量。

3.1.1.3 热扩散率 α

α 的定义为 $a = \frac{\lambda}{\rho c}$，其单位为 $\mathrm{m^2/s}$；它是物性参数，表征物体传递温度变化的能力，亦称导温系数。热扩散率取决于 λ 和 ρc 的综合影响，所以尽管在 20℃ 时，水的导温系数约为空气的 23 倍，但 $\rho c_{空气} = 1211 \mathrm{J/(kg \cdot K)}$，远小于水的 ρc（约为 $4.2 \times 10^6 \mathrm{J/(kg \cdot K)}$）。因此，在不考虑对流时，在非稳态导热状态下，同样厚度的水层和空气层要达到相同的温度场，空气层要比水层快约 160 倍。

一般情况下，稳态导热的温度分布取决于物体的导热系数 λ，但非稳态导热的温度分布则不仅取决于导热系数 λ，还取决于热扩散率 α。

3.1.1.4 非稳态导热的三种情形

图 3-3 中无限大平板与温度为 t_∞ 的流体处于第三类边界条件。图 3-3 中(a)表示物体内部导热热阻 $\frac{\delta}{\lambda}$ 远小于外部的对流热阻 $\frac{1}{h}$，即 $B_i = \frac{h\delta}{\lambda} \to 0$，此时在任一时刻物体内部的温度分布都是均匀的，即温度分布与几何位置无关，仅为时间的函数，即 $t = f(\tau)$。

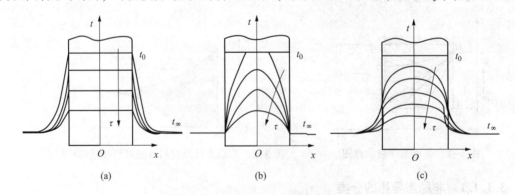

图 3-3 一维非稳态导热的三种情形

(a) $\frac{\delta}{\lambda} \ll \frac{1}{h}(B_i \to 0)$；(b) $\frac{\delta}{\lambda} \gg \frac{1}{h}(B_i \to \infty)$；(c) $\frac{\delta}{\lambda} \sim \frac{1}{h}(B_i \to O(1))$

当 $B_i \to \infty$ 时，平板外部对流热阻远小于内部导热热阻，此时相当于第一类边界条件，即壁面温度等于流体温度。图 3-3 中(c)介于图 3-3 中(a)与(b)之间。

应注意 $B_i = \dfrac{h\delta}{\lambda}$ 的物理意义，它表示物体内部导热热阻 $\dfrac{\delta}{\lambda}$ 与外部对流热阻 $\dfrac{1}{h}$ 的比值。

3.1.2 毕渥数与傅里叶数

在很多应用中，温度场是随时间变化的。对这类问题的分析需要使用热传导方程的通用形式[式(3-2)]。在讨论一维问题的情况下，式(3-2)可简化为：

$$\frac{\partial^2 T}{\partial x^2} = \frac{1}{\alpha}\frac{\partial T}{\partial t} \tag{3-2}$$

要求解式(3-2)，需要 x 方向上的两个边界条件和一个时间条件。顾名思义，边界条件通常是在物体的物理边界上给出；但有时也可定义在物体内部，如给出物体内对称轴上的温度梯度。时间条件则通常是指已知的初始温度分布。

在处理瞬态问题时，有时会遇到这种情况：物体内部的温度梯度很小，可以忽略；但其特定部位的温度或整个物体的平均温度随时间变得很快。当式(3-2)中的热扩散率 α 很大时即为上述情况。

作为一个较为具体的例子，我们来研究物体的冷却过程。考虑图3-4所示的中空圆柱体，在 r_i 很大时，沿圆柱壁径向的导热速率可近似写成：

$$q \approx k(2\pi r_s l)\left(\frac{T_s - T_i}{r_s - r_i}\right) = k(2\pi r_s l)\left(\frac{T_s - T_i}{L}\right) \tag{3-3}$$

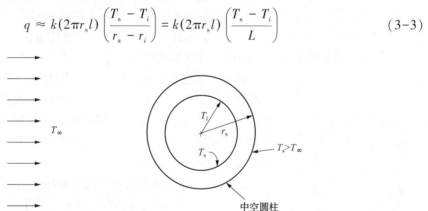

图3-4 中空圆柱体

式中 l 为圆柱体的长度，L 为壁厚。圆柱外表面的对流换热速率为：

$$q \approx \bar{h}(2\pi r_s l)(T_s - T_\infty) \tag{3-4}$$

其中 $\bar{h}$ 是整个外表面的平均对流换热系数。联立式(3-3)和式(3-4)可得：

$$\frac{T_i - T_s}{T_s - T_\infty} = \frac{\bar{h}L}{k} = Bi(毕渥数) \tag{3-5}$$

毕渥数(Bi)是一个无量纲参数，可看成热阻的比值：

$$Bi = \frac{固体内的传导热阻}{穿过流体边界层的对流热阻}$$

在处理瞬态问题时，只要毕渥数足够小（即物体内部的温度梯度足够小），就可以采用"集中参数法"；在这种方法中，被研究的物体可视为只有一个质量平均温度。

圆柱体的有效尺度为导热路径的长度，即其壁厚：$L = r_s - r_i$。通常，物体的定性长度可由下式求得：

$$L = \frac{V}{A_s} = \frac{物体的体积}{物体的表面积} \tag{3-6}$$

只要毕渥数小于 0.1，对诸如平板、圆柱或球状物体作温度均匀的假设所引起的误差不会超过 5%。

傅里叶数是无量纲时间，为热扩散率和时间的乘积与特征长度的平方之比，即

$$无量纲时间 = \frac{\alpha t}{L^2} = F_o \tag{3-7}$$

3.2 集中参数法

本节讨论的集中参数法即为一种将三维非稳态导热问题变为仅与时间有关的非稳态导热问题的处理方法。

实际上，在工程中常常会碰到这种情况，即当固体内部的导热热阻远小于其表面的换热热阻时，固体内部的温度趋于一致，可以认为整个固体在同一瞬间处于同一温度下。这时所要求解的温度仅是时间 τ 的一元函数而与坐标无关，仿佛固体原本连续分布的质量与热容量汇总到一点上而只有一个温度那样。这种忽略物体内部导热热阻的简化分析法称为集中参数法。集中参数法是当热导体内部热阻忽略不计时，即 $Bi \to 0$ 时研究非稳态导热的一种方法。显然，如果物体热导率相当大，或者物体几何尺寸很小，或物体表面传热系数极低，则其非稳态导热问题都可能属于这一类型，可以采用集中参数法来进行处理。

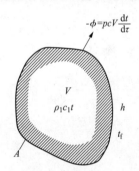

图 3-5 集中参数法的
分析对象

设有一任意形状的固体，其体积为 V，表面积为 A，并具有均匀的初始温度 t_0。在初始时刻，突然将它放置于温度恒定为 t_f 的流体中，设 $t_0 > t_f$。固体与流体间的表面传热系数 h 及固体的物性参数均保持常数(见图 3-5)。设此问题可用集中参数法，试求物体温度随时间的变化关系。

非稳态、有内热源的导热微分方程式适用于本问题，即

$$\frac{\partial t}{\partial \tau} = \frac{\lambda}{\rho c}\left(\frac{\partial^2 t}{\partial x^2} + \frac{\partial^2 t}{\partial y^2} + \frac{\partial^2 t}{\partial z^2}\right) + \frac{\phi}{\rho c}$$

由于物体的内部热阻可以忽略，温度与坐标无关，所以式中对坐标的导数项均为零。于是上式简化成：

$$\frac{dt}{d\tau} = \frac{\phi}{\rho c}$$

其中 Φ 应看成是广义热源，按照对流换热的牛顿冷却定律：

$$-\phi V = hA(t - t_f)$$

因为物体被冷却，$t > t_f$，故 Φ 应为负值。于是有：

$$\rho c V \frac{dt}{d\tau} = -hA(t - t_f) \tag{3-8}$$

这就是适用于上述问题的导热微分方程式。引入过余温度 $\theta = t - t_f$，上式可改写成：

$$\rho c V \frac{d\theta}{d\tau} = -hA\theta \tag{3-9}$$

初始条件为 $\tau = 0$ 时，$\theta_0 = t_0 - t_f$。

对式(3-9)采用分离变量法求解，可得：

$$\frac{\mathrm{d}\theta}{\theta} = -\frac{hA}{\rho cV}\mathrm{d}\tau \qquad (3\text{-}10)$$

取 τ 从 0 到 τ 的积分，有

$$\int_{\theta_0}^{\theta}\frac{\mathrm{d}\theta}{\theta} = -\frac{hA}{\rho cV}\int_0^{\tau}\mathrm{d}\tau$$

$$\ln\frac{\theta}{\theta_0} = -\frac{hA}{\rho cV}\tau \qquad (3\text{-}11)$$

$$\frac{\theta}{\theta_0} = \frac{t - t_f}{t_0 - t_f} = \exp\left(-\frac{hA}{\rho cV}\tau\right) \qquad (3\text{-}12)$$

式中右端的指数可以表示成准则形式：

$$\frac{hA}{\rho cV}\tau = \frac{hA}{\lambda A}\frac{\lambda A^2}{\rho cV^2} = \frac{h(V/A)}{\lambda}\frac{\alpha\tau}{(V/A)^2} = Bi_v Fo_v \qquad (3\text{-}13)$$

式中，(V/A) 为具有长度的量纲，记为 L；hL/λ 为毕渥准则，记为 Bi_v；$\alpha\tau/L^2$ 为傅里叶准则，记为 Fo_v。这里下标 v 用来表示准则中的特性尺度为 V/A。这样，用准则形式表示，式(3-12)可表示为：

$$\frac{\theta}{\theta_0} = \frac{t - t_f}{t_0 - t_f} = \exp(-Bi_v Fo_v) \qquad (3\text{-}14)$$

式(3-14)或式(3-12)表明，当采用集中参数法分析时，物体中的过余温度随时间成指数曲线关系变化。在过程的开始阶段，温度变化很快，随后逐渐减慢，如图 3-6 所示。两式中 e 的指数中的 $hA/(\rho cV)$ 具有 $1/\tau$ 的量纲。

若令 $\tau = \rho cV(hA)$ 则有：

$$\frac{\theta}{\theta_0} = \frac{t - t_f}{t_0 - t_f} = \exp(-1) = 36.8\%$$

$\rho cV/(hA)$ 称为时间常数，记为 τ_c。当 τ 达到时间常数值时，物体的过余温度已经达到初始过余温度的 36.8%。所以，时间常数可以看作是物体对流体温度变动响应快慢的指标。从物理意义上说，物体对流体温度变动响应的快慢取决于其自身的热容量(ρcV)及表面传热条件(hA)两个方面。时间常数反映物体自身的热容量与表面传热条件的综合效应。热容量越大，表面传热条件越差，时间常数越大，表明该物体对温度变动的响应越慢。

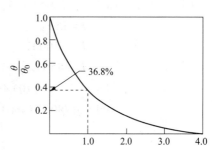

图 3-6　集中参数法分析过余温度的变化曲线

从式(3-14)还可以推导出瞬时热流量 $\phi(\tau)$：

$$\phi(\tau) = hA\left[t(\tau) - t_f\right] = hA\theta = hA\theta_0\exp\left(-\frac{hA}{\rho Vc}\tau\right) \qquad (3\text{-}15)$$

令 ϕ_τ 为 $[0, \tau]$ 时刻传递的热量，对 $\phi(\tau)$ 积分可得：

$$\phi_\tau = \int_0^\tau\phi(\tau)\mathrm{d}\tau = \rho cV_{\theta 0}\left[1 - \exp\left(-\frac{hA}{\rho Vc}\right)\tau\right] \qquad (3\text{-}16)$$

一般来说，集中参数法适用于物体内部导热热阻远远小于表面对流换热热阻，即 $Bi \ll 1$

的场合。对于形如平板、柱体和球这一类的物体，如果 Bi 数满足下列条件：

$$Bi_v = \frac{h(V/A)}{\lambda} < 0.1M \qquad (3-17)$$

则物体中各点过余温度的差别小于5%，式中 M 是与物体几何形状有关的量纲数为1的量。对于无限大平板 $M=1$；对于无限长圆柱 $M=1/2$；球体 $M=1/3$。一般以式(3-17)作为容许采用集中参数法的判据。还应指出，Bi_v 数所用的特性尺度为 V/A，对于不同几何形状物体的特性尺度分别为：

厚度为 2δ 的平板：$\dfrac{V}{A} = \dfrac{A\delta}{A} = \delta$

半径为 R 的圆柱：$\dfrac{V}{A} = \dfrac{\pi R^2 l}{2\pi R l} = \dfrac{R}{2}$

半径为 R 的球体：$\dfrac{V}{A} = \dfrac{\frac{4}{3}\pi R^3}{4\pi R^2} = \dfrac{R}{3}$

由此可见，平板的 $Bi_v = Bi$，圆柱的 $Bi_v = Bi/2$，球体的 $Bi_v = Bi/3$。这就是式(3-17)中引入 M 因子的原因。

【例 3-1】 集中参数法的应用

已知：一个直径为5cm、初始温度为450℃的小钢球，其质量定压热容 $c = 0.46$kJ/(kg·℃)，热导率 $\lambda = 35$W/(m·℃)，突然将其放入温度恒为100℃、对流传热系数为 $h = 10$W/(m·K)的环境中。试计算小钢球温度达到150℃所需的时间。

解：从已知条件分析可知，对流传热系数 h 很小，热导率 λ 较大，故对该问题首先进行能否利用集中参数法的判据检查：

$$\frac{h(V/A)}{\lambda} = \frac{(10)\,[(4/3)\pi\,(0.025)^2]}{4\pi\,(0.025)^2(35)} = 0.0023 < 0.1$$

因此，可以用集中参数法来求解。有：

$$\begin{array}{ll} T = 150℃ & \rho = 7800\text{kg/m}^3 \\ T_\infty = 100℃ & h = 10\text{W/(m}^2\cdot\text{K)} \\ T_0 = 450℃ & c = 0.46\text{kJ/(kg}\cdot℃) \end{array}$$

$$\frac{hA}{\rho c V} = \frac{(10)\,4\pi\,(0.025)^2}{(7800)(460)(4\pi/3)(0.025)^2} = 3.44 \times 10^{-4}\text{s}^{-1}$$

$$\frac{T - T_\infty}{T_0 - T_\infty} = e^{-[hA/\rho cV]\tau}$$

$$\frac{150 - 100}{450 - 100} = e^{-3.344 \times 10^{-4}}$$

$$\tau = 5819\text{s} = 1.62\text{h}$$

3.3 典型一维非稳态导热问题的分析解

3.3.1 第一类边界条件下一维非稳态导热的分析解

导热微分方程、初始条件和边界条件完整地描述了一个特定的非稳态导热问题。非稳态导热问题的求解就是在规定的初始条件和边界条件下求解导热微分方程基于目前在数学上对导热微分方程的求解水平，仅可以得出部分非稳态导热问题的分析解，包括典型的简单几何形状，如平壁、圆筒壁、球壁及半无限大平板和无限长柱体。

所谓半无限大物体是指物体一端面为一平面所限制，而另一端面延伸到无限远的物体。数学上，取 y 坐标轴沿平面界面，x 坐标轴沿界面法线方向，则半无限大物体占有 $x \geq 0$，y 从负无穷至正无穷的区域。对于有限厚度的平壁，单面受热时，只要平壁的另一侧未受到升温波及就可应用半无限大物体的理论公式。例如铸造中砂型的受热升温问题，只要在工程上有意义的时间内，砂型外侧未被升温波及即可认为是半无限大物体（见图 3-7）。

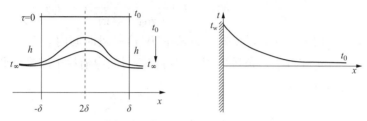

图 3-7　无限大平板与半无限大平板中温度分布示意图

对于常物性一维非稳态导热适用的微分方程为：

$$\frac{\partial t}{\partial \tau} = \alpha \frac{\partial^2 t}{\partial x^2} \qquad (3-18)$$

非稳态导热过程开始之前，物体所处的环境温度为 t_0，故初始条件可表示成：

$$\tau = 0 \text{ 时} \quad t = t_0 = \text{定值}$$

对最简单的第一类边界条件作分析，即过程开始时，壁表面温度瞬时升高并维持在恒定的温度 t_w，即：

$$\tau > 0 \text{ 时，} x = 0 \text{ 处，} t = t_w = \text{定值}$$

引入过余温度 $\theta = t - t_w \theta_0$，$\theta_0 = t_0 - t_w$，可得微分方程式在上述初始及边界条件下的理论解为：

$$\frac{\theta}{\theta_0} = \frac{2}{\sqrt{\pi}} \int_0^{\frac{x}{\sqrt{4\alpha\tau}}} e^{-y^2} dy = \text{erf}(x/4\alpha\tau) = \text{erf}N \qquad (3-19)$$

式 (3-19) 中，$N = x/\sqrt{4\alpha\tau}$，erf N 为高斯误差函数，它的数值可按 N 值从本书附录中查出，如图 3-8 所示，erf N 随 N 的变化。从上式可以看出，无量纲温度 $\dfrac{\theta}{\theta_0}$ 仅与无量纲坐标 $x/\sqrt{4\alpha\tau}$ 有关。当 $N = 2$ 时，$\dfrac{\theta}{\theta_0} = \text{erf}(2) = 0.9953$。此时即可认为由 $N = 2$ 确定的 x 点处温度没有变化。因此当 $N \geq 2$ 时 $\tau \leq \dfrac{X^2}{16\alpha}$，表明对于选定的 x 点，此时可认为其不受表面温度变化波及，故该时间就是 x 点的惰性时间。所谓惰性时间，实际上是一个表明在一定条件下，材料中热量传递及扩散能力的指标。惰性时间的大小与表面温度无关，与深度的平方成正比，与热扩散率 α 成反比。热扩散率越小，惰性时间越大。

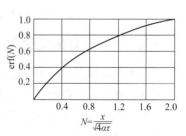

图 3-8　erf N 随 N 的变化图

因此，对位置而言，若 $N \geq 2$ 可得 $x > \sqrt{4\alpha\tau}$，即对一厚度

为的平板，若 $x \geqslant \sqrt{4\alpha\tau}$ 即可作为半无限大物体来处理；对时间而言，若 $N \geqslant 2$ 可得。对于有限大的实际物体，半无限大物体的概念只适用于物体的非稳态导热的初始阶段，即在惰性时间以内。

由于物体表面上的温度梯度随时间 τ 而变化，所以从傅里叶定律只能解得表面的瞬时热流量 q_w，现对该式求导得

$$\frac{\partial t}{\partial x} = (t_0 - t_w)\frac{\partial}{\partial x}\left(\mathrm{erf}(x/\sqrt{4\alpha\tau})\right) = \frac{t_0 - t_w}{\sqrt{\pi\alpha\tau}}\exp\left(-\frac{x^2}{4\alpha\tau}\right)$$

代入傅里叶定律表达式，得

$$q_w = -\lambda\left.\frac{\partial t}{\partial x}\right|_{x=0} = \lambda(t_w - t_0)\frac{1}{\sqrt{\pi\alpha\tau}} = \frac{b}{\sqrt{\pi\tau}}(t_w - t_0) \tag{3-20}$$

可以看出，q_w 随着时间 τ 增加而减少。如果在 $(0-\tau)$ 一段时间内 t_w 保持不变，则上式中除 τ 以外都是常量。将 q_w 在 $(0, \tau)$ 范围内积分即得整段时间内消耗于加热每平方米半无限大物体的热量 Q，称为累计热量。

$$Q_w = \int_0^\tau q_w \mathrm{d}z = 2\lambda(t_w - t_0)\sqrt{\frac{\tau}{\pi\alpha}} \tag{3-21}$$

可以看出，Q_w 与时间 τ 的平方根成正比，即随时间增加而递增，但增加势头逐渐减小。这与温度梯度的变化相对应。

在上式中，材质不同的影响体现在 $\frac{\lambda}{\sqrt{\alpha}}$ 上，物性的这种组合表示成

$$\frac{\lambda}{\sqrt{\alpha}} = \sqrt{\rho c\lambda} = b \tag{3-22}$$

式中，b 称为蓄热系数，完全由材料的物性决定。蓄热系数是材料的物性参数，综合反映了材料的蓄热和导热能力。

【例 3-2】 蓄热系数

已知：一大型平壁状铸铁件在金属型中凝固冷却。设金属型内侧表面温度维持在 1300℃不变，金属型初始温度为 25℃，热扩散率 $\alpha = 1.58 \times 10^{-5}$ m^2/s。试求浇铸后 2h 金属型中离内侧表面 80mm 处的温度。

解：首先求出 N 值，然后通过查表查出 erf N

$$N = \frac{x}{2\sqrt{\alpha\tau}} = \frac{80 \times 10^{-3}}{2\sqrt{1.58 \times 10^{-5} \times 2 \times 3600}} = 0.352$$

从附录查得 erf 0.352 = 0.3813
可以求得温度：

$$t = t_w + (t_0 - t_w)\,\mathrm{erf}\,N = 1300 + (25 - 1300) \times 0.3813 = 814℃$$

3.3.2 伴有相变边界一维非稳态导热的特例

不考虑液体发生对流，讨论半无限大物体伴有相变边界一维非稳态导热问题。这种情况比较复杂。在实际工程中，对这类问题需要求解的是所谓的凝固速度、凝固层厚度和凝固时间。

假定浇注入型腔的液态金属处于熔点 t_w，液体金属在固-液交界面释放出凝固潜热 L 而凝固。由于金属固体的热导率大，故可在不致引起太大误差的前提下，在计算中忽略金属内部由于导热引起的温降。令凝固层厚度为 ξ，凝固速度 $\mathrm{d}\xi/\mathrm{d}\tau$ 可由下式确定：

$$q_w = -\rho L \frac{\partial \xi}{\partial \tau} \tag{3-23}$$

式中，q_w 为铸件释放出的热流量；负号表示其传递方向与厚度 ξ 增加的方向相反；ρ 为固体金属的密度。

实际上，液体金属的浇注温度 t_p 往往高于熔点，即带有过热度。此时由于过热度所释放的热量只占凝固时总释放热量的 5%～6%，因此采用近似方案用每千克金属从浇注温度降到熔点的固体释放出的总热量 $L + c(t_p - t_w)$ 来替代 L。此处 c 为金属的比热容。于是可得：

$$q_w = -\rho [L + c(t_p - t_w)] \frac{\partial \xi}{\partial \tau} \tag{3-24}$$

$$q_w = -\lambda \frac{\partial t}{\partial x}\Big|_{x=0} = \lambda(t_w - t_0) \frac{1}{\sqrt{\pi \alpha \tau}} = \frac{b}{\sqrt{\pi \tau}}(t_w - t_0) \tag{3-25}$$

铸件释放出的热流量全部由铸型吸收，所以式(3-25)的 q_w 为 $-q_w$。此处的负号是因为 q_w 总取正值而引入的。于是：

$$\frac{d\xi}{d\tau} = \frac{b(t_w - t_0)}{\sqrt{\pi \tau} \rho [L + c(t_p - t_w)]} \tag{3-26}$$

在 $(0, \tau)$ 范围内积分，得凝固层厚度 ξ 的表达式：

$$\xi = \frac{2b(t_w - t_0)}{\sqrt{\pi} \rho [L + c(t_p - t_w)]} \sqrt{\tau} = K\sqrt{\tau} \; (m) \tag{3-27}$$

此式称为平方根定律表达式，即凝固层厚度 ξ 与凝固时间 τ 的平方根成正比。它是凝固层厚度的基本计算式。式中：

$$K = \frac{2b(t_w - t_0)}{\sqrt{\pi} \rho [L + c(t_p - t_w)]} \; (m/s^{1/2}) \tag{3-28}$$

K 称为凝固系数，它与铸型材料物性以及铸件的金属物性、过热度有关。物理意义上，由于 $\tau = 1$ 时 $K = \xi$，它可以代表最初单位时间内的凝固层厚度，凝固系数由实验确定。

凝固速度的表达式(3-26)改用凝固系数表达时有以下形式：

$$\frac{d\xi}{d\tau} = \frac{1}{2} \frac{K}{\sqrt{\tau}} \; (m/s) \tag{3-29}$$

若厚度为 δ 的平板铸件可向两侧铸型散热时，则当凝固厚度达到 $\xi = \delta/2$ 时全部凝固完毕。代入式(3-27)可得平板铸件达到全部凝固的凝固时间为：

$$\tau = \frac{\xi^2}{K^2} = \frac{\delta^2}{4K^2} \tag{3-30}$$

3.3.3 第三类边界条件下一维非稳态导热

本节讨论第三类边界条件下的一维非稳态导热，即无限大平板的温度场与累计热量的求解，包括工程计算上非常实用的线算图——诺谟图及其应用。

3.3.3.1 无限大平板的温度场与累计热量的求解、毕渥准数和傅里叶准则数

厚度有限而宽广无限的平壁数学上称为无限大平板。所谓无限大只是数学上的抽象与简化处理。例如在实际工程中，由于一块平板的长度和宽度远大于其厚度，则平板的长度和宽度的边缘向四周的散热对平板内的温度分布影响很小，在处理时就可把平板内各点的温度分

布看作仅是厚度的函数，该平板就是一块无限大平板。

首先以温度均匀、厚度为 2δ 的无限大平板作为讨论对象，平板两侧具有相同的边界条件。由于对称，只需讨论半个壁厚板面温度场的求解。图 3-9 示出的平板的初始温度为 t_0，在第三类边界条件下冷却，周围介质温度为 t_f。此时，该半块平板的数学描写如下。

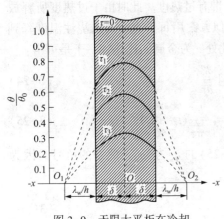

导热微分方程：

$$\frac{\partial t}{\partial \tau} = a\frac{\partial^2 \tau}{\partial x^2}(0 < x < \delta, \ \tau > 0)$$

初始条件：

$$\tau = 0 \ \text{时}, \ t = t_0$$

边界条件：

$$\tau > 0 \ \text{时}, \ x = 0 \ \text{处}, \ \frac{\partial t}{\partial x} = 0 \ (\text{对称性})$$

$$x = \delta \ \text{处}, \ -\lambda\frac{\partial t}{\partial x} = h(t - t_\infty)$$

在此引入过余温度，令 $\theta(x, \ \tau) = t(x, \ \tau) - t_\infty$，则上式化为

导热微分方程：

图 3-9　无限大平板在冷却
过程中的温度分布

$$\frac{\partial \theta}{\partial \tau} = a\frac{\partial^2 \theta}{\partial x^2}(0 < x < \delta, \ \tau > 0)$$

初始条件：

$$\tau = 0 \ \text{时}, \ \theta = \theta_0$$

边界条件：

$$\tau > 0 \ \text{时}, \ x = 0 \ \text{处}, \ \frac{\partial \theta}{\partial x} = 0$$

$$x = \delta \ \text{处}, \ -\lambda\frac{\partial \theta}{\partial x} = h\theta$$

用分离变量法可得其分析解为：

$$\frac{\theta(x, \ \tau)}{\theta_0} = \sum_{n=1}^{\infty} \frac{2\sin(\beta_n\delta)\cos(\beta_n x)}{\beta_n\delta + \sin(\beta_n\delta)\cos(\beta_n\delta)} e^{-\beta_n^2 a\tau} \tag{3-31}$$

式中，β_n 为离散值，即特征值。

若令 $\mu_n = \beta_n\delta$，则上式可以改写成：

$$\frac{\theta(x, \ \tau)}{\theta_0} = \sum_{n=1}^{\infty} \frac{2\sin\mu_n}{\mu_n + \sin\mu_n\cos\mu_n}\cos\left(\mu_n\frac{x}{\delta}\right)e^{-\mu_n^2\frac{a\tau}{\delta^2}} \tag{3-32}$$

式中 μ_n 为超越方程 $\cotan\mu_n = \dfrac{\mu_n}{\dfrac{h\delta}{\lambda}}$ 的根（见图 3-10），其中 $\dfrac{h\delta}{\lambda}$ 为无因次参数，用符号 Bi

表示，称为毕渥准则数。

式(3-32)的指数中，组合 $\dfrac{a\tau}{\delta^2}$ 也是一个无因次的参数，用符号 Fo 表示，称为傅里叶准则数。

分析式(3-32)，由于 μ_n 仅是 Bi 的函数，因此 $\dfrac{\theta(x, \ \tau)}{\theta_0}$ 是 Fo，Bi 和 $\dfrac{x}{\delta}$ 的函数，即

$$\frac{\theta(x, \tau)}{\theta_0} = f(Fo, Bi, \frac{x}{\delta})$$

（3-33）

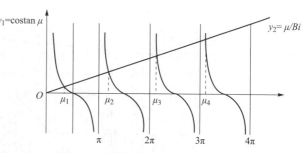

图 3-10　超越方程的根的示意图

值得注意的是，此处 Bi，Fo 等无量纲都是以平板厚度的一半作为特征长度的；特征值 β_n 与特征数（准则数）是有区别的，β_n 是方程的特征值，而不是准则数。

3.3.3.2　诺谟图及其应用

前已述及，无量纲的综合量被称为相似准则，简称准则数。在物理现象中，物理量不是单个的起作用而是以准则数这种组合量发挥作用的。无量纲数组成的方程改变了表达形式，但没有改变其描述现象的本质。应当指出：把方程组的解归结为准则关系式是认识上的一个飞跃。它更深地反映物理现象的本质，并且使变量的数目大幅度减少，这样不仅有利于表达求解的结果，也更有利于进行实验，进而也影响了分析的结果。各准则数反映了与现象有关的物理量间的内在联系。

如前所述，毕渥准则数（Bi）：$\frac{h\delta}{\lambda}$，可将它表示为 $(\delta/\lambda)/(1/h)$，分子是厚度为 δ 的平壁的导热热阻，分母是壁面外的对流换热热阻，所以毕渥准则的物理量是对比热阻。

同样，傅里叶准则（Fo）：$\frac{\alpha\tau}{\delta^2}$ 可表示为 $\tau/(\delta^2/\alpha)$，分子是时间，分母也是具有时间的量纲，它反映了热扰动透过平壁的时间，Fo 越大，热扰动就越快地传播到物体的内部，所以其物理意义是对比时间。

通过许多科学工作者的辛勤劳动，第三类边界条件下一维非稳态导热的分析解已经整理成为便于应用的线算图——诺谟图（图 3-11~图 3-19 是一些常用的诺谟图）。在诺谟图中，坐标及参变量都是无量纲的综合量。

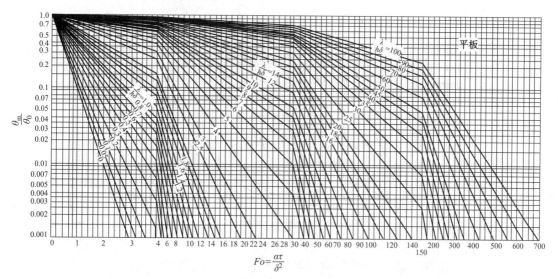

图 3-11　无限大平板中心温度的诺谟图

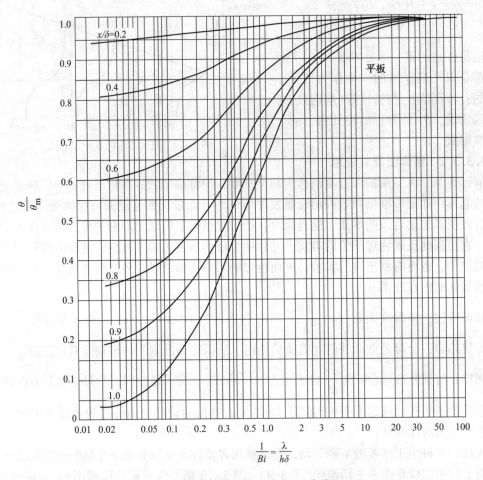

图 3-12 无限大平板的 θ/θ_m 曲线

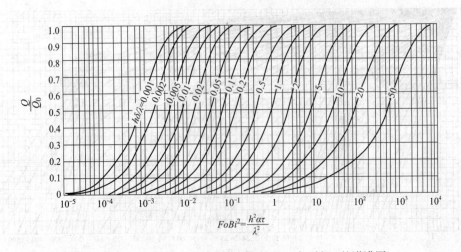

图 3-13 无限大平板(厚 2δ)中累积热量 Q 与时间 τ 的诺谟图

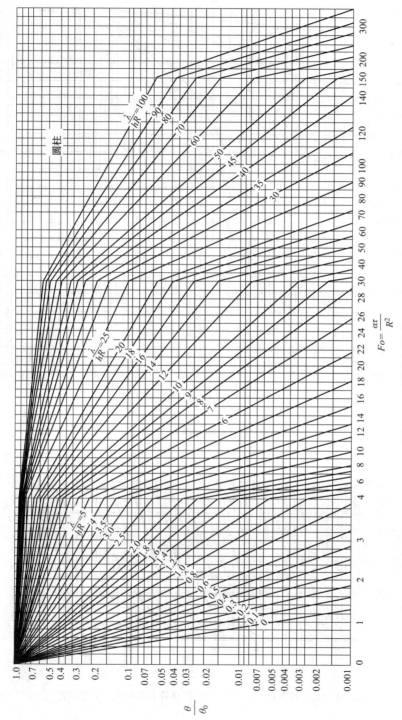

图3-14 无限长圆柱中心温度的诺谟图

$$Fo = \frac{\alpha \tau}{R^2}$$

51

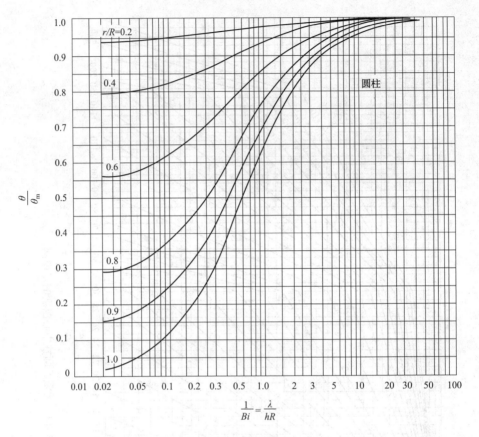

图 3-15　无限长圆柱的 θ/θ_m 曲线

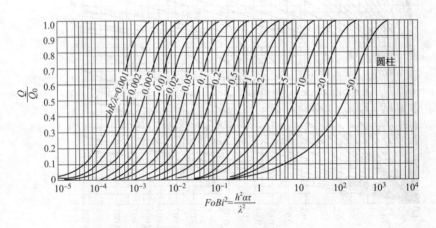

图 3-16　无限长圆柱(半径 R)中累积热量 Q 与时间 τ 的诺谟图

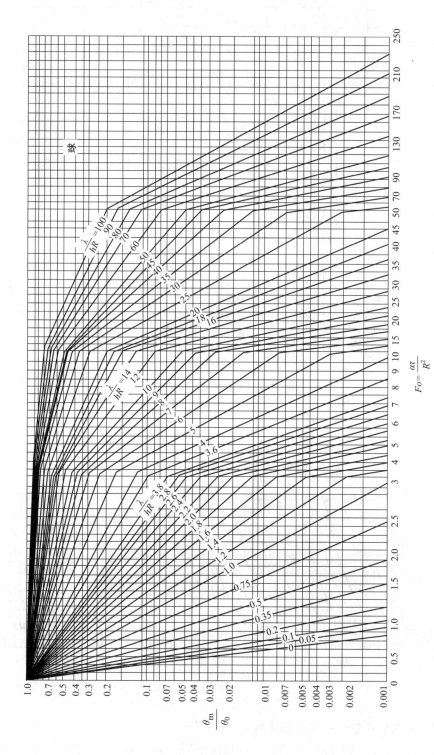

图3-17 球中心温度的诺谟图

53

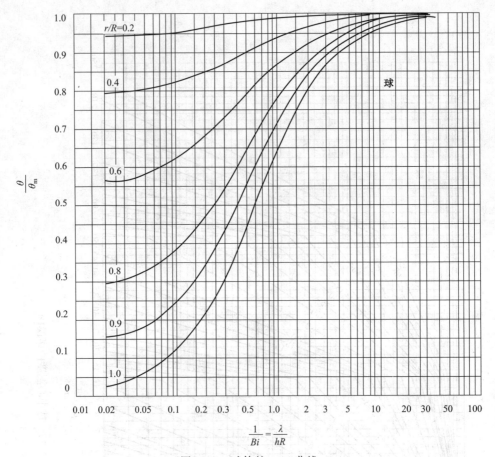

图 3-18　球体的 θ/θ_m 曲线

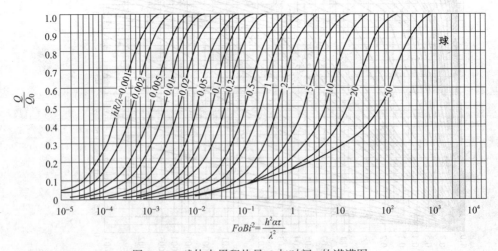

图 3-19　球体中累积热量 Q 与时间 τ 的诺谟图

【例 3-3】　无限大平壁的一维稳态导热

已知：一板状钢坯（含碳近似为 0.5%），初始温度为 20℃，$\alpha = 5.55 \times 10^{-6} \mathrm{m^2/s}$，热导率为 $\lambda = 34 \mathrm{W/(m \cdot ℃)}$。将之放入 1200℃ 的炉子里单侧加热，$h = 290 \mathrm{W/(m \cdot K)}$，另一侧绝热。试计算将之加热到表面温度低于炉温 15℃ 时所需的时间，及此时钢板两表面间的温差。

解：由所给条件知：

$$\frac{\theta_s}{\theta_0} = \frac{t_s - t_f}{t_0 - t_f} = \frac{-15}{20 - 1200} = 0.0127$$

由于在此问题中，钢板一面为绝热，因此 $\frac{x}{\delta} = 1.0$，为应用诺谟图，先算出 Bi 数：

$$Bi = \frac{h\delta}{\lambda} = \frac{290 \times 0.3}{34} = 2.56$$

查图可得 $\frac{\theta_s}{\theta_m} = 0.415$。

另一方面，根据已知条件，平板中心的无量纲过余温度 $\frac{\theta_m}{\theta_0}$ 为：

$$\frac{\theta_m}{\theta_0} = \frac{\theta_s}{\theta_0} \Big/ \frac{\theta_s}{\theta_m} = \frac{0.0127}{0.415} = 0.0306$$

查图可得 $Fo = 2.8$。

因此可求得：

$$\tau = Fo\frac{\delta^2}{a} = 2.8\frac{0.3^2}{5.55 \times 10^{-6}} = 4.54 \times 10^4 \mathrm{s} = 12.6\mathrm{h}$$

$$\theta_m = t_m - t_f = 0.0306 \times (20 - 1200)，\quad t_m = 0.0306 \times (-1180) + 1200 = 1164℃$$

$$\Delta t = t_s - t_m = 1185 - 1164 = 21℃$$

3.4 半无限大物体的非稳态导热

3.4.1 半无限大固体的温度分布

研究如图 3-20 所示的半无限大固体，其初始温度为 T_{i_0}，固体表面温度突然降低，并保持温度 T_0。需要求出平壁内以时间为函数的温度分布表达式，然后利用这个温度分布计算出在任意 x 位置上的以时间为函数的热流量。若物性不变，则温度分布 $T(x, \tau)$ 取决于下面的微分方程式：

$$\frac{\partial^2 T}{\partial x^2} = \frac{1}{\alpha}\frac{\partial T}{\partial \tau} \qquad (3\text{-}34)$$

边界条件和初始条件是：

$$T(x, 0) = T_i$$

当 $\tau > 0$ 时，

$$T(0, \tau) = T_0$$

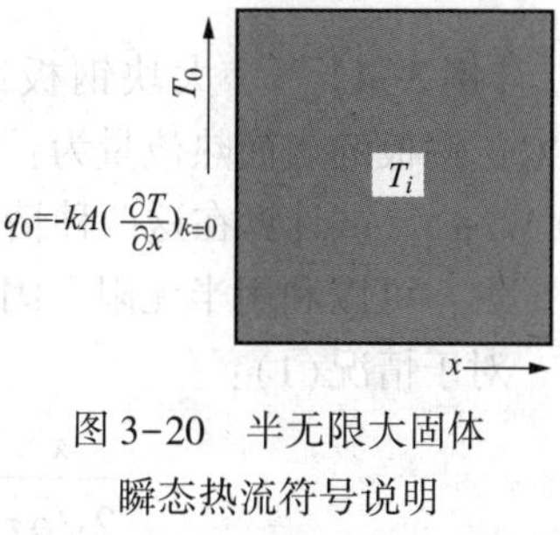

可以用拉普拉斯变换解此问题。参考文献[1]给出了方程式的解是：

图 3-20 半无限大固体
瞬态热流符号说明

$$\frac{T_{(x, \tau)} - T_0}{T_i - T_0} = \mathrm{erf}\frac{x}{2\sqrt{\alpha\tau}} \qquad (3\text{-}35)$$

此处高斯误差函数定义为：

$$\mathrm{erf}\frac{x}{2\sqrt{\alpha\tau}} = \frac{2}{\sqrt{\pi}}\int_0^{x/2} \mathrm{e}^{-\eta^2}\mathrm{d}\eta \qquad (3\text{-}36)$$

应当注意：在此定义式中，η 是虚变量，积分是其上限的函数。将误差函数定义代入方程式(3-35)，温度分布表达式为：

$$\frac{T_{(x,\tau)} - T_0}{T_i - T_0} = \frac{2}{\sqrt{\pi}} \int_0^{x/2\alpha\tau} e^{-\eta^2} d\eta \tag{3-37}$$

在任意 x 位置，热流量为：

$$q_x = -kA \frac{\partial T}{\partial \tau}$$

对方程式 3-37 偏微分后得到：

$$\frac{\partial T}{\partial \tau} = (T_i - T_0) \frac{2}{\sqrt{\pi}} e^{-x^2/4\alpha\tau} \frac{\partial}{\partial x}\left(\frac{x}{\sqrt{\alpha\tau}}\right) = \frac{T_i - T_0}{\sqrt{\pi\alpha\tau}} e^{-x^2/4\alpha\tau} \tag{3-38}$$

表面热流量是：

$$q_0 = \frac{kA(T_0 - T_i)}{\sqrt{\pi\alpha\tau}} \tag{3-39}$$

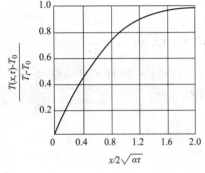

图 3-21　半无限大固体内
的温度分布

由方程式 3-38 计算出 $x=0$ 处的温度梯度，然后再确定表面热通量。图 3-21 给出了半无限大固体的温度分布曲线。参考文献[3]将误差函数值列成了表格。

3.4.2　等热通量的半无限大固体

对于初始温度分布均匀一致的半无限大固体，如果突然将恒定的表面热通量 q_0/A 加于固体表面，则方程式(3-34)的初始条件和边界条件变为：

$$T(x, 0) = T_i$$

$$\tau > 0 \text{ 时，} \frac{q_0}{A} = -k \frac{\partial T}{\partial x}\bigg|_{x=0}$$

在这种情况下，方程的解是：

$$T - T_i = \frac{2q_0\sqrt{\alpha\tau/\pi}}{kA} \exp\left(\frac{-x^2}{4\alpha\tau}\right) - \frac{q_0 x}{kA}\left(1 - \text{erf}\frac{x}{2\sqrt{\alpha\tau}}\right) \tag{3-40}$$

【例 3-4】　一大块钢板 $[k = 45\text{W}/(\text{m}\cdot\text{℃})$，$\alpha = 1.4 \times 10^{-5} \text{m}^2/\text{s}]$，初始温度是均匀的 35℃，钢板的表面热流量为：(1)使表面温度突然提高到 250℃；(2)表面为等热通量 $3.2 \times 10^5 \text{W/m}^2$。试计算在这两种情况下，30s 以后 2.5cm 深处的温度。

解：可以利用半无限大固体来解，即使用式(3-35)和式(3-40)来计算这个问题。

对于情况(1)：

$$\frac{x}{2\sqrt{\alpha\tau}} = \frac{0.025}{2 \times [(1.4 \times 10^{-5}) \times 30]^{1/2}} = 0.61$$

由表查出误差函数：

$$\text{erf}\frac{x}{2\sqrt{\alpha\tau}} = \text{erf } 0.61 = 0.61164$$

已知 $T_i = 35$℃，$T_0 = 250$℃。在 $x = 2.5$cm 处的温度由式(3-35)确定：

$$T(x, \tau) = T_0 + (T_i - T_0) \operatorname{erf} \frac{x}{2\sqrt{\alpha\tau}} = 250 + (35 - 250) \times 0.61164 = 118.5℃$$

对于等热通量的情况(2),可以应用式(3-40),已知 q_0/A 为 $3.2 \times 10^5 \text{W/m}^2$,将数值代入式(3-40)后得到:

$$T(x, \tau) = 35 + \frac{2 \times (3.2 \times 10^5) \times [(1.4 \times 10^5)(30/\pi)]^{\frac{1}{2}}}{45} e^{-(0.61)^2}$$

$$- \frac{(0.025)(3.2 \times 10^5)}{45} \times (1 - 0.61164) = 79.3℃$$

$$x = 2.5\text{cm} \qquad \tau = 30\text{s}$$

将 $x = 0$ 代入式(3-40),即可算出在等热通量情况下,30s 后的表面温度:

$$T(x = 0) = 35 + \frac{2 \times (3.2 \times 10^5) \times [(1.4 \times 10^5)(30/\pi)]^{\frac{1}{2}}}{45} = 199.4℃$$

【例3-5】 一大块铝,处于200℃的均匀温度下。铝块表面温度突然降至70℃。求铝块内部4cm深处的温度降至120℃时,单位表面积总共放出了多少热量?

解:首先求出温度达到120℃需要多少时间,然后将式(3-39)积分,求出这段时间内放出的总热量。对于铝:

$$\alpha = 8.4 \times 10^{-5} \text{m}^2/\text{s} \qquad k = 215 \text{ W/(m·℃)}$$

已知:

$$T_i = 200℃ \qquad T_0 = 70℃ \qquad T(x, \tau) = 120℃$$

应用式(3-35)得到:

$$\frac{120 - 70}{200 - 70} = \operatorname{erf} \frac{x}{2\sqrt{\alpha\tau}} = 0.3847$$

由图3-21查出:

$$\frac{x}{2\sqrt{\alpha\tau}} = 0.3553$$

因而

$$\tau = \frac{(0.04)^2}{(4)(0.3553)^2(8.4 \times 10^{-5})} = 37.72\text{s}$$

将式(3-39)积分,求出单位表面积传出的总热量:

$$\frac{Q_0}{A} = \int_0^r \frac{q_0}{A} d\tau = \int_0^\tau \frac{k(T_0 - T_i)}{\sqrt{\pi\alpha\tau}} d\tau = 2k(T_0 - T_i)\sqrt{\frac{\tau}{\pi\alpha}}$$

$$= 2 \times 215 \times (70 - 200) \left[\frac{37.72}{\pi(8.4 \times 10^{-5})} \right]^{1/2} = -21.13 \times 10^6 \text{J/m}^2$$

3.5 多维非稳态导热的分析解

无限长的矩形杆(见图3-22)可以看成是由两个无限大平板组成,它们的厚度分别是 $2L_1$ 和 $2L_2$。表示这种情况的微分方程式是:

$$\frac{\partial^2 T}{\partial x^2} + \frac{\partial^2 T}{\partial z^2} = \frac{1}{\alpha} \frac{\partial T}{\partial \tau} \tag{3-41}$$

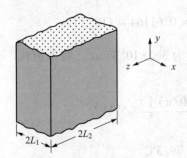

图 3-22　无限长的矩形杆

为了应用分离变量法得到方程式的解，假设乘积解的形式是：

$$T(x, z, \tau) = X(x) Z(z) \Theta(\tau)$$

可以证明：无量纲温度分布可表达为厚度分别为 $2L_1$ 和 $2L_2$ 的两个平板问题解的乘积：

$$\left(\frac{T - T_\infty}{T_i - T_\infty}\right)_{矩形杆} = \left(\frac{T - T_\infty}{T_i - T_\infty}\right)_{2L_1平板} = \left(\frac{T - T_\infty}{T_i - T_\infty}\right)_{2L_1平板}$$

$$(3-42)$$

式中 T_i 是矩形杆初始温度，T_∞ 是环境温度。

两个无限大平板的微分方程分别是：

$$\frac{\partial^2 T_1}{\partial x^2} = \frac{1}{\alpha}\frac{\partial T_1}{\partial \tau} \qquad \frac{\partial^2 T}{\partial z^2} = \frac{1}{\alpha}\frac{\partial T_2}{\partial \tau} \qquad (3-43)$$

假设乘积解是：

$$T_1 = T_1(x, \tau) \qquad T_2 = T_2(z, \tau) \qquad (3-44)$$

现在，来证明式(3-41)的乘积解是由函数(T_1, T_2)简单的乘积组成，即：

$$T(x, z, \tau) = T_1(x, \tau) T_2(z, \tau) \qquad (3-45)$$

为了代入式(3-41)，对式(3-45)适当地偏微分后可以得到：

$$\frac{\partial^2 T}{\partial x^2} = T_2 \frac{\partial^2 T_1}{\partial x^2} \qquad \frac{\partial^2 T}{\partial z^2} = T_1 \frac{\partial^2 T_2}{\partial \tau}$$

$$\frac{\partial T}{\partial \tau} = T_1 \frac{\partial T_2}{\partial \tau} + T_2 \frac{\partial T_1}{\partial \tau}$$

将式(3-43)代入上面最后一个方程式后得到：

$$\frac{\partial T}{\partial \tau} = \alpha T_1 \frac{\partial^2 T_2}{\partial z^2} + \alpha T_2 \frac{\partial^2 T_1}{\partial x^2}$$

将上面的关系式代入式(3-41)后可得出：

$$T_2 \frac{\partial^2 T_2}{\partial x^2} + T_1 \frac{\partial^2 T_2}{\partial z^2} = \frac{1}{\alpha} T_1 \frac{\partial^2 T_2}{\partial z^2} + \alpha T_2 \frac{\partial^2 T_1}{\partial x^2}$$

此式证明了假设的乘积解方程式(3-45)确实满足原微分方程式(3-41)，这意味着无限长矩形杆的无量纲温度分布，可以用厚度分别是 $2L_1$ 和 $2L_2$ 的两个无限大平板问题解的乘积来表示。式(3-42)表示了这种关系。

用类似于上面叙述的方法，三维物体块的解可以表示为三个无限大平板解的乘积，这三个平板厚度分别为物体块的三个边。类似地，有限长圆柱体的解可表达为无限长圆柱的解和厚度等于圆柱长度的无限大平板的解二者的乘积。此外，将无限长圆柱和无限大平板的解组合在一起，便可以得到半无限长方体和半无限长圆柱的温度分布。图 3-23 给出了某些多维系统温度分布解的组合，在图中：

$C(\Theta)$——无限长圆柱的解；

$P(X)$——无限大平板的解；

$S(X)$——半无限大固体的解。

下面举一些例子说明如何使用各种计算图计算多维系统的温度。

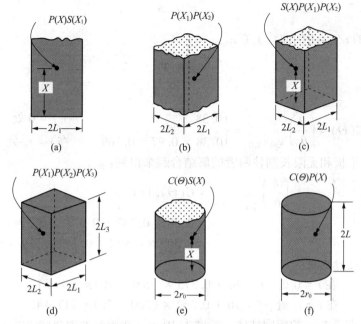

图 3-23　多维系统温度的乘积解

（a）半无限大平板；（b）无限长矩形杆；（c）半无限长矩形杆；
（d）长方体；（e）半无限长圆柱；（f）短圆柱

【例 3-6】　铝制的半无限长圆柱体，直径为 5cm。在初始时刻温度为 200℃，并且温度均匀一致。圆柱体突然处于温度为 70℃，换热系数 $h = 525 W/(m^2 \cdot ℃)$ 的对流边界条件下。试计算 60s 以后，圆柱中心轴线和圆柱表面距离端部 10cm 处的温度。

解：这个问题需要根据图 3-23（e），将无限长圆柱和半无限大平板二者的解结合起来求解。对于半无限大平板，已知：

$x = 10 cm$，$\alpha = 8.4 \times 10^{-5} m^2/s$，$k = 215 W/(m \cdot ℃)$

应用图 3-24，先求出下列参数：

$$\frac{h\sqrt{\alpha\tau}}{k} = \frac{525 \times [(8.4 \times 10^{-5}) \times 60]^{\frac{1}{2}}}{215} = 0.173$$

$$\frac{x}{2\sqrt{\alpha\tau}} = \frac{0.1}{2 \times [(8.4 \times 10^{-5}) \times 60]^{\frac{1}{2}}} = 0.704$$

由图 3-24 查出：

$$\left(\frac{\theta}{\theta_i}\right)_{半无限大平板} = 1 - 0.018 = 0.982 = S(x)$$

必须求出无限长圆柱中心轴线和表面两个温度比。在应用图 3-24 时，要知道下列参数：

$$r_0 = 2.5 cm，\quad \frac{k}{hr_0} = 16.38 \quad \frac{\alpha\tau}{r_0^2} = 8.064$$

由图 3-24 查出：

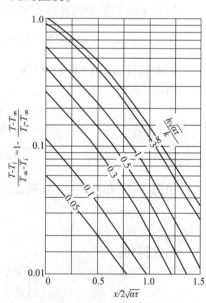

图 3-24　具有对流边界条件的半
无限大固体内的温度分布

$$\frac{\theta_0}{\theta_i} = 0.38$$

由图 3-15 的 $r/r_0 = 1$ 的曲线上查出：

$$\frac{\theta}{\theta_n} = 0.97$$

由此得到：

$$C(\Theta) = \left(\frac{\theta}{\theta_i}\right)_{\text{无限长圆柱}} = \begin{cases} 0.38 & \text{在 } r = 0 \text{ 处} \\ 0.38 \times 0.97 = 0.369 & \text{在 } r = \bar{r}_0 \text{ 处} \end{cases}$$

将半无限大平板和无限长圆柱两者的解结合起来得到：

$$\left(\frac{\theta}{\theta_i}\right)_{\text{半无限长圆柱}} = C(\Theta)S(x)$$

$$= 0.38 \times 0.982 = 0.373 \quad \text{在 } r = 0 \text{ 处}$$

$$= 0.369 \times 0.982 = 0.362 \quad \text{在 } r = r_0 \text{ 处}$$

相对应的温度分别是：

在 $r = 0$ 处，$T = 70 + 0.373 \times (200 - 70) = 118.5℃$

在 $r = r_0$ 处，$T = 70 + 0.362 \times (200 - 70) = 117.1℃$

【例 3-7】 直径 5cm 的短圆柱体，长度为 10cm。初始温度为 200℃ 并且是均匀一致的。将此圆柱突然置于 70℃ 的对流环境中，换热系数 $h = 525\text{W}/(\text{m}^2 \cdot ℃)$。试计算 60s 后距一端 0.625cm 远、半径为 1.25cm 处的温度。

解：用诺漠图求出无限长圆柱体和无限大平板的解。然后，根据图 3-23(f) 将这两个解结合起来，便得到此问题的解。对于无限大平板：

$$L = 5\text{cm}$$

位置 x 由平板中间算起的距离是：

$$x = 5 - 0.625 = 4.375\text{cm} \qquad \frac{x}{L} = \frac{4.375}{5} = 0.875$$

铝的物性为：$\alpha = 8.4 \times 10^{-5}\text{m}^2/\text{s} \qquad k = 215\text{W}/(\text{m} \cdot ℃)$

所以

$$\frac{k}{hL} = \frac{215}{525 \times 0.05} = 8.19$$

$$\frac{\alpha\tau}{L^2} = \frac{(8.4 \times 10^{-5}) \times 60}{0.05^2} = 2.016$$

由图 3-11 和图 3-12 分别查出：

$$\frac{\theta_0}{\theta_i} = 0.75 \quad \frac{\theta}{\theta_i} = 0.95$$

由此得到：

$$\left(\frac{\theta}{\theta_i}\right)_{\text{平板}} = 0.75 \times 0.95 = 0.7125$$

对于圆柱：

$$r_0 = 2.5\text{cm}$$

$$\frac{r}{r_0} = \frac{1.25}{2.5} = 0.5$$

$$\frac{k}{hr_0} = \frac{215}{525 \times 0.025} = 16.38$$

$$\frac{\alpha\tau}{r_0^2} = \frac{(8.4 \times 10^{-5}) \times 60}{0.0025^2} = 8.064$$

由图 3-14 和图 3-15 分别查出：

$$\frac{\theta_0}{\theta_i} = 0.38 \quad \frac{\theta}{\theta_0} = 0.98$$

由此得到：

$$\left(\frac{\theta}{\theta_i}\right)_{圆柱} = 0.38 \times 0.98 = 0.3724$$

将无限大平板和无限长圆柱的解结合在一起得到：

$$\left(\frac{\theta}{\theta_i}\right)_{短圆柱} = 0.7125 \times 0.3724 = 0.265$$

最后得出：

$$T = T_\infty + 0.265(T_i - T_\infty) = 7 + 0.265 \times (200 - 70) = 104.5℃$$

参 考 文 献

[1] Schneider, P. J. Conduction Heat Transfer, Addison Wesley Publishing Company. Inc. , Reading, Mass. , 1955.

[2] 雷柯夫. 热传导理论[M]. 裘烈钧，丁雁德译. 北京：高等教育出版社，1956.

[3] Jahnke, E. Tables of functions[J]. Dover Publications, Inc. , New York, 1945.

[4] 王经. 传热学与流体力学基础[M]. 上海：上海交通大学出版社，2006.

[5] 杨世铭，陶文铨. 传热学[M]. 4 版. 北京：高等教育出版社，2006.

第4章 热传导问题的数值解法

4.1 导热问题数值解的基本思想

导热是非常普遍的传热现象。在传热学发展史上，首先是建立了导热规律和微分方程进行求解。导热也是在工程领域中应用最广泛的一种热量传递方式。本章运用矢量代数的基本概念，推导傅里叶定律的矢量表达式与建立导热微分方程；掌握温度场、等温面(线)、温度分布、温度梯度及不同材料热导率等基本概念、物理意义及其应用；讨论求解不同类型和坐标系统下的导热微分方程式及其定解条件，初始条件与三类边界条件；正确分析实际导热问题的定解条件；介绍不同材料热导率，学习如何应用图表获得所研究材料的热导率。

根据傅里叶定律，物体内某点的热导速率与该点的温度梯度有关。在许多一维问题中，只需通过观察实际情况就能写出温度梯度，然而，对于较复杂的情况，以及后面章节将要述及的多维问题，则需建立一个控制整个物体温度分布的能量方程，由温度分布得出物体内任意一点的温度梯度，进而计算出导热速率。

导热方程的特殊情况：

(1)傅里叶的特殊情况(无内热源)：

$$\frac{\partial^2 T}{\partial x^2} + \frac{\partial^2 T}{\partial y^2} + \frac{\partial^2 T}{\partial z^2} = \frac{1}{\alpha} \frac{\partial T}{\partial t} \qquad (4-1)$$

(2)泊松方程(稳态，有内热源)：

$$\frac{\partial^2 T}{\partial x^2} + \frac{\partial^2 T}{\partial y^2} + \frac{\partial^2 T}{\partial z^2} + \frac{q'''}{k} = 0 \qquad (4-2)$$

(3)拉普拉斯方程(稳态，无内热源)：

$$\frac{\partial^2 T}{\partial x^2} + \frac{\partial^2 T}{\partial y^2} + \frac{\partial^2 T}{\partial z^2} = 0 \qquad (4-3)$$

求解导热问题归结为对导热微分方程式的求解。导热微分方程描写了物体温度随时间和空间变化的关系，没有涉及具体、特定的导热过程，是一个通用表达式。所获得的解释，是该导热微分方程式的通解。但实际过程的导入问题的求解必须得到，既满足导热微分方程式、又满足根据具体问题规划的附加条件下的特解，这才是具体问题的解答。使微分方程得到特解的附加条件，即数学上的定解条件。

确定唯一解的附加补充说明条件的完整数学描述被称为定解条件。定解(单值性)条件包括四类：几何条件、物理条件、时间条件和边界条件。

几何条件：说明导热体的几何形状和大小，如：平壁、圆筒壁、厚度、直径等。

物理条件：说明导热体的物理特征，如：物性参数 ρc、λ 的数值是否随温度变化；有无内热源，其大小和分布；是否各向同性等。

时间条件(初始条件)：说明导热过程随时间进行的特点。

①导热过程与时间无关——稳态过程无时间条件；

②导热过程与时间有关——非稳态过程有时间条件。

4.1.1 数值解法的本质

同分析解法一样，数值求解的根本目的是获得导热体的温度分布及热流量。但与分析解不同的是，数值解法是用求解区域上或时间、空间坐标系中离散点的温度分布来代替连续的温度场。从前面章节的介绍可以看出，分析解法只能求解一些非常简单的导热问题，如一维、常物性的问题，而数值解原则上可以求解一切导热问题，尤其是分析解法不能解决的问题，如二维及三维、复杂几何形状、复杂边界条件、物性不均匀（即 λ、ρc 等不为常数）的导热问题。

4.1.2 数值解法的基本思路

图 4-1 简单描述了导热问题数值解的基本思路。可以看出，方程离散即建立节点的代数方程式问题的关键所在。节点离散方程可有 Taylor 级数展开法及热平衡方法。另外，图 4-1 中前面两步的过程和方法对分析解的数值解而言是一样的。

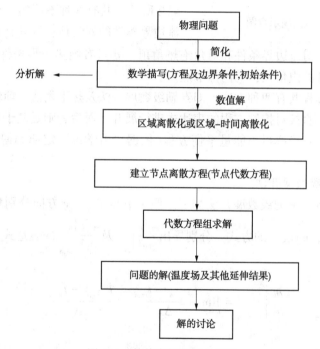

图 4-1 数值求解的基本思路

4.2 稳态导热问题的数值解法

4.2.1 物理问题与数学描写

考察一烟道墙壁的二维导热问题。墙壁内外均处于对流边界条件下，表面传热系数分别为 h_1 和 h_2，流体温度分别为 t_{f_1} 和 t_{f_2}。假定墙壁内无内热源，物性为常数，过程是稳态的。考虑到问题的对称性，取 1/4 的墙壁作为研究对象。如图 4-2 所示，则该问题的控制方程如下：

$$\frac{\partial^2 t}{\partial x^2} + \frac{\partial^2 t}{\partial y^2} = 0 \tag{4-4}$$

边界条件如图 4-2 所示。本问题共有两种类型边界条件，即第三类边界条件(内外壁面)，第二类边界条件(绝热对称面处)。

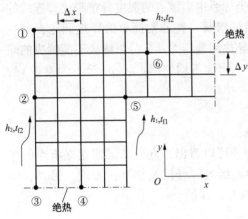

图 4-2 物理问题示意图

4.2.2　区域离散

将导热区域沿 x，y 方向各自均分，即(均分网格)，得如图 4-2 所示的网格示意图。这就是区域离散。在导热问题的数值计算中，也有将空间区域各自不均分的情形，即非均分网格。

4.2.3　节点方程离散

这是导热问题数值计算的关键一步。要得出节点离散方程，首先得划分节点的类型。如图 4-2 所示，共有 6 种不同的节点，即：ⓐ具有对流边界条件的外角顶；ⓑ具有对流边界条件的平直边界节点；ⓒ具有对流边界条件和对角绝热角顶；ⓓ具有绝热边界条件的平直边界节点；ⓔ具有对流边界条件的内角顶；ⓕ内部节点。

获得节点离散方程共有两种方法，即泰勒级数展开法及热平衡法。前者是基于数学上的泰勒级数展开原理，直接对控制方程的表达式进行展开，而后者则是基于控制溶剂的能量平衡原理，对微元控制容积率得出能量平衡方程(依据热力学第一定律和傅里叶定律)。下面分别加以介绍。

4.2.3.1　泰勒级数展开法

以内节点ⓕ为例，泰勒级数展开法如下。假定节点沿 x，y 方向分别均分。可以通过将四个邻点对节点 (m, n) 展开的方式，分别导出 $\left.\frac{\partial^2 t}{\partial x^2}\right|_{m,n}$ 及 $\left.\frac{\partial^2 t}{\partial y^2}\right|_{m,n}$ 的表达式。这里给出另一种方法(见图 4-3)：

$$\left.\frac{\partial t}{\partial x}\right|_{m+\frac{1}{2},n} = \lim_{n \to \infty} \frac{t_{m+1,n} - t_{m,n}}{\Delta x} \approx \frac{t_{m+1,n} - t_{m,n}}{\Delta x} \tag{4-5}$$

同理：

$$\left.\frac{\partial t}{\partial x}\right|_{m-\frac{1}{2},n} = \frac{t_{m,n} - t_{m-1,n}}{\Delta x} \tag{4-6}$$

故：

$$\left.\frac{\partial^2 t}{\partial x^2}\right|_{m,n} = \frac{\left.\frac{\partial t}{\partial x}\right|_{m+\frac{1}{2},n} - \left.\frac{\partial t}{\partial x}\right|_{m-\frac{1}{2},n}}{\Delta x} = \frac{t_{m+1,n} + t_{m-1,n} - 2t_{m,n}}{\Delta x^2} \tag{4-7}$$

同理：

$$\left.\frac{\partial^2 t}{\partial y^2}\right|_{m,n} = \frac{t_{m,n+1} + t_{m,n-1} - 2t_{m,n}}{\Delta y^2} \tag{4-8}$$

将式(4-7)和式(4-8)代入式(4-1)中得：

$$\frac{t_{m+1,n} - 2t_{m,n} + t_{m-1,n}}{\Delta x^2} + \frac{t_{m,n+1} - 2t_{m,n} + t_{m,n-1}}{\Delta y^2} = 0 \tag{4-9}$$

4.2.3.2　热平衡法

能量平衡法的本质是导热傅里叶定律及能量守恒定律的具体表现。以含有内热源的内角顶[图4-4中节点(m,n)]为例，导出其离散方程如下：

$$\lambda \Delta y \frac{t_{m-1,n} - t_{m,n}}{\Delta x} + \lambda \Delta x \frac{t_{m,n+1} - t_{m,n}}{\Delta y} + \lambda \frac{\Delta y}{2} \frac{t_{m-1,n} - t_{m,n}}{\Delta x} + \lambda \frac{\Delta x}{2} \frac{t_{m,n-1} - t_{m,n}}{\Delta y}$$
$$+ \frac{3}{4} \Delta x \Delta y\, \Phi_{m,n} + \left(\frac{\Delta x}{2} + \frac{\Delta y}{2} \right) h_1 (t_{f_1} - t_{m,n}) = 0 \tag{4-10}$$

同理可以导出其他几种类型边界节点的离散方程。

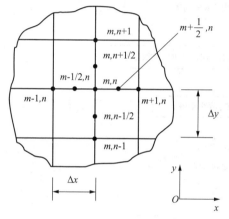

图4-3　泰勒级数展开法

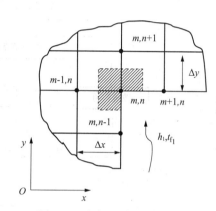

图4-4　内角顶的离散示意图

4.2.4　代数方程的最终形式及求解方法

4.2.4.1　代数方程的形式

假定温度未知的节点为$1，2，\cdots，n$(包括内节点和边界节点)，则所有节点的离散方程总能得到如下形式的方程组：

$$\begin{cases} a_{11}t_1 + a_{12}t_2 + \cdots + a_{1n}t_n = b_1 \\ a_{21}t_1 + a_{22}t_2 + \cdots + a_{2n}t_n = b_2 \\ \vdots \qquad \vdots \qquad\qquad \vdots \qquad \vdots \\ a_{n1}t_1 + a_{n2}t_2 + \cdots + a_{nn}t_n = b_n \end{cases} \tag{4-11}$$

其中$t_1，t_2，\cdots，t_n$为未知温度变量。注意方程式(4-11)的每一方程中，系数a_{i1}，a_{i2}，a_{in}中只有4个不为零(即节点的上、下、左、右4个邻点所对应的系数)。

4.2.4.2　代数方程求解方法

代数方程求解方法主要有直接解法和迭代法两种。当节点数很多时，用迭代法显然是一种有效的方法，即依据离散方程组不断采用节点温度之最新值代替假定值，直到收敛。一般采用下式判断迭代是否收敛。

$$\max \left| \frac{t_i^{(k)} - t_i^{(k+1)}}{t_{\max}^{(k)}} \right| < \varepsilon \tag{4-12}$$

其中，上标 k 及 $k+1$ 表示迭代次数；$t_{max}^{(k)}$ 表示第 k 次迭代计算的最大值；ε 为事先给定的允许偏差，一般在 $10^{-3} \sim 10^{-6}$。

4.2.5　数值计算流程图

在前述理论的基础上，编程计算的流程图如图4-5所示。值得指出，数值解的合理性是建立在合理的物理模型及数学模型基础上的，并且数值解往往是有误差，这种误差随着节点数目的增加而减少，因此数值求解时应得出满足工程精度的与网格无关的解。检验数值解正确与否的标准一般有3个，即：实验结果、分析解及某些特定问题公认的基准解。

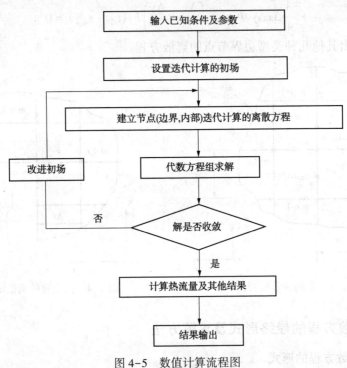

图4-5　数值计算流程图

4.3　非稳态导热问题的数值解法

4.3.1　物理问题及数学描写

考察初始均匀温度为 t_0 的一维无限大平板的非稳态导热问题，设平板厚度为 2δ，无内热源，常物性两侧处于表面传热系数 h，流体温度为 t_f 的环境中，在直角坐标系下的数学描写为：

$$\begin{cases} \dfrac{\partial t}{\partial \tau} - \alpha \dfrac{\partial^2 t}{\partial x^2} \\[2mm] x = 0:\ \dfrac{\partial t}{\partial \tau} = 0 \\[2mm] x = \tau:\ -\lambda \dfrac{\partial t}{\partial \tau} = h(t - t_f) \\[2mm] \tau = 0:\ t = t_0 \end{cases} \qquad (4-13)$$

4.3.2 时间和空间区域的离散

如图4-6所示，该问题在空间方向的离散网络间距为 Δx，在时间方向的离散间距为 $\Delta \tau$。由于问题对称，取一半作为研究对象。

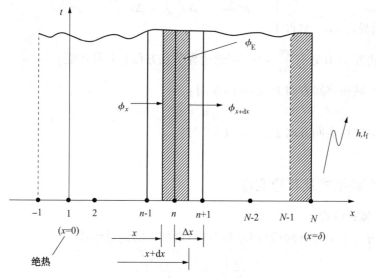

图4-6 一维非稳态导热数值解(空间离散)

4.3.3 节点离散方程的建立

同稳态导热一样，节点离散的方法仍有泰勒级数展开法和热平衡法两种。这里着重介绍热平衡法。

4.3.3.1 内节点 n

如图4-6，节点 n 的热平衡可有：

$$\Phi_x - \Phi_{x+dx} = \Phi_E$$

而

$$
\begin{cases}
\Phi_x = \lambda A \dfrac{t_{n-1}^{(i)} - t_n^{(i)}}{\Delta x} \\[3mm]
\Phi_{x+dx} = \lambda A \dfrac{t_n^{(i)} - t_{n+1}^{(i)}}{\Delta x} \\[3mm]
\Phi_E = \rho c A \Delta x \dfrac{t_n^{(i+1)} - t_n^{(i)}}{\Delta \tau}
\end{cases}
$$

其中，Φ_x 及 Φ_{x+dx} 分别表示从 x 及 $x+\Delta x$ 位置，导入及导出微元体的热量，Φ_E 为微元体热力学能的增量，A 为垂直 x 方向的面积，n 表示节点，i 表示时刻。故：

$$t_n^{(i+1)} = \frac{\alpha \Delta \tau}{\Delta x^2} \left(t_{n+1}^{(i)} + t_{n-1}^{(i)} \right) + \left(1 - \frac{\alpha \Delta \tau}{\Delta x^2} \right) t_n^{(i)} \tag{4-14}$$

4.3.3.2 边界节点

(1)对流边界($x=\delta$，节点 N)

见图4-6，对节点 N 可列如下热平衡方程

$$\lambda \frac{t_{N-1}^{(i)} - t_N^{(i)}}{\Delta x} + h(t_{\mathrm{f}} - t_N^{(i)}) = \rho c \frac{\Delta x}{2} \frac{t_N^{(i+1)} - t_N^{(i)}}{\Delta \tau}$$

即

$$t_N^{(i+1)} = t_N^{(i)}\left(1 - \frac{2h\Delta\tau}{\rho c \Delta x} - \frac{2\alpha\Delta\tau}{\Delta x^2}\right) + \frac{2\alpha\Delta\tau}{\Delta x^2}t_{N-1}^{(i)} + \frac{2h\Delta\tau}{\rho c \Delta x}t_{\mathrm{f}} \qquad (4-15)$$

（2）对称边界（$x = 0$，节点1）

由于对称边界 $x = 0$ 处有 $\dfrac{\partial t}{\partial x} = 0$，因此边界节点方程有两种可能：

① 当计算区域在空间方向上取 $i = 1 \sim N$ 时：

$$t_1 = t_2 \qquad (4-16)$$

② 当计算区域在空间方向上取 $i = -1 \sim N$ 时：

$$t_{-1} = t_2 \qquad (4-17)$$

4.3.4 两种格式及其稳定性

4.3.4.1 显式格式

上述离散方程中，对时间项（即非稳态项）取如下的离散形式：

$$\left.\frac{\partial t}{\partial \tau}\right|_{\mathrm{n},i} = \frac{t_n^{(i+1)} - t_n^{(i)}}{\Delta \tau} \qquad (4-18)$$

而对导热项的空间离散，均取（i）时层的值，这种格式称为显式格式。得到关于内节点如式（4-14）所示的离散方程。根据稳定性要求，节点前面 $t_n^{(i)}$ 的系数不小于零（否则会出现不合格的振荡结果），即 $1 - \dfrac{2\alpha\Delta\tau}{\Delta x^2} \geqslant 0$，$Fo_\Delta = \dfrac{\alpha\Delta\tau}{\Delta x^2} \leqslant \dfrac{1}{2}$。

同样，对边界节点 N（见图4-6），其离散结果为式（4-9），要求 $Fo_\Delta \leqslant \dfrac{1}{2(1 + Bi_\Delta)}$。

4.3.4.2 隐式格式

如果对方程中的非稳态导热取式（4-18）所示的离散形式，而对空间离散时取（$i+1$）时层的值，则称为隐式格式。此时对内节点，式（4-8）将成为：

$$\left(1 + \frac{2\alpha\Delta\tau}{\Delta x^2}\right)t_n^{(i+1)} = \frac{\alpha\Delta\tau}{\Delta x^2}(t_{n-1}^{(i+1)} + t_{n+1}^{(i+1)}) + t_n^{(i)} \qquad (4-19)$$

对边界结点 N，式（4-17）将成为：

$$t_N^{(i+1)}\left(1 + \frac{1}{Bi_\Delta} + \frac{1}{2 Fo_\Delta Bi_\Delta}\right) = t_{N-1}^{(i+1)}\frac{1}{Bi_\Delta} + t_N^{(i)}\frac{1}{2 Fo_\Delta Bi_\Delta} + t_f \qquad (4-20)$$

根据稳定性要求，式（4-19）与式（4-20）中，$t_n^{(i)}$ 及 $t_N^{(i)}$ 前面的系数均大于零，因而隐式格式绝对稳定。隐式格式的缺点是计算工作量大，但它对步长没有限制，不会出现解的振荡现象。

4.3.5 二维及三维非稳态导热问题的求解简介

实际上往往会遇到不少二维及三维的非稳态导热问题，比如有限长度的圆柱体、平行六面体等。这些物体可以看成是由平板与圆柱体垂直相交构成，或由几块平板垂直相交构成。对于第三类边界条件和 t_w 等于常数的第一类边界条件的导热，已经在数学上证明：多维问题的解等于各坐标上一维解叠乘的乘积，如图4-7所示。以中心过于温度准则为例：

68

$$\text{二维} \quad \frac{\theta_m}{\theta_n} = \left(\frac{\theta_m}{\theta_0}\right)_x \left(\frac{\theta_m}{\theta_0}\right)_y$$

$$\text{三维} \quad \frac{\theta_m}{\theta_n} = \left(\frac{\theta_m}{\theta_0}\right)_x \left(\frac{\theta_m}{\theta_0}\right)_y \left(\frac{\theta_m}{\theta_0}\right)_z$$

式中，下标 x，y，z 表示不同坐标上一维解叠成的乘积。这样使得无限大平壁和无限长圆柱体的解推广应用于二维和三维物体，具有很大的实用意义。

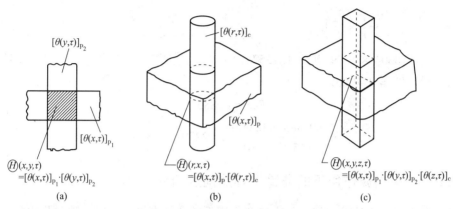

图 4-7 用一维问题的解获得二维、三维问题解的图示

【例 4-1】 多维稳态导热

已知：一块牛肉，其尺寸为 400mm×60mm×100mm，初始温度为 5℃，牛肉的物性可按水处理，$t_\infty = 180℃$，对流换热系数为 $h = 20\text{W}/(\text{m}^2 \cdot \text{K})$。试计算将牛肉加热到 85℃ 所需要的时间。

解：这是三块平板相交的问题，要计算中心温度达到 85℃ 所需的时间。牛肉按 $\frac{5+85}{2} = 45℃$ 计算，查得物性：$\lambda = 64.15\text{W}/(\text{m} \cdot ℃)$，$\alpha = 15.5 \times 10^{-6}\text{m}^2/\text{s}$

$$\begin{cases} Bi_x = \dfrac{h\,\delta_x}{\lambda} = \dfrac{20 \times 0.02}{0.6415} = 0.62354 \\[2mm] Bi_y = \dfrac{h\,\delta_y}{\lambda} = \dfrac{20 \times 0.03}{0.6415} = 0.93531 \\[2mm] Bi_z = \dfrac{h\,\delta_z}{\lambda} = \dfrac{20 \times 0.05}{0.6415} = 1.5588 \end{cases}$$

由已知条件，可知

$$\theta_0 = 180 - 5 = 175℃$$

$$\theta = 180 - 85 = 95℃$$

因此 $\dfrac{\theta}{\theta_0} = \dfrac{95}{175} = 0.542857$，$\dfrac{\theta_m}{\theta_0} = A\,\mathrm{e}^{-\mu_1^2 F_o}$

对平板 x（轴向），$\mu_1^2 = \left(0.4022 + \dfrac{0.9188}{Bi_x}\right)^{-1} = \left(0.4022 + \dfrac{0.9188}{0.62354}\right)^{-1} = 0.53313$

$$A_1 = a + b(1 - \mathrm{e}^{cBi_p}) = 1.0101 + 0.2575(1 - \mathrm{e}^{-0.4271 \times 0.62354}) = 1.070304$$

对平板 y，$\mu_2^2 = \left(0.4022 + \dfrac{0.9188}{Bi_y}\right)^{-1} = \left(0.4022 + \dfrac{0.9188}{0.93531}\right)^{-1} = 0.72226$

$$A_2 = a + b(1 - e^{cBi_p}) = 1.0101 + 0.2575(1 - e^{-0.4271 \times 0.93531}) = 1.09490$$

对平板 z，$\mu_3{}^2 = (0.4022 + \dfrac{0.9188}{Bi_z})^{-1} = (0.4022 + \dfrac{0.9188}{1.5588})^{-1} = 1.00844$

$$A_3 = a + b(1 - e^{cBi_p}) = 1.0101 + 0.2575(1 - e^{-0.4271 \times 1.5588}) = 1.13528$$

$$Fo_x = \frac{\alpha\tau}{\delta x^2}, \quad Fo_y = \frac{\alpha\tau}{\delta y^2}, \quad Fo_z = \frac{\alpha\tau}{\delta z^2}, \quad Fo_y = 0.4444 Fo_x, \quad Fo_z = 0.16 Fo_x$$

则 $\dfrac{\theta_m}{\theta_0} = \left(\dfrac{\theta_m}{\theta_0}\right)_x \left(\dfrac{\theta_m}{\theta_0}\right)_y \left(\dfrac{\theta_m}{\theta_0}\right)_z$

$$= 1.070304 \times 1.09490 \times 1.13528 \times e^{-(0.53313 + 0.4444 \times 0.72226 + 0.16 \times 1.00844)Fo_x} = 0.5429$$

可知 $e^{-1.01545 Fo_x} = 0.40807$

$$Fo_x = 0.883$$

$$\tau = \frac{0.883 \times 0.0004}{15.5 \times 10^{-8}} = 2279s = 38min$$

4.3.6 集中热源作用下的非稳态导热问题简介

焊接、激光加热等技术都属于集中热源作用下的非稳态导热问题。瞬时集中热源作用下的温度场的计算是这类导热问题分析的基础。

4.3.6.1 点状热源作用于无限大平板上

瞬时集中热源作用下无限大平板温度场的计算

$$\theta = \frac{Q}{c\rho (4\pi\alpha\tau)^{\frac{3}{2}}} \exp(-r^2/4\alpha\tau) \tag{4-21}$$

式中，Q 为瞬时热源强度，单位为 J；r 为距离点热源的坐标距离，单位为 m；ρ 为物体密度，kg/m^3；τ 为时间，s；c 为物体的比热容，$J/(kg \cdot K)$；α 为物体的热扩散率，m^2/s。

4.3.6.2 对于无限大平板的修正计算公式

对于低碳钢(厚度大于25mm，不锈钢厚度大于20mm)的厚大平板，在手工电弧焊条件下，对半无限大平板的修正计算公式为：

$$\theta = \frac{2Q}{c\rho (4\pi\alpha\tau)^{\frac{3}{2}}} \exp(-r^2/4\alpha\tau) \tag{4-22}$$

4.3.6.3 对于移动热源

采用坐标转换的方法解决问题。观察者随热源移动，所观察到的只能是准稳态的导热现象。

4.3.6.4 对于多个热源

对于若干个不相干的热源同时作用或先后作用时，物体上某点的温度等各独立热源对该点产生温度的叠加总和。即

$$\sum_{i=1}^{n} t(r_i, \tau_i) \tag{4-23}$$

式(4-23)称为叠加原理，利用该原理，瞬时热源的导热公式可推广到连续热源及移动热源的导热计算中。

参 考 文 献

[1]杨世铭,陶文铨.传热学[M].4版.北京:高等教育出版社,2006.

[2]王秋旺.传热学重点难点及典型题精解[M].西安:西安交通大学出版社,2001.

[3]任世铮.传热学[M].北京:冶金工业出版社,2007.

[4]D.皮茨,L.西索姆著.传热学[M].葛新石等译.2版.北京:科学出版社,2002.

第 5 章　对流换热的理论基础

前文已阐明，热量可借助于热传导、热对流和热辐射这三种不同的方式进行传递。工程上往往特别关注的是流体流过一个物体表面时，流体与物体表面之间的热量交换，区别于一般意义上的热对流，将其称之为对流换热。就引起流体流动的原因而论，对流换热可分为自然对流与强制对流两大类。例如暖气片表面附近受热空气向上流动就是一个典型的自然对流的例子，而冷油器、冷凝器等管内冷却水的流动都是由水泵驱动，它们则属于强制对流。此外，工程上还常常遇到伴随有相变的对流换热问题，如液体在热表面上沸腾及蒸气在冷表面上凝结的传热问题。图 5-1 给出了对流换热问题的分类树。

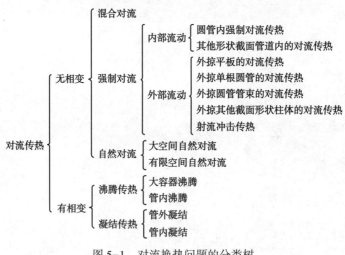

图 5-1　对流换热问题的分类树

5.1　对流换热基本问题

由于紧靠壁面或界面的边界层内，流体常因其黏性使速度减缓，直至壁面处停滞不动，此时流体的导热占支配地位，因此对流换热必然是导热和热对流同时起作用的结果。在一般情况下，虽然三种传热方式同时起作用，但在许多重要场合下，热对流起主要作用，这就是本篇所研究的内容。

在对流换热过程中，由于动量传递和能量传递是和流体的流动同时发生的，因此它们之间有着许多相似的特性，一种物理现象的求解结果可推广到与之类似的另一种现象，尽管彼此间尚存在着某些差别，鉴于对流的动量和能量的微分方程组及其边界条件有不少共同之处，本篇将把它们组合起来加以分析和讨论，使读者能对其内在本质有较深的理解，用以分析和解决对流换热的有关问题。

研究对流换热通常把流体看作连续体，因此力学和热力学的一些基本定律均适用。分析时常取流体的某一微元控制容积作为研究对象。对于非常稀薄的气体，由于其分子的平均自由行程增大到与系统的尺寸为同一数量级，若按连续流体进行分析和计算，则偏差将变得过大。除此之外，一般情况下的气态工质均可视作连续介质。

5.2 对流换热概述

5.2.1 牛顿冷却定律

对流换热是指流体流经固体时流体与固体表面之间的热量传递现象（图5-2），其基本计算公式是牛顿冷却公式，即：

$$q = h\Delta t \quad (\text{W/m}^2) \qquad (5-1)$$

或对于面积为 A 的接触面：

$$\Phi = hA\Delta t_\text{m} \quad (\text{W}) \qquad (5-2)$$

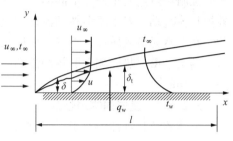

图5-2 对流换热过程示意图

式中，Δt_m 为传热面积 A 上的平均温差；h 为流体与固体表面间的传热系数。约定 q 和 Φ 总是取正值，因此 Δt 和 Δt_m 也总是取正值。很明显，计算对流换热量的关键在于获得流体与固体表面间的传热系数 h。

然而，牛顿冷却公式只是表面传热系数 h 的一个定义式，它没有揭示出表面传热系数与影响它的有关物理量之间的内在联系。研究对流换热的任务就是要揭示这种内在的联系，确定计算表面传热系数 h 的具体表达式。因此如何确定表面传热系数的大小，是对流换热理论的核心问题。

5.2.2 对流换热的影响因素

对流换热是由流体宏观流动所造成的热量转移以及流体中分子导热所产生的热量传递联合作用的结果。因此，影响对流换热的因素是影响流动的因素和影响流体中热量传递因素的综合作用，主要有以下五个方面：

5.2.2.1 流体流动的起因

由于流动起因的不同，对流换热可以分为强制对流换热和自然对流换热两大类（图5-3）。前者是由于泵、风机或其他外部动力造成的，而后者通常是由于流体内部的密度差引起的。两种流动的成因不同，流体中的速度场有差别，所以传热规律也不一样。

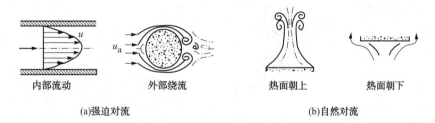

内部流动　　　　外部绕流　　　　热面朝上　　　　热面朝下

(a)强迫对流　　　　　　　　　　　　(b)自然对流

图5-3 按流动起因分类

5.2.2.2 流体有无相变

当流体没有相变时（即单相对流换热），对流换热中的热量交换是由于流体的显热变化而实现的；而在有相变的换热过程中（如沸腾或凝结时），流体的相变潜热的释放或吸收往往起着主要作用，因而传热规律与无相变时不同。

5.2.2.3　流体的流动状态

流体力学的研究已表明，黏性流体存在着两种不同的流态，即层流及湍流。层流时流体微团沿着主流方向作有规则的分层流动，而湍流时流体各部分之间发生剧烈的混合，因而在其他条件相同时，两种流态的传热能力不同，湍流传热的强度要较层流强烈。

5.2.2.4　换热表面的几何因素

这里的几何因素指的是物体表面的形状、大小、换热表面与流体运动方向的相对位置以及换热表面的状态(光滑或粗糙)。例如，图5-3(a)所示的管内强制对流流动与流体横掠圆管的强制对流流动是截然不同的。前一种是管内流动，属于所谓内部流动的范围；后一种是外掠物体流动，属于所谓外部流动的范围。这两种不同流动条件下的换热规律必然是不相同的。在自然对流领域里，不仅几何形状，几何布置对流动亦有决定性影响，例如图5-3(b)所示的水平壁，热面朝上散热的流动与热面朝下散热的流动就截然不同，它们的换热规律也是不一样的。

5.2.2.5　流体的物理性质

流体的热物理性质对于对流换热有很大的影响。以无相变的强制对流换热为例，流体的密度ρ、动力黏度η、导热系数λ以及比定压热容c_p等都会影响流体中速度的分布及热量的传递，因而影响对流换热。

可见，表征对流换热强弱的表面传热系数应是取决于多种因素的复杂函数。以单相强制对流换热为例，在把高速流动排除在外时(高速流动一般只发生在与航空、航天飞行器有关的对流现象中)，表面传热系数可表示为：

$$h = f(u,\ l,\ \rho,\ \eta,\ \lambda,\ c_p) \tag{5-3}$$

式中l是换热表面的一个特征长度。

5.2.3　对流换热系数

考虑图5-4(a)所示的流动条件。一种温度为t_∞的流体以速度v流过一个面积为A_s的任意形状的物体表面。假定该表面处于均匀温度t_w，如果$t_\infty \neq t_w$就会发生对流换热。表面热流密度和对流换热系数都会沿表面而变化。将局部热流密度对整个表面进行积分可获得总的传热速率q，即：

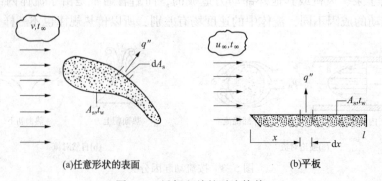

(a)任意形状的表面　　　　　　　(b)平板

图5-4　局部和总的对流换热

$$q = \int_{A_S} q'' \mathrm{d}A_s \tag{5-4}$$

或由牛顿冷却公式可得：

$$q = (t_w - t_\infty) \int_{A_S} h \mathrm{d}A_s \qquad (5-5)$$

对整个表面定义一个平均对流换热系数 $\bar{h}$，则总的传热速率也可表示为：

$$q = \bar{h} A_S (t_w - t_\infty) \qquad (5-6)$$

则可得平均和局部对流换热系数之间的关系为：

$$\bar{h} = \frac{1}{A_s} \int_{A_s} h \mathrm{d}A_s \qquad (5-7a)$$

而对于平板上流动的情况[图5-4(b)]，h 仅随离开前缘的距离 x 而变化，因此平均对流换热系数可简化为：

$$\bar{h} = \frac{1}{l} \int_0^l h \mathrm{d}x \qquad (5-7b)$$

5.2.4 黏性与非黏性流动

5.2.4.1 黏性流动

考虑流体外掠平板的流动(图5-5)，从平板的前缘开始，形成了一个受黏性力影响的区域，可以观察到黏性效应的流动区域就叫作流动边界层。在 y 方向上可以指定任意适宜的位置作为流动边界层的终点，通常这一点选取在 y 坐标轴速度达到主流速度99%的位置上。

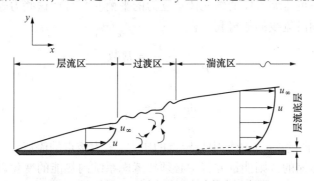

图5-5　平板上不同边界层流动状态示意图

开始时，流动边界层的发展呈层流状态，视流场和流体性质的不同，从平板前缘算起到达某一临界距离之后，流动中的微小扰动就开始变得强烈起来，经过一个过渡的转换过程，直到流动变成湍流状态。对于湍流区，可以形象地描述为：好象是任意地搅动流体，使其各部分在各个方向上来回地运动。对于外掠平板流动，从层流到湍流的转换往往出现在雷诺数 Re 大于 5×10^5 时。但是在实际情况中，Re 的临界值与表面的粗糙情况及主流的湍流度有很大的关系，在流动扰动较强时，流态转换可能在 10^5 下就开始发生了。因此，实际上的流态转换过程涉及一定范围的雷诺数。

黏性的机理是一种动量交换。层流状态下，分子从一个流层运动到另一流层，同时携带着同流动速度相对应的动量，这样就存在着从高速区到低速区的净动量输运，因而在流动方向上产生了一个力，这个力就是黏性切应力。这种动量交换的速率取决于横越流层的分子速度。对于湍流过程，不再能够观察到区分得很清楚的流层，其较强的湍流黏性作用可以定性地描述为具有较大质量的宏观流体团负责输运着动量和能量，因此湍流黏性剪切力要比层流大(同样导热系数也比较大)。

考虑流体在管内的流动(图5-6)，在进口处形成了如图所示的流动边界层，最后边界层充满了整个管内，这时我们说流动是充分发展的。层流流动时，流动速度分布是抛物线，如果是湍流流动，则速度分布是比较平坦的。对于管内流动，雷诺数仍然作为区分层流和湍流的判据。当 Re_d >2300 时，常观察到湍流流动。但过渡区的雷诺数仍有一个范围，它取决于管的粗糙度和流动的平顺性，通常认为过渡区的 Re_d 范围是 2000~4000。

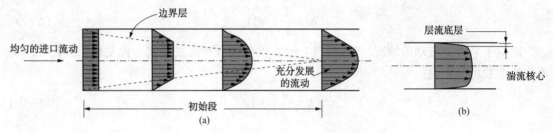

图 5-6　管内流动层流和湍流的速度分布

2. 非黏性流动

尽管实际上没有流体是非黏性的，但在某些情况下，流体可以按非黏性来处理。例如，对于图5-5讨论的平板问题，距离平板足够远的地方，垂直于流动方向的速度梯度非常小，因而黏性剪切力也很小，就可以按无黏性的流动处理。

如果针对一个不可压缩流体的微元体建立力的平衡，并且使这些力等于流体微元体的动量变化，就可以得到沿流线的伯努利方程：

$$\frac{p}{\rho} + \frac{1}{2}\frac{v^2}{g_c} = 常数 \tag{5-8}$$

其微分形式为：

$$\frac{\mathrm{d}p}{\rho} + \frac{v\mathrm{d}v}{g_c} = 0 \tag{5-9}$$

式中，ρ 为流体密度，p 为流场中特定点的压力，v 为该点的流速。

如果流体是可压缩的，则能量方程中必须要考虑系统内热能的变化以及相应的温度的变化。对于一元流动系统，这个方程就是对于控制容积的稳定流动的能量方程：

$$h_{i,1} + \frac{1}{2g_c}v_1^2 + Q = h_{i,2} + \frac{1}{2g_c}v_2^2 + W_k \tag{5-10}$$

式中，h_i 为焓值，Q 为加给控制容积的热量，v 为流体的比容，W_k 为过程中所做的净外功。下标1和2用来表示控制容积的进口和出口状态。

5.3　对流换热过程的数学描写

对流换热过程完整的数学描写包括对流换热微分方程组及定解条件，前者包括质量守恒、动量守恒及能量守恒这三大守恒定律的数学表达式。

当流体流过固体表面时，由于流体的黏性作用，紧贴壁面的区域流体将被滞止而处于无滑移状态。壁面与流体间的热量传递必须穿过这层不流动的流体层，同时在贴近壁面的这层流体层中，从壁面传入的热量可以根据傅里叶定律确定，即：

$$q = -\lambda \frac{\partial t}{\partial y}\bigg|_{y=0} \tag{5-11}$$

式中，$(\partial t / \partial y)|_{y=0}$ 为贴壁处壁面法线方向上的流体温度变化率；λ 为流体的导热系数。

在稳定状态下，壁面与流体之间的对流换热量就等于贴壁处静止流体层的导热量。

$$q = h(t_\text{w} - t_\text{f}) = -\lambda \frac{\partial t}{\partial y}\bigg|_{y=0} \tag{5-12}$$

所以，对流换热系数的一般关系式为：

$$h = -\frac{\lambda}{\Delta t} \frac{\partial t}{\partial y}\bigg|_{y=0} \tag{5-13}$$

可见，对流换热系数与流体的温度场，贴别是贴近壁面附近区域的流体的温度分布状况密切相关。

研究对流换热问题，通常把流体看做连续体，力学及热力学的基本定律均适用。考虑一个二维的流动，流体为不可压缩流体且为常物性、无内热源的情况，控制容积如图 5-7。

5.3.1 质量守恒与连续性方程

质量守恒是自然界的一条基本定律。根据质量守恒定律，流体流入和流出控制容积的质量差应等于该容积的质量变化率。对于二维流动，速度矢量在直角坐标系中的分量是 u 和 v。先看 x 方向，流入控制容积的质量流量为：

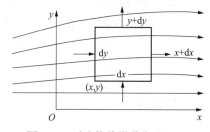

图 5-7　对流换热微分方程组
推导中的控制容积

$$M_x \mathrm{d}y = \rho u \mathrm{d}y \tag{5-14}$$

流出的质量流量为：

$$M_{x+\mathrm{d}x}\mathrm{d}y = \left(\rho u + \frac{\partial \rho u}{\partial x}\mathrm{d}x\right)\mathrm{d}y \tag{5-15}$$

此处 M_x 为 x 方向的质量通量密度，$\mathrm{kg}/(\mathrm{m}^2 \cdot \mathrm{s})$，$\rho$ 为流体密度，$\mathrm{kg/m}^3$。x 方向的净质流量是上述两式之差，于是 x、y 方向净质流量之和为：

$$-\left(\frac{\partial \rho u}{\partial x} + \frac{\partial \rho v}{\partial y}\right)\mathrm{d}x\mathrm{d}y$$

控制容积内流体的质量变化率为：

$$\frac{\partial \rho \mathrm{d}V}{\partial z} = \frac{\partial \rho}{\partial \tau}\mathrm{d}x\mathrm{d}y$$

根据质量守恒定律得到：

$$\frac{\partial \rho}{\partial \tau} + \frac{\partial \rho u}{\partial x} + \frac{\partial \rho v}{\partial y} = 0 \tag{5-16}$$

这就是流体的连续性方程式。对于不可压缩流体，密度为常数，$\dfrac{\partial \rho}{\partial \tau} = 0$，于是连续性方程式可简化为：

$$\frac{\partial u}{\partial x} + \frac{\partial v}{\partial y} = 0 \tag{5-17}$$

5.3.2 动量守恒与动量方程

动量守恒是根据牛顿第二定律分析物体运动而得出的一条基本定律。动量守恒定律可用于分析流体的流动。这就是说，作用于流体控制容积上的全部外力和应等于该容积中流体动量变化率。流体力学课程中已学习了动量守恒微分方程(Navier-Stokes 方程)的推导过程，这里只引用结果，不再推导。对于所考察的二维流动，其动量守恒方程为：

$$\rho\left(\frac{\partial u}{\partial \tau} + u\frac{\partial u}{\partial x} + v\frac{\partial u}{\partial y}\right) = F_x - \frac{\partial p}{\partial x} + \eta\left(\frac{\partial^2 u}{\partial x^2} + \frac{\partial^2 u}{\partial y^2}\right) \tag{5-18}$$

$$\rho\left(\frac{\partial v}{\partial \tau} + u\frac{\partial v}{\partial x} + v\frac{\partial v}{\partial y}\right) = F_y - \frac{\partial p}{\partial y} + \eta\left(\frac{\partial^2 v}{\partial x^2} + \frac{\partial^2 v}{\partial y^2}\right) \tag{5-19}$$

式中，F_x 和 F_y 分别代表单位体积流体在 x 和 y 方向所受的体积力分量，p 为流体静压力。

5.3.3 能量守恒与能量方程

能量守恒亦是自然界的一条基本定律。用能量守恒来分析流体的能量平衡关系，这就是说，经过流体控制容积的四个分界面流入和流出能量的总和应等于该容积中流体能量的变化率。考虑图 5-7 的二维流动问题，则其能量守恒式为：

$$导热引起的净热量+热对流引起的净热量=控制容积内能的增量$$

由导热引起的进入控制容积的净热量在前文已经推导过，对于二维问题，在 $\mathrm{d}\tau$ 时间内这一热量为：

$$\varPhi = \lambda\left(\frac{\partial^2 t}{\partial x^2} + \frac{\partial^2 t}{\partial y^2}\right)\mathrm{d}x\mathrm{d}y \tag{5-20}$$

由于流体热对流带入、带出控制容积的热量可通过焓差分别从 x 和 y 方向加以计算，以 x 方向为例，在 $\mathrm{d}\tau$ 时间内由 x 处的截面进入的焓为：

$$h_{i,x} = \rho c_{\mathrm{p}}ut\mathrm{d}y\mathrm{d}\tau$$

而在相同的 $\mathrm{d}\tau$ 时间内由 $x+\mathrm{d}x$ 处流出的焓为：

$$h_{i,x+\mathrm{d}x} = \rho c_{\mathrm{p}}\left(t + \frac{\partial t}{\partial x}\mathrm{d}x\right)\left(u + \frac{\partial u}{\partial x}\right)\mathrm{d}y\mathrm{d}\tau$$

两式相减可得到 $\mathrm{d}\tau$ 时间内在 x 方向上由流体带出控制容积的净热量，略去高阶无穷小项后为：

$$h_{i,x+\mathrm{d}x} - h_{i,x} = \rho c_{\mathrm{p}}\left(u\frac{\partial t}{\partial x} + t\frac{\partial u}{\partial x}\right)\mathrm{d}x\mathrm{d}y\mathrm{d}\tau$$

同理，y 方向上为：

$$h_{i,y+\mathrm{d}y} - h_{i,y} = \rho c_{\mathrm{p}}\left(u\frac{\partial t}{\partial y} + t\frac{\partial v}{\partial y}\right)\mathrm{d}x\mathrm{d}y\mathrm{d}\tau$$

于是，在单位时间内控制容积由于流体的热对流引起的净热量为：

$$-\rho c_{\mathrm{p}}\frac{\partial(ut)}{\partial x}\mathrm{d}x\mathrm{d}y - \rho c_{\mathrm{p}}\frac{\partial(vt)}{\partial y}\mathrm{d}x\mathrm{d}y = -\rho c_{\mathrm{p}}\left(t\frac{\partial u}{\partial x} + u\frac{\partial t}{\partial x} + t\frac{\partial v}{\partial y} + v\frac{\partial t}{\partial y}\right)\mathrm{d}x\mathrm{d}y \tag{5-21}$$

考虑连续性方程，流体热对流引起的净热量则为：

$$-\rho c_{\mathrm{p}}\left(u\frac{\partial t}{\partial x} + v\frac{\partial t}{\partial y}\right)\mathrm{d}x\mathrm{d}y \tag{5-22}$$

在单位时间内控制容积内能的增量为：

$$\rho c_{\mathrm{p}}\frac{\partial t}{\partial \tau}\mathrm{d}x\mathrm{d}y \tag{5-23}$$

将式(5-20)、式(5-22)和式(5-23)代入能量守恒式中并简化,即得二维、常物性、无内热源的能量微分方程:

$$\frac{\partial t}{\partial \tau} + u\frac{\partial t}{\partial x} + v\frac{\partial t}{\partial y} = \frac{\lambda}{\rho c_{\mathrm{p}}}\left(\frac{\partial^2 t}{\partial x^2} + \frac{\partial^2 t}{\partial y^2}\right) \tag{5-24}$$

上式左端第一项表示所研究的控制容积中,流体温度随时间的变化,称为非稳态项,左端第2、3项表示由于流体流出与流进该控制容积净带走的热量,称为对流项,而等号后两项则表示由于流体中的热传导而净导入该控制容积的热量,称为扩散项(导热是扩散过程的一种)。可见,在流体的运动过程中,热量的传递除了依靠流体的流动以外(对流项所代表)还有导热引起的扩散作用。前面指出,所谓对流换热是指运动着的流体与固体表面间的热交换,这时热量的传递一方面由于流体的宏观位移所致,同时与固体之间的热交换是通过固体壁面附近流体的导热来进行,正是这两种热量传递的机制不可分割的共同作用,造成了对流换热过程。

5.3.4 对流换热问题的完整数学描写

对流换热问题完整的数学描写包括对流换热微分方程组及定解条件,前者包括质量守恒、动量守恒及能量守恒这三大守恒定律的数学表达式。

5.3.4.1 控制方程式

至此,我们可以把描写对流换热的完整的微分方程组作一汇总。对于不可压缩、常物性、无内热源的二维问题,这一微分方程组为:

质量守恒方程:

$$\frac{\partial u}{\partial x} + \frac{\partial v}{\partial y} = 0$$

动量守恒方程:

$$\rho\left(\frac{\partial u}{\partial \tau} + u\frac{\partial u}{\partial x} + v\frac{\partial u}{\partial y}\right) = F_x - \frac{\partial p}{\partial x} + \eta\left(\frac{\partial^2 u}{\partial x^2} + \frac{\partial^2 u}{\partial y^2}\right)$$

$$\rho\left(\frac{\partial v}{\partial \tau} + u\frac{\partial v}{\partial x} + v\frac{\partial v}{\partial y}\right) = F_y - \frac{\partial p}{\partial y} + \eta\left(\frac{\partial^2 v}{\partial x^2} + \frac{\partial^2 v}{\partial y^2}\right)$$

能量守恒方程:

$$\frac{\partial t}{\partial \tau} + u\frac{\partial t}{\partial x} + v\frac{\partial t}{\partial y} = \frac{\lambda}{\rho c_{\mathrm{p}}}\left(\frac{\partial^2 t}{\partial x^2} + \frac{\partial^2 y}{\partial y^2}\right)$$

他们是描写黏性流体流动过程的控制方程,对于不可压缩黏性流体的层流及湍流流动都适用。

5.3.4.2 定解条件

作为对流换热问题完整的数学描写还应该对定解条件作出规定,包括初始时刻的条件及边界上与速度、压力及温度等有关的条件。以能量守恒方程为例,可以规定边界上流体的温度分布(第一类边界条件),或给定边界上加热或冷却流体的热流密度(第二类边界条件)。由于获得表面传热系数是求解对流换热问题的最终目的,因此一般地说求解对流换热问题时没有第三类边界条件。但是,如果流体通过一层薄壁与另一种流体发生热交换,则另一种流体的表面传热系数可以出现在所求解问题的边界条件中。对流换热问题的定解条件的数学表达比较复杂,这里不再深入讨论。

5.4　对流换热的边界层

除了最简单的流场几何形状以外，要针对一个物体周围流场中的黏性流体推导出完整解在数学上具有相当大的困难。普朗特发现对大多数应用来说，黏性的影响只局限于非常靠近物体的一个极薄区域内，而流场的其余部分可以非常好地被近似当作非黏性流体。靠近物体表面那个很薄的区域，即所谓的边界层，由于它的厚度相对物体尺寸来说非常薄这样一个事实，从而使分析解得到极大的简化。

边界层的概念对于理解表面与流过表面的流体之间的对流换热和传质有重要意义。在本节中，对速度和热边界层进行描述，并介绍它们与摩擦系数、对流换热系数以及对流传质系数之间的关系。所涉及的数学方程均以如图 5-8 所示的流体外掠平板的流动为例进行推导建立。

5.4.1　速度边界层

为引入边界层的概念，考虑图 5-8 所示的平板上的流动。当流体质点与表面接触时，它们的速度为零。这些质点会阻碍临近流体层中质点的运动，而后者又阻碍上一层质点的运动，依此类推，直到离开表面的距离 $y=\delta$ 时，才可以忽略这种影响。流体运动的受阻是与作用在平行于流体速度的平面上的切应力有关的。随着离开表面的距离 y 的增加，流体的 x 速度分量 u 也必定增加，直到它接近主流区的值 u_∞。下标 ∞ 用于表示边界层外主流区中的条件。

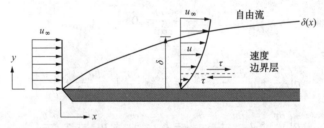

图 5-8　外掠平板流动的速度边界层

δ 为边界层厚度，通常定义为 $u=0.99u_\infty$ 的 y 值。边界层速度分布是指边界层内 u 随 y 的变化方式。因此，流体的流动可分成两个不同的区域来描述，一个是很薄的流体层（边界层），其中速度梯度和切应力很大，另一个是边界层以外的区域，在那里速度梯度和切应力可以忽略。随着离前缘的距离增加，黏性的影响逐步渗透进主流区，边界层也相应增厚（δ 随 x 增大）。

因为与流体的速度有关，所以上述边界层可以更为明确地称为速度边界层。只要有流体流过表面，就会产生这种边界层，它在涉及对流换热的问题中极为重要。在流体力学中，它对工程师的重要性在于它与表面的切应力 τ_s 有关，因而与表面的摩擦作用有关。对于外部流动，它为确定局部摩擦系数 $c_f = \dfrac{\tau_s}{\rho u_\infty^2/2}$ 这个关键的无量纲参数提供了基础，由该参数可确定表面的摩擦阻力。如果作牛顿流体的假设，表面的切应力可由表面处的速度梯度来计算，即

$$\tau_s = \eta\left.\frac{\partial u}{\partial y}\right|_{y=0} \tag{5-25}$$

式中，η 是流体的物性，称为动力黏度。在速度边界层中，表面处的速度梯度与离开平板前缘的距离 x 有关。因此，表面切应力和摩擦系数也与 x 有关。

流体力学的研究已表明，流体的流动可区分为层流和湍流两类。流动边界层在壁面上的发展过程也显示出，在边界层内也会出现层流和湍流两类状态不同的流动。如图 5-9 中的平板上边界层的发展，在很多情形下，层流和湍流状态会同时发生，层流段处于湍流段之前。对于任何一种状态，流体的运动都可以用 x 和 y 两个方向上的速度分量来描述。随着边界层沿 x 方向的发展，贴近壁面的流体会减速，使得流体必须向远离表面的方向运动，如图 5-9 所示，层流和湍流两种状态之间存在明显的差别。

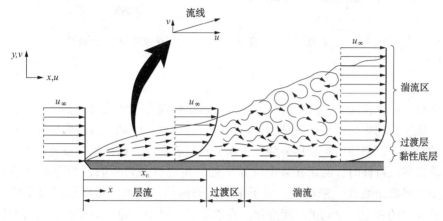

图 5-9　外掠平板时边界层的发展

在层流边界层中，流体运动极为规则，并能识别流体质点运动的流线，且边界层的厚度是增大的，$y=0$ 处的速度梯度沿流动方向（增加 x）是变小的。由式（5-25）可以看出，局部表面切应力 τ_s 也随着 x 的增大而减小。这种极为规则的行为持续到过渡区，在此发生层流向湍流的转变。过渡区中的状态随时间而变化，流动有时展现层流的状态，有时表现出湍流的特征。

边界层中完全是湍流的流动通常是极不规则的，其特征为较大的流体微团的三维随机运动。这个边界层中的混合过程使得高速流体冲刷固体壁面，将运动较慢的流体输运到主流区中。混合在很大程度上是沿流向的旋涡引起的，它们在平板附近间歇性地产生，迅速生长和衰减。流体力学中已有研究指出，湍流中的这些特征流动以波的形式运动，速度可以超过 u_∞，它们相互之间进行非线性作用，产生了标志湍流的混沌状态。

湍流边界层中任意一点处的速度和压力都会发生波动。按照离开表面的距离，湍流边界层可分成三个不同的区域。可以把传递由扩散控制且速度分布几乎是线性的区域称为黏性底层。在相邻的过渡层中，扩散和湍流混合的影响相当，而在湍流区内，传递是由湍流混合控制的。图 5-10 中给出了层流和湍流边界层中 x 速度分量分布的比较，由图中可以看出湍流速度分布相对平缓，这是由于过渡层和湍流区中发生的混合引起的，这就使得在黏性底层中具有较大的速度梯度。因此，图 5-10 中边界层湍流部分中的 τ_s，通常要比层流部分中的大。

从根本上说，层流向湍流的过渡是由触发机制引起的，它们可以是流体中自然产生的非稳定流动结构之间的相互作用，也可以是存在于很多典型的边界层中的小的扰动。这些扰动可以产生于主流区中的波动，也可由表面粗糙度或微小的表面振动引起。湍流的发生与否取决于这些触发机制在流动方向上是被增强还是被削弱，这又取决于雷诺数：

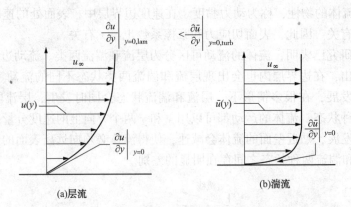

图 5-10　具有相同主流区速度的层流和湍流速度边界层分布比较

$$Re_x = \frac{\rho u_\infty x}{\eta} \tag{5-26}$$

对于平板，特征长度 x 是离开前缘的距离。雷诺数代表了惯性力和黏性力之比。如果雷诺数较小，惯性力的影响远小于黏性力，这样扰动会耗散，流动可保持为层流。但是，在雷诺数较大的情况下，惯性力足以增强触发机制，这样就会发生向湍流的过渡。

在计算边界层特性时，假定在某个位置 x_c 处发生过渡是合理的，如图 5-9 所示。这个位置可以用临界雷诺数 $Re_{x,c}$ 来确定。对于平板上的流动，受表面粗糙度以及主流区湍流度的影响，该值大约在 $10^5 \sim 3 \times 10^6$ 之间变化。在边界层计算中。通常采用的有代表性的临界雷诺数的值为：

$$Re_{x,c} = \frac{\rho u_\infty x_c}{\eta} = 5 \times 10^5 \tag{5-27}$$

5.4.2　平板上的层流边界层

对于 5.3 节中已建立的对流换热微分方程组，采用尺度分析方法即可导出边界层质量微分方程、动量微分方程及能量微分方程。尺度分析是指根据某种运动中各物理量实际尺度的大小(特征值)，来估计其运动方程中对应各项的大小，从而保留贡献较大项，略去贡献较小项，使方程得到简化的一种方法。

5.4.2.1　动量微分方程

如图 5-2 所示的长度为 l 和高度为 δ 的速度边界层区域内，对变量 x、y 和 u 规定以下的尺度：$x \sim l$、$y \sim \delta$ 和 $u \sim u_\infty$。这样在边界层的狭长区域中，x 方向动量方程式中的三种力分别具有以下的数量级：

$$
\begin{array}{cccc}
\text{惯性力} & & \text{压力} & \text{黏性力} \\
\rho u_\infty \dfrac{u_\infty}{l}, \ \rho v \dfrac{u_\infty}{\delta} & & \dfrac{\Delta p}{l} & \eta \dfrac{u_\infty}{l^2}, \ \eta \dfrac{u_\infty}{\delta^2}
\end{array} \tag{5-28}
$$

这五项分别对应于 x 方向动量方程式(5-18)中各项的尺度。

由连续性方程式(5-18)中各项的量级关系，可推出速度 v 的量级应满足：$u_\infty / l \sim v/\delta$，把它代入惯性力中，可见二项惯性力具有相同的数量级，哪一项也不能忽略，可用 $\rho u_\infty^2 / l$ 量级来表示。必须指出，在边界层区域中因 $\delta \ll l$，二项黏性力中 $\eta u_\infty / l^2 \ll \eta u_\infty / \delta^2$，即黏性力 $\eta \partial^2 u / \partial x^2 \ll \eta \partial^2 u / \partial y^2$，前者可略去不计。

82

再看 y 方向的动量方程式(5-9)，两项惯性力均具有 $(\rho u_\infty^2/l)\delta/l$ 的数量级。类似地，该方程的二项黏性力 $\eta\partial^2 v/\partial x^2 \ll \eta\partial^2 v/\partial y^2$，前者也可略去不计。黏性力的量级为 $(\eta u_\infty/\delta^2)\delta/l$。与 x 方向的动量方程式相比，y 方向的惯性力项和黏性力项均相应地减小了 δ/l 数量级，由于一个方程式中所有各项应具有相同的数量级，因此得出：

$$\partial p/\partial y \to \partial/l\ \text{数量级}$$

它意味着 y 方向的压力变化很小，这就是说压力 p 只是 x 的函数，在同一距离 x 处有相同的压力值，可按边界层外主流区的值确定，即：

$$\frac{\partial p}{\partial x} = \frac{\mathrm{d}p}{\mathrm{d}x} = \frac{\mathrm{d}p_\infty}{\mathrm{d}x} \tag{5-29}$$

根据上述分析得到以下一些结论：在边界层方程组中，y 方向的动量方程式可不必考虑。于是，两个方向的动量方程式可简化成一个边界层动量微分方程式；压力只是 x 的函数，$\partial p/\partial x$ 可写成 $\mathrm{d}p/\mathrm{d}x$。它可按主流区的公式确定，因而不再是一个未知数；边界层内 $\partial^2 u/\partial x^2$ 项可略而不计。简化后，有：

$$\rho u\frac{\partial u}{\partial x} + \rho v\frac{\partial u}{\partial y} = -\frac{\mathrm{d}p}{\mathrm{d}x} + \eta\frac{\partial^2 u}{\partial y^2} \tag{5-30}$$

这就是定物性流体的二维稳定流动层流边界层动量微分方程式。对于很多边界条件，这个方程都可以精确求解。本节中简要给出了一种近似分析，这种分析提供了比较容易的积分解法而又没有失去所涉及过程的物理含义。

5.4.2.2　速度分布及边界层厚度

对图 5-11 中平面 1、2、A-A 和固体壁面所形成的控制容积给出动量和力的平衡。忽略垂直于壁面方向上的速度分量，仅只考虑 x 方向的速度。假定控制容积有足够的高度，以至总是能够把边界层包括进去，也就是 $H>\delta$。

通过平面 1 的质量流量是：

$$\int_0^H \rho u\mathrm{d}y$$

而通过平面 1 的动量流量是：

$$\int_0^H \rho u^2\mathrm{d}y$$

通过平面 2 的质量流量是：

$$\int_0^H \rho u\mathrm{d}y + \frac{\mathrm{d}}{\mathrm{d}x}\left(\int_0^H \rho u\mathrm{d}y\right)\mathrm{d}x$$

通过平面 2 的动量流量是

$$\int_0^H \rho u^2\mathrm{d}y + \frac{\mathrm{d}}{\mathrm{d}x}\left(\int_0^H \rho u^2\mathrm{d}y\mathrm{d}x\right)$$

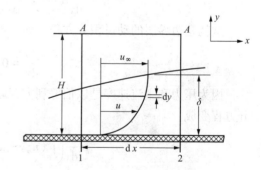

图 5-11　层流边界层动量积分分析应用的控制微元容积

考虑到质量守恒而且不可能有质量通过固壁而进入控制容积这样一个事实，那么平面 2 与平面 1 相差的质量流量必定是通过平面 A-A 而进入的。这部分质量流量所携带的 x 方向的动量等于

$$u_\infty\frac{\mathrm{d}}{\mathrm{d}x}\left(\int_0^H \rho u\mathrm{d}y\right)\mathrm{d}x$$

因而从控制容积流出的总动量为：

$$\frac{\mathrm{d}}{\mathrm{d}x}\left(\int_0^H \rho u^2 \mathrm{d}y\right)\mathrm{d}x - u_\infty \frac{\mathrm{d}}{\mathrm{d}x}\left(\int_0^H \rho u \mathrm{d}y\right)\mathrm{d}x$$

利用微分运算中的乘积公式,我们可以把这个表达式写成更有用的形式:

$$\mathrm{d}(\eta\phi) = \eta\mathrm{d}\phi + \phi\mathrm{d}\eta$$

或

$$\eta\mathrm{d}\phi = \mathrm{d}(\eta\phi) - \phi\mathrm{d}\eta$$

在上面给出的动量表达式中,积分

$$\int_0^H \rho u \mathrm{d}y$$

是函数 ϕ,而 u_∞ 是函数 η,因而:

$$u_\infty \frac{\mathrm{d}}{\mathrm{d}x}\left(\int_0^H \rho u \mathrm{d}y\right)\mathrm{d}x = \frac{\mathrm{d}}{\mathrm{d}x}\left(u_\infty \int_0^H \rho u \mathrm{d}y\right)\mathrm{d}x - \frac{\mathrm{d}u_\infty}{\mathrm{d}x}\left(\int_0^H \rho u \mathrm{d}y\right)\mathrm{d}x$$

$$= \frac{\mathrm{d}}{\mathrm{d}x}\left(\int_0^H \rho u u_\infty \mathrm{d}y\right)\mathrm{d}x - \frac{\mathrm{d}u_\infty}{\mathrm{d}x}\left(\int_0^H \rho u \mathrm{d}y\right)\mathrm{d}x$$

可以将 u_∞ 置于积分号内,因为它不是 y 的函数,所以在对 y 积分的时候,可以看作是常数。

作用在平面 1 上的力是压力 pH,而作用在平面 2 上的是 $[p + (\mathrm{d}p/\mathrm{d}x)\mathrm{d}x]H$。壁面上的剪切力是

$$-\tau_\mathrm{w}\mathrm{d}x = -\mu\mathrm{d}x\frac{\partial u}{\partial y}\bigg|_{y=0} \tag{5-31}$$

在平面 A-A 上没有剪切力存在,因为在边界层外速度梯度为 0。令作用在微元容积上的力等于动量的净增量,并把有关各项集中在一起,就得出:

$$-\tau_\mathrm{w} - \frac{\mathrm{d}p}{\mathrm{d}x}H = -\rho\frac{\mathrm{d}}{\mathrm{d}x}\int_0^H (u_\infty - u)u\mathrm{d}y + \frac{\mathrm{d}u_\infty}{\mathrm{d}x}\int_0^H \rho u\mathrm{d}y \tag{5-32}$$

这就是边界层的动量积分方程。如果流动中压力是常数,则有:

$$\frac{\mathrm{d}p}{\mathrm{d}x} = 0 = -\rho u_\infty \frac{\mathrm{d}u_\infty}{\mathrm{d}x}$$

因为压力和主流速度是以伯努利方程联系起来的,在压力为常数的条件下,边界层的积分方程变成:

$$\rho\frac{\mathrm{d}}{\mathrm{d}x}\left(\int_0^\delta (u_\infty - u)u\mathrm{d}y = \tau_\mathrm{w} = \mu\frac{\partial u}{\partial y}\right)_{y=0} \tag{5-33}$$

积分上限已经变作 δ,因为在 $y>\delta$ 时,$u=u_\infty$,所以积分为 0。

如果速度分布是已知的,可以把适宜的函数代入上式中,以获得边界层厚度的表达式。在我们的近似分析中,我们首先写出速度函数必须满足的一些条件:

在 $y=0$ 处 $u=0$ (a)

在 $y=\delta$ 处 $u=u_\infty$ (b)

在 $y=\delta$ 处 $\dfrac{\partial^2 u}{\partial y^2}=0$ (c)

在压力为常数的条件下,由层流边界层动量方程式导出:

在 $y=0$ 处 $\dfrac{\partial^2 u}{\partial y^2}=0$ (d)

因为在 $y=0$ 处，速度 u 和 v 都是 0，假定在不同的 x 位置上速度分布都是相似的，也就是它们对于 y 坐标有同样的函数关系，一共有四个条件需要满足。满足这些条件的最简单的函数是具有四个任意常数的多项式，即：

$$u = C_1 + C_2 y + C_3 y^2 + C_4 y^3 \tag{5-34}$$

应用(a)至(d)的四个条件，得外掠平板层流边界层的速度分布

$$\frac{u}{u_\infty} = \frac{3}{2}\frac{y}{\delta} - \frac{1}{2}\left(\frac{y}{\delta}\right)^3 \tag{5-35}$$

将其代入式(5-33)得到：

$$\frac{d}{dx}\left\{\rho u_m^2 \int_0^\delta \left[\frac{3}{2}\frac{y}{\delta} - \frac{1}{2}\left(\frac{y}{\delta}\right)^3\right]\left[1 - \frac{3}{2}\frac{y}{\delta} + \frac{1}{2}\left(\frac{y}{\delta}\right)^3\right]dy\right\} = \mu\frac{\partial u}{\partial y}\bigg|_{y=0} = \frac{3}{2}\frac{\mu u_\infty}{\delta}$$

进行积分后导出：

$$\frac{d}{dx}\left(\frac{39}{280}\rho u_\infty^2 \delta\right) = \frac{3}{2}\frac{\mu u_\infty}{\delta}$$

因为 ρ 和 u_∞ 是常数，可以分离变量得到：

$$\delta d\delta = \frac{140}{13}\frac{\mu}{\rho u_\infty}dx = \frac{140}{13}\frac{v}{u_\infty}dx$$

即

$$\frac{\delta^2}{2} = \frac{140}{13}\frac{vx}{u_\infty} + 常数$$

在 $x=0$ 处，$\delta=0$，所以有：

$$\delta = 4.64\sqrt{\frac{vx}{u_\infty}} \tag{5-36}$$

可以将上式写成雷诺数的表达形式：

$$\delta = \frac{4.64}{Re_x^{1/2}}$$

对于流体外掠平板层流边界层方程的精确解，其边界层厚度已有结论如下：

$$\frac{\delta}{x} = \frac{5.0}{Re_x^{1/2}} \tag{5-37}$$

5.4.2.3　能量微分方程

上述分析已经考虑了层流边界层流动系统的流体动力学。现在我们要推导出这一流动系统的能量微分方程。假设图 5-2 流动是稳定、不可压缩的；黏度、导热系数和比热都是常数；忽略流动方向(x 方向)的热传导，则能量方程式(5-24)中的非稳态项及沿 x 方向的扩散项即略去，则能量微分方程简化为：

$$u\frac{\partial t}{\partial x} + v\frac{\partial t}{\partial y} = a\frac{\partial^2 t}{\partial y^2} \tag{5-38}$$

$$u\frac{\partial u}{\partial x} + v\frac{\partial u}{\partial y} = \nu\frac{\partial^2 u}{\partial y^2} \tag{5-39}$$

方程式(5-38)和压力为常数值时的动量微分方程式(5-39)之间有着明显的相似。在 $a=\nu$ 的时候，两个方程的解在形式上将是完全相同的，因此，可以预料到热扩散系数和运动黏度相对比值的大小，对于对流换热有很大的影响，因为这些数值将速度分布与温度分布联系了起来。

5.4.3　热边界层

正如流体流过表面时产生速度边界层那样，如果流体的主流区和表面的温度不同，就必定形成热边界层。考虑等温平板上的流动(图 5-12)，在前缘处，温度分布是均匀的，有 $t(y) = t_\infty$。然而，接触平板的流体质点达到热平衡，处于平板的表面温度。依次地，这些质点和临近流体层中的质点交换能量，并在流体中产生温度梯度，这个存在温度梯度的流体区域就是热边界层，通常其厚度 δ_t 定义为对应于温度 $(t_w - t)/(t_w - t_\infty) = 0.99$ 的 y 值，随着离开前缘的距离的增加，传热的影响逐步渗透进主流区，相应地，热边界层会增厚。

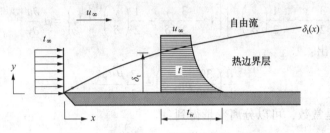

图 5-12　外掠等温平面流动的热边界层

热边界层中的状态与对流换热系数之间的关系很容易说明。在离开前缘任意距离 x 处，局部表面热流密度可以通过对 $y = 0$ 处的流体应用傅里叶定律得到，即

$$q_x = -\lambda_f \frac{\partial t}{\partial y}\bigg|_{y=0}$$

这个表达式是恰当的，因为在表面上不存在流体运动，能量的传递只能通过传导进行。牛顿冷却定律有

$$q_x = h(t_w - t_\infty)$$

两者联立，可得

$$h = \frac{-\lambda_f \dfrac{\partial t}{\partial y}\bigg|_{y=0}}{t_w - t_\infty} \tag{5-40}$$

因此，对壁面温度梯度 $\partial t/\partial y\,|_{y=0}$ 有很强影响的热边界层中的状态决定着穿过边界层的传热速率。因为 $t_w - t_\infty$ 是个常数，与 x 无关，而 δ_t 随 x 的增加而增大，所以边界层中的温度梯度必定随 x 的增加而减小。相应地，$\partial t/\partial y\,|_{y=0}$ 的值也随 x 的增加而减小。由此可知，q_x 和 h 随 x 的增加而减小。

因为速度分布决定了边界层中热能传递的对流分量，所以流动特性也对对流换热的速率有复杂的影响。与层流速度边界层类似，热边界层沿流动方向(增加 x)是增大的。$y = 0$ 处流体的温度梯度沿流动方向降低。从而，根据式(5-40)，传热系数也随着 x 的增大而减小。

正如湍流混合在 $y = 0$ 处产生大的速度梯度，它也在固体表面附近产生大的温度梯度，并导致过渡区中传热系数相应增大。图 5-13 针对速度边界层厚度 δ 和局部对流换热系数 h 对上述影响进行了说明。由于湍流导致混合，后者又削弱了传导和扩散在决定热边界层厚度中的重要性，

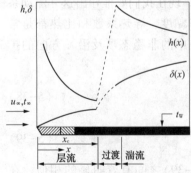

图 5-13　等温平板上流动的速度边界层厚度和局部换热系数 h 的变化

因此湍流中的速度和热边界层厚度之间的差别要比层流中的小得多。由式（5-27）可明显看出，如果流体的密度或动力黏性系数依赖于温度，则传热的存在可以影响从层流向湍流过渡的位置。

下面通过一个简单的例子来进一步了解边界层中的对流换热情况。

如：水以速度 $u_\infty = 1\text{m/s}$ 流过一块长度 $L = 0.6\text{m}$ 的平板。考虑两种情形，在一种情形中水温约为 300K，在另一种情形中水温约为 350K。实验结果给出，层流和湍流区域的局部表面传热系数可分别用下式表示：

$$h_{\text{lam}}(x) = C_{\text{lam}} x^{-0.5} \text{ 和 } h_{\text{turb}}(x) = C_{\text{turb}} x^{-0.2}$$

其中 x 的单位为 m。在水温为 300K 时

$$C_{\text{lam},300} = 395\text{W/}(\text{m}^{1.5}\cdot\text{K}) \quad C_{\text{turb},300} = 2330\text{W/}(\text{m}^{1.8}\cdot\text{K})$$

而水温为 350K 时

$$C_{\text{lam},360} = 477\text{W/}(\text{m}^{1.5}\cdot\text{K}) \quad C_{\text{turb},360} = 3600\text{W/}(\text{m}^{1.8}\cdot\text{K})$$

很明显，常数 C 取决于流体的性质以及水温，这是由于流体的各种性质与温度有关。确定两种水温下整个平板的平均表面传热系数 $\bar{h}$。

解：已知水流过平板、局部表面传热系数对离开平板前缘的距离 x 的依赖关系的表达式及水温度。求平均表面传热系数 $\bar{h}$。如图 5-14 所示。

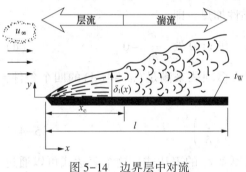

图 5-14　边界层中对流

假定：（1）稳态；（2）发生过渡的临界雷诺数为 $Re_{x,c} = 5\times10^5$。

物性：水（$\bar{T} \approx 300\text{K}$）：$\rho = v_5^{-1} = 977\text{kg/m}^3$，$\mu = 855 \times 10^{-6}\text{N}\cdot\text{s/m}^2$

（$\bar{T} \approx 350\text{K}$）：$\rho = v_5^{-1} = 974\text{kg/m}^3$，$\mu = 365 \times 10^{-6}\text{N}\cdot\text{s/m}^2$

分析：局部对流系数在很大程度上依赖于存在的是层流还是湍流状态。因此，我们首先要通过求解过渡发生的位置 x_c 来确定这些状态存在的范围。根据式（5-27），可知道在 300K 时：

$$x_c = \frac{Re_{x,c}\mu}{\rho u_\infty} = \frac{5 \times 10^5 \times 855 \times 10^{-6}\text{N}\cdot\text{s/m}^2}{977\text{kg/m}^3 \times 1\text{m/s}} = 0.43\text{m}$$

而在 350K 时：

$$x_c = \frac{Re_{x,c}\mu}{\rho u_\infty} = \frac{5 \times 10^5 \times 365 \times 10^{-6}\text{N}\cdot\text{s/m}^2}{974\text{kg/m}^3 \times 1\text{m/s}} = 0.19\text{m}$$

根据式（5-40）可知：

$$\bar{h} = \frac{1}{l}\int_0^l h\,\mathrm{d}x = \frac{1}{l}\left[\int_0^{x_c} h_{\text{lam}}\,\mathrm{d}x + \int_{x_c}^l h_{\text{turb}}\,\mathrm{d}x\right] \text{ 或写成 } \bar{h} = \frac{1}{l}\left[\frac{C_{\text{lam}}}{0.5}x^{0.5}\bigg|_0^{x_c} + \frac{C_{\text{turb}}}{0.8}x^{0.8}\bigg|_{x_c}^l\right]$$

则代入计算可得，在 300K 时：

$$\bar{h} = 1620\text{W/}(\text{m}^2\cdot\text{K})$$

而在 350K 时：

$$\bar{h} = 3710\text{W/}(\text{m}^2\cdot\text{K})$$

平板上局部和平均表面传热系数的分布在图 5-15 中给出。

说明：（1）$T=350$ K 时平均表面传热系数要比 $T=300$ K 时的大一倍多。对流换热过程表现出对温度强依赖性，这主要是由于水在较高温度下的黏性系数较小，使得 x_c 发生了显著的变化。可见，在进行对流换热分析时，对流体性质及温度依赖性进行仔细处理是至关重要的。（2）局部表面传热系数的空间变化是很显著的。局部表面传热系数的极大值出现在层流热边界层极薄的平板前缘处，以及紧靠 x_c 的下游处，在这里湍流边界层是最薄的。

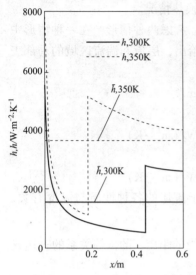

图 5-15　平板局部和平均表面
传热系数的分布

由式(5-40)可知，为了计算换热系数，就需要知道流体在壁面上的温度梯度，也就是说必须获得温度分布的表达式。为此使用同边界层动量分析相似的方法。

温度分布必须满足的条件是：

在 $y=0$ 处　$t=t_w$ 　　　　　　（a）

在 $y=\delta_t$ 处　$\dfrac{\partial t}{\partial y}=0$ 　　　　　　（b）

在 $y=\delta_t$ 处　$t=t_\infty$ 　　　　　　（c）

按照边界层的能量方程式，由于壁面上速度为 0，因此在 $y=0$ 处，没有黏性加热，即：

在 $y=0$ 处　$\dfrac{\partial^2 t}{\partial y^2}=0$ 　　　　　　（d）

就像是在速度分布的情况那样，可以用一个三次多项式来满足(a)到(d)的四个条件，也就是

$$\frac{\theta}{\theta_\infty}=\frac{t-t_w}{t_\infty-t_w}=\frac{3}{2}\frac{y}{\delta_t}-\frac{1}{2}\left(\frac{y}{\delta_t}\right)^3 \tag{5-41}$$

此处 $\theta=t-t_w$。现在的问题自然是寻求热边界层厚度 δ_t 的表达式。这个表达式可以通过对边界层能量方程的积分分析来获得。

考虑如图 5-16 所示的由平面 1、2、A-A 和壁面所构成的控制容积。就像图中所给出的那样，假定热边界层比流体动力边界层薄，壁面温度为 t_w，主流温度为 t_∞ 在长度 dx 上，传递给流体的热量为 dq_w。我们给出能量平衡：

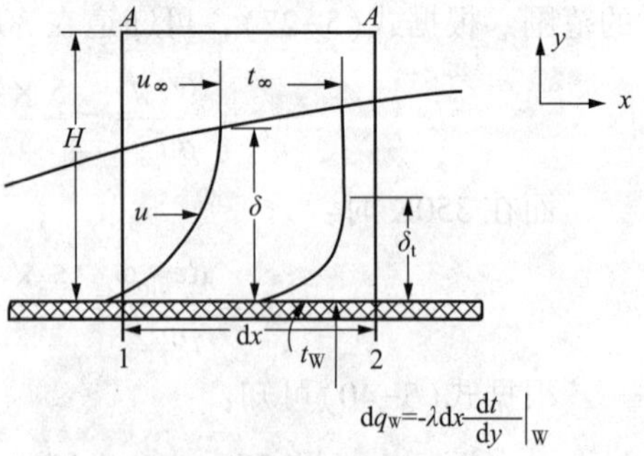

通过对流带进的能量+微元体的黏性功+壁面的传热量=通过对流带出的能量

通过对流带进平面 1 的能量是

$$\rho c_p \int_0^H ut\,\mathrm{d}y$$

通过对流从平面 2 带出的能量是

$$\rho c_p\left(\int_0^H ut\,\mathrm{d}y\right)+\frac{\mathrm{d}}{\mathrm{d}x}\left(\rho c_p\int_0^H ut\,\mathrm{d}y\right)\mathrm{d}x$$

通过平面 A-A 的质量流量是

$dq_w=-\lambda\mathrm{d}x\dfrac{\mathrm{d}t}{\mathrm{d}y}\Big|_w$

图 5-16　层流边界层能量
积分方程的控制容积

$$\frac{\mathrm{d}}{\mathrm{d}x}\left(\int_0^H \rho u \mathrm{d}y\right)\mathrm{d}x$$

这部分质量所携带的能量等于

$$c_\mathrm{p} t_\infty \frac{\mathrm{d}}{\mathrm{d}x}\left(\int_0^H \rho u \mathrm{d}y\right)\mathrm{d}x$$

在微元体内所做的净黏性功是

$$\mu\left[\int_0^H \left(\frac{\mathrm{d}u}{\mathrm{d}y}\right)^2 \mathrm{d}y\right]\mathrm{d}x$$

而壁面的传热量是

$$\mathrm{d}q_\mathrm{w} = -\lambda \mathrm{d}x \frac{\partial t}{\partial y}\bigg|_\mathrm{w}$$

按照能量平衡将表示各种能量的各项合并加以整理后，得出：

$$\frac{\mathrm{d}}{\mathrm{d}x}\left[\int_0^H (t_\infty - t)u\mathrm{d}y\right] + \frac{\mu}{\rho c_\mathrm{p}}\left[\int_0^H \left(\frac{\mathrm{d}u}{\mathrm{d}y}\right)^2 \mathrm{d}y\right] = a\frac{\partial t}{\partial y}\bigg|_\mathrm{w} \tag{5-42}$$

这就是在主流温度 t_∞ 为常数时，常物性流体的边界层能量积分方程。

为了计算壁面的传热，需要导出热边界层厚度的表达式，这个表达式连同方程式(5-40)和式(5-41)用来确定换热系数。在此，忽略黏性耗散项，除非是流动速度非常高，这一项通常是很小的。考虑的平板不见得一定要沿全长加热，将要分析的一种情况如图5-17所示，此时流动边界层是从平板前沿开始形成的，而加热是从 $x = x_0$ 处开始的。

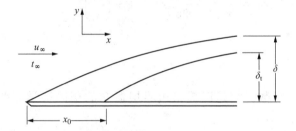

图 5-17　平板上的速度边界层和热边界层，加热从 x_0 处开始

将式(5-41)给出的温度分布和式(5-35)给出的速度分布代入方程式(5-42)，并且忽略黏性耗散项，可以得到：

$$\frac{\mathrm{d}}{\mathrm{d}x}\left[\int_0^H (t_\infty - t)u\mathrm{d}y\right] = \frac{\mathrm{d}}{\mathrm{d}x}\left[\int_0^H (\theta_\infty - \theta)u\mathrm{d}y\right]$$

$$= \theta_\infty u_\infty \frac{\mathrm{d}}{\mathrm{d}x}\left\{\int_0^H \left[1 - \frac{3}{2}\frac{y}{\delta_\mathrm{t}} + \frac{1}{2}\left(\frac{y}{\delta_\mathrm{t}}\right)^3\right]\left[\frac{3}{2}\frac{y}{\delta} - \frac{1}{2}\left(\frac{y}{\delta}\right)^3\right]\mathrm{d}y\right\} = a\frac{\partial t}{\partial y}\bigg|_{y=0} = \frac{3a\theta_\infty}{2\delta_\mathrm{t}}$$

假定热边界层比流动边界层薄。这样只需要积分到 $y=\delta_\mathrm{t}$，因为在 $y>\delta_\mathrm{t}$ 时积分为0。进行必要的代数运算，积分并代入 $\zeta=\delta_\mathrm{t}/\delta$，则可以推导出：

$$\theta_\infty u_\infty \frac{\mathrm{d}}{\mathrm{d}x}\left[\delta\left(\frac{3}{20}\zeta^2 - \frac{3}{280}\zeta^4\right)\right] = \frac{3}{2}\frac{a\theta_\infty}{\delta\zeta}$$

因为 $\delta_\mathrm{t}<\delta$，$\zeta<1$，包含 ζ^4 的项同 ζ^2 项相比要小得多，因此略去 ζ^4 项，并写出：

$$\frac{3}{20}\theta_\infty u_\infty \frac{\mathrm{d}}{\mathrm{d}x}(\delta\zeta^2) = \frac{3}{2}\frac{a\theta_\infty}{\zeta\delta}$$

进行微分后得：

$$\frac{1}{10}u_\infty\left(2\delta\zeta\frac{\mathrm{d}\zeta}{\mathrm{d}x}+\zeta^2\frac{\mathrm{d}\delta}{\mathrm{d}x}\right)=\frac{a}{\delta\zeta}$$

或

$$\frac{1}{10}u_\infty\left(2\delta^2\zeta^2\frac{\mathrm{d}\zeta}{\mathrm{d}x}+\zeta^3\delta\frac{\mathrm{d}\delta}{\mathrm{d}x}\right)=a$$

但是，

$$\delta\mathrm{d}\delta=\frac{140}{13}\frac{\nu}{u_\infty}\mathrm{d}x\ \text{即}\ \delta^2=\frac{280}{13}\frac{\nu x}{u_\infty}$$

因此有：

$$\zeta^3+4x\zeta^2\frac{\mathrm{d}\zeta}{\mathrm{d}x}=\frac{13}{14}\frac{a}{\nu} \tag{5-43}$$

注意

$$\zeta^2\frac{\mathrm{d}\zeta}{\mathrm{d}x}=\frac{1}{3}\frac{\mathrm{d}}{\mathrm{d}x}\zeta^3$$

式（5-43）是 ζ^3 的一阶线性微分方程，其解为：

$$\zeta^3=C_x^{-3/4}+\frac{13}{14}\frac{a}{\nu}$$

使用边界条件

$$\text{在}\ x=x_0\ \text{处}\quad \delta=0$$
$$\text{在}\ x=x_0\ \text{处}\quad \zeta=0$$

最终的解成为：

$$\zeta=\frac{\delta_\mathrm{t}}{\delta}=\frac{1}{1.026}Pr^{-1/3}\left[1-\left(\frac{x_0}{x}\right)^{3/4}\right]^{1/3} \tag{5-44}$$

此处引入了

$$Pr=\frac{\nu}{a} \tag{5-45}$$

比值 ν/a 叫作普朗特数，它是以提出边界层概念的德国科学家路德威格·普朗特命名的。

在沿平板全长加热时，$x_0=0$，且有：

$$\frac{\delta_\mathrm{t}}{\delta}=\zeta=\frac{1}{1.026}Pr^{-1/3} \tag{5-46}$$

在上面的分析中，我们假定了 $\zeta<1$。这个假设对于普朗特数大于 0.7 左右的流体是可以令人满意的。幸好大多数的气体和液体都在这个范围之内，但是，液态金属是明显的例外情况，它们的普朗特数具有 0.01 的数量级。

我们发现普朗特数 ν/a 是表示流动边界层和热边界层相对厚度的一个参数。流体的运动黏度表征了在流体中由于分子运动所引起的动量扩散速率，而热扩散系数则表征了流体中热量的扩散速率。因而这两个量的比值应当表示流体内动量和热量扩散的相对数值。而且，对于一个给定的外部流场而言，这两个扩散速率正是确定边界层有多么厚的重要物理量。较高的扩散率，意味着在更远的流场中，可以觉察到黏性和温度的影响，所以普朗特数是将速度场和温度场联系起来的一个环节。在使用同一单位制时，普朗特数是一个无量纲量。

$$Pr=\frac{\nu}{a}=\frac{\mu/\rho}{\lambda/\rho c_\mathrm{p}}=\frac{c_\mathrm{p}\mu}{\lambda} \tag{5-47}$$

现在再回过来进行分析，则有：

$$h = \frac{-\lambda \, (\partial t / \partial y)_w}{t_w - t_\infty} = \frac{3}{2} \frac{\lambda}{\delta_t} = \frac{3}{2} \frac{\lambda}{\zeta \delta}$$

将式(5-36)表示的流体速度边界层厚度代入上式并应用式(5-44)，即可得：

$$h_x = 0.332 \lambda Pr^{1/3} \left(\frac{u_\infty}{\nu x} \right)^{1/2} \left[1 - \left(\frac{x_0}{x} \right)^{3/4} \right]^{-1/3} \tag{5-48}$$

将上式的两边各乘以 x/λ，即可使方程无量纲化，在其左侧得到了无量纲数组

$$Nu_x = \frac{h_x x}{\lambda} \tag{5-49}$$

这个数组以威尔海姆·努塞尔的名字命名为努塞尔数，努塞尔对于对流换热理论做出了重要的贡献。最后得到：

$$Nu_x = 0.332 Pr^{1/3} Re_x^{1/2} \left[1 - \left(\frac{x_0}{x} \right)^{3/4} \right]^{-1/3} \tag{5-50}$$

对于沿全长加热的平板，$x_0 = 0$ 则有：

$$Nu_x = 0.332 Pr^{1/3} Re_x^{1/2} \tag{5-51}$$

式(5-48)、式(5-50)和式(5-51)给出了按照平板前缘的距离和流体特性所确定的局部换热系数。在 $x_0 = 0$ 的情况下，平均换热系数和平均努塞尔数可以通过对平板长度积分而获得：

$$\bar{h} = \frac{\int_0^l h_x \mathrm{d}x}{\int_0^l \mathrm{d}x} = 2h_{x=l} \tag{5-52}$$

$$\overline{Nu_l} = \frac{\bar{h} l}{\lambda} = 2Nu_{x=l} \tag{5-53}$$

此处需再次说明，上述的分析都是在假定全部流动过程中流体的特性参数均为常数的情况下进行的。

5.4.4　边界层的重要意义

对流体流过任意表面的流动，速度边界层总是存在的，因而存在表面摩擦。同样地，如果表面和主流区的温度不同，就会存在热边界层，从而存在对流换热。速度边界层的范围是 $\delta(x)$，其特征是存在速度梯度和切应力。热边界层的范围是 $\delta_t(x)$，其特征是存在温度梯度和传热。有可能发生两种边界层并存的现象。在这些情况下，边界层很少以相同的速率发展，因而在给定的位置上，δ 和 δ_t 的值也不一样。

工程中，两种边界层的主要表现形式分别为表面摩擦和对流换热。于是，关键的边界层参数就分别为摩擦系数 c_f 和对流换热系数 h。现在我们将关注这些关键参数，它们在对流换热问题的分析中具有重要意义。

5.4.5　流体摩擦和换热之间的关系

以上分析已经看到温度场和流场之间是相互联系的。现在来寻求一个把摩擦阻力直接和换热联系起来的表达式。前文5.4.1中已给出了摩擦系数及表面切应力的定义式，二者之间的关系为：

$$\tau_s = c_f \frac{\rho u_\infty^2}{2} \tag{5-54}$$

应用式(5-35)给出的速度分布，可以得到：

$$\tau_w = \frac{3}{2} \frac{\mu u_\infty}{\delta} \tag{5-55}$$

在将边界层厚度的关系式代入后即得：

$$\tau_w = \frac{3}{2} \frac{\mu u_\infty}{4.64} \left(\frac{u_\infty}{\nu x} \right)^{1/2} \tag{5-56}$$

合并式(5-54)和式(5-56)导出：

$$\frac{C_f x}{2} = \frac{3}{2} \frac{\mu u_\infty}{4.64} \left(\frac{\mu_\infty}{\nu x} \right)^{1/2} \frac{1}{\rho u_\infty^2} = 0.323 Re_x^{-1/2} \tag{5-57}$$

则式(5-50)可以写成如下形式：

$$\frac{Nu_x}{Re_x Pr} = \frac{h_x}{\rho c_p u_\infty} = 0.332 Pr^{-2/3} Re_x^{1/2} \tag{5-58}$$

上式中左边的数群叫做斯坦登数，

$$St_x Pr^{2/3} = \frac{h_x}{\rho c_p u_\infty}$$

因而：
$$St_x Pr^{2/3} = 0.332 Re_x^{-1/2} \tag{5-59}$$

比较式(5-57)和式(5-59)，可以注意到方程的右边是很相像的，只是常数有3%左右的差别，这个差别是边界层积分分析的近似性质所引起的，承认这种近似并可写出：

$$St_x Pr^{2/3} = \frac{C_{fx}}{2} \tag{5-60}$$

方程式(5-60)叫做科尔伯恩比拟，它给出了在平板上层流边界层流体摩擦和换热之间的关系。因此，平板的换热系数可以通过测量无换热时平板的摩阻来确定。

原来式(5-60)也可以用于平板上的湍流边界层，修正后还可以用于管内湍流流动。但是不能用于管内的层流流动。一般说来，在着手将传热一流体摩擦相似运用到新的问题时，需要对基本方程做更严密的处理，所得到的结果也并不总是像式(5-60)那么简单。前面所叙述的简单相似关系有助于加深对对流的物理过程的理解，同时也使换热和黏性输运过程在微观和宏观方面的相互联系有了更明晰的概念。

5.5 本章小结

本章介绍了对流换热的理论基础知识，建立了对流换热的数学和物理基础。为了检验对这些内容的理解程度，读者应思考如下问题。

- 局部对流换热系数和平均系数之间的区别是什么？它们的单位是什么？
- 对应于热流密度和热流的牛顿冷却定律各有什么样的形式？
- 什么是速度、温度边界层？它们产生的条件分别是什么？
- 在速度边界层中哪些量随位置而变化？在热边界层中呢？
- 对流传热受到表面上的流动条件的强烈影响，我们是如何通过对表面处的流体应用傅里叶定律确定对流热流密度的？

- 当边界层从层流向湍流过渡时，传热会发生变化吗？如果发生变化，情况是怎样的？
- 对流传递方程中包含了哪些自然定律？
- x 动量方程中的项代表了哪些物理过程？能量方程呢？
- 对薄的速度、热边界层中的条件可以作哪些特殊的近似？
- 雷诺数是如何定义的？它的物理解释是什么？临界雷诺数有什么作用？
- 普朗特数的定义是什么？它的值如何影响表面上层流的速度和热边界层的相对发展？在室温下，液态金属、气体、水和油的普朗特数代表性的值各是多少？
- 什么是摩擦系数和努塞尔数？对于给定几何形状的表面上的流动，确定这些量的局部和平均值的自变量各有哪些？
- 在什么条件下可以说速度、热边界层是可类比的？类比的物理基础是什么？
- 区别湍流和层流的物理特征是什么？

参 考 文 献

[1]杨世铭，陶文铨．传热学[M]．4 版．北京：高等教育出版社，2006.

[2]弗兰克 P. 英克鲁佩勒，大卫 P. 德维特等著，传热和传质基本原理[M]．6 版．葛新石，叶弘译．北京：化学工业出版社，2014.

[3]J. P. 霍尔曼．传热学[M]．9 版．北京：机械工业出版社，2008.

[4]W. M. Kays, M. E. Crawford, B. Weigand 著．对流传热与传质[M]．4 版．赵振南译．北京：高等教育出版社，2007.

[5]张靖周．高等传热学[M]．2 版．北京：科学出版社，2015.

第6章　对流换热的工程计算

本章主要介绍无相变的对流换热的工程计算方法及关系式选择。根据图5-1给出的无相变对流换热的分类树，本章按外部对流换热、密闭空间对流换热及内部对流换热的顺序，对流动换热关系及被工程计算所广泛采用的重要实验关系式进行详细阐述。

在外部流动中，边界层的发展不受邻近表面的限制，因此，在边界层之外总是存在这样一个流动区域，其中的速度和温度可以忽略。这样的对流换热的例子随处可见，如平板上的流体运动以及球、圆柱体、机翼或涡轮叶片等表面上的流动换热等。

与外部流动不同，对于内部流动（包括密闭空间），流体的流动是受表面限制的，因此，边界层最终不能无限制地发展下去。采用内部流动方式加热或是冷却流体，在几何布置上较为方便，在石油化工以及能量转化等技术中都有广泛应用。

本章的主要目的是确定不同流动条件下的对流换热系数，具体地说，即是获得表达对流换热系数的明确的函数形式。对于如何获得这些函数，则可采用理论分析方法和实验方法。理论分析方法是根据具体的几何形状及边界条件求解边界层方程，获得温度分布后，进一步计算努塞尔数而得到对流换热系数。实验方法则是需要在实验室可控条件下进行传热测试，并引入合适的无量纲参数，建立数据之间的函数关系，这种方法已经被应用到多种不同的几何形状和流动状态，本章将给出一些典型且重要的结果（即实验关系式）。

6.1　外部对流换热

所谓外部流动换热是指换热壁面上的流动边界层与热边界层能自由发展，不会受到邻近通道壁面存在的限制。因而，在外部流动中存在着一个边界层外的区域，那里无论是速度梯度还是温度梯度都可以忽略。本节将分别按外部自然对流换热及外部受迫对流换热来介绍其实验关联式。

6.1.1　外部自然对流换热关联式

流体在加热过程中，由于它的密度发生变化，因而产生了流体的运动，这就是人们所观察到的自然对流（或称自由对流）。用于室内采暖的散热器就是自然对流换热装置的一个典型实例。在自然对流系统中，流体（气体或液体）的运动是由作用在流体上的浮升力所引起的。而浮升力的产生又是因为在换热面附近由于加热而使得流体密度减小的缘故。假若没有像重力这样一类外界力场作用在流体上，就不会有浮升力产生。但是重力并不是能够产生自然对流的唯一外力场；如果旋转机械内有一个或更多的接触面对流体加热，那么封闭在旋转机械内的流体由于受到离心力场作用，也会产生自然对流。

6.1.1.1　竖板的自然对流换热

考虑如图6-1所示的竖直板被加热，就会形成如图所示的自然对流边界层。由于在壁面上不产生滑动，所以在壁面上速度为零，在边界层内，速度增加到某一最大值，然后逐渐减小，到边界层边缘处减小到零，因为在自然对流系统中"流体主体"是静止的。开始，边界层是层流；但在距前缘某一距离处产生了湍流旋涡，开始形成湍流边界层，这一距离的大小取决于流体的性质与壁面和环境之间的温差。沿平板再向上，边界层变为充分发展的湍流。为了分析换热问题，必须首先得到边界层的运动微分方程式。为此，需像前章分析那样，选取 x 坐标沿平板的方向，选取 y 坐标沿垂直于平板的方向。

如果竖直板被加热，在推导中必须考虑的唯一的新的作用力是作用在流体微元体的重力。同样使 x 方向的外力总和等于通过控制容积 $\mathrm{d}x \cdot \mathrm{d}y$ 的动量通量变化，结果得到：

$$\rho\left(u\frac{\partial u}{\partial x} + v\frac{\partial u}{\partial y}\right) = -\frac{\partial p}{\partial x} - \rho g + \mu\frac{\partial^2 u}{\partial y^2} \qquad (6\text{-}1)$$

式中，ρg 项代表作用在微元体上的重力。x 方向的压力梯度是由于沿平板高度的变化引起的，因而

$$\frac{\partial p}{\partial \infty} = -\rho_\infty g \qquad (6\text{-}2)$$

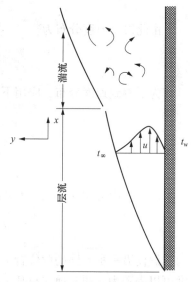

图 6-1　竖直板被加热的自然对流边界层

换言之，沿高度 $\mathrm{d}x$ 产生的压力变化等于作用在流体微元体单位面积上的重力。将方程式(6-2)代入方程式(6-1)后得出：

$$\rho\left(u\frac{\partial u}{\partial x} + v\frac{\partial u}{\partial y}\right) = g(\rho_\infty - \rho) + \mu\frac{\partial^2 u}{\partial y^2} \qquad (6\text{-}3)$$

密度差 $(\rho_\infty - \rho)$ 可以借助于体积膨胀系数 β 来表示，β 的定义为：

$$\beta = \frac{1}{v}\left(\frac{\partial v}{\partial t}\right)_{\mathrm{p}} = \frac{1}{v_\infty}\frac{v - v_\infty}{t - t_\infty} = \frac{\rho_{\mathrm{m}} - \rho}{\rho(t - t_\infty)} \qquad (6\text{-}4)$$

所以

$$\rho\left(u\frac{\partial u}{\partial x} + v\frac{\partial u}{\partial y}\right) = g\rho\beta(t - t_\infty) + \mu\frac{\partial^2 u}{\partial y^2} \qquad (6\text{-}5)$$

式(6-5)就是自然对流边界层运动方程式。应当注意：为了求解速度分布，必须知道温度分布。在低速下，自然对流系统的能量方程与受迫对流系统相同，即：

$$\rho c_{\mathrm{p}}\left(u\frac{\partial t}{\partial x} + v\frac{\partial t}{\partial y}\right) = \lambda\frac{\partial^2 t}{\partial y^2} \qquad (6\text{-}6)$$

对给定的流体，体积膨胀系数 β 可以按流体的物性表来确定。对于理想气体，β 按下式计算：

$$\beta = \frac{1}{T} \qquad (6\text{-}7)$$

式中 T 是气体的绝对温度。

虽然流体的运动起因于密度变化，但这种密度变化却是十分微小的，因而在流体是不可压缩的假设下，即假设 $\rho =$ 常数，对于自然对流问题也能得到满意的解。

对于自然对流系统，动量积分方程为：

$$\frac{\mathrm{d}}{\mathrm{d}x}\left(\int_0^\delta \rho u^2 \mathrm{d}y\right) = -\tau_{\mathrm{w}} + \int_0^\delta \rho g\beta(t - t_\infty)\mathrm{d}y = -\mu\frac{\partial u}{\partial y}\bigg|_{y=0} + \int_0^\delta \rho g\beta(t - t_\infty)\mathrm{d}y \qquad (6\text{-}8)$$

可以看出：为获得方程式的解，必须知道速度分布与温度分布两者的函数形式。

对于温度分布，应用下面的条件：

$$在 y=0 处 \quad t=t_w$$
$$在 y=\delta 处 \quad t=t_\infty$$
$$在 y=\delta 处 \quad \frac{\partial t}{\partial y}=0$$

由此得出温度分布为：

$$\frac{t-t_\infty}{t_w-t_\infty}=\left(1-\frac{y}{\delta}\right)^2 \tag{6-9}$$

为了得到速度分布，应用下面三个条件：

$$在 y=0 处 \quad u=0$$
$$在 y=\delta 处 \quad u=0$$
$$在 y=\delta 处 \quad \frac{\partial u}{\partial y}=0$$

注意：由方程式(6-5)还可以得到另一个条件：

$$在 y=0 处 \quad \frac{\partial^2 u}{\partial y^2}=-g\beta\frac{t_w-t_\infty}{v}$$

假设沿平板不同的两位置上，速度分布图形是几何相似的。对于自然对流问题，假设速度可以表示为 y 的多项式与某一 x 的任意函数的乘积，这样：

$$\frac{u}{u_x}=a+by+cy^2+dy^3 \tag{6-10}$$

式中 u_x 是一假想的速度，它是 x 的函数。对于速度分布，应用上面列出的四个条件，便可以得到：

$$\frac{u}{u_x}=\frac{\beta\delta^2 g(t_w-t_\infty)}{4u_x v}\frac{y}{\delta}\left(1-\frac{y}{\delta}\right)^2 \tag{6-11}$$

将涉及温差的项 δ^2 以及 u_x 都并入函数 u_x 中，最后可以把速度分布关系式假定为：

$$\frac{u}{u_x}=\frac{y}{\delta}\left(1-\frac{y}{\delta}\right)^2 \tag{6-12}$$

图 6-2 给出了根据方程式(6-12)绘制的曲线。

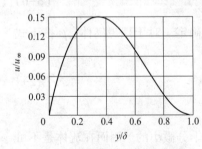

图 6-2　对应于方程(6-12)的
自然对流速度分布

将方程式(6-9)和式(6-12)代入方程式(6-8)，在完成积分和微分运算后，便可得到：

$$\frac{1}{105}\frac{d}{dx}(u_x^2\delta)=\frac{1}{3}g\beta(t_w-t_\infty)\delta-v\frac{u_x}{\delta} \tag{6-13}$$

对于自然对流系统，能量方程的积分形式是：

$$\frac{d}{dx}\left[\int_0^\delta u(t-t_\infty)\,dy\right]=-a\left.\frac{dt}{dy}\right|_{y=0} \tag{6-14}$$

将假设的温度分布与速度分布代入上述方程式，经过运算，得到的结果是：

$$\frac{1}{30}(t_w-t_\infty)\frac{d}{dx}(u_x\delta)=2a\frac{t_w-t_\infty}{\delta} \tag{6-15}$$

根据推导方程式(6-12)的原理，显然可以得出：

$$u_x \sim \delta^2$$

将此关系代入方程式(6-13)得到:

$$\delta \sim x^{1/4}$$

因此,可以假设 u_x 与 δ 按下面的指数函数变化:

$$u_x = c_1 x^{1/2}$$
$$\delta = c_2 x^{1/4}$$

将这两个关系式代入方程式(6-13)和式(6-15)便得到:

$$\frac{5}{420} c_1^2 c_2 x^{1/4} = g\beta(t_w - t_\infty) \frac{c_2}{3} x^{1/4} - \frac{c_1}{c_2} v x^{1/4}$$

和

$$\frac{1}{40} c_1 c_2 x^{-1/4} = \frac{2a}{c_2} x^{-1/4}$$

由这两个方程式可以解出常数 c_1 和 c_2:

$$c_1 = 5.17 v \left(\frac{20}{21} + \frac{v}{a} \right)^{-1/2} \left[\frac{g\beta(t_w - t_\infty)}{v^2} \right]^{1/2}$$

$$c_2 = 3.93 \left(\frac{20}{21} + \frac{v}{a} \right)^{1/4} \left[\frac{g\beta(t_w - t_\infty)}{v^2} \right]^{-1/4} \left(\frac{v}{a} \right)^{-1/2}$$

结果,边界层厚度表达式是:

$$\frac{\delta}{x} = 3.93 Pr^{-1/2} (0.952 + Pr)^{-1/4} Gr_x^{1/4} \tag{6-16}$$

式中,普朗特数 $Pr = \frac{v}{a}$ 和一个无量纲数一起被推导出,这个新的无量纲量称为葛拉晓夫数 Gr_x:

$$Gr_x = \frac{g\beta(t_w - t_\infty)x^3}{v^2} \tag{6-17}$$

换热系数可以从下式计算得到:

$$q_w = -\lambda A \frac{dt}{dy} \bigg|_w = hA(t_w - t_\infty)$$

应用式(6-9)给出的温度分布,可以得到:

$$h = \frac{2\lambda}{\delta} \quad 或 \quad \frac{hx}{\lambda} = Nu_x = 2 \frac{x}{\delta}$$

这样换热系数的无量纲方程式变为:

$$Nu_x = 0.508 Pr^{1/2} (0.952 + Pr)^{-1/4} Gr_x^{1/4} \tag{6-18}$$

方程式(6-18)给出了局部换热系数沿竖直板的变化关系。下式积分以后便得出平均换热系数:

$$\bar{h} = \frac{1}{l} \int_0^l h_x dx \tag{6-19}$$

方程式(6-18)给出的是局部换热系数的变化关系,其平均换热系数是:

$$\bar{h} = \frac{4}{3} h_{x=l} \tag{6-20}$$

自然对流系统中，无量纲准则葛拉晓夫数的物理意义是浮升力与黏性力之比。葛拉晓夫数在自然对流系统中所起的作用正像雷诺数在受迫对流系统中所起的作用一样，它是判断边界层内流动由层流转变为湍流的主要准则。埃克特与索埃根观察到：竖直板空气自然对流的临界葛拉晓夫数约为 4×10^8。由于流体种类不同，以及环境"湍流强度"不同，观测到的临界葛拉晓夫数在 $10^8 \sim 10^9$ 之间。

上面所叙述的竖直板自然对流换热理论分析是可以应用数学解析的最简单的情况。在分析中所导出的新的无量纲准则葛拉晓夫数对一切自然对流问题都是十分重要的。但在另外的一些情况下，必须依靠实验测量来得出换热关系式。对于这些情况，通常很难用分析的方法计算温度和速度分布。对于湍流自然对流的问题，实验数据是必不可少的。然而，因为自然对流的速度通常都相当小，以至很难测量。尽管实验有这样的困难，但还是运用氢泡技术、热线风速仪和石英纤维风速仪测量了速度。应用蔡德-马赫干涉仪已经测量出温度场。有兴趣的读者可以查找相关文献进行深入探索研究。

6.1.1.2 自然对流的实验关系式

许多年以来，就已经发现在各种情况下都可以借助下面的函数形式表示自然对流平均换热系数（见表6-1和图6-3及图6-4）：

$$Nu_{\mathrm{f}} = C \left(Gr_{\mathrm{f}} \, Pr_{\mathrm{f}} \right)^m \tag{6-21}$$

式中各参数的下标 f 表示无量纲准则中的物性按膜温度计算，膜温度 t_{f} 为：

$$t_{\mathrm{f}} = \frac{t_{\infty} + t_{\mathrm{w}}}{2}$$

葛拉晓夫数与普朗特数的乘积称为拉格利数：

$$Ra = GrPr$$

努塞尔数与葛拉晓夫数特征尺寸的选取要看问题的具体几何形状而定。对竖直板，特征尺度取板的高度 l；对水平圆柱取其直径 d 等等。在许多自然对流文献中实验数据往往有一些出入。本节的目的在于汇总各种实验公式，以便读者直接使用。在各种情况下都采用公式（6-21）的函数形式，但对应于不同情况，常数 C 与 m 选取特定的数值。

6.1.1.3 竖直板与竖圆柱的自然对流

（1）等温表面。对于垂直表面，努塞尔数与葛拉晓夫数的特征尺寸是表面的高度 l。如果边界层厚度不比直径大，那么可以用竖直板的关系式计算圆柱的换热。通常在满足下列条件时，便可以将竖圆柱按竖直板处理：

$$\frac{d}{l} \geqslant \frac{35}{Gr_l^{1/4}}$$

式中 d 是圆柱的直径，对于等温表面，表6-1列出了方程式中的常数值。值得注意的是对应于湍流情况（$Gr_{\mathrm{f}}Pr_{\mathrm{f}} > 10^9$）的两组常数，虽然看起来这些常数值存在着明显差别，但沃尼（Warner）与阿帕希（Arpaci）用实验数据比较了两个关系式，指出两组常数适用于现有的实验数据。从已有的的分析工作以及相关的热通量测量结果得出这样的意见：应当优先选用下面的关系式

$$Nu_{\mathrm{f}} = 0.10 \left(Gr_{\mathrm{f}} Pr_{\mathrm{f}} \right)^{1/3} \tag{6-22}$$

表 6-1　等温表面，公式（6-21）中的常数

几何形状	$Gr_f Pr_f$	C	m
竖板和竖圆柱	$10^{-1} \sim 10^4$	运用图 6-3	运用图 6-3
	$10^4 \sim 10^8$	0.59	$\dfrac{1}{4}$
	$10^8 \sim 10^{15}$	0.21	$\dfrac{2}{5}$
	$10^8 \sim 10^{18}$	0.10	$\dfrac{1}{3}$
水平圆柱	$0 \sim 10^{-3}$	0.40	0
	$10^{-6} \sim 10^4$	运用图 6-4	运用图 6-4
	$10^4 \sim 10^8$	0.53	$\dfrac{1}{4}$
	$10^8 \sim 10^{12}$	0.13	$\dfrac{1}{3}$
平板上表面加热 或平板下面表面 冷却	$2 \times 10^4 \sim 8 \times 10^8$	0.54	$\dfrac{1}{4}$
	$8 \times 10^8 \sim 10^{13}$	0.15	$\dfrac{1}{3}$
平板下表面加热 或平板上表面 冷却	$10^8 \sim 10^{12}$	0.58	$\dfrac{1}{5}$

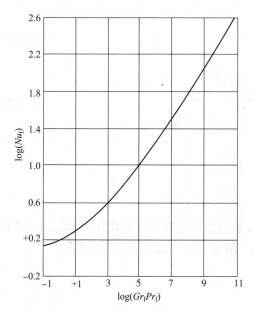

图 6-3　竖直板加热时的自然对流换热关系

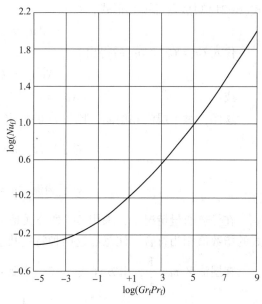

图 6-4　水平圆柱加热时的自然对流换热关系

（2）等热通量。有关垂直或倾斜表面自然对流的实验，以水作为介质，并在等热通量条件下进行。这些实验所得到的结果借助于修正的葛拉晓夫数 Gr^* 来表示：

$$Gr_x^* = Gr_x Nu_x = \frac{g\beta q_w x^4 \Theta}{\lambda v^2} \quad\quad (6-23)$$

式中 q_w 为壁面热通量。在层流区，局部换热系数可整理成下述的关系式：

$$Nu_{xf} = \frac{hx}{\lambda f} = 0.60 (Gr_x^* Pr_f)^{1/5} \quad\quad (6-24)$$

$$10^5 < Gr_x^* < 10^{11}; \quad q_w = 常数$$

必须注意：用 Gr_x^* 和用 Gr_x 来表示流场是否是层流流动的准则表达式是不相同的。已经观察到边界层的转换是在 $Gr_x^* Pr = 3 \times 10^{12} \sim 4 \times 10^{13}$ 之间开始，而在 $4 \times (10^{13} \sim 10^{14})$ 之间结束，在 $Gr_x^* Pr = 10^{14}$ 时形成充分发展的湍流流动。这些实验一直扩展到 $Gr_x Pr = 10^{16}$。在湍流区，局部换热系数可用下式计算：

$$Nu_x = 0.17(Gr_x^* Pr)^{1/4} \quad\quad (6-25)$$

$$2 \times 10^{13} < Gr_x Pr < 10^{16}; \quad q_w = 常数$$

在公式（6-24）和式（6-25）中，物性都按局部膜温计算。虽然这些实验用水作介质，但是已证明所得到的关系式也适用于空气。在等热通量情况下，不能用公式（6-20）计算平均换热系数，但是可以分别用公式（6-19）算出平均换热系数，因而，对于层流区要用方程式（6-24）计算 h_x：

$$\bar{h} = \frac{1}{l} \int_0^l h_x \mathrm{d}x$$

$$\bar{h} = \frac{5}{4} h_{x=l}$$

$$q_w = 常数$$

应当注意公式（6-21）的形式与此处所运用公式的形式 $Gr_x^* = Gr_x Nu_x$ 之间的关系。将公式（6-21）写成局部换热形式，得到：

$$Nu_x = C(Gr_x Pr)^m \quad\quad (6-26)$$

代入 $Gr_x = Gr_x^* / Nu_x$ 后得出：

$$Nu_x^{1+m} = C (Gr_x^* Pr)^m$$

或：

$$Nu_x = C^{1/(1+m)} (Gr_x^* Pr)^{m/(1+m)} \quad\quad (6-27)$$

这样，对于层流和湍流，比较 m 的特定值，得到 Gr_x^* 的指数为：

$$对于层流，m = \frac{1}{4}: \quad \frac{m}{1+m} = \frac{1}{5}$$

$$对于湍流，m = \frac{1}{3}: \quad \frac{m}{1+m} = \frac{1}{4}$$

在等热通量情况下，采用 Gr^* 列公式是十分方便的，可以看出其指数值与等温表面关系式的指数值相当符合。注意在这两种特定状态下 h_x 随 x 变化关系也是十分重要的。

在层流区 $m = \frac{1}{4}$，由方程式（6-21）得到：

$$h \sim \frac{1}{x} (x^3)^{1/3} = x^{-1/4}$$

在湍流状态下，$m = \dfrac{1}{3}$，可以得出：

$$h_x \sim \frac{1}{x}\,(x^3)^{1/3} = 常数（对于\ x）$$

所以，对于湍流自然对流，局部换热系数根本不随 x 变化。

6.1.1.4 水平圆柱体的自然对流

在表 6-1 中列出了对应于圆柱体的常数 C 和 m 数值。在较大的 $GrPr$ 范围内，邱吉尔（Churchill）和邱（Chu）给出了较复杂的表达式：

对于 $10^{-5} < GxPr < 10^{12}$，

$$Nu^{1/2} = 0.60 + 0.387 \left(\frac{GrPr}{[1 + (0.559/Pr)^{9/16}]^{16/9}}\right)^{1/6} \tag{6-28}$$

由水平圆柱到液态金属的换热可按下式计算：

$$Nu_d = 0.53(Gr_d Pr^2)^{1/4} \tag{6-29}$$

6.1.1.5 水平平板的自然对流

利用方程式（6-21）可以计算出水平平板的平均换热系数，式中的常数已在表 6-1 中给出。关系式中的特征尺寸 l 是这样选取的：正方形取边长；长方形取两个边长的平均值；圆盘取 $0.9d$。

（1）不对称平面。如果水平平面不是正方形，也不是长方形或圆形，而是不对称平面，已有文献得到的结果表明：可以按下式计算自然对流的特征尺寸：

$$l = \frac{A}{P}$$

式中 A 是面积，P 是表面的周长。

（2）长方形固体。金（King）分析了平板、圆柱、球和块状物体的换热，发现：当 $10^4 < GrPr < 10^9$ 时，平均换热系数可整理为方程式（6-21）形式，而常数 $C = 0.60$，对于长方体，此式的特征尺寸按下式计算：

$$\frac{1}{l} = \frac{1}{l_h} + \frac{1}{l_v}$$

式中 l_h 和 l_v，分别为水平表面和垂直表面的尺寸。只有对于没有专门资料的特殊形状的物体才应用这个关系式。

6.1.1.6 倾斜表面的自然对流

对具有各种倾角的加热平板进行的广泛的实验研究中，用水做介质，θ 表示平板与垂直平面的倾角，正角表示加热面朝下。在近似等热通量条件下，加热面朝下的倾斜平板的平均努塞尔数可按下面关系式计算：

$$\overline{Nu}_e = 0.56(Gr_e Pr_e \cos\theta)^{1/4} \tag{6-30}$$

$$\theta < 88°;\ 10^5 < Gr_e Pr_e \cos\theta < 10^{11}$$

在式（6-30）中，除了 β 以外，所有的物性均按参考温度 t_e 计算。

$$t_e = t_w - 0.25(t_w - t_\infty)$$

式中 t_w 是平均壁温，t_∞ 是主流温度，β 按温度 $t_\infty + 0.25(t_w - t_\infty)$ 计算。对于加热面朝下的近于水平的平板，亦即 $88° < \theta < 90°$ 得到了附加的关系式：

$$\overline{Nu}_e = 0.58(Gr_e Pr_e)^{1/5} \quad 10^6 < Gr_e Pr_e < 10^{11} \tag{6-31}$$

加热面朝上的倾斜平板的经验公式更为复杂，倾斜角在$-60°\sim-85°$时，相应的关系式为：

$$\overline{Nu}_e = 0.14\left[(Gr_e\,Pr_e)^{1/3} - (Gr_c\,Pr_e)^{1/3}\right] + 0.56\,(Gr_e\,Pr_e\cos\theta)^{1/4} \qquad (6\text{-}32)$$

此公式适用于$10^5 < Gr_e Pr_e\cos\theta < 10^{11}$。数值$Gr_e$是临界葛拉晓夫数，在达到这个数值时，就不能用层流公式(6-30)进行计算。表6-2列出不同θ角下的Gr_c数。

表6-2 不同θ角下的Gr_c数

$\theta/(°)$	Gr_c	$\theta/(°)$	Gr_e
-15	5×10^9	-60	10^8
-30	2×10^9	-75	10^6

当$Gr_e < Gr_c$时，方程式(6-32)中第一项可以省略。弗利特(Vliet)和佩拉(Pera)与格布哈特给出了一些补充数据。某些证据表明：上述各公式也可以用于等温表面。等热通量表面的空气实验测定表明：如果用$Gr_x^*\cos\theta$来代替Gr_x^*，那么方程式(6-24)也适用于加热面朝上或朝下的层流流动。对于空气湍流流动，得到了下面的经验公式：

$$Nu_x = 0.17(Gr_x^*Pr)^{1/4} \qquad 10^{10} < Gr_x^*Pr < 10^{15} \qquad (6\text{-}33)$$

当加热面朝上时，式中的Gr_x^*与竖直板相同。在加热面朝下时，Gr_x^*要用$Gr_r^*\cos^2\theta$来代替。对于等温竖直板，方程式(6-33)近似地化为表6-1所推荐的关系式。倾斜平板自然对流的估算仍存在着误差，对于上述经验公式，偏差常常达到$\pm20\%$。

6.1.1.7 空气的简化公式

表6-3给出了大气压力下，中等温度范围内空气的换热系数简化公式。乘以下面的系数以后，这些公式可以应用于更高或更低的压力范围。

对于层流：

$$\left(\frac{p}{101.32}\right)^{1/2}$$

对于湍流：

$$\left(\frac{p}{101.32}\right)^{2/3}$$

式中p是压力，单位为kN/m^2。应当谨慎地应用这些公式，因为它们仅仅是前面介绍的更精确公式的近似表达式。

表6-3 大气压力下各种表面的空气自然对流简化公式(由表6-1得出)

表面	层流 $10^4 < Gr_f Pr_f < 10^9$	湍流 $Gr_f Pr_f > 10^9$
竖板或竖圆柱	$h = 1.42\left(\dfrac{\Delta t}{l}\right)^{1/4}$	$h = 0.95(\Delta t)^{1/3}$
水平圆柱	$h = 1.32\left(\dfrac{\Delta t}{d}\right)^{1/4}$	$h = 1.24(\Delta t)^{1/3}$
水平平板：加热面 朝上或冷却面朝下	$h = 1.32\left(\dfrac{\Delta t}{l}\right)^{1/4}$	$h = 1.43(\Delta t)^{1/3}$

表面	层流 $10^4 < Gr_f Pr_f < 10^9$	湍流 $Gr_f Pr_f > 10^9$
加热面朝下或冷却面朝上	$$h = 0.61\left(\frac{\Delta t}{l^2}\right)^{1/5}$$ 式中 $h=$ 换热系数，$W/(m^2 \cdot ℃)$ $\Delta t = t_w - t_\infty$，℃ $l=$ 垂直或水平长度，m $d=$ 直径，m	

8. 圆球的自然对流

对于圆球向空气的自然对流放热，尤格（Yuge）给出了下面的经验公式：

在 $1<Gr_f<10^5$ 时，
$$Nu_f = \frac{\overline{h}d}{\lambda_f} = 2 + 0.392 Gr_f^{1/4} \tag{6-34}$$

在引入普朗特数后，此公式可改写为

$$Nu_f = 2 + 0.43(Gr_f Pr_f)^{1/4} \tag{6-35}$$

物性按膜温计算。这个公式主要是用来计算气体换热的。但是，对于液体如果缺乏更专门的资料，也可以采用。可以注意到：如果葛拉晓夫数与普朗特数的乘积相当小，那么努塞尔数趋近于 2。在球周围的流体停滞不动，只存在纯粹热传导的情况下，便会得到这样的数值。

6.1.2　外部强制对流的实验关联式

与自然对流不同，由泵、风机或其他外部动力源的作用所引起的流动称为"强制对流"，又称"受迫对流"。

6.1.2.1　横向绕过圆柱和球体的流动

对于图 6-5 所示的横向绕过圆柱的强制对流换热问题，工程师往往也是极重视的。圆柱上边界层的发展将决定传热的特征。只要边界层很好地保持为层流，就有可能用边界层分析的方法来计算传热。在分析时必须把压力梯度包括进去，因为它对速度分布有着显著的影响。实际上，在主流速度足够大的时候，正是这一压力梯度使圆柱后部形成了分离流动的区域。

图 6-6 表明了边界层脱离的现象。关于这一现象的机理可以定性地叙述如下：按照边界层理论，在物体任意的 x 位置处，通过边界层的压力基本上是一个常数。在圆柱体的情况下，距离 x 可以从前驻点开始进行度量。这样，只要不与那些必须应用于边界层的基本原理相矛盾，边界层内的压力就应当取为主流即绕圆柱的位势流的压力。当流体沿着圆柱的前部行进时，压力下降，而在后部压力则上升，结果引起了主流速度在圆柱的前部提高而在后部降低。横向速度（此速度平行于壁面）将从边界层外缘 u_∞ 降低到壁面处的零值。当流体流过圆柱的后部时，压力的提高使主流和边界层内的速度降低。压力的提高和速度的降低可以用一条流线上的伯努利方程联系起来，即：

$$\frac{\mathrm{d}p}{\rho} = -\mathrm{d}\left(\frac{u^2}{2g_c}\right)$$

因为已经假定了通过边界层的压力为常数，于是注意到回流可能是从贴近壁面的边界层开始的，也就是贴近壁面的流体层的动量不足以克服压力的升高。当壁面的速度梯度变为零时，就说明流动达到了分离点。

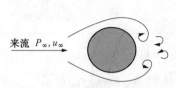

图 6-5　横向绕过圆柱的流动

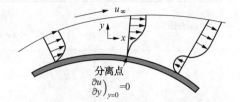

图 6-6　圆柱绕流的流动分离现象

$$分离点处: \left(\frac{\partial u}{\partial y}\right)_{y=0} = 0$$

这个分离点在图 6-6 中表示了出来。流动进行到分离点之后，便可能发生回流现象，如图 6-6 所示。最后，圆柱后部的分离流动区变成了湍流及无规则运动的状态。

对于非流线体，阻力系数定义为：

$$阻力 = F_D = C_D A \frac{\rho u_\infty^2}{2g_c} \tag{6-36}$$

式中 C_D 为阻力系数，A 为暴露于流体中的物体的迎面面积。对于圆柱体，后者为直径和长度的乘积。作为雷诺数的函数在图 6-7 中给出了圆柱和球体的阻力系数。

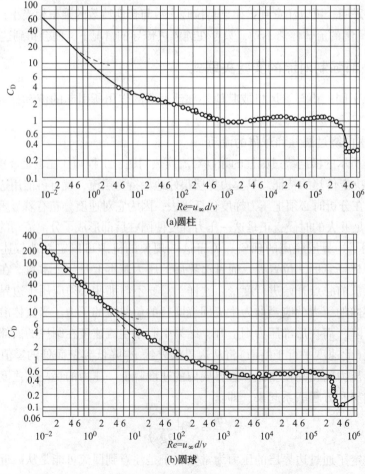

图 6-7　圆柱和圆球阻力系数与雷诺数的关系

圆柱的阻力是摩擦阻力和所谓型阻或压力阻力共同作用而造成的，后者是由于分离流动过程在圆柱后部形成低压区所产生的。在数量级为1的低雷诺数的情况下，没有流动的分离，所有的阻力都是由黏性摩擦所引起的。在雷诺数的量级为10的时候，摩阻和型阻具有同一量级，而在雷诺数大于1000时，湍流分离流动区所造成的型阻，将起着决定性的作用。在以管径为定性尺度的雷诺数为 10^5 左右的情况下，边界层的流动变成湍流，结果使速度分布变得比较陡峭，并且使分离流动大大推迟，因而型阻下降。阻力系数曲线在 $Re = 3 \times 10^5$ 附近的突然下降可以表明这样一种情况。同样的推理，就像用于圆柱体一样，也可以用于圆球。对于其他的非流线体，例如椭圆柱和机翼，也可以观察到类似的情况。

上面所讨论的流动过程，明显地影响加热圆柱对流体的放热。吉德特（Giedt）对加热圆球向空气放热的详细情况进行了研究，所得的结果概括地表示在图6-8中。在低雷诺数（70、800和101、300）的情况下，换热系数最低点差不多出现在分离点。随后换热系数在圆球的背部上升，这是由于分离流动中湍流旋涡的运动所引起的。在雷诺数较高时，可以观察到两个换热系数的最低点。第一个出现在层流到湍流边界层的转折点，第二个最低值则出现在湍流边界层分离的时候。当边界层转变成湍流时，传热急剧增强，另一方面分离时旋涡运动的增强也强化了传热。

由于分离流动过程的复杂性，不可能用分析的方法对横向绕流的平均换热系数进行计算。但是，希尔拍特（Hilpert）对于气体以及努森和卡茨对于液体的实验数据的综合分析表明，可以用下式来计算平均换热系数：

$$\frac{hd}{\lambda_f} = C \left(\frac{u_\infty d}{v_f} \right)^n Pr_f^{1/3} \qquad (6-37)$$

式中的常数 C 和 n 都在表6-4中给出。图6-9给出了空气的传热数据。式（6-47）中所用到的特性参数都像下标 f 所指出的那样，是按膜温度来计算的。

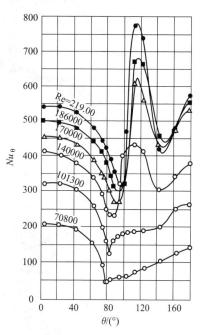

图6-8　加热圆球向空间传热的局部努塞尔数

表6-4　用于式（6-37）中的常数

Re_{df}	C	n
0.4~4	0.989	0.330
4~40	0.911	0.385
40~4000	0.683	0.466
4000~40000	0.193	0.618
40000~400000	0.0266	0.805

图6-10给出了置于横向空气流中的加热圆柱体周围的温度场。暗色的线条是通过干涉仪看到的等温线。注意观察在雷诺数较高时出现在圆柱体后部的分离流动区以及这一区域中的湍流流场。

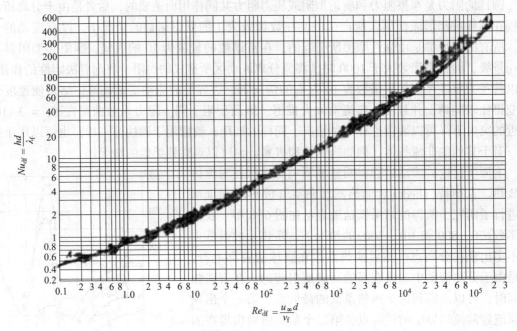

图 6-9 空气受迫绕流单个圆柱时的加热和冷却数据

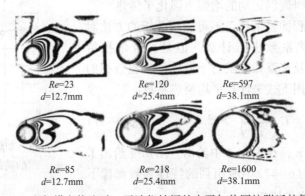

$Re=23$	$Re=120$	$Re=597$
$d=12.7mm$	$d=25.4mm$	$d=38.1mm$

$Re=85$	$Re=218$	$Re=1600$
$d=12.7mm$	$d=25.4mm$	$d=38.1mm$

图 6-10 空气横向绕流时，干涉仪拍摄的水平加热圆柱附近的等温线

可以注意到：对气体而言，原来的准则公式里忽略掉了式(6-37)中的普朗特数项，它所引起的误差很小，因为对于多数的双原子气体 $Pr \sim 0.7$。因子 $Pr^{1/3}$ 的引入是根据前章所提出的推理。

范德(Fand)已经指出，在横向绕流时液体对圆柱的换热系数可以比较好地用下述关系式来表示：

$$Nu_f = (0.35 + 0.56Re_f^{0.52})Pr_f^{0.3} \tag{6-38}$$

倘若主流中的扰动不过于强烈，这个关系式对于 $10^{-1}<Re_f<10^5$ 都是有效的。

在某些情况，特别是在使用计算机的情况下，如果公式能够适用于比较广的雷诺数的范围，那么采用一个比式(6-37)更复杂的表达式可能更加方便一些。埃克特和德雷克(Drake)经过广泛研究，对于横向绕流中管子的放热推荐使用下列关系式：

$$Nu = (0.43 + 0.50Re^{0.5})Pr^{0.38}\left(\frac{Pr_f}{Pr_w}\right)^{0.25} \qquad 对于\ 1 < Re < 10^3 \tag{6-39}$$

106

$$Nu = 0.25 Re^{0.6} Pr^{0.38} \left(\frac{Pr_f}{Pr_w}\right)^{0.25} \quad \text{对于 } 10^3 < Re < 2 \times 10^5 \qquad (6\text{-}40)$$

对于气体,可将普朗特数的比值一项略去,而流体的物性是按膜温度来计算的。对于液体,普朗特数的比值一项应当保留,而液体的物性则按照主流温度来计算。式(6-39)和式(6-40)的结果同式(6-37)相符,相差在5%~10%以内。

雅各布已经对非圆柱体放热的实验结果进行了总结。对于气体,应用式(6-37)作为经验公式,式中所使用的常数归纳在表6-5中。

表6-5 非圆柱形体换热的经验系数

几何形状	Re_{df}	C	n
$u_\infty \rightarrow \diamondsuit \updownarrow d$	$5 \times 10^3 \sim 10^5$	0.246	0.588
$u_\infty \rightarrow \square \updownarrow d$	$5 \times 10^3 \sim 10^5$	0.102	0.675
$u_\infty \rightarrow \hexagon \updownarrow d$	$5 \times 10^3 \sim 1.95 \times 10^4$ $1.95 \times 10^4 \sim 10^5$	0.160 0.0385	0.638 0.782
$u_\infty \rightarrow \hexagon \updownarrow d$	$5 \times 10^3 \sim 10^5$	0.153	0.638
$u_\infty \rightarrow | \updownarrow d$	$4 \times 10^3 \sim 1.5 \times 10^4$	0.228	0.731

对于气流中球体的放热,麦克亚当斯推荐了下列关系式:

$$\frac{hd}{\lambda_f} = 0.37 \left(\frac{u_\infty d}{v_f}\right)^{0.6} \quad \text{对于 } 17 < Re_d < 70000$$

对于绕过球体的液流,可以用克雷默斯(Kramers)的数据获得下述关系式:

$$\frac{hd}{\lambda_f} Pr_f^{-0.3} = 0.97 + 0.68 \left(\frac{u_\infty d}{v_f}\right)^{0.5} \quad \text{对于 } 1 < Re_d < 2000$$

维林特(Vliet)和莱波特(Leppert)对于圆球在油和水中的放热,推荐了下述关系式:

$$Nu Pr^{-0.3} \left(\frac{\mu_w}{\mu}\right)^{0.25} = 1.2 + 0.53 Re_d^{0.54}$$

此式适用于雷诺数从1到200000的广阔范围。除了μ_w是按球的表面温度计算之外,式中所有的特性参数都是按主流状态计算的。

惠特克将所有上述的数据汇集到一起,提出了一个气体和液体流过圆球的统一表达式:

$$Nu = 2 + (0.4 Re_d^{1/2} + 0.06 Re_d^{2/3}) Pr^{0.4} (\mu_\infty / \mu_w)^{1/4} \qquad (6\text{-}41)$$

此式对于$35 < Re_d < 8 \times 10^4$ 和$0.7 < Pr < 380$的范围都是适用的,式中物性均按主流温度来确定。

6.1.2.2 横向绕过管束的流动

在很多换热器装置中都包括有许多排的管子,因此管束的换热特性具有重要的实际意义。格里姆森对叉排和顺排管束的换热特性进行了研究。他根据有关研究者所得结果的相互关系，提出将数据综合表示为式(6-37)的形式。在表6-6中，根据描述管束装置的几何参数，给出了常数 C 和指数 n 的数值。雷诺数是按照管束中的最大流速，即通过最小截面的速度来确定的。这个面积取决于管束排列的几何状况。表6-6的数据适用于在流动方向上管排数目为10排或10排以上的管束。图6-11为使用表6-6时符号说明。对于排数较少的管束，表6-7给出了在流动方向具有 N 排管的管束与10排的管束的 h 值之比。

表6-6 对于10排及以上管束，格里姆森换热关系式中的常数

$\dfrac{S_{\mathrm{p}}}{d}$	$\dfrac{S_{\mathrm{n}}}{d}$							
	1.25		1.5		2.0		3.0	
	C	n	C	n	C	n	C	n
顺　排								
1.25	0.386	0.592	0.305	0.608	0.111	0.704	0.0703	0.752
1.5	0.407	0.586	0.278	0.620	0.112	0.702	0.0753	0.744
2.0	0.464	0.570	0.332	0.602	0.254	0.632	0.220	0.648
3.0	0.322	0.601	0.396	0.584	0.415	0.581	0.317	0.608
叉　排								
0.6	…	…	…	…	…	…	0.236	0.636
0.9	…	…	…	…	0.495	0.571	0.445	0.581
1.0	…	…	0.552	0.558	…	…	…	…
1.125	…	…	…	…	0.531	0.565	0.575	0.560
1.25	0.575	0.556	0.561	0.554	0.576	0.556	0.579	0.562
1.5	0.501	0.568	0.511	0.562	0.502	0.568	0.542	0.568
2.0	0.488	0.572	0.462	0.568	0.535	0.556	0.498	0.570
3.0	0.344	0.592	0.396	0.580	0.488	0.562	0.467	0.574

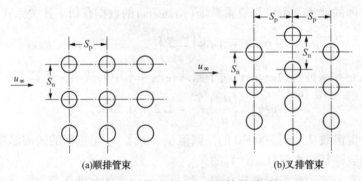

(a)顺排管束　　　　　　　(b)叉排管束

图6-11　使用表6-6时的符号说明

表6-7 在流动方向上有 N 排管子的管束与10排管子的管束的 h 值之比

N	1	2	3	4	5	6	7	8	9	10
对于叉排管束的比值	0.68	0.75	0.83	0.89	0.92	0.95	0.97	0.98	0.99	1.0
对于顺排管束的比值	0.64	0.80	0.87	0.90	0.92	0.94	0.96	0.98	0.99	1.0

气流通过管束的压力降可以按下述关系计算：

$$\Delta p = \frac{c_f G_{max}^2 N}{\rho(2.09 \times 10^8)}\left(\frac{\mu_w}{\mu_b}\right)^{0.14} \tag{6-42}$$

式中 G_{max} 为最小流动截面的质量流速，ρ 为按主流状态计算的密度，N 为流体横越过的管排数目，μ_b 为主流状态的平均黏度，c_f 为摩擦系数。

雅各布，给出了摩擦系数 c_f 的经验公式，对于叉排管束：

$$c_f = \left\{0.25 + \frac{0.118}{[(S_n - d)/d]^{1.08}}\right\} Re_{max}^{-0.16}$$

对于顺排管束：

$$c_f = \left\{0.044 + \frac{0.08 s_p/d}{[(S_n - d)/d]^{0.43 + 1.13d/s_p}}\right\} Re_{max}^{-0.15}$$

6.2 密闭空间对流换热

密闭空间内的自然对流现象是极复杂流体系统的一个有意义的实例。这样的流体系统可以用分析方法、实验方法或数值方法来求解。

考虑图 6-12 的系统：流体被包围在两块距离为 δ 的竖直板之间，加于流体上的温差为 $\Delta t_w = t_1 - t_2$。在这种情况下，换热将经历图 6-13 大致表示的流动区域。

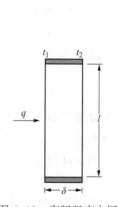

图 6-12 密闭竖直夹层
内自然对流

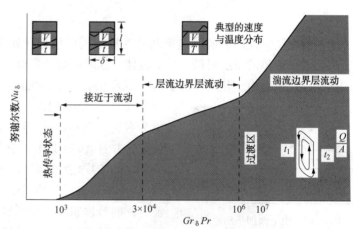

图 6-13 垂直对流夹层的示意图与流动状态

图中葛拉晓夫数为：

$$Gr_\delta = \frac{g\beta(t_1 - t_2)\delta^3}{v^2}$$

在极低的葛拉晓夫数下，只有微弱的自然对流流动，换热主要是通过流体层的热传导产生的。随着葛拉晓夫数的提高，将会出现如图所示的不同的流动状态，换热也逐渐增强，这可以通过努塞尔数表示出来。

$$Nu_\delta = \frac{h\delta}{\lambda}$$

虽然仍存在一些未解决的问题，但已有的实验结果可以用来估算许多流体在等热通量条件下的热交换，所得到的经验关系式是：

$$Nu_\delta = 0.42(Gr_\delta Pr)^{1/4} Pr^{0.012}\left(\frac{l}{\delta}\right)^{-0.30} \qquad q_w = 常数 \qquad (6-43)$$

$$10^4 < Gr_\delta Pr < 10^7$$
$$1 < Pr < 20000$$
$$10 < l/\delta < 40$$

$$Nu_\delta = 0.046(Gr_\delta Pr)^{1/3} \qquad q_w = 常数 \qquad (6-44)$$

$$10^6 < Gr_\delta Pr < 10^9$$
$$1 < Pr < 20$$
$$1 < l/\delta < 40$$

热通量按下式计算：

$$\frac{q}{A} = q_w = h(t_1 - t_2) = Nu_\delta \frac{\lambda}{\delta}(t_1 - t_2) \qquad (6-45)$$

有时借助于当量导热系数 λ_e，或称为表观导热系数来表示这个结果，其定义式为：

$$\frac{q}{A} = \lambda_e \frac{t_1 - t_2}{\delta} \qquad (6-46)$$

比较式(6-61)与式(6-62)可以看出：

$$Nu_\delta = \frac{\lambda_e}{\lambda}$$

水平的密闭空间内的换热包括两种性质不同的情况。如果上平板的温度高于下平板温度，那么上部流体的密度将低于下部流体，这时不会产生对流环流。在这种情况下，通过空间的热交换仅仅是由干热传导产生的，而且 $Nu_\delta = 1.0$，此处 δ 仍为平板间的距离。第二种情

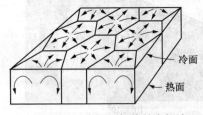

图 6-14　由下面加热的密闭液体层内的蜂窝状图案

况是在下平板温度比上平板温度高时产生的，这种情况更为有趣。当 Gr_δ 大约低于 1700 时，仍然观察到单纯的热传导，并且 $Nu_\delta = 1.0$。在开始产生对流时便形成了如图 6-14 所示的六边形蜂窝状图案，这种图案称为贝纳德蜂窝（Benard cells）。当 Gr_δ 大约等于 50000 时开始形成湍流，同时蜂窝状图案遭到破坏。

德罗朴金（Dropkin）与萨默斯卡勒斯（Somerscales）讨论了倾斜夹层内的自然对流。埃文斯（Evans）与斯蒂芬尼

（Stefany）表明：当加热或冷却时，在密闭的垂直或水平圆柱形夹层内，过渡状态的自然对流换热可按下式计算：

$$Nu_f = 0.55(Gr_f Pr_f)^{1/4} \qquad (6-47)$$

此式适用于 $0.75 < l/d < 2.0$，葛拉晓夫数按圆柱长度 l 计算。相关文献的分析和实验表明：同心球之间流体夹层的当量导热系数可按下式计算：

$$\frac{\lambda_e}{\lambda} = 0.228(Gr_\delta Pr)^{0.226} \qquad (6-48)$$

此处间隙距离 $\delta = r_0 - r_{i_0}$。上式给出的当量导热系数是用于一般的球壁稳态热传导关系式的。

$$q = \frac{4\pi\lambda_e r_i r_0 \Delta t}{r_0 - r_i} \qquad (6-49)$$

方程式(6-49)应用的条件是：$0.25 \leqslant \delta/r_i \leqslant 1.5$，以及 $1.2\times10^2 < GrPr < 1.1\times10^9$，$0.7 < Pr < 4150$。物性按体积平均温度 t_m 计算，t_m 的定义为：

$$t_m = \frac{(r_m^3 - r_i^3)t_i + (r_0^3 - r_m^3)t_o}{r_0^3 - r_i^3}$$

式中 $r_m = (r_i + r_0)/2$。在作适当变换之后，公式(6-48)也适用于偏心球。

密闭空间内的自然对流实验结果并不都是一致的，但是，经验公式常常具有下面的通用形式：

$$\frac{\lambda_e}{\lambda} = C(Gr_\delta Pr)^n \left(\frac{l}{d}\right)^m \qquad (6-50)$$

表6-8列出了在许多实际情况下常数 C，n，m 的数值。如果所研究的几何形状或流体缺乏专门的数据，表中所列出的数值也可供设计时采用。

表6-8　密闭空间内自然对流经验公式(6-50)中的常数

流　体	几何形状	$Gr_\delta Pr$	Pr	$\dfrac{l}{\delta}$	C	n	m
气体	竖板	<2000	$k_{efk}=1.0$				
	等温	6000~200000	0.5~2	11~42	0.197	$\dfrac{1}{4}$	$-\dfrac{1}{9}$
		200000~1.1×10⁷	0.5~2	11~42	0.073	$\dfrac{1}{3}$	$-\dfrac{1}{9}$
	水平平板	1700~7000	0.5~2	……	0.059	0.4	0
	等温	7000~3.2×10⁵	0.5~2	……	0.212	$\dfrac{1}{4}$	0
	由下面加热	>3.2×10⁵	0.5~2	……	0.061	$\dfrac{1}{2}$	0
液体	竖板	10⁴~10⁷	1~20000	10~40	式(6-43)	……	……
	等热通量或等温	10⁵~10⁸	1~20	1~40	式(6-44)		
	水平平板	1700~5000	1~5000	……	0.012	0.6	0
	等温	6000~37000	1~5000	……	0.375	0.2	0
	由下面加热	37000~10⁴	1~20	……	0.13	0.3	0
		>10⁴	1~20	……	0.057	$\dfrac{1}{3}$	0
气体或液体	竖环形夹具	同竖板					

流 体	几何形状	$Gr_\delta Pr$	Pr	$\dfrac{l}{\delta}$	C	n	m
	水平环形夹层	$6000 \sim 10^4$	$1 \sim 5000$	……	0.11	0.29	0
	等温	$10^4 \sim 10^8$	$1 \sim 5000$	……	0.40	0.20	0
气体或液体	同心球夹层	$120 \sim 1.1 \times 10^8$	$0.7 \sim 4000$		式(6-48)	……	……

对于环状夹层，换热量可按下式计算：

$$q = \frac{2\pi\lambda l\Delta t}{\ln(r_o/r_i)}$$

式中 l 是环状夹层的长度，夹层的间距为 $\delta = r_o - r_i$。

对于倾斜的夹层，如果缺乏专门的设计资料，可以将葛拉晓夫数中的 g 用 g' 代换后进行计算。g' 的计算公式是：

$$g' = g\cos\theta$$

θ 为较热的表面与水平面的夹角。一直到倾斜角 θ 达到 $60°$，这种计算方法都适用。但是，仅仅对于热表面朝上的情况才能应用这种方法。

6.3　内部强制对流换热

6.3.1　流体力学的问题

在讨论外部流动时，只需要弄清楚流动是层流还是湍流。但是在讨论内部流动时，还必须注意入口和充分发展区域的存在。

6.3.1.1　流动状态

考虑半径为 r_o 的圆管内的层流（图 6-15），流体以均匀速度进入管内。当流体与表面接触时、黏性的影响变得重要起来，边界层随着 x 的增加而发展。该发展使得无黏流区域缩小，并由于边界层在中心线处会合而结束。边界层会合之后，黏性的影响扩展至整个横截面，速度分布不再随 x 的增加而变化。这时称流动为充分发展的，而从入口处到达该流动状态处的距离称为流体力学入口长度，如图 6-15 所示，对于圆管中的层流，充分发展的速度分布是抛物线形的。对于湍流，由于在径向上湍流混合的影响，速度分布较为平缓。

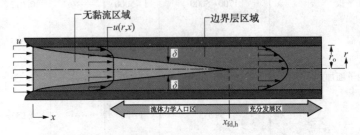

图 6-15　圆管内层流水力边界层的发展

在处理内部流动时，重要的是要知道入口区域的长度，它取决于流动是层流还是湍流。圆管内流动的雷诺数定义为：

$$Re_d \equiv \frac{\rho u_m d}{\mu} = \frac{u_m d}{\nu} \qquad (6-51)$$

式中，u_m 是圆管横截面上的平均流体速度；d 是圆管的直径。在充分发展的流动中。对应于湍流发生的临界雷诺数为：

$$Re_{d,c} \approx 2300$$

但要达到完全湍流状态所需的雷诺数（$Re_d \approx 10000$）要大得多。向湍流的过渡有可能始于入口区域中正在发展的边界层。对于层流（$Re_d \leqslant 2300$），流体力学入口长度可用以下形式的表达式确定：

$$\left(\frac{x_{fd,h}}{d} \right)_{lam} \approx 0.05 \, Re_d$$

该表达式基于这样的假设：流体从圆形收缩喷管进入管内，因此在入口处具有接近均匀的速度分布（图 6-15）。虽然还没有令人满意的用于计算湍流流动入口长度的通用表达式，但它大致与雷诺数无关，作为初步近似有

$$10 \leqslant \left(\frac{x_{fd,h}}{d} \right)_{turb} \leqslant 60$$

本教材假定当 $(x/d) > 10$ 时湍流充分发展。

6.3.1.2 平均速度

因为速度在横截面上是变化的，而且不存在严格意义上的自由流，所以在讨论内部流动时需要采用平均速度 u_m。这个速度是这样定义的：将它乘以流体密度 ρ 和圆管横截面积 A_c，就给出通过圆管的质量流率。因此

$$\dot{m} = \rho u_m A_c$$

对于横截面积均匀的管内稳定不可压缩流动，$\dot{m}$ 和 u_m 是与 x 无关的常数。根据式（6-51），对于圆管（$A_c = \pi d^2 / 4$）中的流动，雷诺数显然可以写成：

$$Re_d = \frac{4\dot{m}}{\pi d \mu} \qquad (6-52)$$

由于质量流率也可表述为质量通量（ρu）在横截面上的积分：

$$\dot{m} = \int_{A_c} \rho u(r, x) \, dA_c$$

对于圆管内的不可压缩流动，可得：

$$u_m = \frac{\int_{A_c} \rho u(r, x) \, dA_c}{\rho A_c} = \frac{2\pi\rho}{\rho \pi r_0^2} \int_0^{r_0} u(r, x) r \, dr = \frac{2}{r_0^2} \int_0^{r_0} u(r, x) r \, dr \qquad (6-53)$$

根据任意轴向位置 x 处的速度分布 $u(r)$，可用上式确定该处的 u_m。

6.3.1.3 充分发展区中的速度分布

对于圆管内充分发展区的不可压缩、常物性流体的层流，可以很容易地确定其速度分布的形式。在充分发展区内，流体力学状态的一个重要特征是径向速度分量 v 及轴向速度分量的梯度（$\partial u / \partial x$）处处为零。

$$v = 0 \text{ 和} \left(\frac{\partial u}{\partial x} \right) = 0$$

因此，轴向速度分量仅与 r 有关，$u(x, r) = u(r)$。

求解适当形式的 x 动量方程可获得轴向速度与径向的关系。为确定该形式，首先要认识到，根据上式给出的条件，在充分发展区中净动量通量处处为零。因此动量守恒的要求就简化为流动中切应力与压力之间的简单平衡。

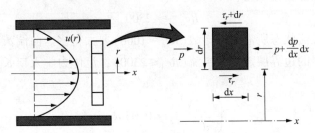

图 6-16　圆管内充分发展的层流中微元体上力的平衡

对于图 6-16 所示的环状微元体，这个平衡可表述成：

$$\tau_r (2\pi r dx) - \left\{ \tau_r (2\pi r dx) + \frac{d}{dr} [\tau_r (2\pi r dx)] dx \right\}$$

$$+ p(2\pi r dr) - \left\{ p(2\pi r dr) + \frac{d}{dx} [p(2\pi r dr)] dx \right\} = 0$$

上式可简化为

$$- \frac{d}{dr}(r\tau_r) = r \frac{dp}{dx} \qquad (6-54)$$

由 $y = r_0 - r$ 牛顿黏性定律 $\left[\tau_{xy} = \tau_{yx} = \mu \left(\frac{\partial u}{\partial y} + \frac{\partial v}{\partial x} \right) \right]$ 具有以下形式：

$$\tau_r = - \mu \frac{du}{dr}$$

于是式(6-54)变成：

$$\frac{\mu}{r} \times \frac{d}{dr} \left(r \frac{du}{dr} \right) = \frac{dp}{dx}$$

由于轴向压力梯度与 r 无关，对上式积分两次可得：

$$r \frac{du}{dr} = \frac{1}{\mu} \left(\frac{dp}{dx} \right) \frac{r^2}{2} + C_1$$

和

$$u(r) = \frac{1}{\mu} \left(\frac{dp}{dx} \right) \frac{r^2}{4} + C_1 \ln r + C_2$$

利用以下边界条件可确定积分常数：

$$u(r_o) = 0 \text{ 和} \frac{\partial u}{\partial r} \bigg|_{r=0} = 0$$

上述条件分别代表了管表面无滑移和关于中心线径向对称的要求。这些常数的计算是很简单的，由此可得：

$$u(r) = - \frac{1}{4\mu} \left(\frac{dp}{dx} \right) r_o^2 \left[1 - \left(\frac{r}{r_o} \right)^2 \right] \qquad (6-55)$$

因此，充分发展的速度分布是抛物线形的。注意，压力梯度必定是负的。

上述结果可用于确定流动的平均速度。将式(6-55)代入式(6-53)并积分，可得：

$$u_{\mathrm{m}} = -\frac{r_{\mathrm{o}}^2}{8\mu} \times \frac{\mathrm{d}p}{\mathrm{d}x} \tag{6-56}$$

将这个结果代入式(6-55)，可得速度分布为：

$$\frac{u(r)}{u_{\mathrm{m}}} = 2\left[1 - \left(\frac{r}{r_0}\right)^2\right] \tag{6-57}$$

由于可用质量流率算得 u_{m}，式(6-56)可用于确定压力梯度。

6.3.1.4 充分发展区的压力梯度和摩擦因子

工程中常常关心维持内部流动所需的压力降，因为这个参数决定了泵或风机的功率需求。为了确定压力降，采用穆迪(Moody)或达西(Darcy)摩擦因子比较方便，它是一个无量纲参数，定义为：

$$f = \frac{-(\mathrm{d}p/\mathrm{d}x)d}{\rho u_{\mathrm{m}}^2/2} \tag{6-58}$$

不要把这个量与摩擦系数混淆，后者有时称为通风摩擦因子，其定义为：

$$C_{\mathrm{f}} = \frac{\tau_{\mathrm{s}}}{\rho u_{\mathrm{m}}^2/2}$$

因为 $\tau_{\mathrm{s}} = -\mu(\mathrm{d}u/\mathrm{d}r)_{r=r_{\mathrm{o}}}$，根据式(6-55)有：

$$C_{\mathrm{f}} = \frac{f}{4}$$

把式(6-51)和式(6-56)代入式(6-58)，可得对于充分发展的层流：

$$f = \frac{64}{Re_{\mathrm{d}}} \tag{6-59}$$

分析充分发展的湍流要复杂得多，因而最终必须依靠实验结果。图6-17给出了适用于较宽雷诺数范围的摩擦因子。除了与雷诺数有关，摩擦因子还是管子表面状态的函数。光滑表面的摩擦因子最小，该因子随表面粗糙度 e 的增加而增大。以下形式的近似关系式可较好地适用于光滑表面情况：

$$f = 0.316 Re_{\mathrm{d}}^{-1/4} \qquad Re_{\mathrm{d}} \leqslant 2 \times 10^4 \tag{6-60a}$$

$$f = 0.184 Re_{\mathrm{d}}^{-1/5} \qquad Re_{\mathrm{d}} \geqslant 2 \times 10^4 \tag{6-60b}$$

另外，匹图霍夫(Petukhov)提出了一个适用于很大雷诺数范围的单一关系式，它具有以下形式：

$$f = (0.790\ln Re_{\mathrm{d}} - 1.64)^{-2} \qquad 3000 \leqslant Re_{\mathrm{d}} \leqslant 5 \times 10^6 \tag{6-61}$$

注意：在充分发展区内 f 是常数，因而 $\dfrac{\mathrm{d}p}{\mathrm{d}x}$ 也是常数。根据式(6-58)，在充分发展的流动中，从轴向位置 x_1 到 x_2 的压力降 $\Delta p = p_1 - p_2$ 可表示为：

$$\Delta p = -\int_{p_1}^{p_2}\mathrm{d}p = f\frac{\rho u_{\mathrm{m}}^2}{2d}\int_{x_1}^{x_2}\mathrm{d}x = f\frac{\rho u_{\mathrm{m}}^2}{2d}(x_2 - x_1)$$

对于层流，可由图6-17或式(6-59)得到 f，对于光滑管中的湍流，可用式(6-60)或式(6-61)获得 f。为克服与这个压力降有关的流阻，所需的泵或风机的功率可表示为：

$$P = (\Delta p)\,\dot{\forall}$$

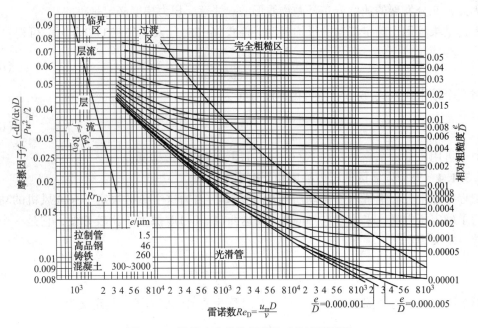

图 6-17 圆管内充分发展的流动的摩擦因子

式中 $\forall$ 为体积流率，对于不可压缩流体有 $\forall = \dot{m}/\rho$ 。

6.3.2 热的问题

如果流体以小于表面的均匀温度 $t(r,0)$ 进入图 6-18 中的圆管，就会发生对流传热，开始形成热边界层。此外，如果施加均匀温度（t_w 为常数）或均匀热流密度（q''_w 为常数）使管子表面状态固定，则最终会达到热充分发展状态。充分发展的温度分布 $t(r,x)$ 的形状取决于在表面上施加的是均匀温度还是均匀热流密度。但是，在以上两种表面条件下，流体温度相对于入口温度的增量均会随着 x 的增加而变大。

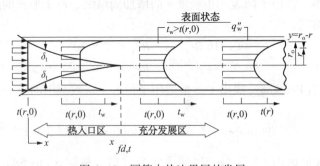

图 6-18 圆管中热边界层的发展

层流的热入口长度可表示为：

$$\left(\frac{x_{\mathrm{fd,t}}}{d}\right)_{\mathrm{lam}} \approx 0.05\, Re_{\mathrm{d}} Pr$$

与 $\left(\dfrac{x_{\mathrm{fd,t}}}{d}\right)_{\mathrm{lam}} \approx 0.05\, Re_{\mathrm{d}}$ 比较，显然，如果 $Pr>1$，流体力学边界层的发展要比热边界层的快得多（$x_{\mathrm{fd,h}} < x_{\mathrm{fd,t}}$）。而 $Pr<1$ 时则相反。对于普朗特数极大的流体，如油类（$Pr \geqslant 100$），

$x_{fd,h}$ 远小于 $x_{fd,t}$。因此在整个热入口区假定速度分布充分发展是合理的。然而，对于湍流，边界层的状态几乎与普朗特数无关，作为初步近似，我们采用 $(x_{fd,t}/d) = 10$。

充分发展区中的热状态具有一些有趣而且有用的特征。但是，在讨论这些特征之前，需要引入平均温度的概念以及适当形式的牛顿冷却定律。

6.3.2.1 平均温度

正如因为没有自由流速度，就需要用平均速度来描述内部流动那样，没有确定的自由流温度，使得必须采用平均（或整体）温度。为给出平均温度的定义，首次需要下式：

$$q = \dot{m}c_p(t_{out} - t_{in}) \tag{6-62}$$

该式右边的项代表了由流体所携带的不可压缩液体的热能或理想气体的焓（热能加流动功）。在推导该方程时，有一个隐含的假定：温度在进口和出口横截面上是均匀的。事实上，在有对流换热的情况下这一点并不成立，因此我们可以这样定义平均温度：$\dot{m}c_p t_m$ 等于在横截面上积分的热能（或焓）的实际平流速率。将质量流率 (ρu) 和单位质量的热能（或焓）$c_p t$ 的乘积在横截面上积分，可求得该实际平流速率。因此，可定义 t_m 为：

$$\dot{m}c_p t_m = \int_{Ac} \rho u c_p t dA_c$$

或

$$t_m = \frac{\int_{Ac} \rho u c_p t dA_c}{\dot{m}c_p} \tag{6-63}$$

对于 ρ 和 c_p 不变的圆管内流动，由 $\dot{m} = \rho u_m A_c$ 和式（6-98）可得：

$$t_m = \frac{2}{u_m r_0^2} \int_0^{r_0} u t r dr \tag{6-64}$$

值得注意的是，将 t_m 乘以质量流率和比热容后就给出流体在管内流动时输运热能（或焓）的速率。

6.3.2.2 牛顿冷却定律

对于内部流动来说，平均温度 t_m 是个方便的参考温度，它和外部流动中的自由流温度 t 大致相同的作用。相应地，牛顿冷却定津可表示为：

$$q_s'' = h(t_w - t_m)$$

式中，h 是局部对流换热系数。但是，t_m 与 t_∞ 之间存在根本性差别。t_∞ 在流动方向上是常数，而 t_m 在这个方向上则必定会变化。这就是说，如果存在传热，dt_m/dx 绝对不会等于零。如果是表面对流体加热（$t_w > t_m$），t_m 的值随 x 而增加；反之（$t_w < t_m$），它就会随 x 而降低。

6.3.2.3 充分发展的热状态

表面与流体之间存在的对流换热使得流体温度必定随着 x 不断变化，因此人们自然会提出充分发展的热状态能否达到的问题。对于流体力学的问题，充分发展区中有 $(\partial u/\partial x) = 0$。与之不同的是，如果有传热，$(dt_m/dx)$ 以及任意半径 r 处的 $(\partial t/\partial x)$ 均不为零，相应地，温度分布 $t(r)$ 随 x 不断变化，因此充分发展的状态似乎永远也不能达到。采用温度的无量纲形式可解决这一表观上的矛盾。

正如对瞬态热传导和能量守恒方程的处理那样，采用无量纲温差有可能简化问题的分析。引入形式为 $(t_w-t)/(t_w-t_m)$ 的无量纲温差，使得该比值与 x 无关的状态是存在的。这就是说，虽然温度分布 $t(r)$ 随着 x 不断变化，但该分布的相对形状不再变化，则可称流动是热充分发展的。达到这种状态的条件可正式陈述为：

$$\frac{\partial}{\partial x}\left[\frac{t_w(x) - t(r, m)}{t_w(x) - t_m(x)}\right]_{fd,t} = 0 \qquad (6-65)$$

式中，t_w 是管子的表面温度，t 是局部流体温度，t_m 则是流体在管子横截面上的平均温度。

在具有均匀表面热流密度（q''_w 为常数）或均匀表面温度（t_w 为常数）的管子中，最终会达到式（6-65）所给出的条件。在很多工程应用中都会遇到这两种表面状态。例如，如果用电加热管子壁面或管子外表面接受均匀辐照时就会有恒定的表面热流密度。另外，如果管子外表面上有相变（沸腾或凝结）发生，就会产生恒定的表面温度。注意，不可能同时施加等表面热流密度和等表面温度两种状态，如果 q''_w 是常数，t_w 必定随 x 变化而变化；反之，如果 t_w 是常数，则 q''_w 必定随 x 变化而变化。

由式（6-65）可导出热充分发展流动的一些重要特征。由于该式给出的温度比与 x 无关，因此其对 r 的导数也必定与 x 无关。计算这个导数在管子表面处的值（注意，在对 r 进行微分时，t_w 和 t_m 都为常数），有：

$$\frac{\partial}{\partial r}\left(\frac{t_w - t}{t_w - t_m}\right)\bigg|_{r=r_0} = \frac{-\partial t/\partial r\big|_{r=r_0}}{t_w - t_m} \neq f(x)$$

式中，$\partial t/\partial r$ 用傅里叶定律代入。根据图 6-18，后者的形式为：

$$q''_w = -\lambda\frac{\partial t}{\partial y}\bigg|_{y=0} = \lambda\frac{\partial t}{\partial r}\bigg|_{r=r_0}$$

并用牛顿冷却定律代入 q''_w，可得：

$$\frac{h}{\lambda} \neq f(x)$$

因此，在常物性流体的热充分发展的流动中，局部对流系数是常数，与 x 无关；式（6-65）在入口区中不能得到满足。这里的 h 随着 x 而变化，如图 6-19 所示。因为在管子入口处，热边界层的厚度为零，所以对流系数在 $x = 0$ 处是非常大的。但是，随着热边界层的发展，h 迅速衰减，直到达到充分发展状态时的常数值。

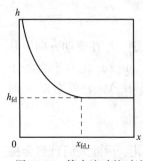

图 6-19 管内流动的对流换热系数沿轴向的变化

在其有均匀表面热流密度的特殊情况下，可作进一步的简化。由于在充分发展区中 h 和 q''_w 均为常数，根据牛顿冷却定律可得：

$$\frac{dt_w}{dx}\bigg|_{fd,t} = \frac{dt_m}{dx}\bigg|_{fd,t} \qquad q''_w = 常数$$

如果展开牛顿冷却定律并求解 $\partial t/\partial x$，还可得到：

$$\frac{\partial t}{\partial x}\bigg|_{fd,t} = \frac{dt_w}{dx}\bigg|_{fd,t} - \frac{(t_w - t)}{(t_w - t_m)}\times\frac{dt_w}{dx}\bigg|_{fd,t} + \frac{(t_w - t)}{(t_w - t_m)}\times\frac{dt_m}{dx}\bigg|_{fd,t}$$

$$\qquad (6-66)$$

上两式合并有：

$$\frac{\partial t}{\partial x}\bigg|_{fd,t} = \frac{dt_m}{dx}\bigg|_{fd,t} \qquad q''_w = 常数$$

因此轴向温度梯度与径向位置无关。对于等表面温度的情况（$dt_w/dx = 0$）。也可由式（6-66）得到：

$$\frac{\partial t}{\partial x}\bigg|_{\text{fd,t}} = \frac{(t_w - t)}{(t_w - t_m)} \times \frac{dt_m}{dx}\bigg|_{\text{fd,t}} \qquad t_w = 常数 \qquad (6-67)$$

在这种情况下，$\partial t / \partial x$ 的值与径向坐标有关。

从上述结果可明显看出，对于内部流动来说，平均温度是一个非常重要的变量。为了描述这类流动，必须知道它随 x 的变化。对流动应用总的能量平衡可获得这种变化关系。

6.3.3　能量平衡的问题

管内流动是完全封闭的，可以应用能量平衡关系来确定平均温度 $t_m(x)$ 随流动方向上的位置的变化关系，以及总的对流换热速率 q_{conv} 与管子进出口处温度之间的关系。考虑图 6-20 中的管内流动，流体以恒定流率 $\dot{m}$ 流动，在内表面上发生对流换热。在很多情况下黏性耗散可以忽略，流体可以作为不可压缩液体或压力变化可以忽略的理想气体处理，采用假定获得简化的稳态流动热能方程是合理的。另外，忽略轴向热传导通常是合理的。因此，对于有限长的管子，稳定流动的能量方程就可以写成以下形式：

$$q_{\text{conv}} = \dot{m}c_p(t_{m,o} - t_{m,i})$$

这个简单的总能量平衡建立了下个重要的热变量（q_{conv}，$T_{m,o}$，$T_{m,i}$）之间的联系。这是一个与表面热状态及管内流动状态无关的通用表达式。

对图 6-20 中的微元控制体应用如上的稳定流动的能量方程，并注意平均温度的定义 $\dot{m}c_p t_m$ 代表了在横截面上积分的热能（或焓）的实际输运速率，可得：

$$dq_{\text{conv}} = \dot{m}c_p\left[(t_m + dt_m) - t_m\right]$$

或 $dq_{\text{conv}} = \dot{m}c_p dt_m$

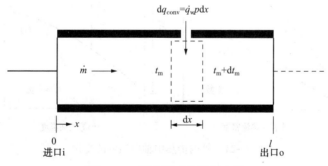

图 6-20　管内流动的控制容积

把对微元体的对流传热速率表示成 $dq_{\text{conv}} = q''_w P dx$，式中 P 是表面的周长（对于圆管有 $P = \pi d$）。可将上式写成方便的形式，将牛顿冷却定律代入，可得：

$$\frac{dt_m}{dx} = \frac{q''_w P}{\dot{m}c_p} = \frac{P}{\dot{m}c_p}h(t_w - t_m) \qquad (6-68)$$

这是一个极为有用的结果，它可用于确定 t_m 在轴向上的变化。如果 $t_w > t_m$，流体是吸热的，因此 t_m 随 x 而增加；如果 $t_w < t_m$，情况则相反。

应该注意式（6-68）右边的那些量随 x 的变化方式。虽然 P 有可能随 x 而变化，但它通常是一个常数（横截面积不变的圆管），因此 $P/\dot{m}c_p$ 是个常数。虽然对流换热系数 h 在入口区中随 x 而变化（图 6-19），但在充分发展区中，它也是个常数。最后，虽然 t_w 可能是常数，但 T_m 必定总是随 x 而变化的（除非是没有什么价值的无传热情况，$t_w = t_m$）。

从式(6-68)求解 $t_m(x)$ 与表面的热状态有关。对于两种特殊情况，等表面热流密度和等表面温度，通常会发现其中之一可作为合理的近似。

6.3.3.1 等表面热流密度

在等表面热流密度的情况下，首先可注意到，确定总的传热速率 q_{conv} 是个比较简单的事情。由于 q''_w 与 x 无关，可得：

$$q_{conv} = q''_w(Pl)$$

这个表达式可以和稳定流动能量方程一起用于确定流体温度的变化，即 $t_{m,o} - t_{m,i}$。

在 q''_w 为常数的情况下，还可知道式(6-68)中间的表达式是一个与 x 无关的常数，因此

$$\frac{dt_m}{dx} = \frac{q''_w P}{\dot{m}c_p} \neq f(x)$$

从 $x = 0$ 处开始积分，可得：

$$t_m(x) = t_{m,i} + \frac{q''_w P}{\dot{m}c_p}x \qquad q''_w = 常数$$

因此，平均温度在流动方向上随 x 作线性变化[图6-21(a)]。此外，根据牛顿冷却定律和图6-19还可预期，温差 $(t_w - t_m)$ 会随 x 而变化，如图6-21(a)所示。这个温差最初很小，(因为入口处 h 的值很大)，但随着 x 的增加而增大，这是由于 h 随着边界层的发展而减小。但是，在充分发展区中，h 与 x 无关。因此在这个区中，$t_w - t_m$ 也必定与 x 无关。

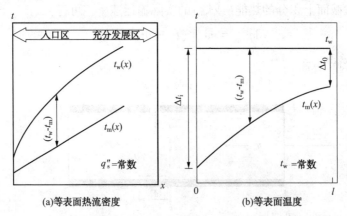

图6-21　管内传热中轴向温度的变化

应该指出，如果热流密度不是常数，而是一个已知的 x 的函数，仍可通过积分式(6-68)获得平均温度随 x 的变化。类似地，总的传热速率也可由条件 $q_{conv} = \int_0^l q''_w(x)Pdx$ 求得。

6.3.3.2 等表面温度

在等表面温度的情况下，总传热速率和平均温度的轴向分布和前面讨论的等表面热流密度的情况截然不同。把 Δt 定义为 $t_w - t_m$，式(6-68)可写成：

$$\frac{dt_m}{dx} = -\frac{d(\Delta t)}{dx} = \frac{P}{\dot{m}c_p}h\Delta t$$

分离变量并从管子进口积分到出口：

$$\int_{\Delta t_i}^{\Delta t_0} \frac{d(\Delta t)}{\Delta t} = -\frac{P}{\dot{m}c_p}\int_0^l hdx$$

120

或

$$\ln \frac{\Delta t_0}{\Delta t_i} = -\frac{Pl}{\dot{m}c_p}\left(\frac{1}{l}\int_0^l h\mathrm{d}x\right)$$

根据平均对流换热系数的定义可得：

$$\ln \frac{\Delta t_0}{\Delta t_i} = -\frac{Pl}{\dot{m}c_p}\overline{h_l} \qquad t_w = 常数 \tag{6-69a}$$

式中，$\overline{h_l}$ 可简写为 $\overline{h}$，是整个管子的平均 h 值。重新整理一下可得：

$$\frac{\Delta t_0}{\Delta t_i} = \frac{t_w - t_{m,o}}{t_w - t_{m,i}} = \exp\left(-\frac{Pl}{\dot{m}c_p}\overline{h}\right) \qquad t_w = 常数 \tag{6-69b}$$

如果从管的进口积分到管内某个轴向位置 x，就可得到类似但更通用的结果，即

$$\frac{t_w - t_m(x)}{t_w - t_{m,i}} = \exp\left(-\frac{Px}{\dot{m}c_p}\overline{h}\right) \qquad t_w = 常数 \tag{6-70}$$

式中，h 是从管的进口到 x 处 h 的平均值。这个结果表明，温差 (t_w-t_m) 随轴向距离按指数规律衰减。由此，表面和平均温度沿轴向的分布如图 6-21（b）所示。

总传热速率 q_{conv} 表达式的确定因温度衰减的指数特性而变得复杂。将稳定流动能量方程写成如下形式：

$$q_{conv} = \dot{m}c_p\left[(t_w - t_{m,i}) - (t_w - t_{m,o})\right] = \dot{m}c_p(\Delta t_i - \Delta t_0)$$

并用式（6-69a）替代 $\dot{m}c_p$，可得：

$$q_{conv} = \overline{h}A_s\Delta t_{lm} \qquad t_w = 常数 \tag{6-71}$$

式中，A_s 是管的表面积（$A_s = Pl$）；Δt_{lm} 是对数平均温差：

$$\Delta t_{lm} = \frac{\Delta t_0 - \Delta t_i}{\ln(\Delta t_0/\Delta t_i)} \tag{6-72}$$

式（6-71）是适用于整个管子的牛顿冷却定律的形式。而 ΔT_m 是整个管长上相应的平均温差。这个平均温差的对数性质是由温度衰减的指数特性造成的。

此外，有必要指出，在很多应用中明确给出的是外部流体的温度，而不是管的表面温度（图 6-22）。在这类情况下，很易证明，如果用 t_∞（外部流体的自由流温度）代替 t_w 并用 $\overline{K}$（平均总传热系数）代替 $\overline{h}$，则仍然可以使用本节的结果。对于这类情况，有：

$$\frac{\Delta t_0}{\Delta t_i} = \frac{t_\infty - t_{m,o}}{t_\infty - t_{m,i}} = \exp\left(-\frac{\overline{K}A_s}{\dot{m}c_p}\right) \tag{6-73a}$$

和

$$q = \overline{K}A_s\Delta t_{lm} \tag{6-74a}$$

将总传热系数用在这里应计算管子内外表面上对流的影响。对于低热导率的厚壁管，还应计算通过管壁的导热的影响。注意，不管是根据管的内表面积定义（$\overline{K_i}A_{s,i}$），还是外表面积定义（$\overline{K_o}A_{s,o}$），乘积 $\overline{K}A_s$，都会给出相同的

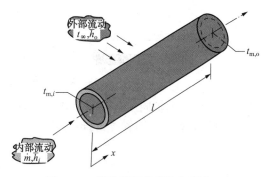

图 6-22　管外绕流的流体与管内流动的流体之间的传热

结果。还要注意，$(\overline{KA}_s)^{-1}$ 相当于两种流体之间的总热阻，在这种情况下，式(6-73a)和式(6-74a)可表示成：

$$\frac{\Delta t_0}{\Delta t_i} = \frac{t_\infty - t_{m,o}}{t_\infty - t_{m,i}} = \exp\left(-\frac{1}{\dot{m}c_p R_{tot}}\right) \qquad (6-73b)$$

和

$$q = \frac{\Delta t_{lm}}{R_{tot}} \qquad (6-74b)$$

上述情形的一种常见变化是已知外表面处于均匀温度 $t_{s,o}$，而不知道外部流体的自由流温度 t_∞，这时上述方程中的 t_∞ 要用 $t_{s,o}$ 代替，而总热阻则包括内部流动的对流热阻以及管子内表面与对应于 $t_{s,o}$ 的表面之间总的传导热阻。

6.3.4 圆管内层流的关联式

6.3.4.1 充分发展区

本节要通过理论方法求解圆管内层流充分发展区中不可压缩、常物性流体的传热问题。所得温度分布可用于确定对流系数。

将简化的稳态流动热能方程式应用于图6-23中的环状微分，可以获得温度分布的微分控制方程。如果忽略净轴向导热的影响，则热量输入 q 就只是由通过径向表面的导热产生。由于在充分发展区中径向速度为零，因此不存在通过径向控制表面的对流热能输运。这样就可导出径向导热与轴向对流之间的平衡：

$$q_r - q_{r+dr} = (d\dot{m})c_p\left[\left(t + \frac{\partial t}{\partial x}dx\right) - t\right] \qquad (6-75a)$$

或

$$(d\dot{m})c_p\frac{\partial t}{\partial x}dx = q_r - \left(q_r + \frac{\partial q_r}{\partial r}dr\right) = -\frac{\partial q_r}{\partial r}dr \qquad (6-75b)$$

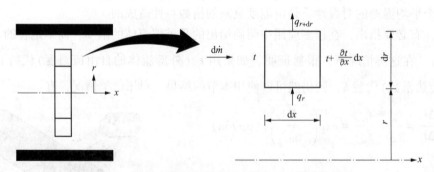

图6-23　圆管内充分发展的层流中微元上的热能平衡

微分形式的轴向质量流率为 $d\dot{m} = pu2\pi rdr$，径向传热速率为 $q_r = -\lambda(\partial t/\partial r)2\pi rdx$。如果假定物性为常数，式(6-75b)可写成：

$$u\frac{\partial t}{\partial x} = \frac{a}{r} \times \frac{\partial}{\partial r}\left(r\frac{\partial t}{\partial r}\right) \qquad (6-76)$$

现在求解等表面热流密度情况下的温度分布。在这种情况下，忽略轴向净导热的假定是严格满足的，即 $(\partial^2 t/\partial x^2) = 0$。用 $\left.\dfrac{\partial t}{\partial x}\right|_{fd,t} = \left.\dfrac{dt_m}{dx}\right|_{fd,t}$ 替代轴向温度梯度，并用式(6-57)替代

轴向速度分量 u，能量方程式(6-76)就变为：

$$\frac{1}{r} \times \frac{\partial}{\partial r}\left(r\frac{\partial t}{\partial r}\right) = \frac{2u_m}{a}\left(\frac{dt_m}{dx}\right)\left[1 - \left(\frac{r}{r_0}\right)^2\right] \quad q''_w = 常数 \tag{6-77}$$

式中，$t_m(x)$ 随 x 线性变化，因而 $(2u_m/a)(dt_m/dx)$ 是个常数。分离变该并积分两次，可得径向温度分布的表达式：

$$t(r,\ x) = \frac{2u_m}{a}\left(\frac{dt_m}{dx}\right)\left[\frac{r^2}{4} - \frac{r^4}{16r_0^2}\right] + C_1\ln r + C_2$$

可用适当的边界条件确定积分常数。因为在 $r=0$ 处温度为有限值。所以有 $C_1 = 0$。根据 $t(r_0) = t_w$，其中 t_w 随 x 而变化，同样可得：

$$C_2 = t_w(x) - \frac{2u_m}{a}\left(\frac{dt_m}{dx}\right)\left(\frac{3r_0^2}{16}\right)$$

因此，具有等表面热流密度的充分发展区的温度分布形式为：

$$t(r,\ x) = t_w(x) - \frac{2u_m r_0^2}{a}\left(\frac{dt_m}{dx}\right)\left[\frac{3}{16} + \frac{1}{16}\left(\frac{r}{r_0}\right)^4 - \frac{1}{4}\left(\frac{r}{r_0}\right)^2\right] \tag{6-78}$$

知道了温度分布，就可以确定所有其他的热参数。例如，如果把速度和温度分布[分别为式(6-57)和式(6-78)代入式(6-64)]，并对 r 进行积分，可得平均温度为：

$$t_m(x) = t_w(x) - \frac{11}{48}\left(\frac{u_m r_0^2}{a}\right)\left(\frac{dt_m}{dx}\right)$$

根据前文已获得的 $\dfrac{dt_m}{dx} = \dfrac{q''_w P}{\dot{m}c_p}$，其中 $P = \pi d$，$\dot{m} = \rho u_m(\pi d^2/4)$，可得：

$$t_m(x) - t_w(x) = -\frac{11}{48} \times \frac{q''_w d}{\lambda} \tag{6-79}$$

联立牛顿冷却定律和式(6-79)，有：

$$h = \frac{11}{48}\left(\frac{\lambda}{d}\right)$$

或

$$Nu_d \equiv \frac{hd}{\lambda} = 4.36 \quad q''_w = 常数 \tag{6-80}$$

因此，对于具有均匀表面热流密度的圆管中充分发展的层流，努塞尔数是个常数，与 Re_d、Pr 以及轴向位置无关。

对于具有等表面温度的圆管内的充分发展的层流，假定轴向导热可以忽略通常是合理的。用式(6-57)替代速度分布，并用式(6-67)替代轴向温度梯度，能量方程变为：

$$\frac{1}{r} \times \frac{\partial}{\partial r}\left(r\frac{\partial t}{\partial r}\right) = \frac{2u_m}{a}\left(\frac{dt_m}{dx}\right)\left[1 - \left(\frac{r}{r_0}\right)^2\right]\frac{t_w - t}{t_w - t_m}t_w = 常数 \tag{6-81}$$

可通过迭代过程求得该方程的解，在求解过程中对温度分布进行逐次逼近。所得分布无法用简单的代数表达式描述，但得到的努塞尔数的形式为：

$$Nu_d = 3.66 \quad t_w = 常数 \tag{6-82}$$

注意，在用式(6-78)或式(6-82)确定 h 时，要用 t_m 计算热导率。

6.3.4.2 入口区

由于存在径向对流项(在入口区 $v \neq 0$)，入口区的能量方程要更为复杂。此外，此处的

速度和温度均与 x 及 r 有关，不能再采用充分发展区的方法简化轴向温度梯度 $\partial t / \partial x$。但是，已经得到了两种不同入口长度的解。最简单的是热入口长度问题的解，它基于这样的假定：热状态的发展是在速度分布已充分发展的情况下进行的。如果在开始发生传热的位置之前有一个非加热起始长度的话，就有可能出现这种情形。对于油类那样普朗特数很大的流体，这也可以看作合理的近似。因为对于大普朗特数流体，即使没有非加热起始长度，速度边界层的发展也远快于温度边界层，所以可以作热入口长度近似。与热入口长度问题不同，混合（热和速度）入口长度问题对应于温度和速度分布同时发展的情况。

　　已经得到了这两种入口长度问题的解，图 6-24 给出了部分结果。在图 6-24(a) 中可明显看出，局部努塞尔数在 $x=0$ 处原则上是无限大的，并随着 x 的增加衰减至它们的渐近（充分发展的）值。当以格莱兹数 $Gz_d = (d/x) Re_d Pr$ 的倒数，即无量纲参数 $xa/(u_m d^2) = x/dRe_d Pr$）为横坐标作图时，对于热入口长度问题，$Nu_d$ 随 Gz_d^{-1} 变化的方式与 Pr 无关，这是因为由式 (6-55) 给出的充分发展的速度分布与流体黏度无关。但是，对于混合入口长度问题，结果与速度分布发展的方式有关，后者对流体的黏度极为敏感。因此，对于混合入口长度的情况，传热结果与普朗特数有关，图 6-24(a) 中给出了 $Pr=0.7$ 时的结果，这代表了大多数气体的情况，即在入口区内的任意位置处，Nu_d 随着 Pr 的增加而降低，并在 $Pr \to \infty$ 时趋近热入口长度的情况。注意，在 $[(x/d)/(Re_d/Pr)] \approx 0.05$ 时达到充分发展状态。

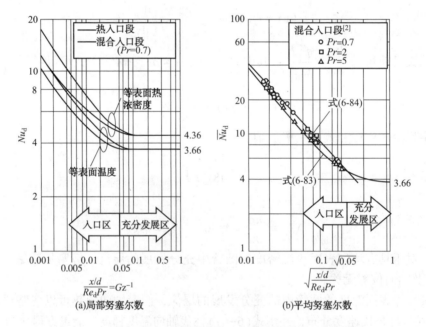

图 6-24　圆管内层流入口段解的结果

　　在等表面温度的情况下，为使用式 (6-71)，需要知道平均对流系数。凯斯基于豪森的工作提出了以下形式的关系式：

$$\overline{Nu_d} = 3.66 + \frac{0.0668(d/l) Re_d Pr}{1 + 0.04 \left[(d/l) Re_d Pr \right]^{2/3}} \left[\begin{array}{c} \text{热入口长度} \\ \text{或} \\ Pr \geqslant 5 \text{ 的混合入口长度} \end{array} \right] \qquad (6-83)$$

　　式中，$\overline{Nu_d} \equiv \bar{h} d / \lambda$。因为这个结果适用于热入口长度问题，所以它可应用于速度分布已充分发展的所有情形。对于混合入口长度，希德和泰特提出了适用于中等大小普朗特数的关系式，其形式为：

$$\overline{Nu_d} = 1.86\left(\frac{Re_d Pr}{l/d}\right)^{1/3}\left(\frac{\mu}{\mu_s}\right)^{0.14}$$

$$0.6 \leqslant Pr \leqslant 5 \tag{6-84}$$

$$0.0044 \leqslant \left(\frac{\mu}{\mu_s}\right) \leqslant 9.75$$

建议式(6-84)应用范围为 $0.6 \leqslant Pr \leqslant 5$，但前提条件为 $\overline{Nu_d} \geqslant 3.66$。如果 $\overline{Nu_d}$ 低于该值，采用 $\overline{Nu_d} \geqslant 3.66$ 是合理的，因为此时大部分管子均处于充分发展的状态。对于大的普朗特数($Pr \geqslant 5$)，水力状态的发展要比热状态的发展快得多。在这种情况下建议采用式(6-83)，而不是式(6-84)。图 6-24(b)给出式(6-83)和式(6-84)以及 $\overline{Nu_d}$ 随 $\sqrt{x/(d\,Re_d Pr)}$ 和 Pr 变化的数值预测。式(6-83)和式(6-84)中除了 μ_s，所有物性都应该用平均温度的平均值 $\overline{t_m} = (t_{m,i} + t_{m,o})/2$ 计算。

管内层流已被广泛研究，并且已有大量适用于多种管道横截面和表面状态的结果，读者可阅读夏、伦敦和巴哈邀的相关研究著作。

6.3.5　圆管内湍流的关联式

由于分析湍流状态要复杂得多，所以更多强调的是实验关联式的测定。计算光滑圆管内(流体力学和热]充分发展的湍流的局部努塞尔数的经典表达式是由科尔伯恩提出的，由奇尔顿-科尔伯恩类比 $\dfrac{C_f}{2} = St Pr^{2/3}$ 代入 $c_f = \dfrac{f}{4}$，则类比的形式为：

$$\frac{C_f}{2} = \frac{f}{8} = St Pr^{2/3} = \frac{Nu_d}{Re_d Pr} Pr^{2/3}$$

用式(6-61)代入摩擦因子。就可得科尔伯恩方程为：

$$Nu_d = 0.023 Re_D^{4/5} Pr^{1/3} \tag{6-85}$$

迪图斯-贝尔特方程与上述结果略有不同，但更为常用，其形式为：

$$Nu_d = 0.023 Re_d^{4/5} Pr^n \tag{6-86}$$

其中加热($t_w > t_m$)时，$n = 0.4$，而冷却($t_w < t_m$)时，$n = 0.3$。实验证实这些方程适用于以下条件范围：

$$0.7 \leqslant Pr \leqslant 160$$

$$Re_d \geqslant 10000$$

$$\frac{l}{d} \geqslant 10$$

这些方程可用于小到中等的温差($t_w - t_m$)，其中所有的物性都要以 t_m 取值，对于物性变化较大的流动，推荐采用希德和泰特给出的如下方程：

$$Nu_d = 0.027 Re_d^{4/5} Pr^{1/3}\left(\frac{\mu}{\mu_s}\right)^{0.14}$$

$$0.7 \leqslant Pr \leqslant 16700$$

$$Re_d \geqslant 10000 \tag{6-87}$$

$$\frac{l}{d} \geqslant 10$$

式中，除了 μ 所有物性都要以 t_m 取值。作为较好的近似，上述的那些关系式可用于等表面温度和等表面热流密度两种情况。

虽然式(6-86)和式(6-67)使用方便，但是采用它们有可能产生大至 25% 的误差。采用更新但通常较为复杂的关系式可将误差降至 10% 以内。葛列林斯基给出了适用于包括过渡区在内的很大雷诺数范围的关系式：

$$Nu_d = \frac{(f/8)(Re_d - 1000)Pr}{1 + 12.7(f/8)^{1/2}(Pr^{2/3} - 1)} \qquad (6\text{-}88)$$

其中的摩擦因子可利用穆迪图获得，而对于光滑管，则可由式(6-61)求得。这个关系式适用于 $0.5 \leqslant Pr \leqslant 2000$ 和 $3000 \leqslant Re_d \leqslant 5 \times 10^6$。在使用同时适用于等表面热流密度和等表面温度的式(6-88)时，物性要以 t_m 取值。如果温差较大，还必须考虑改变物性的影响，卡咯斯(Kakac)对已有的处理方法进行了综述。

要注意，在 $Re_d < 10^4$ 的情况下，应用湍流关系式要特别小心，除非该关系式是专门针对过渡区($2300 < Re_d < 10^4$)建立的。如果关系式是针对完全湍流状态($Re_d > 10^4$)建立的，作为初步近似可将它应用于较小的雷诺数，但要知道预侧的对流系数会偏高。如果想要获得较高的精度，可以采用葛列林斯基关系式[式(6-88)]。伽加(Ghajar)和塔蒙(Tam)对过渡区中的传热进行了深入的论述。

还要注意，式(6-85)~式(6-88)适用于光滑管。对于湍流，换热系数随着壁面粗糙度的增加而增大，作为初步近似，可以采用式(6-88)计算，其中的摩擦因子可由穆迪图(图6-17)获得。然而，虽然一般的趋势是 h 随着 f 的增加而增大，但 f 增加的比例较大，当 f 比对应于光滑表面的值大 4 倍左右时，h 不再随着 f 的增加而变化。巴哈逊(Bhatti)和夏(Shah)讨论了壁面粗糙度对充分发展的湍流中对流传热影响的计算方法。

由于湍流的入口长度通常很短，$10 \leqslant (x_{fd}/d) \leqslant 60$，假定整个管子的平均努塞尔数等于充分发展区中的值，$\overline{Nu_d} \approx Nu_{d,fd}$ 常常是合理的。但是，对于短管，$\overline{Nu_d}$ 会大于 $Nu_{d,fd}$，此时可用以下形式的表达式计算：

$$\frac{\overline{Nu_d}}{Nu_{d,fd}} = 1 + \frac{C}{(x/d)^m} \qquad (6\text{-}89)$$

式中，C 和 m 与进口(例如，锐缘或喷嘴)和入口区[热或混合]的性质，以及普朗特数和雷诺数有关。通常，在 $(l/d) > 60$ 的情况下，假定 $\overline{Nu_d} = Nu_{d,fd}$ 所产生的误差低于 15%。在确定 $\overline{Nu_d}$ 时，所有的流体物性都应该以平均温度的算木平均值 $\overline{t_m} = (t_{m,i} + t_{m,o})/2$ 取值。

最后，应注意上述的那些关系式不适用于液态金属($3 \times 10^{-3} \leqslant Pr \leqslant 5 \times 10^{-2}$)。对于具有等表面热流密度的光滑圆管内充分发展的湍流，斯库平斯基(Skupinski)等人推荐使用如下形式的关系式：

$$Nu_d = 4.82 + 0.0185 Pr_d^{0.827}$$
$$3.6 \times 10^3 \leqslant Re_d \leqslant 9.05 \times 10^5 \qquad q''_w = \text{常数} \qquad (6\text{-}90)$$
$$10^2 \leqslant Pr_d \leqslant 10^4$$

类似地，对于等表面温度的情况，西巴恩和希玛扎基建议对 $Pr_d \geqslant 100$ 的情况采用以下关系式：

$$Nu_d = 5.0 + 0.025 Pr_d^{0.8} \qquad t_w = \text{常数} \qquad (6\text{-}91)$$

6.3.6 非圆形管和同心套管的关联式

到目前为止只讨论了横截面为圆形的内部流动，但是很多工程应用都会涉及到非圆形管内的对流输运。然而，至少作为初步近似，只要以有效直径作为特征长度，很多圆形管的结果可以应用于非圆形管。有效直径也称水力直径，其定义为

$$d_{\mathrm{h}} \equiv \frac{4A_{\mathrm{c}}}{P} \tag{6-92}$$

式中，A_{c} 和 P 分别为流动横截面积和湿周。在计算 Re_{d} 和 Nu_{d} 之类的参数时，应采用这个直径。

对于仍然在 $Re_{\mathrm{d}} \geqslant 2300$ 时发生的湍流，在 $Pr \geqslant 0.7$ 时采用上节中的关系式是合理的。但是，在非圆形管中，对流系数沿管的周边而变化，在拐角处趋于零。因此在采用圆形管关系式时，该系数可看作是整个周长上的平均值。

对于层流，采用圆形管关系式精度较低，在横截面有锐角时更是如此。在这类情况下，可从表 6-9 中获得对应于充分发展状态的努塞尔数，该表是基于各种横截面管内流动的动量和能量微分方程的解给出的。同圆形管一样，所得结果因表面热状态的不同而有所区别。表中给出的用于等表面热流密度情形的努塞尔数基于这样的假定：在轴向（流动方向）上热流密度相等，而在任意横截面的周长上温度相等。这是管壁为高导热材料时的典型情况。表中给出的用于等表面温度情形的结果适用于轴向和周向温度均相等的情况。

虽然上述方法在通常情况下是令人满意的，但确实存在例外的情形。对非圆形管中传热的详细讨论请读者查阅文献获得深入了解。

表 6-9　适用于不同横截面管内充分发展的层流的努塞尔数和摩擦因子

横截面	$\dfrac{b}{a}$	$Nu_{\mathrm{d}} = \dfrac{hd_l}{\lambda}$		$f\,Re_{d_{\mathrm{fd}}}$
		等 q''_{w}	等 t_{w}	
⬤	—	4.36	3.66	64
a　b（正方形）	1.0	3.61	2.98	57
a　b	1.43	3.73	3.08	59
a　b	2.0	4.12	3.39	62
a　b	3.0	4.79	3.96	82
a　b	4.0	5.33	4.44	73
b	8.0	6.49	5.60	82
加热	∞	8.23	7.54	96

横截面	$\dfrac{b}{a}$	$Nu_d = \dfrac{hd_l}{\lambda}$		$f\,Re_{d_{fd}}$
		等 q''_w	等 t_w	
隔热	∞	5.39	4.86	96
△	—	3.11	2.49	53

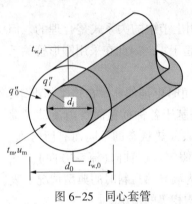

图 6-25 同心套管

很多内部流动问题涉及同心套管内的传热(图 6-25),流体在同心管形成的(环形)空中流动,内外管表面都可能发生对流放热或吸热。可以在每个表面上独立地明确规定热流密度或温度,也就是热状态。在任何情况下,离开表面的热流密度均可用以下形式的表达式计算:

$$q''_i = h_i(t_{w,i} - t_m) \qquad (6\text{-}93)$$

$$q''_0 = h_0(t_{w,0} - t_m) \qquad (6\text{-}94)$$

注意,上述两式中的对流系数分别对应于内外表面。相应的努塞尔数为:

$$Nu_i = \frac{h_i d_h}{\lambda}, \quad Nu_0 = \frac{h_0 d_h}{\lambda}$$

根据式(6-92),上式中的水力直径 d_h 为:

$$d_h = \frac{4(\pi/4)(d_0^2 - d_i^2)}{\pi d_0 + \pi d_i} = d_0 - d_i \qquad (6\text{-}95)$$

对于有一个表面绝热而另一个表面处于等温的充分发展的层流情况,可从表 6-10 得到 Nu_i 或 Nu_0。注意,在这类情况下,只对与等温(非绝热)表面相关的对流系数进行讨论。

表 6-10　一个表面绝热而另一表面处于等温的圆形套管中充分发展的层流的努塞尔数

d_i/d_0	Nu_i	Nu_0
0	—	3.66
0.05	17.46	4.06
0.10	11.56	4.11
0.25	7.37	4.23
0.50	5.74	4.43
约 1.00	4.86	4.86

如果两个表面均处于等热流密度状态,努谢尔数可用以下形式的表达式计算

$$Nu_i = \frac{Nu_{ii}}{1 - (q''_0/q''_i)\theta_i^*} \qquad (6\text{-}96)$$

$$Nu_0 = \frac{Nu_\infty}{1 - (q''_i - q''_0)\theta_0^*} \qquad (6\text{-}97)$$

可从表 6-11 中得到出现在这些式子中的影响系数。注意,q''_i 和 q''_0 可正可负,分别对应于流体吸热和放热两种情况。此外,有可能出现 h_i 和 h_o 都是负值的情形。将这些结果与

式(6-93)和式(6-94)中隐含的符号规则一起使用时，可揭示 t_w 和 t_m 的相对大小。

表 6-11　两个表面都处于等热流密度状态的圆形套管中充分发展的层流的影响系数

d_i/d_0	Nu_{ii}	Nu_∞	θ_i^*	θ_0^*
0	—	4.364	∞	0
0.05	17.81	4.372	2.18	0.0294
0.10	11.91	4.834	1.383	0.0562
0.20	8.499	4.833	0.905	0.1041
0.40	6.583	4.979	0.603	0.1823
0.60	5.912	5.009	0.473	0.2455
0.80	5.58	5.24	0.401	0.299
1.00	5.538	5.385	0.346	0.346

　　对于充分发展的湍流，影响系数都是雷诺数和普朗特数的函数。但是，作为初步近似，可假定内外表面的对流系数相等，这样就可以用水力直径[式(6-95)]和迪图斯贝尔特方程[式(6-86)]计算。

6.3.7　单相对流换热的强化技术

　　有数种方法可用于强化内部流动中的传热。提高对流系数和/或增大对流表面积均可实现强化传热。例如，通过加工或插入盘簧等手段增大表面粗糙度以增强湍流可提高 h，插入的盘簧[图6-26(a)]能形成紧贴管子内壁面的螺旋状粗糙单元。另外，在流体中插入扭曲的带状物以引发旋涡也可提高对流系数[图6-26(b)]，插件为周期性扭曲360°的薄带，切向速度分量的引入可提高流动速度。尤其是管壁附近的流速，在内表面上布置纵向肋片[图6-26(c)]可增大传热面积，而采用螺旋肋片或肋条[图6-26(d)]则可同时提高对流系数和对流面积。在对任何传热强化措施进行评估时，还必须注意随之产生的压降的增大，因为这会增加风机或泵的功耗。

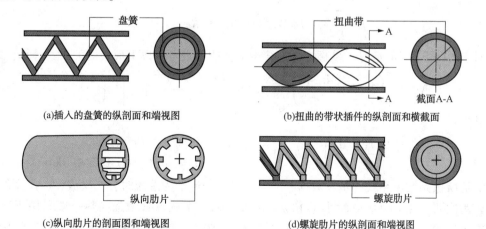

　　(a)插入的盘簧的纵剖面和端视图　　　(b)扭曲的带状插件的纵剖面和横截面

　　(c)纵向肋片的剖面图和端视图　　　(d)螺旋肋片的纵剖面和端视图

图 6-26　内部流动传热强化方案

　　采用盘管(图6-27)可强化传热，这种方法既没有诱发湍流也没有增大传热面积。在这种情况下，流体中的离心力诱发由一对纵向旋涡构成的二次流动。与直管中的情况不同，二次流动可在管子的周边上产生不等的局部换热系数。因此，局部换热系数会随 θ 以及 x 而变化。如果施加等热流密度条件，可采用能量守恒计算平均流体温度 $t_m(x)$。

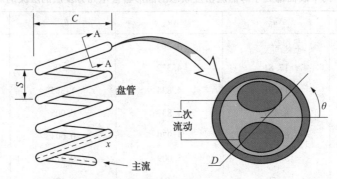

图 6-27　螺旋盘管和放大的横截面视图中的二次流动

对于流体被加热的情形，最高流体温度出现在管壁处，但最高局部温度的计算并不简单，这是由于换热系数与 θ 有关。因此，沿周边平均的努塞尔数关系式在施加等热流密度条件时毫无用处，相反，在边界条件为等壁面温度时，沿周边平均的努塞尔数关系式较为有用。在以下段落中给出了夏和乔希推荐的关系式。

二次流动增大了摩擦损失和换热速率。此外，相对于前面讨论的直管情形，二次流动减短了入口长度并减小了层流与湍流换热速率的差别。压降和换热速率与盘管节距 S 几乎没有什么关系，对应于螺旋盘管中湍流发生的临界雷诺数 $Re_{d,c,h}$ 为：

$$Re_{d,c,h} = Re_{d,c}\left[1 + 12\,(d/C)^{0.5}\right]$$

密集盘绕的螺旋管中的强二次流动会延迟向湍流的过渡。

对于充分发展的层流，在 $C/d \geqslant 3$ 时，摩擦系数为：

$$f = \frac{64}{Re_d} \qquad Re\,(d/C)^{1/2} \leqslant 30$$

$$f = \frac{27}{Re_d^{0.725}}\,(d/C)^{0.1375} \qquad 30 \leqslant Re_d\,(d/C)^{1/2} \leqslant 300$$

$$f = \frac{7.2}{Re_d^{0.5}}\,(d/C)^{0.25} \qquad 300 \leqslant Re_d\,(d/C)^{1/2}$$

对于 $C/d \geqslant 3$ 时的情况，牛顿冷却定律中的换热系数可用以下形式的关系式计算：

$$Nu_d = \left[\left(3.66 + \frac{4.343}{a}\right)^3 + 1.158\left(\frac{Re_d\,(d/C)^{1/2}}{b}\right)^{3/2}\right]^{1/3}\left(\frac{\mu}{\mu_s}\right)^{0.14} \qquad (6-98)$$

其中：

$$a = \left(1 + \frac{927\,(C/d)}{Re_d^2\,Pr}\right) \text{ 和 } b = 1 + \frac{0.477}{Pr} \qquad \begin{array}{l} 0.005 \leqslant Pr \leqslant 1600 \\ 1 \leqslant Re_d(d/C)\,1/2 \leqslant 1000 \end{array}$$

湍流摩擦系数关系式的基本数据有限，而且，当流动为湍流时，二次流动所产生的传热增强较为次要。在 $C/d \geqslant 20$ 时小于 10%，因此，采用螺旋盘管增强换热一般只用于层流情形，在层流情况下，入口长度要比直管的短 20%~50%，同时，在湍流状态下，在螺旋盘管的第一个半圈内流动就会达到充分发展状态，因此，在大多数工程计算中入口区可以忽略。

当在直管中加热气体或液体时，在管子中心线附近进入的流体团会较快地离开管子，其温度总是低于在管壁附近进入的流体团。因此，在同一个加热管中加热的不同流体团的温度随时间的变化会有显著差别。除了可以增强换热之外，相对于直管中的层流，螺旋盘管中的二次流动还可对流体进行混合，导致所有流体团的温度随时间的变化较为相似。正是由于这个原因，盘管通常用于加工和生产黏度很高的高附加值流体，如医药、化妆品以及个人护理产品等。

6.4　本章小结

本章中讨论了外部流动和内部流动传热的问题，针对几种常见的几何形状，它们的对流换热系数与边界层的发展特性相关，分别从理论分析和实验方法的角度，给出了描述非相变对流换热的关系式。对于简单的表面几何形状，可通过边界层分析导出相关结果，但是在大多数情况下，只能通过综合实验结果来得到关联式。

对于本章所主要讨论的低速到中速的外部流动中重要的受迫对流传热问题，针对几种常见的几何形状，讨论了它们的对流换热系数与边界层发展的特性关系。为了检验对这些内容的理解程度，读者应思考以下问题。

• 什么是外部流动？
• 平板上层流速度和边界层的厚度是如何随着离开前缘的距离而变化的？湍流呢？层流中速度、热边界层的相对厚度是由什么决定的？湍流呢？
• 平板上层流的局部对流换热系数是如何随着离开前缘的距离而变化的？湍流呢？在平板上发生向湍流过渡的流动呢？
• 平板表面上的局部传热状况是如何受非加热起始长度影响的？
• 横向流动中圆柱体表面上边界层分离的表现是什么？上游流动是层流或湍流对分离有什么样的影响？
• 横向流动中圆柱体表面上的局部对流系数的变化是如何受边界层分离影响的？如何受边界层过渡影响？对流系数的局部极大值和极小值出现在表面上的什么位置？
• 管簇中管子的平均对流换热系数是如何随其位置而变化的？
• 什么是膜温？

对于内部流动在很多应用中都会遇到这类流动，读者应该能够应用能量平衡和合适的对流关系式进行工程计算。使用该计算方法要确定流动是层流还是湍流，并且要确定入口区的长度。在确定感兴趣的是局部状态(特定轴向位置处)还是平均状态(整个管子)之后，可选择对流关系式。并和能量平衡的合适形式一起用于对问题进行求解。为了检验对这些内容的理解程度，读者应思考以下问题。

• 流体力学入口区有什么特征？热入口区呢？流体力学和热入口长度相等吗？如果不等，它们的相对长度与什么有关？
• 充分发展的流动的流体力学特征是什么？充分发展的流动的摩擦因子是如何受壁面粗糙度影响的？
• 平均或整体温度与内部流动的什么重要特征相联系？
• 充分发展的流动有哪些热特征？
• 如果流体进入处于均匀温度的管子，并与管子的表面进行换热，对流换热系数是如何随着流动方向上的距离而变化的？
• 在具有等表面热流密度的管内流动中，流体的平均温度在入口区和充分发展区中是如何随着离开入口处的距离而变化的？表面温度在入口和充分发展区中又是如何随着距离而变化的？

• 在具有等表面温度的管内流动传热中，流体的平均温度是如何随着离开入口处的距离而变化的？表面热流密度又是如何随着离开入口处的距离而变化的？

• 为什么在计算具有等表面温度的管内流动的总传热速率时采用对数平均温差。而不是算术平均温差？

• 哪两个方程可用于计算具有等表面热流密度的管内流动的总传热速率？哪两个方程可用于计算具有等表面温度的管内流动的总传热速率？

• 在什么情况下与内部流动有关的努塞尔数是一个与雷诺数和普朗特数无关的常数？

• 管内流动的平均努塞尔数是大于、等于还是小于充分发展状态下的努塞尔数？为什么？

• 非圆形管的特征长度是如何定义的？

参 考 文 献

[1] 杨世铭，陶文铨．传热学[M]．4版．北京：高等教育出版社，2006．

[2] 弗兰克 P. 英克鲁佩勒，大卫 P. 德维特等著，葛新石，叶弘译．传热和传质基本原理[M]．6版．北京：化学工业出版社，2014．

[3] J. P. 霍尔曼．传热学[M]．9版．北京：机械工业出版社，2008．

[4] W. M. Kays，M. E. Crawford，B. Weigand 著，赵振南译．对流传热与传质[M]．4版．北京：高等教育出版社，2007．

[5] 张靖周．高等传热学[M]．2版．北京：科学出版社，2015．

第7章 伴随相变的对流换热

本章将讨论伴随流体相变的对流换热过程。具体地说，将讨论那些发生在固-液或固-气交界面上的过程，即凝结和沸腾。在这些过程中，与相变有关的潜热的影响是很重要的。因蒸汽凝结成液态要向固体表面放热，而相反，沸腾的发生则是要从液态向蒸气状态转变，要靠从固体表面吸热维持。

由于涉及流体运动，凝结和沸腾属于对流换热的模式。但是由于相变的存在，它们有一些独有的特征，如会发生流体吸热或放热但其温度却不变化。事实上，通过凝结和沸腾可以用小的温差获得大的传热速率。除了潜热 h_{fg}，用于描述这些过程的其他两个重要参数分别为液-气界面上的表面张力 σ 和两相之间的密度差。密度差导致浮力的产生，后者正比于 $g(\rho_1 - \rho_v)$。由于潜热和浮力驱动流动的共同作用，凝结和沸腾的换热系数和速率通常要比没有相变的对流换热的大得多。

有很多以高热流密度为特征的工程问题涉及凝结和沸腾。在闭式动力循环中，加压液体在锅炉中转变为蒸汽，在透平中膨胀以后，蒸汽在冷凝器中恢复成液态，随后被泵回锅炉以重复循环。内部发生沸腾过程的蒸发器和冷凝器也是蒸汽压缩制冷循环的主要部件。与沸腾过程有关的高传热系数使得它在先进电子装置的热管理中很有吸引力。要对这些部件进行合理的设计，需要对相关的相变过程有很好的了解。本章的目的是理解与沸腾和凝结有关的物理状态并为相关的工程传热计算提供基础方法。

7.1 相变对流换热中的无量纲参数

在处理边界层现象时，已经接触了部分无量纲组合。无量纲化方法有助于理解相关物理机理，并给出了概括和描述传热结果的简化方法。

因为难以建立沸腾和凝结过程的控制方程，所以这里采用 π 定律（bucking ham pi theorem）求得合适的无量纲参数。对于任一过程，对流换热系数可能与表面温度及饱和温度之差（$\Delta t = |t_w - t_{sat}|$）、因液体-蒸汽密度差引起的物体力 $[g(\rho_1 - \rho_v)]$、潜热 h_{fg}、表面张力 σ、特征长度 l 以及液体或蒸汽的热物理性质（ρ、c_p、λ 及 μ）有关。这就是说

$$h = h[\Delta T, \ g(\rho_1 - \rho_v), \ h_{fg}, \ \sigma, \ l, \ \rho, \ c_p, \ \lambda, \ \mu] \tag{7-1}$$

因为式中有 10 个变量和 5 种量纲（m、kg、s、J 和 K），所以有（10-5）= 5 个 π 组合，它们可以写成下述形式：

$$\frac{hl}{\lambda} = f\left[\frac{\rho g(\rho_1 - \rho_v)l^3}{\mu^2}, \ \frac{c_p \Delta t}{h_{fg}}, \ \frac{\mu c_p}{\lambda}, \ \frac{g(\rho_1 - \rho_v)l^2}{\sigma}\right] \tag{7-2}$$

或定义无量纲组合，有：

$$Nu_1 = f\left[\frac{\rho g(\rho_1 - \rho_v)l^3}{\mu^2}, \ Ja, \ Pr, \ Bo\right] \tag{7-3}$$

努塞尔数和普朗特数是我们所熟悉的，它们在前面的单相对流分析中出现过。新的无量纲参数为雅各布数（Jakob number）Ja、邦德数（the Bond number）Bo 和一个与格拉晓夫数 Gr

很像的无名参数。这个无名参数代表了浮力引发的流体运动对传热的影响。雅各布数是液体（蒸气）在凝结（沸腾）过程中吸收的最大显热与潜热之比。在很多应用中，显热远小于潜热，因此 Ja 的值很小。邦德数是浮力与表面张力之比。在随后的几节中将涉及这些参数在沸腾和凝结中的作用。

7.2 凝结换热

7.2.1 凝结换热模式

当蒸汽温度降至其饱和温度以下时，就会发生凝结。在工程设备中，这个过程通常产生于蒸汽与冷表面之间的接触，如图 7-1(a)、(b)。在这种情况下，蒸汽释放潜热，热量传给表面，并形成凝结液。其他常见的方式还有均匀凝结［图 7-1(c)］和直接接触凝结［图 7-1(d)］，在均匀凝结中，蒸汽冷凝成悬浮于气相中的液滴，形成雾，当蒸气与冷的流体接触时发生直接接触凝结。本章中只讨论表面凝结。

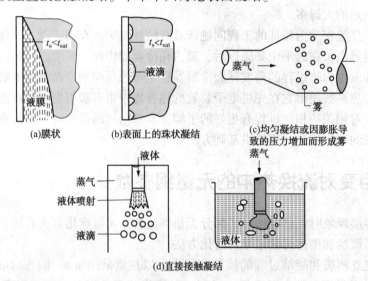

图 7-1　凝结的模式

如图 7-1(a)、(b)所示，根据竖直表面的状况，凝结可能以两种方式之一发生。在凝结的主要方式中，凝结液覆盖整个凝结表面，并在重力的作用下连续地沿着表面向下流动，润湿表面，形成平滑的薄膜，这样的过程叫作膜状凝结。这种膜状凝结通常发生在清洁的、未被沾污的表面上。但是，如果表面上涂有防湿润物质，液体不润湿表面，就将在表面上杂乱无章地形成液珠并沿壁面落下，就有可能维持珠状凝结。在这种凝结方式中，液滴在表面上的缝隙、凹坑以及洞穴中形成，并因凝结的继续而生长和合并。在典型情况下，液滴覆盖90%以上的表面，其大小可在直径几微米到肉眼可见的液体团之间变化。液滴亦会在重力的作用下沿着表面向下流动。可见，在膜状凝结的过程中，表面为液膜所覆盖，液膜在沿竖板向下流动时，其厚度不断增加。在液膜中存在着一个温度梯度，这层膜相当于一个换热的热阻。在珠状凝结时，平板的大部分面积直接暴露在蒸汽中，在这些部位没有液膜阻碍着热流。经验表明，在珠状凝结下换热效率要更加高。实际上，珠状凝结的换热效率可能比膜状凝结高至十倍左右。

不论是以膜状还是珠状形式出现，凝结液都在蒸汽与表面之间的传热中形成一个热阻。由于这个热阻随着凝结液厚度的增加而变大，而后者在流动方向上又是增加的，因此在膜状凝结的情形下采用短的垂直表面或水平圆柱是较为合理的。因而，大多数的冷凝器是由水平管簇构成的。冷却液从管内流过，而待凝结的蒸汽则在管外绕流。就维持高的凝结和传热速率而言，珠状凝结要优于膜状凝结。在珠状凝结的情况下，大部分传热是通过直径小于 $100\mu m$ 的液滴进行的，其传热速率要比膜状凝结所能达到的大一个数量级以上。因此，通常会采用可防止湿润的表面涂层以促成珠状凝结。硅树脂、特氟隆以及一些石蜡和脂肪酸常用于这一目的。但是，这类涂层会因氧化、污垢或彻底的剥离等原因而逐渐失去它们的作用，最终仍然出现膜状凝结。

虽然在工业应用中希望获得珠状凝结而不用膜状凝结，但是要维持珠状凝结是非常困难的，因为暴露在凝结气体中的壁面经过一段时间之后，大部分都要变成被凝结液"润湿"的表面。由于这个原因，并且由于膜状凝结的对流系数要比珠状凝结的小，因此，通常基于膜状凝结的假设进行冷凝器的设计计算。在本章中将集中讨论膜状凝结，对于珠状凝结则仅对已有的结果作简要介绍。

7.2.2 膜状凝结的分析解及计算

7.2.2.1 外掠流动的膜状凝结

竖板上的膜状凝结可以用努塞尔首先提出的方法来进行分析。如图 7-2 所示，平板温度保持为 t_w，液膜外缘的蒸汽温度为 t_q，膜状凝结有一些复杂的特性，液膜从平板的顶端开始，在重力的作用下向下流动。由于蒸气在温度为 t_{sat} 的液体-蒸气交界面上不断地凝结，因此随着 x 的增加，膜的厚度 δ 和凝结液的质量流量 $\dot{m}$ 都要增加。这样，就会发生从交界面穿过液膜向温度维持在 $t_w<t_{sat}$ 的表面的传热。在最常见的情况下，蒸气可能是过热的，而且蒸气可能是包含一种或多种不凝结性气体的混合物的一种组分。此外，在液体-蒸气交界面上还存在着剪切力，导致蒸气以及液膜中出现速度梯度。

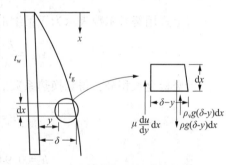

图 7-2　竖直平板上的膜状凝结

坐标系的确定如图所示，选取垂直向下为 x 的正值方向。假设在 $y=\delta$ 处，蒸汽作用于液膜的黏性剪切力可以忽略不计，并且进一步假定在壁面与蒸汽之间温度的分布是线性的，那么在 y 与 δ 之间，厚度为 dx 的流体微元的重量为 y 处的黏性剪切力和排开蒸汽所引起的浮升力所平衡，即：

$$\rho g(\delta - y)\,dx = \mu \frac{du}{dy}dx + \rho_v g(\delta - y)\,dx \tag{7-4}$$

将上式进行积分并使用边界条件：当 $y=0$ 时，$u=0$，得到：

$$u = \frac{(\rho - \rho_v)g}{\mu}(\delta y - \frac{1}{2}y^2) \tag{7-5}$$

因而通过任意 x 位置的凝结液体的质量流量可以表示为：

$$质量流量 = \dot{m} = \int_0^\delta \rho \left[\frac{(\rho - \rho_v)g}{\mu}(\delta y - \frac{1}{2}y^2) \right]dy = \frac{\rho(\rho - \rho_v)g\delta^3}{3\mu} \tag{7-6}$$

此处已经假设沿深度方向取单位长度，则面积为 dx 的壁面换热量为：

$$q_x = - \lambda \mathrm{d}x \frac{\partial t}{\partial y}\bigg|_{y=0} = \lambda \mathrm{d}x \frac{t_g - t_w}{\delta} \tag{7-7}$$

因为我们已经假定了温度分布是线性的，当液体从 x 流到 $x+\mathrm{d}x$ 时，由于补充流入了凝结液体，膜厚从 δ 增加到 $\delta+\mathrm{d}\delta$。在 x 和 $x+\mathrm{d}x$ 之间加入的凝结液体的数量为：

$$\frac{\mathrm{d}}{\mathrm{d}x}\left[\frac{\rho(\rho - \rho_v)g\delta^3}{3\mu}\right]\mathrm{d}x = \frac{\mathrm{d}}{\mathrm{d}\delta}\left[\frac{\rho(\rho - \rho_v)g\delta^3}{3\mu}\right]\frac{\mathrm{d}\delta}{\mathrm{d}x}\mathrm{d}x = \frac{\rho(\rho - \rho_v)g\delta^2\mathrm{d}\delta}{\mu} \tag{7-8}$$

壁面传递的热量应当等于这个增加的质量流量乘以蒸汽凝结的潜热，因而：

$$\frac{\rho(\rho - \rho_v)g\delta\mathrm{d}\delta}{\mu}h_{fg} = \lambda \mathrm{d}x \frac{t_g - t_w}{\delta} \tag{7-9}$$

应用边界条件：当 $x=0$ 时 $\delta=0$，对式(7-6)进行积分，得出：

$$\delta = \left[\frac{4\mu\lambda x(t_g - t_w)}{gh_{fg}\rho(\rho - \rho_v)}\right]^{1/4} \tag{7-10}$$

现在，可以写出换热系数：

$$h\mathrm{d}x(t_w - t_g) = - \lambda \mathrm{d}x \frac{t_g - t_w}{\delta} \tag{7-11}$$

或 $h = \dfrac{\lambda}{\delta}$

所以

$$h_x = \left[\frac{\rho(\rho - \rho_v)gh_{fg}\lambda^3}{4\mu x(t_g - t_w)}\right]^{1/4} \tag{7-12}$$

将上式用努塞尔数表示为无量纲形式，即

$$Nu_x = \frac{hx}{\lambda} = \left[\frac{\rho(\rho - \rho_v)gh_{fg}x^3}{4\mu\lambda(t_g - t_w)}\right]^{1/4} \tag{7-13}$$

沿竖板全长积分，得到换热系数的平均值：

$$\bar{h} = \frac{1}{l}\int_0^l h_x \mathrm{d}x = \frac{4}{3}h_{x=l} \tag{7-14}$$

或

$$\bar{h} = 0.943\left[\frac{\rho(\rho - \rho_v)gh_{fg}\lambda_f^3}{l\mu_f(t_g - t_w)}\right]^{1/4} \tag{7-15}$$

罗森纳(Rohsenow)详细地给出了关于膜状凝结的改进分析解。最重要的改进是考虑了液膜内非线性的温度分布，并且包括了将液膜冷却到饱和温度以下所需要的能量，从而改进了能量平衡公式。为了考虑这两方面的影响，可以用 h'_{fg} 代替 h_{fg} 来进行处理，其定义为：

$$h'_{fg} = h_{fg} + 0.68c_p(t_g - t_w) \tag{7-16}$$

式中 c_p 是液体的定压比热。此外，式(7-12)和式(7-15)中的物性都应当按膜温来计算，即：

$$t_f = \frac{t_g + t_w}{2} \tag{7-17}$$

对于 $Pr>0.5$ 和 $c_pt/h_{fg}\leqslant1.0$ 的流体，式(7-15)以及上述的替换关系，可以用于竖板和圆柱。

对于水平管上的层流膜状凝结，努塞尔得到了下述关系式：

136

$$\bar{h} = 0.725 \left[\frac{\rho(\rho - \rho_v) g h_{fg} \lambda_f^3}{\mu_f d(t_g - t_w)} \right]^{1/4} \tag{7-18}$$

方程式中 d 为管的直径。对于由 n 个管子垂直顺排所组成的水平管束，凝结换热系数仍可按方程式(7-18)计算，但要将方程式中的直径用 nd 来代替。

如果凝结的平板足够大，或是凝结的液流有足够的流量，那么凝结的薄膜就可能呈现湍流的状态。这种湍流状态可能导致较高的换热效率。就像受迫对流换热问题那样，确定流动是层流还是湍流的判据是雷诺数。对于凝结系统，雷诺数定义为：

$$Re_f = \frac{d_H \rho \bar{v}}{\mu_f} = \frac{4A\rho \bar{v}}{P\mu_f} \tag{7-19}$$

式中，d_H 为水力直径，A 为流动面积，P 为"剪切"或"润湿"周长，$\bar{v}$ 为平均流速。

但：
$$\dot{m} = \rho A \bar{v}$$

因此：
$$Re_f = \frac{4\dot{m}}{P\mu_f} \tag{7-20}$$

此处 $\dot{m}$ 为通过凝结液膜某一截面的质量流量。对于深为单位长度的垂直平板，$P = 1$；对于垂直管，$P = \pi d$。临界雷诺数大约为 1800，当雷诺数大于此值时，必须使用湍流换热关系式。有时候雷诺数用单位深度平板的质量流量 Γ 来表示：

$$Re_f = \frac{4\Gamma}{\mu_f} \tag{7-21}$$

在计算雷诺数时，质量流量可以通过下式同总的换热量和换热系数联系起来：

$$q = \bar{h}A(t_{sat} - t_w) = \dot{m}h_{fg} \tag{7-22}$$

式中，A 是总的换热面积。因而：

$$\dot{m} = \frac{q}{h_{fg}} = \frac{\bar{h}A(t_{sat} - t_w)}{h_{fg}P\mu_f} \qquad Re_f = \frac{4\bar{h}A(t_{sat} - t_w)}{h_{fg}P\mu_f} \tag{7-23}$$

但 $A = lW$，$P = W$，此处 l 和 W 分别为平板的长度和宽度，所以：

$$Re_f = \frac{4\bar{h}l(t_{sat} - t_w)}{h_{fg}\mu_f} \tag{7-24}$$

只要液膜维持平滑状态且运动是规则的，上面所提到的层流凝结公式同实验数据就能很好地吻合。实际上，在雷诺数低至 30 或 40 时，发现液膜就出现了波动，这时，h 的实验值可能比方程式(7-18)预计的结果高 20%。在前面的讨论中，没有考虑这一提高，而选用公式(7-15)进行计算。方程式(7-18)是作为一个保守的方法推荐的，但对于设计问题，它包含了一个安全因数。如果想用提高 20% 的换热系数，垂直平板最终的公式可以写成：

$$\bar{h} = 1.13 \left[\frac{\rho(\rho - \rho_v) g h_{fg} \lambda^3}{l\mu(t_g - t_w)} \right] \tag{7-25}$$

如果凝结的蒸汽是过热的，只要热流量按照壁温与系统压力对应的饱和温度之差来计算，仍然可以按上述公式计算换热系数。倘若蒸汽中混有不凝结气体，由于蒸气能够在壁面凝结之前通过这些气体进行扩散，因此换热受到了阻碍。关于这个问题，读者可自行阅读其他参考资料，本书不作重点阐述。

如果平板或圆柱与水平面倾斜成 ϕ 角，则倾斜对上述分析的净效应相当于将重力用重力在平行于换热面方向上的分量来代替，即：

$$g' = g\sin\phi \qquad (7-26)$$

因此，对于层流流动可用式(7-26)所表示的简单的代换来处理倾斜表面的问题。

7.2.2.2 水平管内的膜状凝结

前面关于膜状凝结的讨论仅限于外表面。在这种情况下，蒸汽和凝结液体的流动还没有受到某种流道尺寸的限制。由于管内的膜状凝结在冷冻和空调系统的冷凝器中得到广泛的应用，因而它具有相当重要的实际价值。但是，遗憾的是这种现象非常复杂，不易用简单的分析方法来处理。在受迫对流的凝结系统中，蒸汽的总流量对换热速率有强烈的影响，而这一流量又受到液体在壁面凝聚的速率影响。由于所包括的流动现象非常复杂，这里仅提出两个有关换热的经验公式。

查托(Chato)获得了水平管内冷冻剂在低蒸汽速度下凝结的下述表达式：

$$\bar{h} = 0.555\left[\frac{\rho(\rho - \rho_v)\,g\lambda^3 h'_{fg}}{\mu d(t_g - t_w)}\right]^{1/4} \qquad (7-27)$$

这个公式仅限于以下低蒸汽雷诺数的情况下适用：

$$Re_v = \frac{dG_v}{\mu_v} < 35000 \qquad (7-28)$$

式中 Re_v 是按照管的进口状态来计算的，在较高的流速下，阿克斯(Akers)、第恩斯(Deans)和克罗塞尔(Grosser)提出了一个近似的经验公式：

$$\frac{\bar{h}d}{\lambda_f} = 0.026\,Pr_f^{1/3}\,Re_m^{0.8} \qquad (7-29)$$

式中 Re_m 是混合物的雷诺数，其定义式为：

$$Re_m = \frac{d}{\mu_f}\left[G_f + G_v\left(\frac{\rho_f}{\rho_v}\right)^{1/2}\right] \qquad (7-30)$$

液体的质量流速 G_f 和蒸汽的质量流速 G_v 是假定它们各自占有整个流道截面积来进行计算的。在下述条件下，公式(7-29)以大约50%的精度综合了实验数据：

$$Re_v = \frac{dG_v}{\mu_v} > 20000 \quad Re_f = \frac{dG_f}{\mu_f} > 5000 \qquad (7-31)$$

7.2.3 膜状凝结换热的影响因素

上面介绍了在一些比较理想的条件下饱和蒸气膜状凝结传热的计算式。工程实际中所发生的膜状凝结过程往往更为复杂，例如蒸气中可能有不凝结的成分，在竖直方向上水平管可能是叠层布置的等等。本节将讨论这些因素对膜状凝结传热的影响。这也是研究复杂传热问题的一种有效方法：先从比较简单的典型情况入手，设法获得这种情况下的关联式，然后再逐一考虑其他因素，引入相应的修正。同时，近年来国内外在膜状凝结的强化传热技术方面取得了较大的进步，本小节将简述强化膜状凝结换热的主要技术。

7.2.3.1 膜状凝结的影响因素

(1)不凝结气体。蒸气中含有不可凝结的气体，如空气，即使含量极微，也会对凝结传热产生十分有害的影响。例如，水蒸气中质量含量占1%的空气能使表面传热系数降低60%，后果是很严重的。对此现象可作如下分析，在靠近液膜表面的蒸气侧，随着蒸气的凝结，蒸气分压力减小而不凝结气体的分压力增大。蒸气在抵达液膜表面进行凝结前，必须以扩散方式穿过聚集在界面附近的不凝结气体层。因此，不凝结气体层的存在增加了传递过程的阻力。同时蒸气分压力的下降，使相应的饱和温度下降，减小了凝结的动力 Δt，也使凝结过程削弱。因此，在冷凝器的工作中，排除不凝结气体成为保证设计能力的重要关键。

（2）管子排数。前面给出的横管凝结传热的公式只适用于单根横管。对于沿液流方向由 n 排横管组成的管束的传热，理论上只要将式(7-18)中的特征长度 d 换成 nd 即可计算。但实际上，这是过分保守的估计，因为上排管的凝结液并不是平静地落在下排管上，而在落下时要产生飞溅以及对液膜的冲击扰动。飞溅和扰动的程度取决于管束的几何布置、流体物性等，情况比较复杂。

（3）管内冷凝。本章前面所介绍的是管外凝结，凝液在重力作用下向下流动。在不少工业冷凝器(如冰箱中的制冷剂蒸气冷凝器)中，蒸气在压差作用下流经管子内部，同时产生凝结，此时传热的情形与蒸气的流速有很大关系。以水平管中的凝结为例，当蒸气流速低时，凝结液主要积聚在管子的底部，蒸气则位于管子上半部，其截面形状如图 7-3 所示。如果蒸气流速比较高，则形成所谓环状流动，凝结液较均匀地润湿在管子四周，而中心则为蒸气核。随着流动的进行，液膜厚度不断增厚以致凝结完全占据了整个截面[图 7-3(b)]。

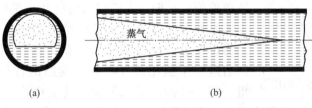

蒸气

(a)   (b)

图 7-3　管内凝结时液膜与蒸气核示意图

（4）蒸气流速。努塞尔的理论分析忽略了蒸气流速的影响，因此只适用于流速较低的场合，如电站冷凝器等。蒸气流速高(对于水蒸气，流速大于 10m/s)时，蒸气流速对液膜表面会产生明显的黏滞应力。其影响又随蒸气流向与重力场同向或异向、流速大小以及是否撕破液膜等而不同。一般来说，当蒸气流动方向与液膜向下流动同方向时，使液膜拉薄，h 增大；反方向时则会阻滞液膜的流动使其增厚，从而使 h 减小。蒸气在管内凝结时，质量流速的不同会导致不同的两相流流态，如前面指出的环状流动就是两相流中的一种常见流态，制冷剂在冷凝器、蒸发器中流动时质量流速变化范围在 $50\sim500\mathrm{kg}/(\mathrm{m}^2\cdot\mathrm{s})$，常用的范围是 $100\sim300\mathrm{kg}/(\mathrm{m}^2\cdot\mathrm{s})$。在蒸汽干度从 $0\sim1$ 的变化范围内，中间相当宽的蒸汽干度区域，流动状态都是环流状。

（5）蒸汽过度热。前面的讨论都是针对饱和蒸汽凝结而言的，对于过热蒸汽，实验验证，只要把计算式中的潜热改用过热蒸汽与饱和液的焓差，亦可用前述饱和蒸汽的实验关联式来计算过热蒸气凝结传热系数。

（6）液膜过冷度及温度分布的非线性。努塞尔的理论分析忽略了液膜的过冷度的影响，并假定液膜中的温度呈线性分布。分析表明，只要用下式确定的 r' 代替计算公式中的 r 就可以照顾到这两个因素的影响：

$$r' = r + 0.68c_{\mathrm{p}}(t_{\mathrm{g}} - t_{\mathrm{w}}) \tag{7-32}$$

上式也可以表示为：

$$r' = r(1 + 0.68Ja) \tag{7-33}$$

式中，Ja 为雅各布(Jakob)数，定义式为：

$$Ja = \frac{c_p(t_g - t_w)}{r} \qquad (7-34)$$

7.2.3.2 膜状凝结的强化原则和技术

由前面的分析可知，蒸气膜状凝结时，热阻取决于通过液膜层的导热，因此尽量减薄液膜层的厚度是强化膜状凝结的基本原则。为此，可以从两个方面着手，第一是减薄蒸气凝结时直接黏滞在固体表面上的液膜；其次是及时地将传热表面上产生的凝结液体排走，不使其积存在传热表面上面进一步使液膜加厚。最近几十年国内外发展出了许多强化技术来达到这些目的。

（1）减薄液膜厚度的技术。最简单的减薄液膜厚度的方法是：对于竖壁或竖管，在工艺允许的情况下，尽量降低传热面的高度，或者将竖管改置为横管。这里着重介绍利用表面张力减薄液膜厚度的方法。如图 7-4 所示凹凸不平的固体表面，对位于上凸尖峰的

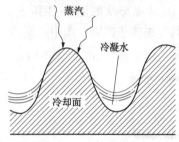

图 7-4　尖峰上表面张力的作用

液膜作力分析表明：液膜的表面张力可以使尖峰上的液膜厚度大大减薄。根据这一基本思想开发出了多种强化表面，通过表面加肋的形式即可形成规则或不规则分布的尖峰，减薄液膜。早期，人们仅认为肋片只是增加了凝结的面积，但实际发现其强化效果要比面积增加的份额大得多，正是因为位于肋片的液膜受表面张力的作用而变薄了的缘故。随后适用于强化蒸气在管外凝结的各种肋管/肋面相继问世，图 7-5 给出了几种加肋的强化管的形式。在制冷剂的冷凝器中，冷却水的热阻是次要的，主要热阻在制冷剂侧，强化凝结传热就特别有意义。家用空调的冷凝器中制冷剂蒸气在管内凝结，已经广泛地使用了二维与三维的微肋管这种强化传热技术。

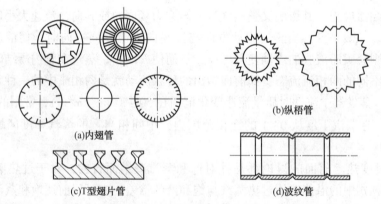

(a)内翅管　　(b)纵梧管　　(c)T型翅片管　　(d)波纹管

图 7-5　加肋强化管的形式示例

此外，当制冷剂蒸气在光管外凝结时，其凝结传热系数较管内冷却水的传热系数小很多，传热过程的主要热阻在蒸气凝结侧。但当管外得到有效强化后，外侧热阻明显减小，管内侧的热阻就会突显起来，于是就出现了对内表面采用螺旋线结构的强化管，称为双侧强化管，使整个传热过程能得到更为有效的强化。双侧强化管可以使凝结传热的表面传热系数提高一个数量级。

（2）及时排液的方法。图 7-6 给出了两种常见的加速排除凝结液体的方法。图 7-6(a) 多用于立式冷凝器，在冷凝液下流的过程中分段排泄，有效地控制了液膜的厚度，管表面的

140

沟槽又可以起到减薄液膜厚度的作用。图7-6(b)常用于卧式冷凝器中，如大型电站的凝汽器，泄流板可使布置在该板上部水平管束上的冷凝液体不会集聚到其下的其他管束上。

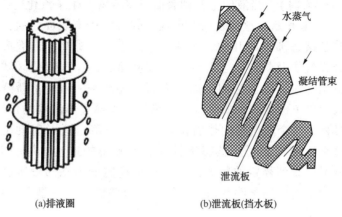

(a)排液圈   (b)泄流板(挡水板)

图7-6 及时排液的措施

最后要特别指出，在动力冷凝器中，如果系统密封良好，由于纯净水蒸气膜状凝结传热表面传热系数很大，凝结侧热阻不占主导地位。但实际运行中凝汽器的泄漏是不可避免的。空气的漏入使冷凝器平均表面传热系数明显下降。实践表明，采用强化措施可以收到实际效果。在制冷剂的冷凝器中，主要热阻在凝结一侧，凝结传热的强化就有更大的现实意义。

7.3 沸腾换热

7.3.1 沸腾换热模式

如果传热面暴露在液体中，并且保持其温度高于液体的饱和温度，这时便可能发生沸腾，而热通量将取决于表面温度与饱和温度之差。热量从固体表面传给液体，牛顿冷却定律则可写为：

$$q''_s = h(t_s - t_{sat}) = h\Delta t_c \tag{7-35}$$

式中 $\Delta t_c = t_s - t_{sat}$，称为过余温度。这个过程的特征是有蒸气泡的形成，它们长大后脱离表面。蒸气泡的生长和动力学特性与过余温度、表面特性以及表面张力之类的流体热物理性质之间有着复杂的关系。反过来，蒸气泡形成的动力学特性又会影响表面附近的流体运动，从而强烈影响对流换热系数。

沸腾可在各种不同的条件下发生。如果加热表面浸没在液体的自由表面之下，这个过程便叫作池内沸腾。在池内沸腾中流体是静止的，它在表面附近的运动是由自然对流以及气泡的生长和脱离导致的混合而引起的。与此不同，在受迫对流沸腾中，流体的运动是由外部手段以及自然对流和气泡引发的混合而引起的。沸腾还可根据它是过冷的或饱和的进行分类。如果液体的温度低于饱和温度，在表面上形成的气泡可在液体中凝结，这个过程称为过冷沸腾或局部沸腾。如果液体保持为饱和温度或略高于饱和温度，在表面上形成的气泡会在浮力的推动下穿过液体，最终从自由表面逸出，这样的过程就是通常说的饱和沸腾或整体沸腾。

图7-7给出了沸腾的各种不同形式。在图中绘出了热流密度与温差的关系，热流密

141

度的数据是从一根浸没在水中的电加热的铂丝上得到的。在区域Ⅰ，自然对流引起了壁面附近流体的运动。在这个区域，靠近加热表面的液体是略微过热（对于水在一个大气压下的饱和沸腾为$\Delta t < 4℃$时），当液体上升到表面时接着就发生了汽化。在区域Ⅱ，壁面的过热度$\Delta t \geqslant 4℃$后，汽泡开始在丝的表面上形成，并且在脱离表面之后，即消失在液体之中，这个区域表明了核态沸腾的开始。随着温差的进一步提高，汽泡形成得更快，并相互影响，可能会合成气块及气柱，上升到液体表面而逸出，这就是区域Ⅲ中的情况。最后，汽泡的形成急剧加速，以至它们将加热表面遮盖起来，阻止了新鲜液体的流入。这时，汽泡结合起来形成了覆盖表面的蒸汽膜。热量必须通过蒸汽膜的传导才能达到液体，这就影响了沸腾过程。这个蒸汽膜的热阻使热流密度下降，这一现象在区域Ⅳ即膜态沸腾区表示出来。这个区域代表了从核态沸腾到膜态沸腾的过渡，是一个不稳定的过程。我们最后将在区域Ⅴ中看到稳定的膜态沸腾。保持稳定的膜态沸腾所需要的表面温度是相当高的，一旦达到了这样的条件，相当大的一部分壁面散热量是通过辐射而传递出去，这种情况如区域Ⅵ所示。

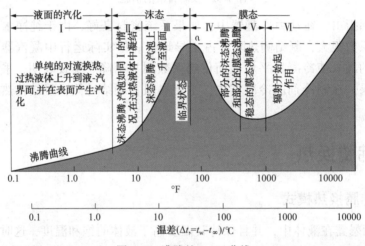

图 7-7　沸腾的 $q \sim \Delta t$ 曲线

电热丝在 a 点是不稳定的，因为在这一点，只要 Δt_x 稍微增加一点就会引起沸腾热流密度的下降。但电热丝仍然要散出同样的热量，因而它的温度将要继续升高，结果将要导致沿着沸腾曲线前进，而使热流密度进一步下降。最后只能在膜态沸腾区的 b 点重新达到热平衡。这一点的温度通常要超过丝的熔点，因而引起了烧毁的现象。当系统达到 a 点时，如果使输入的电能迅速下降，那么就有可能观察到部分核态沸腾和不稳定膜态沸腾的情况。

在核态沸腾时，汽泡是由于表面上小空穴内吸附的气体或蒸汽膨胀而产生的。取决于液-汽界面上的表面张力以及温度和压力，汽泡将要生长到一定的尺寸。由温差所决定，汽泡可能在壁面上崩溃，可能膨胀并脱离壁面而在液体中消失；在温度足够高的时候，也可能在消失之前上升到了液体表面。在局部沸腾的情况下，换热的主要机理被认为是传热面上的剧烈扰动造成了沸腾过程中观察到的很高的换热速率。在饱和沸腾或整体沸腾时，汽泡可能由于浮升力的作用而脱离表面并进入液体之中，在这种情况下，换热速率既受到汽泡扰动的影响，也受到蒸汽将能量输运到液体中而产生的影响。

实验已经证明汽泡同周围的液体并不总是处于热力学平衡的状态，也就是说汽泡内的蒸汽未必与液体的温度相同。参考如图7-8所示的圆球形汽泡，在液体界面上，液体和蒸汽的压力必须与表面张力平衡。压力是作用在面积 πr^2 上的，表面张力是作用在界面周边 $2\pi r$ 上的。力的平衡是：

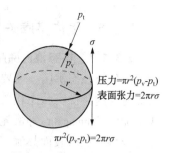

图 7-8　蒸汽泡上的力平衡

$$\pi r^2 (p_v - p_t) = 2\pi r\sigma \qquad (7-36)$$

或

$$p_v - p_t = \frac{2\sigma}{r} \qquad (7-37)$$

此处 p_v 为汽泡内的蒸汽压力，p_t 为液体压力，σ 为汽-液界面上的表面张力。

若假定所考虑的汽泡处于压力平衡状态，也就是说这个汽泡既没有生长，也没有崩溃。我们假设汽泡内蒸汽的温度是相应于压力 p_v 的饱和温度。如果液体温度是相应于压力 p 的饱和温度，那么这个温度将低于汽泡内的温度。因此，热量必然要从汽泡内向外传递，泡内的蒸汽将要凝结，汽泡就会崩溃。这种现象就是汽泡在加热面上或是在液体内崩溃的情况。为了使汽泡生长并逸向液面，汽泡应从液体接受热量。这就需要液体处于过热状态，因而液体的温度要高于汽泡内蒸汽的温度。这是一个亚稳状态，但是已在实验中观察到了这种现象，并且也解释了在某些核态沸腾的情况下，汽泡在离开表面后仍能增长的原因。

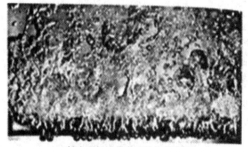

(a)射流和气柱状态下的核态沸腾

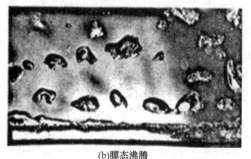

(b)膜态沸腾

图 7-9　甲醇在水平管上的沸腾

图 7-9 给出了甲醇在水平管上的沸腾情况。图 7-9(a) 表明了核态沸腾的剧烈作用。当壁温较高的时候，汽泡开始合并，在图 7-9(b) 中，观察到了过度沸腾的现象。最后，在更高的温度下，传热面完全为蒸汽膜所覆盖，大块的蒸汽泡从壁面上脱离逸去。

汽泡的生长是一个非常复杂的过程，但是可以对其物理过程给出一个简单的定性解释。当热量从液体向液-汽界面传导时，汽泡就在生长。此时，在界面上发生了汽化，从而使总的蒸汽体积增加。假定液体的压力保持为常数，那么在这样的情况下，按照公式(7-37)的要求，汽泡内的压力将要降低。如果汽泡静止在液体中的某一位置上，那么由于汽泡内的压力降低，蒸汽的温度也将要随之下降，而液体和蒸汽的温差将要增加。然后，汽泡多半要脱离加热面而上升，并且汽泡越是远离加热面，液体的温度就越低。一旦汽泡进入了液体温度低于蒸汽温度的区域，热量就要向外传导，汽泡就要崩溃。因此，在液体中的某些位置上，汽泡的生长过程将达到平衡状态。如果液体是充分过热的，汽泡也可能在消失之前就达到了液面。

关于汽泡在加热表面上最初究竟是怎样形成的这个问题，目前还有相当多的争论。表面状况包括粗糙度和材料的种类，在汽泡的形成和生长中都可能起着关键的作用，这仍然是一个有待研究的课题。

7.3.2 池内沸腾关系式

7.3.2.1 核态池内沸腾

为分析核态沸腾，需要预测表面上成核点的数目以及各成核点上气泡的生成速率。虽然已经对与这种沸腾状态相关的机理进行了广泛研究，但还没有建立完整且可靠的数学模型。亚马加塔(Yamagata)等最先说明了成核点对传热速率的影响，并证明了 q_s'' 约正比于 Δt_e^3。最好是能得到反映表面热流密度与过余温度之间的这种关系的表达式。

在前文图 7-7 中，Ⅰ ~ Ⅱ区域内，大部分换热是从热的表面向液体直接传递的。因此，这个区域中的沸腾现象可以看作液相受迫对流的一种形式，其中流体的运动是由上升气泡引起的。液相受迫对流关系式通常具有以下形式：

$$\overline{Nu}_l = c_{fc}\, Re_l^{m_{ft}}\, Pr^{n_{fc}} \tag{7-38}$$

假如可以确定其中努塞尔数和雷诺数的长度尺度和特征速度，则式(7-38)可为建立池内沸腾数据的关系提供思路。式(7-38)中常数的下标 fc 用于提醒它们适用于受迫对流表达式，对于复杂流动，要用实验确定这些常数。假定上升气泡使流体产生混合，那么对相对较大的加热表面，合适的长度尺度是气泡直径 D_b。可通过浮力(促使气泡脱离，与 D_b^3 成比例)与表面张力(使气泡附着在表面上，与 D_b 成比例)之间的平衡确定气泡从热表面上脱离时的直径，由此获得表达式：

$$D_b = \sqrt{\frac{\sigma}{g(\rho_1 - \rho_v)}} \tag{7-39}$$

比例常数与液体、蒸气以及固体表面之间的接触角有关；接触角与所讨论的具体的液体和固体表面有关；下标 1 和 v 分别表示饱和液体和蒸气状态，$\sigma(N/m)$ 为表面张力。

用液体填充分离气泡所穿行的距离(与 D_b 成比例)除以气泡脱离的时间 t_b 可以求得液体振荡的特征速度。时间 t_b 等于形成气泡所需的能量(与 D_b^3 成比例)除以热量传给固-气接触面积上的速率(与 D_b^2 成比例)，由此：

$$V \propto \frac{D_b}{t_b} \propto \frac{D_b}{\left(\dfrac{\rho_1 h_{fg} D_b^3}{q_s'' D_b^2}\right)} \propto \frac{q_w''}{\rho_1 h_{fg}} \tag{7-40}$$

把式(7-39)和式(7-40)代入式(7-38)，将比例常数归入常数 C_{fc}，并将所得的关于 h 的表达式代入式(7-35)，可得下面的表达式，其中常数 C_{ft} 和 n 是新引入的，式(7-38)中的指数 m_{ft} 的值由实验确定为 2/3。

$$q_s'' = \mu_1 h_{fg} \left[\frac{g(\rho_1 - \rho_v)}{\sigma}\right]^{1/2} \left(\frac{c_{p,1}\,\Delta t_c}{c_{s,f} h_{fg}\, Pr_1^n}\right)^3 \tag{7-41}$$

式(7-41)由罗森纳(Rohsenow)建立，是第一个且广泛应用于核态沸腾的关系式。系数 $c_{s,f}$ 和指数 n 与表面-流体组合有关，在表 7-1 中给出了其典型的实验值。

表 7-1　不同表面-流体组合的 $c_{s,f}$ 值

表面-流体组合	$c_{s,f}$	n	表面-流体组合	$c_{s,f}$	n
水-紫铜			水-镍	0.006	1.0
有划痕的表面	0.0068	1.0	水-铂	0.0130	1.0
抛光的表面	0.0128	1.0	正戊烷-紫铜		

表面–流体组合	$c_{s,f}$	n	表面–流体组合	$c_{s,f}$	n
水–不锈钢			抛光的表面	0.0154	1.7
化学侵蚀的表面	0.0133	1.0	磨平的表面	0.0049	1.7
机械抛光的表面	0.0132	1.0	苯–铬	0.0101	1.7
打磨并抛光的表面	0.0080	1.0	乙醇–铬	0.0027	1.7
水–黄铜	0.0060	1.0			

如果根据基于任意长度尺度 L 的努塞尔数重新整理式（7-41），其形式将为 $Nu_l \propto Ja^2 Pr^{1-3n} Bo^{1/2}$，其中除了 ρ_v 外，所有的物性都是液体的。与式（7-3）比较，只有第一个无量纲参数没有出现。如果努塞尔数是基于式（7-39）给出的特征气泡直径定义的，表达式可简化为 $Nu_l \propto Ja^2 Pr^{1-3n}$。

罗森纳（Rohsenow）关系式只适用于洁净表面，用它计算热流密度时，误差可达 $\pm100\%$。但是，由于 $\Delta t_c \propto (q_s'')^{1/3}$，在使用这个式子由已知的 q_s'' 计算时误差可减至 $1/3$。此外，由于 $q_w'' \propto h_{fg}^{-2}$，且随着饱和压力（温度）的增高而减小，因此，在对液体加压时会增大核态沸腾的热流密度。

7.3.2.2 核态池内沸腾的临界热流密度

临界热流密度（$q_{s,c}'' = q_{max}''$）是沸腾曲线上一个重要的临界点。实际中，当然希望沸腾过程在接近这个临界点处进行，但散热速率大于这个值会带来危险。库塔捷拉泽（Kutateladze）和朱伯（Zuber）分别通过量纲分析和流体力学稳定性分析获得了以下形式的表达式：

$$q_{max}'' = C h_{fg} \rho_v \left[\frac{a g (\rho_l - \rho_v)}{\rho_v^2} \right]^{1/4} \tag{7-42}$$

作为初步近似，临界热流密度与表面材料无关，但通过常数 C 与表面几何形状有些关系。对于大的水平圆柱体、球以及很多有限大的热表面，取 $C = \pi/24 \approx 0.131$（朱伯常数）时与实验数据的吻合度在 16% 以内。对于大的水平平板，取 $C = 0.149$ 时与实验数据吻合得更好。式（7-42）中的物性用饱和温度取值。式（7-42）适用于热表面的特征长度 l 相对于气泡直径 D_b 较大的情况。但是，在加热器较小时，例如 $Co = \sqrt{\sigma / (g[\rho_l - \rho_v])}/l = Bo^{-1/2} > 0.2$ 左右时，必须采用加热器的小尺寸的修正因子。

值得注意的是，临界热流密度对压力有很强的依赖，这主要是通过表面张力和汽化热对压力的依赖性产生的。已有实验证明，峰值热流密度随压力而增大，直到压力为临界压力的 $1/3$ 时开始减少，在临界压力处减为零。

7.3.2.3 热流密度的极小值

过度沸腾状态没有什么实际意义，因为只能通过控制加热器的表面温度来获得这种状态。尽管还没有建立适用于这种状态的完善理论，但已知这种状态的特征为流体与热的表面之间周期性的不稳定接触。然而，这个状态的上限是令人感兴趣的，因为它与形成稳定的蒸气层或膜以及热流密度极小值的条件相对应。如果热流密度降至这个极小值以下，蒸气膜就会破裂，使表面冷却和重建核态沸腾。

朱伯（Zuber）利用稳定性理论推导出下面的可用于计算大的水平板上极小热流密度（$q_{s,D}'' = q_{min}''$）的表达式：

$$q_{min}'' = C \rho_v h_{fg} \left[\frac{g \sigma (\rho_l - \rho_v)}{(\rho_l + \rho_v)^2} \right]^{3/4} \tag{7-43}$$

其中的物性用饱和温度取值。贝仁森（Berenson）通过实验确定了其中的常数 $C = 0.09$，这个结果在用于很多处于中等压力下的流体时误差约为 50%，但在较高的压力下误差很大。对水平圆柱的实验亦得到了类似的结果。

7.3.2.4 膜态池内沸腾

在过余温度超过 a 点后，表面被连续的蒸气膜覆盖，液相与表面之间不存在接触。由于稳定蒸气膜中的状态与层流膜状凝结中的非常相似，因此习惯上基于通过凝结理论获得的结果来建立膜态沸腾关系式。一个适用于直径为 D 的圆柱或圆球上膜态沸腾的这种关系式的形式为：

$$\overline{Nu}_D = \frac{\overline{h}_{conv} D}{\lambda_v} = C \left[\frac{g(\rho_1 - \rho_v) h'_{fg} D^3}{v_v \lambda_v (t_s - t_{sat})} \right]^{1/4} \tag{7-44}$$

关系式中的常数 C 对于水平圆柱为 0.62，对于圆球则为 0.67。修正的潜热 h'_{fg} 中涉及了使蒸气层中的温度高于饱和温度所需的显热。虽然修正的潜热可近似为 $h'_{fg} = h_{fg} + 0.80 c_{p,v}(t_s - t_{sat})$，但已知它与蒸气的普朗特数之间稍微有些关系。蒸气的物性要用膜温 $(t_s + t_{sat})/2$ 取值，而液体的密度则要用饱和温度取值。

在表面温度较高的情况（$t_s \geq 300℃$）下，穿过蒸气膜的辐射传热变得重要起来。由于辐射起着增大蒸气膜厚度的作用，因此假定辐射和对流过程可以简单相加是不合理的。布朗利（Bromley）对水平管外表面上的膜态沸腾进行了研究，并建议采用以下形式的超越方程计算总的换热系数：

$$\overline{h}^{4/3} = \overline{h}_{conv}^{4/3} + \overline{h}_{rad} \overline{h}^{1/3} \tag{7-45}$$

如果 $\overline{h}_{rad} < \overline{h}_{conv}$，可采用较为简单的形式：

$$\overline{h} = \overline{h}_{conv} + \frac{3}{4} \overline{h}_{rad} \tag{7-46}$$

有效辐射系数 $\overline{h}_{rad}$ 的表达式为：

$$\overline{h}_{rad} = \frac{\varepsilon \sigma (t_s^4 - t_{sat}^4)}{t_s - t_{sat}} \tag{7-47}$$

式中，ε 是固体的发射率；σ 是斯蒂芬-波尔兹曼常数。注意，膜态沸腾与膜状凝结之间的类比不适用于大曲率的小表面。这是因为两种过程的蒸气膜和液膜的厚度之间的差别过大，尽管已对有限的一些情况获得了令人满意的计算结果，但这种类比能否用于垂直表面还是值得怀疑的。

7.3.2.5 参数对池内沸腾的影响

此部分简要讨论影响池内沸腾的其他参数，主要为重力场、液体过冷以及固体表面状态。

在涉及宇宙飞行和旋转机械的应用中必须考虑重力场对沸腾的影响。从前面的表达式中出现的重力加速度可明显看出这种影响。西格尔（Siegel）在其有关低重力效应的综述中确认，式(7-42)~式(7-44)（分别适用于极大和极小热流密度以及膜态沸腾）中随 $g^{1/4}$ 的变化关系在 g 值低至 $0.10 m/s^2$ 的情况下都是正确的。但有证据指出，核态沸腾的热流密度几乎与重力无关。这与式(7-41)中随 $g^{1/2}$ 的变化关系相悖。大于常值的重力具有相似的影响。虽然在 a 附近重力能够影响气泡引发的对流。

如果池内沸腾系统中液体的温度低于饱和温度，可称该液体为过冷的，有 $\Delta T_{turb} = 7$。在自然对流状态中，热流密度通常随 $t_s - t$ 或 $\Delta t_s + \Delta t_{turb}$ 而增大。与此不同，在核态沸腾中，虽然已经知道极大和极小热流密度(q''_{max} 和 q''_{min})随着 ΔT_{turb} 线性增大，但认为过冷的影响可以忽略。在膜态沸腾中，热流密度随着 ΔT_{turb} 的增大而急剧增大。

表面粗糙度(由切削、切槽、刻痕或喷沙造成的)对极大和极小热流密度以及膜态沸腾的影响可以忽略。但是，正如贝仁森(Beresen)所证明的，增大表面粗糙度可使核态沸腾状态的热流密度有很大的增加。如图 7-10 所示，粗糙表面拥有大量可捕获蒸气的洞穴，它们为气泡的生长提供了更多和更大的成核场所。因此粗糙表面上的成核点密度要比光滑表面的大得多。但是，在长期沸腾的情况下，表面粗糙度的影响通常会减小。这表明通过粗糙化加工产生的那些新的、大的成核点不是稳定的蒸气捕获源。

(a)没有捕获　　(b)已捕获　　　　(c)粗糙表面的剖面放大图
蒸气的湿腔体　蒸气的凹腔

图 7-10　成核点的形成

可在市场上买到经过特殊处理的表面，它们能稳定地强化核态沸腾，韦伯(Webb)对这种表面进行了综述。强化表面有两种类型：①通过烧结、钎焊、火焰喷涂、电沉积或发泡等手段在表面上形成空隙率非常高的涂层；②通过机械加工或成型在表面上形成双凹腔洞穴，以保证连续捕获蒸气(见图 7-11)。这些表面可在成核点上提供连续的蒸气补充，使得传热增强一个数量级以上。柏格雷斯(Bergles)还对诸如表面擦拭-旋转、表面振动、流体振动以及静电场等主动增强技术作了综述。但是，由于这类技术使得沸腾系统变得复杂，而且在很多情况下会降低可靠性，因此它们几乎没有得到实际应用。

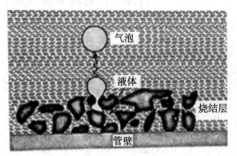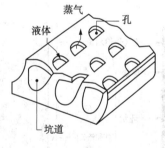

(a)烧结金属涂层　　　　　　　　(b)机械加工成型的双凹腔洞穴

图 7-11　用于增强核态沸腾的典型结构强化表面

7.3.3　管内对流沸腾

在池内沸腾中，流体的流动主要是由热表面上产生的气泡在浮力驱动下的运动引起的。与此不同，在受迫对流沸腾中，流动产生于流体的定向(整体)运动以及浮力作用。流动状态在很大程度上取决于几何条件，如热的平板和圆柱上的外部流动或内部(管道)流动。内部受迫对流沸腾通常称为两相流，其特征为液体在流动方向上迅速转变为蒸气。

7.3.3.1 外部受迫对流沸腾

对于热平板上的外部流动，在沸腾发生之前，都可用标准的受迫对流关系式计算热流密度。随着热平板温度的提高，将会发生核态沸腾，使得热流密度增大。在蒸气产生的规模不大且液体过冷的情况下，柏格雷斯(Bergles)和罗森纳(Rohsenow)建议，可以根据与纯受迫对流及池内沸腾相关的热流密度分量来计算总的热流密度。

受迫对流和过冷都会增大核态沸腾的临界热流密度 q''_{max}。有文献报道了高达 $35MW/m^2$ 的实验值(作为比较，水在 1atm 下进行池内沸腾时的临界热流密度为 $1.3MW/m^2$)。对于流体以速度 v 横向流过直径为 D 的圆柱的情况，雷哈德(Lienhard)和艾切霍恩(Eichhorn)建立了下列适用于低速和高速流动的表达式，其中的物性用饱和温度取值。

低速

$$\frac{q''_{max}}{\rho_v h_{fg} V} = \frac{1}{\pi}\left[1 + \left(\frac{4}{W_{e_D}}\right)^{1/3}\right] \tag{7-48}$$

高速

$$\frac{q''_{max}}{\rho_v h_{fg} V} = \frac{(\rho_l/\rho_v)^{3/4}}{169\pi} + \frac{(\rho_l/\rho_v)^{1/2}}{19.2\pi W_{e_D}^{1/3}} \tag{7-49}$$

韦伯数 W_{e_D} 是惯性力与表面张力之比，其形式为

$$W_{e_D} = \frac{\rho_v V^2 D}{\sigma} \tag{7-50}$$

可分别根据热流密度参数 $q''_{max}/(\rho_v h_{fg} V)$ 是小于还是大于 $[(0.275/\pi)(\rho_l/\rho_v)^{1/2}+1]$ 来确定高速和低速区。在大多数情况下，用式(7-48)和式(7-49)整理 q''_{max} 结果的关系，误差在 20%以内。

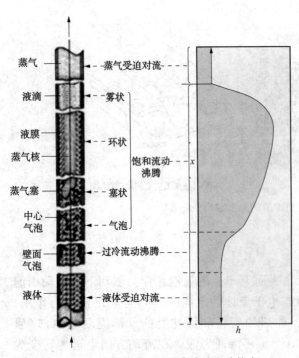

图 7-12 管内受迫对流沸腾的流动状态

7.3.3.2 两相流动

内部受迫对流沸腾与其中有液体流过的热管道内表面上气泡的形成有关。在这种情况下，流动速度对气泡的生长和分离有强烈影响，且其中流体力学的作用与池内沸腾中的有显著差别。该过程中存在多种两相流动状态。

考虑图7-12中具有等表面热流密度的垂直管中流动的发展。最初是通过单相受迫对流对进入管子的过冷液体传热，可以采用前文中的关系式进行计算。随着沿管距离的增加，壁面温度会超过液体的饱和温度，蒸发在过冷流动沸腾区域开始发生。这个区域的特征为显著的径向温度梯度，气泡在热壁面附近形成，过冷液体在管子中心流动。气泡区域的厚度沿流向逐渐增大，最终液体核心达到流体的饱和温度，此时气泡可在任意径向位置处存在，

并且在任意径向位置处蒸气在流体中的时均质量分数 X 都大于零。这标志着饱和流动沸腾区域的开始。在饱和流动沸腾区域，按下式定义的平均蒸气质量分数是增加的。而且由于气液两相之间密度差很大，流体的平均速度 u_m 会显著增大。

$$\overline{X} \equiv \frac{\int_{A_c} \rho u(r, x) X \mathrm{d} A_c}{\dot{m}} \tag{7-51}$$

饱和流动沸腾区域的第一个阶段为气泡流动状态。随着 $\overline{X}$ 的进一步增大，孤立气泡会聚合起来形成蒸气塞。塞状流动状态之后为环状流动状态，此时液体形成了一层膜。这层膜沿着内表面运动，而蒸气则以较大的速度在管子中心运动。在内表面上最终会出现干斑，在过渡状态中干斑的尺寸逐渐增加。最终，整个管表面全部变干，在雾状流动状态中所有的剩余液体均以液滴的形式在管子中心高速运动。在所有液滴都汽化后，在第二个单相受迫对流区域中流体由过热蒸气构成。蒸气比例沿管长的增大以及液气两相之间显著的密度差，使得流体的平均速度在第一和第二个单相受迫对流区域之间提高了几个数量级。

沿管长 x，随着 $\overline{X}$ 和 u_m 分别减少和增大，局部换热系数有显著变化。一般情况下，换热系数在过冷流动沸腾区域可以增大约一个数量级。换热系数在饱和流动沸腾区域的初段会进一步增大。在深入饱和流动沸腾区域后情况变得更为复杂，这是因为由式(7-35)定义的对流系数随着 $\overline{X}$ 的增大既可能增大也可能减少，具体情况与流体和管壁材料有关。在典型情况下，最小对流系数出现在第二个(蒸气)受迫对流区域，这是由于相对于液体，蒸气的热导率很小。

下列关系式可用于光滑圆管中饱和流动沸腾区域：

$$\frac{h}{h_{\lambda_p}} = 0.6683 \left(\frac{\rho_1}{\rho_v}\right)^{0.1} \overline{X}^{0.16} (1-\overline{X})^{0.64} f(Fr) + 1058 \left(\frac{q''_w}{\dot{m}'' h_{fg}}\right)^{0.7} (1-\overline{X})^{0.8} G_{s,f} \tag{7-52}$$

或

$$\frac{h}{h_{\lambda_p}} = 1.136 \left(\frac{\rho_1}{\rho_v}\right)^{0.45} \overline{X}^{0.72} (1-\overline{X})^{1.06} f(Fr) + 667.2 \left(\frac{q''_s}{\dot{m}'' h_{fg}}\right)^{0.7} (1-\overline{X})^{0.8} G_{s,f} \tag{7-53}$$

$$0 < \overline{X} \leqslant 0.8$$

式中，$\dot{m}'' = \dot{m}/A_c$ 是单位横截面积上的质量流率。在应用式(7-52)和式(7-53)时应该采用较大的换热系数 h。在这个表达式中，液相的弗劳德(Froude)数为 $Fr = (\dot{m}''/\rho_1)^2 / gD$，系数 $G_{s,f}$ 与表面-流体组合有关，其典型值在表7-2中给出。式(7-52)和式(7-53)可应用于水平以及垂直管道，其中的分层参数 $f(Fr)$ 用于涉及在水平管道中可能发生的液相和气相的分层。对于垂直管道和 $Fr \leqslant 0.04$ 的水平管道，其值为1。对于 $Fr \leqslant 0.04$ 的水平管道，$f(Fr) = 2.63 Fr^{0.3}$ 所有的物性都要用饱和温度 t_{sat} 取值。单相对流系数 h_{sp} 与图7-12中的液体受迫对流区域相关，可用式(7-54)求得，其中的物性用 t_{sat} 取值。由于式(7-54)适用于湍流，因此建议不要把式(7-52)和式(7-53)用于液体单相对流为层流的情形。式(7-52)和式(7-53)可用于槽道尺寸相对于气泡直径较大，即 $Co = \sqrt{\sigma/(g[\rho_t - \rho_v])} D_h \leqslant 1/2$ 的情形。

$$Nu_D = \frac{(f/8)(Re_D - 1000)Pr}{1 + 12.7(f/8)^{1/2}(Pr^{2/3} - 1)} \tag{7-54}$$

为使用式(7-52)和式(7-53)，必须知道平均蒸气质量分数 $\overline{X}$。在可以忽略流体的动能和势能的变化以及流动功的情况下，重新整理稳定流动能量方程可得

$$\overline{X}(x) = \frac{q_s'' \pi D x}{\dot{m} h_{fg}} \qquad (7-55)$$

式中，x 坐标的原点 $x=0$ 对应于 $\overline{X}$ 开始大于零的轴向位置，焓 $u_i + pv$ 的变化等于 $\overline{X}$ 的变化乘以蒸发焓 h_{fg}。

表 7-2　不同的表面-流体组合的 G 值

商用紫铜管中的流体	$G_{s,f}$
煤油	0.488
制冷剂 R-134a	1.63
制冷剂 R-152a	1.10
水	1.00

注：对于不锈钢管，采用 $G_{s,f}=1$

7.3.3.3　微槽道中的两相流动

微槽道两相流动是指水力直径处于 $10\sim1000\mu m$ 范围内的圆形或非圆形管道内液体的受迫对流沸腾，它可产生极高的传热速率。在这些情形下，气泡的特征尺寸可占管道直径的相当比例，Co 可以变得非常大，因此会存在不同类型的流动状态，包括气泡几乎完全占据热管道的情况。这可导致对流系数 h 急剧增大，对应于图 7-12 中的峰值。随后，h 随着 x 的增大而降低。如图 7-12 所示，式(7-52)和式(7-53)不能够正确预测换热系数的值，甚至不能正确预测微槽道流动沸腾的趋势，因此必须建立更为复杂的模型。

7.3.4　沸腾传热的影响因素

沸腾传热是已学习过的对流传热现象中影响因素最多、最复杂的传热过程，实验关联式与所依据的试验数据间的离散度和不同关联式间的分歧也最为严重。本节主要讨论影响沸腾传热的主要因素及强化沸腾传热的机理与技术。

7.3.4.1　沸腾传热的影响因素

(1)不凝结气体。与膜状凝结不同，溶解于液体中的不凝结气体会使沸腾传热得到某种强化。这是因为，随着工作液体温度的升高，不凝结气体会从液体中逸出，使壁面附近的微小凹坑得以活化，成为汽泡的胚芽，从而使 $q\sim\Delta t$ 沸腾曲线向着 Δt 减小的方向移动，即在相同的 Δt 下产生更高的热流密度，强化了传热。但对处于稳定运行下的沸腾传热设备来说，除非不断地向工作液体注入不凝结气体，否则它们一经逸出也就起不到强化作用了。

(2)过冷度。如果在池内沸腾中流体主要部分的温度低于相应压力下的饱和温度，则这种沸腾称为过冷沸腾(subcooling boiling)。对于池内沸腾，除了在核态沸腾起始点附近区域外，过冷度对沸腾传热的强度并无影响。在核态沸腾起始段，自然对流的机理还占相当大的比例，而自然对流时 $h\sim\Delta t^{1/4}$，即 $t\sim(t_w-t_f)^{1/4}$，因而过冷会使该区域的传热有所增强。

(3)液位高度。在池内沸腾中，当传热表面上的液位足够高时，沸腾传热表面传热系数与液位高度无关，本章以前介绍的计算式都属于这种形式。但当液位降低到一定值时，沸腾

150

传热的表面传热系数会明显地随液位的降低而升高，这一特定的液位值称为临界液位。对于常压下的水，其值约为5mm。低液位沸腾在热管及电子器件冷却中有所应用。

(4)重力加速度。随着航空航天技术的发展，超重力及微重力情况下的传热规律的研究近几十年中得到很大的发展。现有的研究成果表明，在重力加速度很大的变化范围内重力场几乎对核态沸腾的传热规律没有影响(从重力加速度为 0.10m/s 一直到 100×9.8m/s)。但重力加速度对液体自然对流则有显著的影响〔自然对流随加速度的增加而强化)。在零重力场(或接近于零重力场)的情况下，沸腾传热的规律还研究得不够。

(5)管内沸腾。液体在管内发生强制对流沸腾时，由于产生的蒸气混入液流，出现多种不同形式的两相流结构，传热机理亦很复杂。作为举例，图 7-13 给出了一根均匀加热的竖管内液体沸腾可能出现的流动类型及传热类型。流入管内的未饱和液体被管壁加热，到达一定地点时壁面上开始产生汽泡。此时液体主流尚未达到饱和温度，处于过冷状态，这时的沸腾为过冷沸腾。继续加热而使液流达到饱和温度时，即进入饱和核态沸腾区。饱和核态沸腾区经历着泡状流和块状流(汽泡汇合成块，亦称弹状流)。含气量增长到一定程度，大气块进一步合并，在管中心形成气芯，把液体排挤到壁面，呈环状液膜，称为环状流。此时传热进入液膜对流沸腾区。环状液膜受热蒸发，逐渐减薄，最终液膜消失，湿蒸气直接与壁面接触。液膜的消失称为蒸干。此时，由于传热恶化，会使壁温猛升，造成对安全的威胁。对湿蒸气流继续加热，使工质最后进入干蒸气单相传热区。横管内沸腾时，重力场对两相结构有影响而出现新的特点，所以管的位置是影响管内沸腾的因素之一。在管内沸腾中，最主要的影响参数是含气量(即蒸气干度)、质量流速和压力。

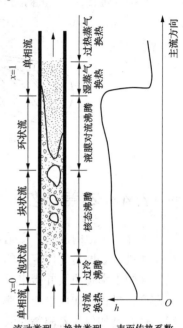

图 7-13　竖直管内沸腾示意图

7.3.4.2　强化沸腾传热的原则和技术

无论池内沸腾还是管内沸腾，在加热面上产生汽泡是其共同的特点，也是使对流传热比无相变的传热强烈的最基本原因。因此，强化沸腾传热的基本原则是尽量增加加热面上的产生汽泡的点(即汽化核心)。根据前面的分析，加热面上的微小凹坑最容易成为汽化核心，近几十年来强化沸腾传热表面的开发主要是按照这一思想进行的。下面分池内沸腾和管内沸腾予以简要介绍。

(1)强化池内沸腾的表面结构。工业界已经开发出两类增加表面凹坑的方法：用烧结、钎焊、火焰喷涂、电离沉积等物理与化学的方法在传热表面上造成一层多孔结构；采用机械加工方法在传热管表面上造成多孔结构。

图 7-14 中给出了几种典型的结构。这种强化表面的传热强度与光滑管相比，常常要高一个数量级，已经在制冷、化工等部门得到广泛应用。

(2)强化管内沸腾的表面结构。为了防止管内沸腾蒸干区域管壁温度的急剧升高，电站锅炉中广泛采用图 7-15 所示的内螺纹钢管，肋片的高度在 1mm 左右。图中所示的微肋管也广泛应用于制冷剂的管内沸腾传热。

151

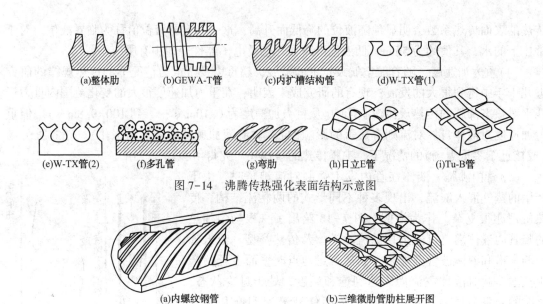

（a)整体肋　　(b)GEWA-T管　　(c)内扩槽结构管　　(d)W-TX管(1)

（e)W-TX管(2)　　(f)多孔管　　(g)弯肋　　(h)日立E管　　(i)Tu-B管

图 7-14　沸腾传热强化表面结构示意图

（a)内螺纹钢管　　　　　　(b)三维微肋管肋柱展开图

图 7-15　内螺纹管与三维微肋管示意图

7.4　本章小结

- 什么是池内沸腾、受迫对流沸腾、过冷沸腾、饱和沸腾？
- 过余温度是如何定义的？
- 画出沸腾曲线并指出重要的状态和特征。什么是临界热流密度？如果控制的是表面热流密度，过程是如何沿着沸腾曲线发展的？滞后效应的本质是什么？如果控制的是表面温度，过程是如何沿着沸腾曲线发展的？
- 在核态沸腾区中热流密度如何随过余温度变化？
- 在膜态沸腾中有哪些传热模式？
- 液体过冷度是如何定义的？
- 重力场、液体过冷以及表面粗糙度对沸腾热流密度的影响程度有多大？
- 微槽道中的两相流动和传热与较大管道中的两相流动和传热有什么区别？
- 珠状凝结与膜状凝结有什么区别？哪一种凝结模式具有较大的传热速率？
- 对于垂直表面上的层流膜状凝结，局部和平均对流系数是如何随着离开前缘的距离而变化的？
- 垂直表面上膜状凝结的雷诺数是如何定义的？有哪些相应的流动状态？

参 考 文 献

[1]杨世铭，陶文铨．传热学[M]．3 版．北京：高等教育出版社，2006.

[2]弗兰克 P. 英克鲁佩勒，大卫 P. 德维特等著．传热和传质基本原理．葛新石，叶弘译．[M]．6 版．北京：化学工业出版社，2014.

[3]J. P. 霍尔曼．传热学[M]．9 版．北京：机械工业出版社，2008.

[4]W. M. Kays，M. E. Crawford，B. Weigand 著．赵振南译．对流传热与传质[M]．4 版．北京：高等教育出版社，2007.

[5]张靖周．高等传热学[M]．2 版．北京：科学出版社，2015.

第8章　热辐射基本定律和辐射特性

辐射传热是热能传递的三种基本方式之一，在国防和民用高新领域得到广泛的应用。在许多涉及高温或真空条件下的工程应用中，辐射换热是整个换热过程中的主要传热方式。例如，常用工业炉窑内的火焰传热过程中，辐射换热约占90%以上；航天飞行器与外太空之间的传热只存在辐射换热。近几十年来，涉及辐射换热的研究呈现出以下几个特点：

第一，应用领域更加宽广。除能源、化工、材料、机械制造、建筑等传统工业外，还进入了生物工程、信息、航空航天、军事等工业和技术领域。例如，在能源领域内，工业炉以及燃烧室的传热分析计算、太阳能的利用等；在材料领域内，玻璃熔炉、半导体单晶炉、红外加热过程中的复合换热，纤维材料、多孔材料、光纤涂层内的复合换热等；在生物工程领域内，生物组织内的辐射传递；在航空航天领域中，航天飞行器再入大气层时的高温过程分析、空间光学系统的杂散光分析等。

第二，研究内容不断扩大、深入。辐射换热的研究内容不仅包括表面辐射、粒子辐射、介质辐射、辐射与其他换热方式的耦合传热、热辐射与湍流的相互作用，还包括热辐射反问题、辐射热物性、瞬态辐射换热、浓相粒子群的非独立散射、微纳米尺度辐射换热等。

第三，与其他学科的交叉越来越多。其中，较为突出的是光学，例如，空间光学探测系统的杂散光分析、卫星敏感器遮光罩优化设计、目标与环境的光学特性，其他还有电磁学、量子力学、大气科学、燃烧学、信息科学等。

另外，辐射换热的产生机理与导热、对流有着根本性的不同，导致对它们的描述存在很大差异，这种差异主要表现在以下几个方面：

（1）描述辐射换热过程的能量方程有两个——能量守恒方程和能量传递方程，而在导热和对流过程中这两个方程是一致的，能量方程既是守恒方程又是传输方程。这样导致在辐射换热问题求解中，除了温度、热流等未知求解变量外，还多了一个变量——辐射强度。

（2）导热与对流的能量传递一定要通过物体的直接接触才能进行，而物体间的辐射换热不是这样，物体间可以是真空。通常情况下，导热与对流发生在很小的范围内，即分子发生碰撞的平均自由程附近，其能量平衡关系可以在无限小的体积内应用。而在辐射换热过程中，由于光子的平均自由程范围很大，从 $10 \sim 10\text{m}$（例如，金属内部的吸收）到 1010m，或者更大（例如，太阳光照射地球）。这一特点使得辐射换热系统的温度场不一定像导热与对流换热那样，热源处温度最高，然后逐渐降低，冷源处温度最低，辐射换热时有可能中间温度最低。以太阳与地球间的辐射换热为例，太阳的温度很高，地球的温度较低，而它们之间的大部分空间温度比两者都低。另外，在辐射换热系统中，温度场有时是不连续的，甚至在物体边界上会出现温度的跳跃。

（3）导热、对流传热有非稳态项，而在辐射传热中由于光子的传播速度非常快，通常情况下可忽略非稳态项。

（4）辐射换热中介质的辐射能有强烈的方向性，在某一空间点上各个方向的辐射能可能都不相同，并且辐射能的大小与波长有关。

从上述四点可以看出，辐射换热与导热和对流换热有着本质上的不同。这就决定了辐射换热与导热和对流换热在基本概念、基本定律、计算公式、计算方法和实验设备等诸多方面有很大差别。因而，过去对于导热和对流换热的理论和方法，大部分都不适用于辐射换热，所以辐射换热必须发展适合自己的一套理论和方法。

对于辐射换热研究的问题，从研究方法上看，主要基于三种手段：理论分析、实验研究以及数值计算。由于在工程领域中所涉及的辐射换热问题通常都十分复杂，例如，控制方程的非线性、复杂几何系统、透明和半透明的辐射边界、随时间、空间、波长和方向变化的辐射特性等，几乎不能得到该问题的解析解。因此，通过理论分析来获得工程中辐射换热问题的解析解是非常困难的。实验研究可以获得真实的数据资料，为做出正确的结论提供最可靠的数据支持，但由于辐射换热多涉及高温或真空等特殊环境，进行实验研究需要耗费大量的人力、物力和财力。另一方面，一般情况下，辐射换热都与导热、对流、流动以及化学反应耦合在一起，实验研究获得的多为宏观数据，想要确定由热辐射产生的温度场变化十分困难，相关的报道也较少。随着近年来计算机技术和数值方法的不断发展，辐射换热数值计算作为理论分析、实验研究的有效补充，逐渐显示出其重要的作用。辐射换热数值方法的研究已经逐渐形成一门新的学科，也是计算热辐射学中重要的研究内容。采用数值计算求解和分析参与性介质内辐射换热及辐射与导热、对流的耦合换热也是近年来各国学者的主要研究手段。

对导热与对流传热，我们研究的是由于物体的宏观运动和微观粒子的热运动所造成的能量转移，而在辐射传热中我们所关心的是由于物质的电磁运动所引起的热能传递，由于物质运动形式的差别，研究辐射传热的思路与方法与导热及对流传热有很大的不同。

辐射传热在日常生活、各个工程技术领域以及高新科技中有着重要的应用。在楼宇工程中的辐射散热器、各类加热炉与电站锅炉到航空航天技术中的辐射制冷器中，热辐射都起到重要作用甚至决定性的作用。为便于教学，辐射部分的内容分为两章来展开。本章是基础部分，着重从电磁辐射的观点讨论热辐射过程的基本特性，然后阐述热辐射的三个基本定律。在此基础上研究固体和液体的辐射特征，最后介绍环境（太阳）辐射的一些基本概念。有关物体间辐射传热的计算留待到下一章中讨论。

8.1　热辐射现象的基本概念

8.1.1　热辐射的定义及区别于导热对流的特点

辐射是电磁波传递能量的现象，按照产生电磁波的不同原因可以得到不同频率的电磁波。高频振荡电路产生的无线电波就是一种电磁波，此外还有红外线、可见光、紫外线、X射线及 γ 射线等各种电磁波。由于热的原因而产生的电磁波辐射称为热辐射（thermal radiation，热辐射这一名词有时也指热辐射能的传递过程）。热辐射的电磁波是物体内部微观粒子的热运动状态改变时激发出来的。只要物体的温度高于"绝对零度"（即 0K），物体总是不断地把热能变为辐射能，向外发出热辐射。同时，物体亦不断地吸收周围物体投射到它表面上的热辐射，并把吸收的辐射能重新转变成热能。辐射传热就是指物体之间相互辐射和吸收的总效果。当物体与环境处于热平衡时，其表面上的热辐射仍在不停地进行，但其净的辐射传热量等于零。

8.1.2 从电磁波的角度描述热辐射的特性

8.1.2.1 传播速度与波长、频率间的关系

热辐射具有一般辐射现象的共性。例如，各种电磁波都以光速在空间传播，这是电磁辐射的共性，热辐射亦不例外。电磁波的速率、波长和频率存在如下关系：

$$c = f\lambda \tag{8-1}$$

式中 c——电磁波的传播速率，在真空中 $c = 3 \times 10^8 \text{m/s}$，在大气中传播速率略低于此值；

    f——频率，s^{-1}；

    λ——波长，单位为 m，常用单位为 μm（微米），$1\mu\text{m} = 10^{-6}\text{m}$。

8.1.2.2 电磁波的波谱

电磁波的波长包括从零到无穷大的范围，整个波谱（spectrum）范围内的电磁波命名示于图 8-1 中。从理论上说，物体热辐射的电磁波波长可以包括整个波谱，即波长从零到无穷大。然而，在工业所遇到的温度范围内，即 2000K 以下，有实际意义的热辐射波长位于 $0.8 \sim 100\mu\text{m}$ 之间，且大部分能量位于红外线区段的 $0.76 \sim 20\mu\text{m}$ 范围内，而在可见光区段，即波长为 $0.38 \sim 0.76\mu\text{m}$ 的区段，热辐射能量的比重不大。显然，当热辐射的波长大于 $0.76\mu\text{m}$ 时，人们的眼睛将看不见。如果把温度范围扩大到太阳辐射，情况就会有变化。太阳是温度约为 5800K 的热源，其温度比一般工业上遇到的温度高出很多。太阳辐射的主要能量集中在 $0.2 \sim 2\mu\text{m}$ 的波长范围，其中可见光区段占有很大比重。因此如果把太阳辐射包括在内，热辐射的波长区段可放宽为 $0.1 \sim 100\mu\text{m}$，如图 8-1 所示。

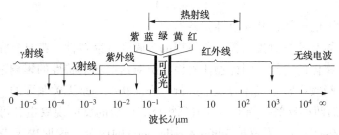

图 8-1 电磁波的波谱

各种波长的电磁波在生产、科研与日常生活中有着广泛的应用。现以电磁波谱中位于可见光右侧的电磁波为例来说明。先看红外辐射（infrared radiation），它又有近红外与远红外之分，大体上以 $25\mu\text{m}$ 以下的称为近红外线，$25\mu\text{m}$ 以上的为远红外线。20 世纪 70 年代初发展起来的远红外加热技术，就是利用远红外元件发射出的以远红外线为主的电磁波对物料进行穿透塑料、玻璃及陶瓷制品，但却会被像水那样具有极性分子的物体吸收，在物体内部产生内热源，从而使物体能比较均匀地得到加热。各类食品的主要成分是水，因而微波加热食物是一种比较理想的加热手段，微波炉就是利用这一原理来加热的。波长大于 1m 的电磁波则被广泛应用于无线电技术中。本章下面所讨论的内容专指由于热的原因而产生的波长主要位于 $0.1 \sim 100\mu\text{m}$ 之间的电磁辐射，常称为热射线，因为这一波长区段内电磁波最容易被物体吸引并转化为热能。

8.1.2.3 物体表面对电磁波的作用

（1）吸收比、反射比与穿透比之间的关系。当热辐射的能量投射到物体表面上时，和可见光一样，也发生吸收、反射和穿透现象。参看图 8-2，在外界投射到物体表面上的总能量

Q 中，一部分 Q_α 被物体吸收，另一部分 Q_ρ 被物体反射，其余部分 Q_τ 穿透过物体。按照能量守恒定律有：

$$Q = Q_\alpha + Q_\rho + Q_\tau$$

或

$$\frac{Q_\alpha}{Q} + \frac{Q_\rho}{Q} + \frac{Q_\tau}{Q} = 1$$

其中三部分能量的分额 Q_α/Q、Q_ρ/Q、Q_τ/Q 分别称为该物体对投入辐射的吸收比（absorbtivity）、反射比（reflectivity）和穿透比（transmissivity）（习惯上一般称为吸收率、反射率及穿透率，本书按国际 GB 3102.3-93 中的规定命名），记为 α、ρ、τ。于是有：

$$\alpha+\rho+\tau = 1 \tag{8-2}$$

当辐射能进入固体或液体表面后，在一个极短的距离内就被吸收完了。对于金属导体，这一距离只有 $1\mu m$ 的数量级；对于大多数非导电体材料，这一距离亦小于 1mm. 实用工程材料的厚度一般都大于这个数值，因此可以认为固体和液体不允许热辐射穿透，即 $\tau=0$。于是，对于固体和液体，式(8-2)简化为：

$$\alpha+\rho = 1 \tag{8-3}$$

因而就固体和液体而言，吸收能力大的物体其反射本领就小。反之，吸收能力小的物体其反射本领就大。

辐射能投射到气体上时，情况与投射到固体或液体上不同。气体对辐射能几乎没有反射能力，可认为反射比 $\rho=0$，而式(8-2)就简化成：

$$\alpha+\tau = 1 \tag{8-4}$$

显然，吸收性大的气体，其穿透性就差。

据上所述，固体和液体对投入辐射所呈现的吸收和反射特性，都具有在物体表面上进行的特点，而不涉及物体的内部。因此物体表面状况对这些辐射特性的影响是至关重要的。而对于气体，辐射和吸收在整个气体容积中进行，表面状况则是无关紧要的。

（2）固体表面的两种反射。辐射能投射到物体表面后的反射现象也和可见光一样，有镜面反射（specular reflection）和漫反射（diffuse reflection）的区分，这取决于表面不平整度尺寸的大小，即表面的粗糙程度。这里所指的粗糙程度是相对于热辐射的波长而言的。当表面的不平整度尺寸小于投入辐射的波长时，形成镜面反射，此时入射角等于反射角（图 8-3）。高度磨光的金属板就是镜面反射的实例。当表面的不平整尺寸大于投入辐射的波长时，形成漫反射。这时从某一方向投射到物体表面上的辐射向空间各个方向反射出去，如图 8-4 所示。一般工程材料的表面都形成漫反射。

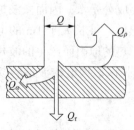

图 8-2　物体对热辐射的
吸收反射和穿透

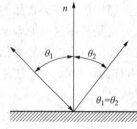

图 8-3　镜面反射

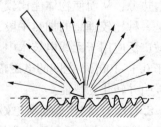

图 8-4　漫反射

8.1.3　黑体模型及其重要性

自然界不同物体的吸收比 α、反射比 ρ 和穿透比 τ 因具体条件不同而千差万别，给热辐射的研究带来很大困难。为了方便起见，从理想物体入手进行研究，可理出一个处理复杂问题的头绪来。我们把吸收比 $\alpha=1$ 的物体叫做绝对黑体（简称黑体，black body）；把反射比 $\rho=1$ 的物体叫做镜体（当为漫反射时称做绝对白体）；把穿透比 $\tau=1$ 的物体叫做绝对透明体（简称透明体）。显然，黑体、镜体（或白体）和透明体都是假定的理想物体。

尽管在自然界并不存在黑体，但用人工的方法可以制造出十分接近于黑体的模型。黑体的吸收比 $\alpha=1$，这就意味着黑体能够全部吸收各种波长的辐射能。黑体的模型就要具备这一基本特性。选用吸收比较大的材料制造一个空腔，并在空腔壁面上开一个小孔（图 8-5 原则性地表示了这样一个开小孔的空腔），再设法使空腔壁面保持均匀的温度，这时空腔上的小孔就具有黑体辐射的特性。这种带有小孔的温度均匀的空腔就是一个黑体模型。这是因为当辐射能按照内壁吸收率的份额被减弱一次，最终能离开小孔的能量是微乎其微的，可以认为完全被吸收在空腔内部。所以，就辐射特性而言，小孔具有黑体表面一样的性质。值得指出，制造空腔材料本身的吸收比的大小原则上对黑体模型没有影响。只是在一定的小孔面积与腔体总面积之比下，材料本身的吸收比越大，黑体模型的有效吸收比越

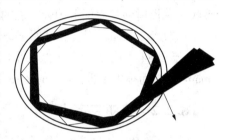

图 8-5　黑体模型

大；小孔面积占空腔内壁总面积的份额越小，小孔的吸收比就越高。对图 8-5 所示球形空腔的黑体模型，若小孔占内壁面积小于 0.6%，当内壁吸收比为 0.6 时，小孔的吸收比可大于 0.996。

应用这种原理建立的黑体模型，在黑体辐射的研究以及实际物体与黑体辐射性能的比较等方面都是非常有用的。要进一步指出，在这样的等温空腔内部，辐射是均匀而且各向同性的，空腔内表面上的辐射（这里指有效辐射，它包括该表面的自身辐射及反射辐射在内），就是同温度下的黑体辐射，不管腔体壁面的自身辐射特性如何。

黑体在热辐射分析中有其特殊的重要性。8.2 节的讨论将表明，在相同温度的物体中，黑体的辐射能力最大。在研究了黑体辐射的基础上我们将把其他物体的辐射和黑体辐射相比较，从中找出其与黑体辐射的偏离，然后确定必要的修正系数。本章下面的讨论将按照这一思路进行。

8.2　黑体热辐射的基本定律

关于黑体热辐射有三个基本定律，它们分别从不同的角度揭示了在一定的温度下单位表面黑体辐射能的多少及其随空间方向与随波长分布的规律。

8.2.1　斯忒藩–玻耳兹曼定律

为了定量地表述单位黑体表面在一定温度下向外界辐射能量的多少，需要引入辐射力的概念，单位时间内单位表面积向其上的半球空间的所有方向辐射出去的全部波长范围内的能量称为辐射力（emissive power，图 8-6），记为 E，其单位为 W/m^2。任意微元表面 dA 都将空

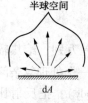

半球空间

图 8-6 半球
空间的图示

间划分为对称的两部分：该表面之上与之下，每一部分都是一个半球空间；微元面 dA 能向其上的半球空间发射辐射能如图 8-6 所示，也能接受来自该半球空间的辐射能。

黑体的辐射力与热力学温度(K)的关系由斯忒藩-玻耳兹曼(Stefan-Boltzmann)定律所规定：

$$E_b = \sigma T^4 = C_o(T/100)^4 \tag{8-5}$$

式中，σ 称为黑体辐射常数，其值为 5.67×10^{-8} W/($m^2 \cdot K^4$)；C_o 称为黑体辐射系数，其值为 5.67 W/($m^2 \cdot K^4$)，下角码 b 表示黑体。

这一定律又称为辐射四次方定律，是热辐射工程计算的基础。四次方定律表明，随着温度的上升，辐射力急剧增加。

J. Stefan(1835-1893)，澳大利亚物理学家。在他之前物理学家 G. R. Kirchhoff 已经把能吸收所有投射到其表面上的辐射能的理想物体称为绝对黑体(perfect black body)。

1879 年，Stefan 用实验证明了黑体的辐射正比与其绝对温度的四次方。物理学家 Boltzmann 于 1884 年从热力学角度证明了黑体辐射的四次方定律。以后这一定律就以 Stefan-Boltzmann 定律而称著于世。Stefan 还在北极冰块的形成这个非线性导热问题上作出了贡献。

8.2.2 普朗克定律

普朗克(Planck)定律解释了黑体辐射能按波长分布的规律。为了进行定量的描述还需要引入光谱辐射力的概念。

8.2.2.1 光谱辐射力

单位时间内单位表面积向其上的半球空间的所有方向辐射出去的包含波长 λ 在内的单位波长内的能量称为光谱辐射力(spectral emissive power)，记为 $E_{M.}$，单位为 W/($m^2 \cdot m$) 或 W/($m^2 \cdot \mu m$)。注意这里分母中的 m 表示了单位波长的宽度，由于 m 这个单位对于热辐射的波长宽度而言太大，因而常采用 μm 来代替。

8.2.2.2 普朗克定律

黑体的光谱辐射力随波长的变化由以下的普朗克定律所描述：

$$E_{b\lambda} = \frac{C_1 \lambda^{-5}}{e^{C_2/(\lambda T)} - 1} \tag{8-6}$$

式中　$E_{b\lambda}$——黑体光谱辐射力，W/m^3；

　　　λ——波长，m；

　　　T——黑体热力学温度，K；

　　　e——自然对数的底；

　　　C_1——第一辐射常量，3.7419×10^{-16} W·m^2；

　　　C_2——第二辐射常量，1.4388×10^{-2} m·K。

由图 8-7 可见，黑体的光谱辐射力随着波长的增加，先是增加，然后又减小。光谱辐射力最大处的波长 λm 亦随温度不同而变化。从图 8-7 上的光谱辐射力分布曲线可以发现，随温度的增高，曲线的峰值向左移动，即移向较短的波长。对应于最大光谱辐射力的波长 λ_m 与温度 T 之间存在着如下的关系：

$$\lambda_m T = 2.8976 \times 10^{-3} \, \text{m} \cdot \text{K} \approx 2.9 \times 10^{-3} \, \text{m} \cdot \text{K} \tag{8-7}$$

此式表达的波长 λ_m 与温度 T 成反比的规律为维恩(Wien)位移定律。历史上,维恩位移定律的发现在普朗克定律之前(参见 1.4 节或文献[2]),但式(8-7)可以通过将式(8-6)对 λ 求导并使其等于零而得出。关于黑体辐射能按波长分布的普朗克定律的建立在 20 世纪的科学发展史上具有重要意义:普朗克在能量具有粒子性,因而是不连续的前提下导得上述公式,这与当时经典物理学界的观点是完全相反的。这一全新概念的创立开辟了量子力学的新天地[4-6]。

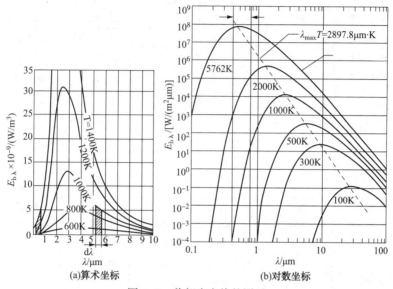

图 8-7 普朗克定律的图示

8.2.2.3 普朗克定律与斯忒藩-玻耳兹曼定律的关系

在图 8-7 所示的光谱辐射力曲线下的面积就是该温度下黑体的辐射力。因而有:

$$E_b = \int_0^\infty E_{b\lambda} \mathrm{d}\lambda = \int_0^\infty \frac{C_1 \lambda^{-5}}{e^{C_2/(\lambda T)} - 1} \mathrm{d}\lambda \tag{8-8}$$

8.2.2.4 黑体辐射能按波段的分布

为了确定在某个特定的波段范围内黑体的辐射能,例如从波长为零到某个值 λ,可以进行如下积分:

$$E_{b(0-\lambda)} = \int_0^\lambda E_{b\lambda} \mathrm{d}\lambda \tag{8-9}$$

这份能量在黑体辐射力中所占的百分数则为:

$$F_{b(0-\lambda)} = \frac{\int_0^\lambda E_{b\lambda} \mathrm{d}\lambda}{\sigma T^4} = \int_0^\lambda \frac{C_1 \lambda^{-5}}{e^{C_2/(\lambda T)} - 1} \frac{1}{\sigma} \mathrm{d}(\lambda T) = f(\lambda T) \tag{8-10}$$

式(8-10)表明这一百分数是以 λT 为自变量的函数,称为黑体辐射函数(black body radiation function)。表 8-1 中给出了以 $\mu\text{m} \cdot \text{K}$ 作为 λT 的单位的黑体辐射函数值。有了黑体辐射函数,在任意两个波长 λ_2、λ_1 之间黑体的辐射能(图 8-8)就容易算出:

$$E_{b(\lambda_1-\lambda_2)} = F_{b(\lambda_1-\lambda_2)} E_b = (F_{b(0-\lambda_2)} - F_{b(0-\lambda_2)}) E_b \tag{8-11}$$

表 8-1 黑体辐射函数表

$\lambda T/(\mu m \cdot K)$	$F_{b(0-\lambda)}$	$\lambda T/(\mu m \cdot K)$	$F_{b(0-\lambda)}$	$\lambda T/(\mu m \cdot K)$	$F_{b(0-\lambda)}$	$\lambda T/(\mu m \cdot K)$	$F_{b(0-\lambda)}$
1000	0.00032	5200	0.65794	10800	0.92872	19200	0.98387
1100	0.00091	5300	0.66935	11000	0.93184	19400	0.98431
1200	0.00213	5400	0.68033	11200	0.93479	19600	0.98474
1300	0.00432	5500	0.69087	11400	0.93758	19800	0.98515
1400	0.00779	5600	0.70101	11600	0.94021	20000	0.98555
1500	0.01285	5700	0.71076	11800	0.94270	21000	0.98735
1600	0.01972	5800	0.72012	12000	0.94505	22000	0.98886
1700	0.02853	5900	0.72913	12200	0.94728	23000	0.99014
1800	0.03934	6000	0.73778	12400	0.94939	24000	0.99123
1900	0.05210	6100	0.74610	12600	0.95139	25000	0.99217
2000	0.06672	6200	0.75410	12800	0.95329	26000	0.99297
2100	0.08305	6300	0.76180	13000	0.95509	27000	0.99367
2200	0.10088	6400	0.76920	13200	0.95680	28000	0.99429
2300	0.12002	6500	0.77631	13400	0.95843	29000	0.99482
2400	0.14025	6600	0.78316	13600	0.95998	30000	0.99529
2500	0.16135	6700	0.78975	13800	0.96145	31000	0.99571
2600	0.18311	6800	0.79609	14000	0.96285	32000	0.99607
2700	0.20535	6900	0.80219	14200	0.96418	33000	0.99640
2800	0.22788	7000	0.80807	14400	0.96546	34000	0.99669
2900	0.25055	7100	0.81373	14600	0.96667	35000	0.99695
3000	0.27322	7200	0.81918	14800	0.96783	36000	0.99719
3100	0.29576	7300	0.82443	15000	0.96893	37000	0.99740
3200	0.31809	7400	0.82949	15200	0.96999	38000	0.99759
3300	0.34009	7500	0.83436	15400	0.97100	39000	0.99776
3400	0.36172	7600	0.83906	15600	0.97196	40000	0.99792
3500	0.38290	7700	0.84359	15800	0.97288	41000	0.99806
3600	0.40359	7800	0.84796	16000	0.97377	42000	0.99819
3700	0.42375	7900	0.85218	16200	0.97461	43000	0.99831
3800	0.44336	8000	0.85625	16400	0.97542	44000	0.99842
3900	0.46240	8200	0.86396	16600	0.97620	45000	0.99851
4000	0.48085	8400	0.87115	16800	0.97694	46000	0.99861
4100	0.49872	8600	0.87786	17000	0.97765	47000	0.99869
4200	0.51599	8800	0.88413	17200	0.97834	48000	0.99877
4300	0.53267	9000	0.88999	17400	0.97899	49000	0.99884
4400	0.54877	9200	0.89547	17600	0.97962	50000	0.99890
4500	0.56429	9400	0.90060	17800	0.98023	60000	0.99940
4600	0.57925	9600	0.90541	18000	0.98081	70000	0.99960
4700	0.59366	9800	0.90992	18200	0.98137	80000	0.99970
4800	0.60753	10000	0.91415	18400	0.98191	90000	0.99980
4900	0.62088	10200	0.91813	18600	0.98243	100000	0.99990
5000	0.63372	10400	0.92188	18800	0.98293		0.99970
5100	0.64606	10600	0.92540	19000	0.98340		

8.2.3 兰贝特定律

兰贝特(Lambert)定律给出了黑体辐射能按空间方向分布的规律。为了说明按空间方向的分布,首先要弄清如何表示空间方向及其大小,这就需引进立体角的概念。

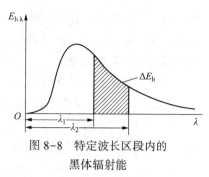

图 8-8　特定波长区段内的黑体辐射能

8.2.3.1 立体角

在平面几何中用平面角来表示某一方向的空间所占的大小,其单位为弧度。类似的,可以用三维空间的立体角(solid angle)及微元立体角(图 8-9)来表示某一方向的空间所占的大小,它们分别定义为

$$\Omega = \frac{A_c}{r^2} , \ \Omega = \frac{dA_c}{r^2} \qquad (8-12)$$

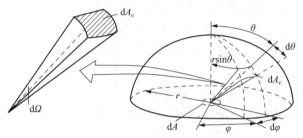

图 8-9　微元立体角与半球几何参数的关系

在图 8-9 的球坐标系中,φ 称为精度角(azimuthal angle),θ 称为纬度角(latitudinal angle)。空间的方向可以用该方向的经度角与纬度角来表示。显然要说明黑体向半球空间辐射出去的能量按不同方向分布的规律只有对不同方向的相等的立体角来比较才有意义。立体角的单位称为空间度,记为 sr。由图 8-9 可得

$$dA_c = rd\theta \cdot r\sin\theta d\varphi \qquad (8-13)$$

代入式(8-12),可得微元立体角为

$$d\Omega = \sin\theta d\theta d\varphi \qquad (8-14)$$

8.2.3.2 定向辐射强度

对于黑体辐射可以预期,由于对称性在相同的纬度角下从微元黑体面积 dA 向空间不同经度角方向单位立体角中辐射出去的能量是相等的。因此研究黑体辐射在空间不同方向的分布只要查明辐射能按不同纬度角分布的规律就可以了。设面积为 dA 的黑体微元面积向围绕空间纬度角 θ 方向的微元立体角 $d\Omega$ 内辐射出去的能量为 $d\phi(\theta)$,则实验测定表明:

$$\frac{d\phi(\theta)}{dAd\Omega} = I\cos(\theta) \qquad (8-15a)$$

这里 I 为常数,与 θ 方向无关。此式还可以表示为另一形式:

$$\frac{d\phi(\theta)}{dAd\Omega\cos\theta} = I \qquad (8-15b)$$

这里 $dA\cos\theta$ 可以视为从 θ 方向看过去的面积,称为可见面积(如图 8-10)。式(8-15b)左端的物理量是从黑体单位可见面积发射出去的落到空间任意方向的单位立体角中的能量,称为定向辐射强度(directional radiation intensity)。

8.2.3.3 兰贝特定律(余弦定律)

式(8-15b)表明黑体的定向辐射强度是个常量,与空间方向无关。这就是黑体辐射的兰贝特定律。注意,定向辐射强度是以

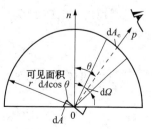

图 8-10　可见面积示意图

单位可见面积作为度量依据的，如果以单位实际辐射面积为度量依据，则就是式(8-15a)所示的结果。该式表明，黑体单位面积辐射出去的能量在空间的不同方向分布是不均匀的，按空间纬度角 θ 的余弦规律变化：在垂直于该表面的方向最大，而与表面平行的方向为零，这是兰贝特定律的另一种表达方式，称为余弦定律。

8.2.3.4 兰贝特定律与斯忒藩-玻耳兹曼定律间的关系

将式(8-15a)两端各乘以 $d\Omega$，然后对整个半球空间做积分，就得到从单位黑体表面发射出去落到整个半球空间的能量，即黑体的辐射力：

$$E_b = \int_{\Omega = 2\pi} \frac{d\phi(\theta)}{dA} = I_b \int_{\Omega = 2\pi} \cos\theta d\Omega$$

将式(8-14)代入上式得

$$E_b = I_b \iint \cos\theta \sin\theta d\theta d\varphi = I_b \int_0^{2\pi} d\varphi \int_0^{\pi/2} \sin\theta \cos\theta d\theta = I_b \pi \qquad (8-16)$$

因此，遵守兰贝特定律的辐射，数值上其辐射力等于定向辐射强度的 π 倍。

现在，我们对黑体辐射的规律作一个小结。黑体的辐射力由斯忒藩-玻耳兹曼定律确定，辐射力正比例于热力学温度的四次方；黑体辐射能量按波长的分布服从普朗克定律，而按空间方向的分布服从兰贝特定律；黑体的光谱辐射力有个峰值，与此峰值相对应的波长 λ_m 由维恩位移定律确定，随着温度的升高，λ_m 向波长短的方向移动。

【例8-1】 试分别计算温度为2000K和5800K的黑体的最大单色辐射力所对应的波长 λ_m。

题解：

分析：此题可以直接应用 Wien 定律表示式(8-7)计算。

计算：

$$T = 2000K \text{ 时，} \lambda_m = \frac{2.9 \times 10^{-3} \text{m} \cdot \text{K}}{2000\text{K}} = 1.45 \times 10^{-6} \text{m} = 1.45\mu\text{m}$$

$$T = 5800K \text{ 时，} \lambda_m = \frac{2.9 \times 10^{-3} \text{m} \cdot \text{K}}{5800\text{K}} = 0.50 \times 10^{-6} \text{m} = 0.50\mu\text{m}$$

讨论：上例的计算表明，在工业上的一般高温范围内(2000K)，黑体辐射的最大光谱辐射力的波长位于红外线区段，而温度等于太阳表面温度(约5800K)的黑体辐射的最大光谱辐射力的波长则位于可见光区段。

【例8-2】 一黑体表面置于室温为27℃的厂房中。试求在热平衡条件下黑体表面的辐射力。如将黑体加热到327℃，它的辐射力又是多少？

题解：

分析：所谓热平衡就是指黑体表面温度与环境温度相同，即等于27℃。

计算：按式(8-5)，辐射力为

$$E_b = C_0 \left(\frac{T_1}{100}\right)^4 = 5.67 \text{W}/(\text{m}^2 \cdot \text{K}^4) \times \left(\frac{27+273}{100}\right)^4 \text{K}^4 = 459 \text{W}/\text{m}^2$$

327 摄氏度黑体的辐射力为

$$E_{b_2} = C_0 \left(\frac{T_2}{100}\right)^4 = 5.67 \text{W}/(\text{m}^2 \cdot \text{K}^4) \times \left(\frac{327+273}{100}\right)^4 \text{K}^4 = 7350 \text{W}/\text{m}^2$$

讨论：因为辐射力与热力学温度的四次方成正比，所以随着温度的升高辐射力急剧增

162

大。虽然温度 T_2 仅为 T_1 的两倍，而辐射力之比却高达 16 倍。

【例 8-3】 试分别计算温度为 1000K、1400K、3000K、6000K 时可见光的红外线辐射在黑体总辐射中所占的份额。

题解

分析：可见光和红外线的波长范围分别为 0.38~0.76μm 和 0.76~1000μm. 将给定温度各自乘以 0.38μm、0.76μm、1000μm，从而得到各个 λT 值。然后根据这些 λT 值，在表 8-1 上查得各自的能量份额 $F_{b(0-\lambda)}$ 值，再据式(8-11)计算出可见光和红外线辐射各自占的份额。

计算：按上述方法计算得到的结果列出于下表中。

讨论：可见，在 T 小于 1000K 时黑体辐射中可见光的比例远不到 1/1000，只有温度上升到 3000K 左右时可见光的比例才可达 10% 以上。这一关于可见光在物体自身辐射中所占的比例，总体上对大多数实际物体的辐射也适用。

温度 T/K	$\lambda_1 = 0.38\mu m$		$\lambda_2 = 0.76\mu m$		$\lambda_3 = 1000\mu m$	
	$\lambda T/$ ($\mu m \cdot K$)	$F_{b(0-\lambda_1)}/\%$	$\lambda T/$ ($\mu m \cdot K$)	$F_{b(0-\lambda_2)}/\%$	$\lambda T/$ ($\mu m \cdot K$)	$F_{b(0-\lambda_3)}/\%$
1000	380	≪0.1	760	≪0.1	1×10^6	100
1400	532	≪0.1	1064	0.07	1.4×10^6	100
3000	1140	0.14	2280	11.7	3×10^6	100
6000	2280	11.3	4560	57.3	6×10^6	100

温度 T/K	所占份额/%	
	可见光	红外线
	$F_{b(\lambda_2-\lambda_1)} = F_{b(0-\lambda_2)} - F_{b(0-\lambda_1)}$	$F_{b(\lambda_3-\lambda_2)} = F_{b(0-\lambda_3)} - F_{b(0-\lambda_2)}$
1000	<0.1	>99.9
1400	0.07	99.93
3000	11.6	88.3
6000	46.0	42.6

【例 8-4】 如图 8-11 所示，有一个微元黑体面积 $dA_b = 10^{-3} m^2$，与该黑体表面相距 0.5m 处另有三个微元面积 dA_1、dA_2、dA_3，面积均为 $10^{-3} m^2$，该三个微元面积的空间方位如图中所示。试计算从 dA_b 出发分别落在 dA_1、dA_2 及 dA_3 对 dA_b 所张的立体角中的辐射能量。

题解：

分析：先根据 dA_1、dA_2 及 dA_3 的大小与方向确定它们对 dA_b 所张的立体角，然后根据式(8-15a)即可得出所求解的能量。

计算：据式(8-12)有：

$$d\Omega_1 = \frac{dA_1}{r^2} = \frac{10^{-3}m^2\cos30°}{(0.5m)^2} = 3.46\times10^{-3}sr$$

$$d\Omega_2 = \frac{dA_2}{r^2} = \frac{10^{-3}m^2\cos0°}{(0.5m)^2} = 4.00\times10^{-3}sr$$

163

$$d\Omega_3 = \frac{dA_3}{r^2} = \frac{10^{-3}m^2\cos0°}{(0.5m)^2} = 4.00 \times 10^{-3}sr$$

$$d\phi(60°) = IdA_b\cos\theta_1d\Omega_1 = 7000W/(m^2 \cdot sr) \times (10^{-3}m^2)\frac{1}{2}\times3.46\times10^{-3}sr = 1.21\times10^{-2}W$$

$$d\phi(0°) = IdA_b\cos\theta_1d\Omega_2 = 7000W/(m^2 \cdot sr) \times (10^{-3}m^2)\times3.46\times10^{-3}sr = 2.80\times10^{-2}W$$

$$d\phi(45°) = IdA_b\cos\theta_2d\Omega_2 = 7000W/(m^2 \cdot sr) \times \frac{\sqrt{2}}{2}\times(10^{-3}m^2)\times1\times4.00\times10^{-3}sr = 1.98\times10^{-2}W$$

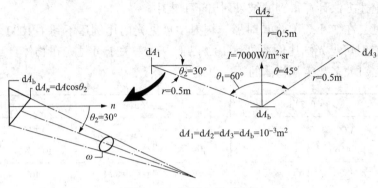

图 8-11 例题 8-4 图示

讨论：正如前面所指出的，黑体的定向辐射强度与方向无关是因为它是以单位可见面积作为度量单位的，实际上黑体辐射能量在空间的分布是不均匀的，法线方向最大，切线方向为零；还应注意，本题得出的是落到该立体角中的能量，但未必是微元面积 dA_1、dA_2 及 dA_3 所吸收的来自黑体微元面积的能量，后者还与微元面积 dA_1、dA_2 及 dA_3 本身的辐射特性有关。

8.3 实际物体的辐射特性

前面指出，黑体是研究热辐射的标准物体，对于实际物体（包括固体、液体与气体）的辐射特性，将在与黑体的辐射特性进行对比的基础上进行研究。由于实际物体不能完全吸收投入到其表面上的辐射能量，因此它们的吸收特性还需要单独介绍。气体的辐射与吸收特性与固体和液体有较大的差别，我们将另行进行讨论，本节中只介绍固体和液体的辐射特性。下面从总辐射能、辐射能按波长及按方向分布三个方面进行讨论。

8.3.1 实际物体的辐射力

实际物体的辐射力 E 总是小于同温度下黑体的辐射力 E_b，两者的比值称为实际物体的发射率（emissivity，或者 emittance，习惯上称黑度），记为 ε：

$$\varepsilon = \frac{E}{E_b} \tag{8-17}$$

因此实际物体的辐射力可以表示为：

$$E = \varepsilon E_b = \varepsilon\sigma T^4 = \varepsilon C_0\left(\frac{T}{100}\right)^4 \tag{8-18}$$

习惯上，式(8-18)也称为四次方定律，这是实际物体辐射换热计算的基础。其中物体的发射率一般通过实验测定，它仅取决于物体自身，而与周围环境条件无关。

8.3.2 实际物体的光谱辐射力

实际物体的光谱辐射力往往随波长作不规则的变化，图8-12示出了同温度下某实际物体和黑体的 $E_\lambda = f(\lambda, T)$ 的代表性曲线。图上曲线下的面积分别表示各自的辐射力。

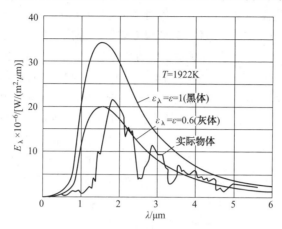

图8-12 实际物体的光辐射力示意图

实际物体的光谱辐射力按波长分布的规律与普朗克定律不同，但定性上是一致的。在加热金属时可以观察到：当金属温度低于500℃时，由于实际上没有可见光辐射，我们不能觉察到金属颜色的变化，但随着温度的不断升高，金属将相继呈现暗红、鲜红、橘黄等颜色，当温度超过1300℃时将出现所谓白炽。金属在不同温度下呈现的各种颜色，说明随着温度的升高，热辐射中可见光中短波的比例不断增加。

图8-12表明，实际物体的光谱辐射力小于同温度下的黑体同一波长下的光谱辐射力，两者之比称为实际物体的光谱发射率(spectral emissivity)：

$$\varepsilon(\lambda) = \frac{E_\lambda}{E_{b\lambda}} \tag{8-19}$$

显然，光谱发射率与实际物体的发射率之间有如下的关系：

$$\varepsilon = \frac{E}{E_b} = \frac{\int_0^\infty \varepsilon(\lambda) E_{b\lambda} d\lambda}{\sigma T^4} \tag{8-20}$$

值得指出，实验结果发现，实际物体的辐射力并不严格地同热力学温度的四次方成正比，但要对不同物体采用不同次方的规律来计算，实用上很不方便。所以，在工程计算中仍认为一切实际物体的辐射力都与热力学温度的四次方成正比，而把由此引起的修正包括到用实验方法确定的发射率中去。由于这个原因，发射率还与温度有依变关系。

8.3.3 实际物体的定向辐射强度

实际物体辐射按空间方向的分布，亦不尽符合兰贝特定律，这就是说实际物体的定向辐射强度在不同方向上有所变化。为了说明不同方向上定向辐射强度的变化，下面给出定向发射率(又称定向黑度)的定义：

$$\varepsilon(\theta) = \frac{I(\theta)}{I_b(\theta)} = \frac{I(\theta)}{I_b} \tag{8-21}$$

式中，$I(\theta)$ 为与辐射而法向成 θ 角的方向上的定向辐射强度，而 I_b 为同温度下黑体的定向辐射强度。

8.3.3.1　定向发射率随 θ 角的变化规律

首先，对于黑体表面，显然定向发射率在极坐标中是半径为 1 的半圆；对于定向辐射强度随 θ 的分布满足兰贝特定律的物体，其定向发射率在极坐标中是半径小于 1 的半圆，这样的物体称为漫射体（diffuse body）（图 8-13）。实验测定与电磁理论分析表明，金属与非导体的定向发射率随 θ 角的变化有明显的区别，如图 8-14 和图 8-15 所示。图 8-14（b）中的 n 为物体的折射率（refractive index）。由图可见，对于非导电体，从辐射面法向 $\theta=0°\sim60°$ 的范围内，定向发射率基本不变，当 θ 超过 60° 以后，$\varepsilon(\theta)$ 的减小是明显的，直至 $\theta=90°$ 时 $\varepsilon(\theta)$ 降为零（图 8-14）。对于金属材料，从 $\theta=0°$ 开始，在一定角度范围内，$\varepsilon(\theta)$ 可认为是个常数，然后随角度 θ 的增加急剧地增大。在接近 $\theta=90°$ 的极小角度范围内 $\varepsilon(\theta)$ 的值又有减小，直至为零（可以从电磁理论分析的结果推导出）。

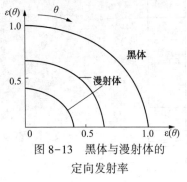

图 8-13　黑体与漫射体的定向发射率

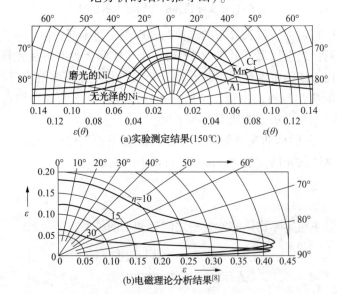

(a)实验测定结果(150℃)

(b)电磁理论分析结果[8]

图 8-14　金属的定向发射率举例

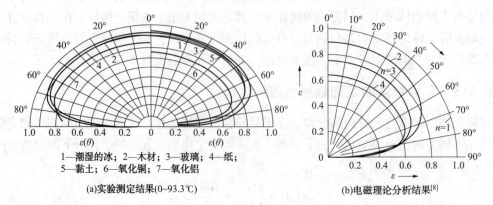

1—潮湿的冰；2—木材；3—玻璃；4—纸；
5—黏土；6—氧化铜；7—氧化铝

(a)实验测定结果(0~93.3℃)

(b)电磁理论分析结果[8]

图 8-15　非金属的定向发射率举例

8.3.3.2 定向发射率 $\varepsilon(\theta)$ 与半球平均发射率 ε 间的关系

式(8-17)所定义的 ε 实际上是物体在整个半球范围内的辐射能与黑体的辐射能量之比，为突出它与定向发射率的区别，这里特别加了"半球"这一定语。显然从能量守恒原理，可得出如下关系：

$$\varepsilon = \frac{E}{E_b} = \frac{I_b \int_{\Omega=2\pi} \varepsilon(\theta)\,\mathrm{d}\Omega}{\pi I_b} = \frac{\int_{\Omega=2\pi} \varepsilon(\theta)\,\mathrm{d}\Omega}{\pi} \qquad (8\text{-}22a)$$

由图 8-14 和图 8-15 可见，无论金属还是非金属，在半球空间的大部分范围，可以用其法向的发射率 ε_n 来近似代替，于是式(8-22a)可以简化成为：

$$\varepsilon = M\varepsilon_n \qquad (8\text{-}22b)$$

可以把这样替代所造成的偏差用系数 M 来修正。大量实验测定表明，对于金属表面 $M=1.0\sim1.3$ (高度磨光的表面取上限)，对非导体 $M=0.95\sim1.0$ (粗糙表面取上限)。所以除了高度磨光的表面以外，工程计算中一般取 $M\approx1.0$，即 $\varepsilon=\varepsilon_n$ [9]。这一简化处理带来两个结果，首先，一般工程手册中给出的物体发射率常常是法向发射率之值，当计算高度磨光表面时，应该考虑到 ε 与 ε_n 间的差别；其次，既然大部分工程材料定向发射率可近似地取为常数，就意味着可以将它们当作漫射体看待。我们今后讨论物体表面间的辐射传热时，都将它们当作为漫射体。

8.3.3.3 影响物体发射率的因素

表 8-2 中列出了一些常用材料的发射率的实验值。从表 8-2 中我们可以总结出以下一些影响物体表面发射率的因素。

物体表面的发射率取决于物质种类、表面温度和表面状况。这说明发射率只与发射辐射的物体本身有关，而不涉及外界条件。不同种类物质的发射率显然是各不相同的。例如，常温下具有光滑氧化层表皮的钢板发射率为 0.82，而镀锌铁皮的发射率只有 0.23。同一物体的发射率又随温度而变化。例如，严重氧化的铝表面在 50℃ 和 500℃ 的温度下，其发射率分别是 0.2 和 0.3。表面状况对发射率有很大影响。同一金属材料，高度磨光表面的发射率很小，而粗糙表面和受氧化作用后的表面的发射率常常为磨光表面的数倍。例如，在常温下无光泽黄铜的发射率为 0.22，而磨光后黄铜的发射率却只有 0.05。因此在选用金属表面发射率数值时应对表面状况给予足够的关注。大部分非金属材料的发射率值都很高，一般在 0.85~0.95 之间，且与表面状况(包括颜色在内)的关系不大，在缺乏资料时，可近似地取作 0.90。

表 8-2　常用材料表面法向发射率

材料类别和表面状况	温度/℃	法向发射率 ε_n
磨光的铬	150	0.058
铬镍合金	52~1034	0.64~0.76
灰色、氧化的铅	38	0.28
镀锌的铁皮	38	0.23
具有光滑的氧化层表皮的钢板	20	0.82
氧化的钢	200~600	0.8
磨光的铁	400~1000	0.14~0.38

材料类别和表面状况	温度/℃	法向发射率 ε_n
氧化的铁	125~525	0.78~0.82
磨光的铜	20	0.03
氧化的铜	50	0.6~0.7
磨光的黄铜	38	0.05
无光泽的黄铜	38	0.22
磨光的铝	50~500	0.04~0.06
严重氧化的铝	50~500	0.2~0.3
磨光的金	200~600	0.02~0.03
磨光的银	200~600	0.02~0.03
石棉纸	40~400	0.94~0.93
耐火砖	500~1000	0.8~0~9
红砖(粗糙表面)	20	0.88~0.93
玻璃	38.85	0.94
木材	20	0.8~0.82
碳化硅涂料	1010~1400	0.82~0.92
上釉的瓷件	20	0.93
油毛毡	20	0.93
抹灰的墙	20	0.94
灯黑	20~400	0.95~0.97
锅炉炉渣	0~1000	0.97~0.70
各种颜色的油漆	100	0.92~0.96
雪	0	0.8
水(厚度大于 0.1mm)	0~100	0.96

8.3.4 气体辐射的特点

气体辐射不同于固体和液体辐射，它们具有如下两个特点。

8.3.4.1 气体辐射对波长有选择性

气体辐射对波长有强烈的选择性，它只在某些波长区段内具有辐射能力，相应地也只在同样的波长区段内才具有吸收能力。通常把这种有辐射能力的波长区段称为光带。在光带以外，气体既不辐射亦不吸收，对热辐射呈现透明体的性质。例如，臭氧几乎能全部吸收波长小于 $0.3\mu m$ 的紫外线，对波长在 $0.3\sim0.4\mu m$ 之间的射线也有较强的吸收作用。因而大气层中的臭氧能保护人类不受紫外线的伤害。二氧化碳的主要光带有三段：$2.65\sim2.80\mu m$，$4.15\sim4.4\mu m$，$13.0\sim17.0\mu m$。水蒸气的主要光带也有三段：$2.55\sim2.84\mu m$，$5.6\sim7.6\mu m$，$12\sim30\mu m$。

8.3.4.2 气体的辐射和吸收是在整个容积中进行的

固体和液体的辐射和吸收都具有在表面上进行的特点，而气体则不同。就吸收而言，投射到气体层界面上的辐射能要在辐射行程中被吸收减弱；就辐射而言，气体层界面上所感受到的辐射为到达界面上的整个容积气体的辐射。这都说明，气体的辐射和吸收是在整个容积中进行的，与气体的形状和容积有关。在论及气体的发射率和吸收比时，除其他条件外，还必须说明气体所处容器的形状和容积的大小。

【例8-5】 试计算温度处于1400℃的碳化硅涂料表面的辐射力。

题解：

分析：碳化硅涂料是非导体，可取 $\varepsilon = \varepsilon_n$。

计算：由表8-2查得，碳化硅涂料在1400℃时的 $\varepsilon_n = 0.92$，亦即 $\varepsilon = 0.92$。按照式（8-18），其辐射力为

$$E = \varepsilon C_0 \left(\frac{T_2}{100}\right)^4$$

$$= 0.92 \times 5.67 \mathrm{W/(m^2 \cdot K^4)} \times \left(\frac{1400 + 273}{100}\right) \mathrm{K^4}$$

$$= 409 \times 10^3 \mathrm{W/m^2}$$

$$= 409 \mathrm{kW/m^2}$$

讨论：一般工程手册中给出的发射率常为法向发射率，选用时应注意表面类型与状态而作相应修正。对于本例，要注意给定的温度范围是与发射率范围相对应的。

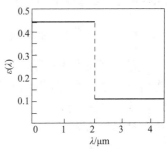

图8-16 例题8-6附图

【例8-6】 实验测得2500K钨丝的法向一单色发射率如图8-16所示，试计算其辐射力及发光效率。

题解：

分析：设钨丝表面为漫射表面，半球空间内的总辐射力可通过发射率 ε 而确定。ε 之值与光谱发射率间有如下关系：

$$\varepsilon = \frac{\int_0^2 \varepsilon(\lambda) E_{b\lambda} \mathrm{d}\lambda + \int_2^\infty \varepsilon(\lambda) E_{b\lambda} \mathrm{d}\lambda}{E_b}$$

$$= \varepsilon_{\lambda_1} \frac{\int_0^2 E_{b\lambda} \mathrm{d}\lambda}{E_b} + \varepsilon_{\lambda_2} \frac{\int_2^\infty E_{b\lambda} \mathrm{d}\lambda}{E_b}$$

$$= \varepsilon_{\lambda_1} F_{b(0-2)} + \varepsilon_{\lambda_2} (1 + F_{b(0-2)})$$

计算： $\lambda_1 T = 2 \times 10^{-6} \mu\mathrm{m} \times 2500\mathrm{K} = 5000 \mu\mathrm{m \cdot K}$，$F_{b(0-2)} = 0.6341$

$$\varepsilon = 0.45 \times 0.6341 + 0.1 \times (1 - 0.6341) = 0.322$$

$$E = \varepsilon E_b = 0.322 \times 5.67 \mathrm{W/(m^2 \cdot K^4)} \times \left(\frac{2500}{100}\right)^4 \mathrm{K^4}$$

$$= 7.13 \times 10^5 \mathrm{W/m^2}$$

取可见光的波长范围为 $0.38 \sim 0.76 \mu\mathrm{m}$，则 $\lambda_1 T = 950 \mu\mathrm{m \cdot K}$，$\lambda_2 T = 1900 \mu\mathrm{m \cdot K}$。由表8-1近似地取 $F_{b(0-0.38)} = 0.0003$，$F_{b(0-0.76)} = 0.0521$。于是，在可见光范围内发出的能量 ΔE 为：

$$\Delta E = (0.0521 - 0.0003) \times 0.45 \times 5.67 \text{W/(m}^2 \cdot \text{K}^4) \times \left(\frac{2500}{100}\right)^4 \text{K}^4$$

$$= 5.16 \times 10^4 \text{W/m}^2$$

发光效率为：

$$\eta = \frac{\Delta E}{E} = \frac{5.16 \times 10^4 \text{W/m}^2}{7.13 \times 10^5 \text{W/m}^2} = 0.0727 = 7.27\%$$

讨论：自从爱迪生（Aidison）发明第一只白炽灯以来，已经历了百余年。白炽灯由于灯丝的工作温度相对较低，热辐射中的可见光的比例甚少，因此发光效率不高。大部分能量都作为不可见的红外辐射的能量而没有予以利用。发展新的固态光源（发光二极管，LED）作为白炽灯；荧光灯以后的第三代照明技术是节约能源的重要措施，已经引起各国的重视。

8.4　实际物体对辐射能的吸收与辐射的关系

据前所述，对于黑体，发射率为1，吸收比也是1，发射比等于吸收比；对于实际物体，发射率小于1，实际物体不能完全吸收投射到表面上的辐射能，吸收比也小于1。那么实际物体的发射率与吸收比之间有什么关系呢？本节就来讨论这个问题。

8.4.1　实际物体的吸收比

单位时间内从外界投入到物体的单位表面积上的辐射能称为投入辐射，在节8.1中已经指出，物体对投入辐射所吸收的百分数称为该物体的吸收比。实际物体的吸收比 α 的大小取决于两方面的因素：吸收物体本身的情况和投入辐射的特性。所谓物体本身的情况系指物质的种类、物体温度以及表面状况。这里 α 是指对投入到物体表面上各种不同波长辐射能的总体吸收比，是一个平均值。为了深入研究物体的吸收特性，有必要引进表征物体对某一波长辐射能吸收特性的物理量，即光谱吸收比。

8.4.1.1　光谱吸收比

物体吸收某一特定波长辐射能的百分数称为光谱吸收比（spectral absorptivity）。一般地说物体的光谱吸收比与波长有关。图8-17和图8-18分别示出了一些金属导电体和非导电体材料在室温下光谱吸收比随波长的变化。有些材料，如图8-17中磨光的铝和磨光的铜，光谱吸收比随波长的变化不大。但另一些材料，如图8-18中的白瓷砖，在波长小于 $2\mu m$ 的范围 $\alpha(\lambda)$ 小于0.2，而在波长大于 $5\mu m$ 的范围 $\alpha(\lambda)$ 却高于0.9，$\alpha(\lambda)$ 随波长的变化很大。

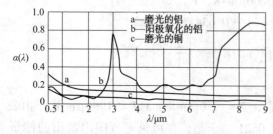

图8-17　铜与铝的光谱吸收比与波长关系

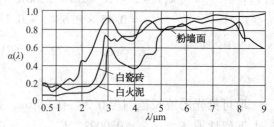

图8-18　部分非导体的光谱吸收比与波长关系

8.4.1.2 实际物体的吸收具有选择性

物体的光谱吸收比随波长而异的这种特性称为物体的吸收具有选择性。在工农业生产中常常利用这种选择性的吸收来达到一定的目的。植物与蔬菜栽培过程中使用的暖房就利用了玻璃对辐射能吸收的选择性：当太阳光照射到玻璃上时，由于玻璃对波长小于 $3.0\mu m$ 的辐射能的穿透比很大，从而使大部分太阳能可以进入到暖房；暖房中的物体由于温度较低，其辐射能绝大部分位于波长大于 $3\mu m$ 的红外范围内，玻璃对于波长大于 $3\mu m$ 的辐射能的穿透比很小，从而阻止了辐射能向暖房外的散失，这就是所谓的"温室效应"。焊接工在焊工件时要戴上一副黑色的眼镜，就是为了使对人体有害的紫外线能被特种玻璃所吸收。特别值得指出，世上万物呈现不同的颜色的主要原因也在于选择性的吸收与辐射。当阳光照射到一个物体表面上时，如果该物体几乎全部吸收各种可见光，它就呈黑色；如果几乎全部反射可见光，它就呈白色；如果几乎均匀地吸收各色可见光并均匀地反射各色可见光，它就呈灰色；如果只反射了一种波长的可见光而几乎全部吸收了其他可见光，则它就呈现被反射的这种辐射线的颜色。

8.4.1.3 实际物体吸收的选择性对辐射传热计算所造成的困难

但是，实际物体的光谱吸收比对投入辐射的波长有选择性这一事实却给辐射传热的工程计算带来很大的困难。这时，物体的吸收比除与自身表面的性质和温度 T_1 有关外，还与投入辐射按波长的能量分布有关。投入辐射按波长的能量分布又取决于发出投入辐射的物体的性质和温度 T_2。因此，物体的吸收比要根据吸收一方和发出投入辐射一方两方面的性质和温度来确定。设下标 1，2 分别代表所研究的物体及产生投入辐射的物体，则物体 1 的吸收比可按定义写出如下：

$$\alpha_1 = \frac{\int_2^\infty \alpha(\lambda,\ T_1)\varepsilon(\lambda,\ T_2)E_{b\lambda}(T_2)\,d\lambda}{\int_2^\infty \varepsilon(\lambda,\ T_2)E_{b\lambda}(T_2)\,d\lambda} \tag{8-23a}$$

$$=f(T_1,\ T_2,\ 表面\ 1\ 的性质,\ 表面\ 2\ 的性质)$$

如果投入辐射来自黑体，则物体的吸收比可以表示成：

$$\alpha = \frac{\int_2^\infty \alpha(\lambda,\ T_1)E_{b\lambda}(T_2)\,d\lambda}{\int_2^\infty E_{b\lambda}(T_2)\,d\lambda} \tag{8-23b}$$

$$= \frac{\int_2^\infty \alpha(\lambda,\ T_1)E_{b\lambda}(T_2)\,d\lambda}{\sigma T_2^4}$$

$$=f(T_1,\ T_2,\ 表面\ 1\ 的性质)$$

对一定的物体，其对黑体辐射的吸收比是温度 T_1、T_2 的函数。若物体的光谱吸收比 $\alpha(\lambda,\ T_1)$ 和温度 T_2 已知，则可按式（8-23）计算出物体的吸收比，其中的积分可用数值法或图解法确定。图 8-19 示出的一些材料对黑体辐射的吸收比就是按这种方法求得的。图中各材料的自身温度 T_1 为 294K。由图 8-19 可见，即使对于黑体的投入辐射，所列物体的吸

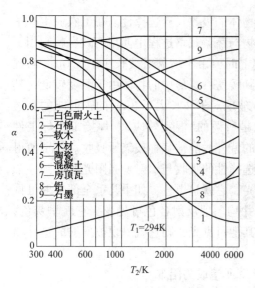

图 8-19　物体对黑体辐射的吸收比
与温度关系的举例

收比与投入辐射的温度有很大关系，更不用说如果投入辐射是实际物体，该物体的吸收比变化的范围会更大，在实际工程计算中要顾及到如此复杂的情况是很困难的。

8.4.2　灰体的概念及其工程应用

物体的吸收比与投入辐射有关的这一特性给工程辐射传热的计算带来很大的不便，回顾其起因全在于物体的光谱吸收比对不同波长的辐射具有选择性。如果物体的光谱吸收比与波长无关，即 $\alpha(\lambda)$ = 常数，则不管投入辐射的分布如何，吸收比 α 也是同一个常数值。换句话说，这时物体的吸收比只取决于本身的情况而与外界情况无关。在热辐射分析中，把光谱吸收比与波长无关的物体称为灰体(gray body)。对于灰体在自身的一定温度下有：

$$\alpha = \alpha(\lambda) = 常数 \qquad (8-24)$$

像黑体一样，灰体也是一种理想物体。工业上的辐射传热计算一般都按灰体来处理。既然实际物体或多或少都对辐射能的吸收具有选择性，为什么工程计算又可假定灰体呢？对工程计算而言，只要在所研究的波长范围内光谱吸收比基本上与波长无关，则灰体的假定即可成立，而不必要求在全波段范围内 $\alpha(\lambda)$ 为常数。在工程常见的温度范围(≤2000K)内，许多工程材料都具有这一特点。在工程手册或教材中仅列出发射率之值而不给出吸收比，原因也在此。这种简化处理给辐射传热分析计算带来很大的方便。

后面还要指出，对于漫射表面，光谱吸收比与光谱发射率是相等的，因此对于漫射的灰体(简称漫灰体)，在一定温度下，光谱发射比 $\varepsilon(\lambda)$ 也与波长无关，是个常数。灰体的光谱辐射力随波长的变化定性地示于图 8-12 中。关于非灰体的辐射换热分析要复杂得多。

8.4.3　吸收比与发射率的关系——基尔霍夫定律

8.4.3.1　实际物体吸收比和发射率间的关系

实际物体的辐射和吸收之间有什么内在联系呢？基尔霍夫定律回答了这个问题。

基尔霍夫定律揭示了实际物体的辐射力 E 与吸收比 α 之间的联系。这个定律可以从研究两个表面的辐射传热导出。假定图 8-20 所示的两块平行平板相距很近，于是从一块板发出的辐射能全部落到另一块板上。若板 1 为黑体表面，其辐射力、吸收比和表面温度分别为 E_b、$\alpha_b (=1)$ 和 T_1。板 2 为任意物体的表面，其辐射力、吸收比和表面温度分别为 E、α 和 T_2。现在考察板 2 的能量收支差额。板 2 自身单位面积在单位时间内发射出的能量为 E，这份能量投射在黑体表面 1 上时被全部吸收。同时，黑体表面 1 辐射出的能量为 E。这份能量落到板 2 时，只被吸收 αE_b，其余部分 $(1-\alpha)E_b$ 被反射回板 1，并被黑体表面 1 全部吸收。板 2 支出与收入的差额即为两板间辐射传热的热流密度。

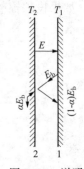

图 8-20　说明基尔霍夫定律的图示

$$q = E - \alpha E_b \tag{8-24a}$$

当体系处于 $T_1 = T_2$ 的状态，即处于热平衡条件下时，$q = 0$，于是上式变为：

$$\frac{E}{\alpha} = E_b \tag{8-24b}$$

可写出如下的关系式：

$$\frac{E_1}{\alpha_1} = \frac{E_2}{\alpha_2} = \cdots \frac{E}{\alpha} = E_b \tag{8-25a}$$

式(8-24b)也可以改写成

$$\alpha = \frac{E}{E_b} = \varepsilon \tag{8-25b}$$

式(8-25a)和式(8-25b)就是基尔霍夫定律的两种数学表达式。式(8-25a)可以表述为：在热平衡条件下，任何物体的自身辐射和它对来自黑体辐射的吸收比的比值，恒等于同温度下黑体的辐射力。而式(8-25b)则可简述为：热平衡时，任意物体对黑体投入辐射的吸收比等于同温度下该物体的发射率。

8.4.3.2　漫射灰体吸收比和发射率间的关系

基尔霍夫定律告诉我们，物体的吸收比等于发射率。但是，这一结论是在"物体与黑体投入辐射处于热平衡"这样严格的条件下才成立的。进行工程辐射换热计算时，投入辐射既非黑体辐射，更不会处于热平衡。那么在什么前提下这两个条件可以去掉呢？让我们来研究漫射灰体的情形。首先，按灰体的定义其吸收比与波长无关，在一定温度下是一个常数；其次，物体的发射率是物性参数，与环境条件无关。假设在某一温度 T 下，一个灰体与黑体处于热平衡，按基尔霍夫定律 $\alpha(T) = \varepsilon(T)$。然后，考虑改变该灰体的环境，使其所受到的辐射不是来自同温度下的黑体辐射，但保持其自身温度不变，此时考虑到发射率及灰体吸收比的上述性质，显然仍应有 $\alpha(T) = \varepsilon(T)$。所以，对于漫灰表面一定有 $\alpha = \varepsilon$。这就是说。对于漫灰体，不论投入辐射是否来自黑体，也不论是否处于热平衡条件，其吸收比恒等于同温度下的发射率。这个结论对辐射传热计算带来实质性的简化，广泛应用于工程计算。在本书今后的讨论中，如无特别说明，均假定辐射表面是具有漫射特性（包括自身辐射和反射辐射）的灰体。由于在大多数情况下物体可作为灰体，则由基尔霍夫定律可知，物体的辐射力越大，其吸收能力也越大。换句话说，善于辐射的物体必善于吸收，反之亦然。所以，同温度下黑体的辐射力最大。

8.4.3.3　三个层次上的基尔霍夫定律

基尔霍夫定律有三个不同层次的表达式，其适用条件不同，今归纳于表8-3，进一步的讨论可参见文献[13]。对大多数工程计算，主要应用"全波段、半球"这一层次上的表达式。

表 8-3　基尔霍夫定律三个层次表达式

层　次	数学表达式	成立条件
光谱，定向	$\varepsilon(\lambda, \varphi, \theta, T) = \alpha(\lambda, \varphi, \theta, T)$	无条件，θ 为纬度角
光谱，半球	$\varepsilon(\lambda, T) = \alpha(\lambda, T)$	漫射表面
全波段，半球	$\varepsilon(T) = \alpha(T)$	与黑体辐射处于热平衡或对漫灰表面

8.4.4　温室效应

当研究物体表面对太阳能的吸收时，一般不能把物体作为灰体，即不能把物体在常温下的发射率作为对太阳能的吸收比。因为太阳辐射中可见光占了近一半，而大多数物体对可见光波的吸收表现出强烈的选择性。例如各种颜色（包括白色）的油漆，常温下的发射率均高达 0.9，但在可见光范围内，白漆的吸收比仅 0.1~0.2，而黑漆仍在 0.9 以上。在夏天，人们喜欢穿白色或浅色衣服的理由也在此。在太阳能集热器的研究中要求集热器的涂层具有高的对太阳辐射的吸收比，而又希望减少涂层本身的发射率以减少散热损失，目前已开发出的涂层材料的吸收比与发射率之比可高达 8~10，本书以后还要述及。

说明物体选择性吸收的另一个典型实例，就是前面已经提到过的温室效应。位于太阳照耀下被玻璃封闭起来的空间，例如小轿车、培养植物的暖房等，其内的温度明显地高于外界温度，就是因为玻璃对太阳辐射具有强烈的选择性吸收的缘故。图 8-21 中示出了一种普通

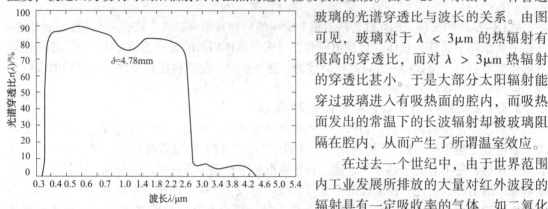

图 8-21　玻璃的光谱穿透比与波长关系

玻璃的光谱穿透比与波长的关系。由图可见，玻璃对于 $\lambda < 3\mu m$ 的热辐射有很高的穿透比，而对 $\lambda > 3\mu m$ 热辐射的穿透比甚小。于是大部分太阳辐射能穿过玻璃进入有吸热面的腔内，而吸热面发出的常温下的长波辐射却被玻璃阻隔在腔内，从而产生了所谓温室效应。

在过去一个世纪中，由于世界范围内工业发展所排放的大量对红外波段的辐射具有一定吸收率的气体，如二氧化碳、多种 CFC 制冷剂，聚集在地球的

外围，一方面好像给地球罩了一层玻璃窗：以可见光为主的太阳能可以到达地球表面，而地球上一般温度下的物体所辐射的红外范围内的热辐射则大量被这些气体吸收，无法散发到宇宙空间中，使得地球表面的温度逐渐升高。另一方面，CFC 中分解出来的氯气又造成对臭氧层的严重破坏，图 8-22 中显示了美国航天局发布的南极臭氧层空洞照片。当前国际社会已经对这些严重的环境问题高度重视，对具有温室效应和破坏臭氧层的气体排放作出了逐渐限制的规定。例如对臭氧层破坏以及温室效应特别严重的冰箱制冷剂 CFC12（R12）已经被禁止使用。按照"蒙特利尔协定书"的规定，我国将在 2010 年前禁止使用和生产 CFC 类物质。

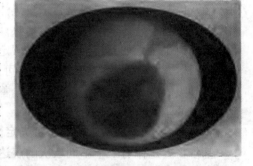

图 8-22　美国航天局发布的南极臭氧层空洞的照片

8.5　太阳与环境辐射

太阳是一个巨大的热辐射体，其直径为 $1.393\times10^9 m$，是地球的 109 倍。太阳与地球之间的平均距离为 $1.5\times10^{11} m$。太阳能是一种无污染的清洁能源，它的利用越来越受到世界各国的重视。我国幅员辽阔，太阳能资源十分丰富。虽然太阳发出的能量大约只有 22 亿分之一到达地球，但平均每秒钟照射到地球上的能量远远高于全球能源的总消费量。因此太阳能的合理利用将是解决世界能源问题的有效途径之一。与一般工程技术问题中所碰到的热辐射

相比，太阳能辐射有它的特点。为了更有效地利用太阳能，提高经济性，认识这些特点是十分必要的。本节中将简要讨论以下问题：达到地球表面的太阳辐射有多大？太阳能在从太空穿过大气层而到达地球表面的过程中会遇到哪些吸收与削弱影响？太阳的辐射能中各种波长能量的分布如何？

8.5.1 太阳常数

太阳是个炽热的气团，它的内部不断地进行着核聚变反应，由此产生的巨大能量以辐射方式向宇宙空间发射出去。到达地球大气层外缘的能量（即太阳的入射能），具有如图 8-23 中位置较高的实线所示的光谱特性，它近似于温度为 5762K 的黑体辐射。其 99% 的能量集中在 $\lambda = 0.2 \sim 3\mu m$ 的短波区域，最大能量位于 $0.48\mu m$ 的波长处。不难看出，在能量的光谱分布上它与工业炉窑的 2000K 左右的能量光谱分布有很大的不同。日地间的距离在一年中是有变化的，在日地平均距离处，据测定，大气层外缘与太阳射线相垂直的单位表面积所接受到的太阳辐射能为 (1370 ± 6) W/m²，此值称为太阳系数（solar constant），记为 S_c，它与地理位置或一天中的时间无关。实际上，大气层外缘水平面上每单位面积接受到的太阳投入辐射（solar irradiation）为

$$G_{S,0} = S_0 f \cos\theta \tag{8-26}$$

式中　f——日地距离的修正系数。由于地球绕太阳运行的轨道是椭圆的，计算结果表明，在夏至日（远日点）到达大气层外缘的太阳辐射要比平均值小 3.27%，而冬至日（近日点）要大 3.24%，所以一般取值为 0.97 ~ 1.03；

θ——由于太阳和地球的距离遥远，所以对地球大气层外缘任一表面得到的太阳辐射可以看成是从与该表面法线成 θ 角的一股平行辐射线，如图 8-24 所示。

地球的直径为 1.28×10^7 m。按照上述太阳常数来近似地估算，照射到地球上的太阳辐射能约为 $\frac{\pi}{4} d^2 S_c = \frac{3.14}{4} (1.28 \times 10^7 \text{m})^2 \times 1367 \text{W/m}^2 = 1.76 \times 10^7$ W。1kg 标准煤的发热值是 29.3×10^6 J，因此照射到地球上的太阳能相当于每秒钟燃烧 600 万吨标准煤所发出的热量！这是地球上多种能量的来源，充分有效地利用太阳能对于实施能源的可持续发展方针，保持地球的良好生态环境具有重要意义。

8.5.2 太阳能穿过大气层时的削弱

太阳辐射在穿过大气层时要受到大气层的两种削弱作用，第一种是包含在大气层中的具有部分吸收能力的气体的吸收，这些气体如臭氧、水蒸气、二氧化碳、各种 CFC 气体等。如图 8-23 中表明，有上述气体名称的位置就是该种气体能吸收的光谱范围：臭氧对紫外线的削弱特别明显，在可见光的范围内主要是臭氧与氧气的吸收，在红外的范围内则主要是水蒸气与二氧化碳的吸收。图中纵坐标最低的实线就是考虑了气体吸收后到达地球表面的太阳能的光谱分布；第二种减弱作用称为散射（scattering）。所谓散射就是指对太阳投入辐射的辐射（redirection），又可分为分子散射（Rayleigh 散射），与米（Mie）散射两种。如图 8-24 所示，分子散射基本上向整个空间均匀地进行，因此可以说大约一半射向宇宙空间，另一半则到达地面；而米散射是由于大气层中的尘埃与悬浮微粒所造成，它使得辐射能基本沿着投入的方向继续向前传递，因此这部分散射能量可以认为全部到达地球表面上。太阳辐射中没有受到吸收与散射的那部分能量则直接到达地球表面，称为太阳的直接辐射（图 8-24）。

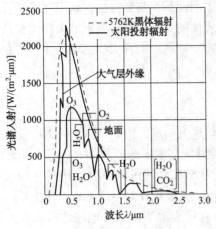

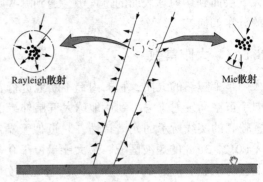

图 8-23　太阳辐射中的光谱分布　　　　图 8-24　太阳辐射穿过大气层被散射的情况

我国太阳能资源丰富，全国有三分之二地区全年的日照在 2200h 以上，全年平均可以得到的太阳辐照能量约为 $5.86 \times 10^6 \text{kJ/m}^2$。关于太阳能利用中的辐射传热问题本书下一章中还要讨论。

8.5.3　环境辐射

所谓环境辐射(environmental radiation)是指地球以及大气层中某些具有辐射能力成分的辐射。

先来看地球表面的辐射。地球表面的辐射力也可以用四次方公式表示：

$$E = \varepsilon \sigma T^4 \tag{8-27}$$

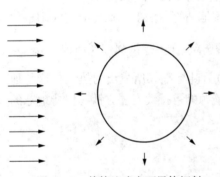

图 8-25　估算地球表面黑体辐射
温度的示意图

这里 ε、T 分别是地球表面某种平均的发射率与温度。地球表面大部分地区被水覆盖，由表 8-1 知道，厚度大于一定数值的水层其发射率很高，接近于黑体；至于地球表面的平均温度我们可以做一个这样的近似估算。从总体上说，地球从太阳辐射得到的能量应该与地球自身向宇宙空间发出的辐射能相平衡，宇宙空间的平均温度只有 4K，接近于绝对零度。设地球的平均表面温度为 T、直径为 d，则如图 8-25 所示，有：

$$\left(\frac{\pi}{4} d^2 \right) S_c = \pi d^2 \varepsilon \sigma T^4, \quad \text{即 } E_e = \frac{1}{4} S_c$$

代入有关数据可得：

$$T = \sqrt[4]{\frac{1367 \times 10^8}{4} \text{W/m}^2 \times \frac{1}{5.67 \text{W/(m}^2 \cdot \text{K}^4)}} = 279\text{K}$$

据有关资料地球表面的平均温度一年中在 $250 \sim 320\text{K}$ 之间变，上述计算是与此相符合的。如果以平均温度为 290K 计算，则按照维恩位移定律，地球的辐射能量中以波长为 10μm 的红外线为最多。

气象学研究表明，大气层对地球表面投入辐射可以表示成：

$$G_{\text{atm}} = \sigma T_{\text{sky}}^4 \tag{8-28}$$

176

式中，T_{sky} 称为等效的天空温度（effective sky temperature），其值与天气条件有关：寒冷的晴朗的天空此值可能低达 230K，而暖和有雾的天空可以达到 285K。冬天晴朗的夜晚，天空有效辐射温度较低，使地球表面向天空的辐射散热增加，地面温度下降较多，低于零度时就会结霜。因而冬日有浓霜夜晚，第二天常是大晴天，就是这个道理。

8.5.4　部分物体对太阳能的吸收比

我们曾在 8-4 节中曾指出，在研究物体与太阳辐射的相互作用时不能把物体作为灰体，也即这时物体对太阳辐射的吸收比不等于自身的发射率。表 8-4 中列出了一部分材料的数据，仅供参考。

表 8-4　部分材料的 300K 时的发射率与对太阳能的吸收比

表　面	α_S	$\varepsilon(300K)$	α_S/ε
涂在金属底板上的白漆	0.21	0.96	0.22
涂在金属底板上的黑漆	0.97	0.97	1
无光泽的不锈钢	0.50	0.21	2.4
红砖	0.63	0.93	0.68
人的皮肤（某种白种人）	0.62	0.97	0.64
雪	0.28	0.97	0.29
玉米叶子	0.76	0.97	0.78

8.6　本章小结

热辐射的物理机制与导热和对流截然不同，本章中引进了许多新的概念与定律，正确理解与掌握这些概念与定律是学好辐射传热计算的基础。本节中就对这些新的概念与定律按顺序作简要的小结（见表 8-5）。

表 8-5　本章基本定律与概念小结

定律或概念的名称	基本内容
1. 黑体	理想的辐射与吸收物体，自然界中并不存在，但可以用黑体模型来逼近，黑体的量用下标 b 表示
2. 辐射力	单位辐射面积向半球空间辐射出去的各种波长能量的总和，E，单位 W/m^2
3. 光谱辐射力	单位辐射面积向半球空间辐射出去的包括波长 λ 在内的单位波长间隔内的辐射能，E_λ，单位 $W/(m^2 \cdot m)$
4. 定向辐射强度	单位可见辐射面积向半球空间 θ 方向的单位立体角中辐射出去的各种波长能量的总和，I_θ，单位 $W/(m^2 \cdot sr)$
5. 投入辐射	单位时间内从外界投入到单位表面积上的各种波长能量的总和，G，单位 W/m^2
6. 吸收比	投入辐射中被吸收能量的百分数，α；仅涉及某一波长的能量时冠以光谱二字，记为 $\alpha(\lambda)$；仅涉及某一方向时冠以定向二字，记为 $\alpha(\theta)$；同时涉及某个波长和某个方向时则记为 $\alpha(\lambda, \theta)$

定律或概念的名称	基本内容
7. 穿透比	投入辐射中穿透过物体能量的百分数，τ，仅涉及某一波长的能量时冠以光谱两字，记为 $\tau(\lambda)$
8. 反射比	投入辐射中被反射能量的百分数，ρ，仅涉及某一波长的能量时冠以光谱两字，记为 $\rho(\lambda)$
9. 发射率	物体的辐射力与同温度下黑体辐射力之比，ε，仅涉及某一波长的能量时冠以光谱两字，记为 $\varepsilon(\lambda)$；仅涉及某一方向时冠以定向二字，记为 $\varepsilon(\theta)$；同时涉及某个波长和某个方向时则记为 $\varepsilon(\lambda, \theta)$
10. 灰体	光谱吸收率与波长无关的物体，其引入大大简化了辐射传热的工程计算
11. 斯忒藩-玻耳兹曼定律	描述黑体辐射力的定律，式(8-5)，是工程辐射换热计算的基础
12. 普朗克定律	描述黑体辐射能按波长分布的规律，式(8-6)
13. 维恩定律	给出份额最大的光谱辐射能的波长，式(8-7)
14. 兰贝特定律	描述黑体辐射能按空间方向分布的规律，式(8-15b)
15. 漫射体	辐射能按空间分布满足兰贝特定律的物体，大多数工程材料可近似地处理为漫射体
16. 基尔霍夫定律	有三个层次的描述，表8-3；其中漫灰表面的 $\alpha = \varepsilon$ 的表述是工程辐射传热计算的基础；研究物体与太阳能的作用时不能把物体作为灰体

本章应用举例

【例8-7】 人造卫星表面对太阳辐射吸收率的允许值的估计。

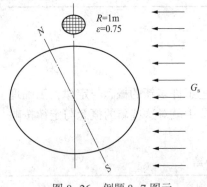

如图8-26所示，一个研究卫星绕地球的近极点的轨道运行，使得卫星可以总是受到太阳的直接辐射。为了姿态控制，卫星绕与轨道相一致的轴旋转。卫星呈球形，外径1m，其内的各种电子器件的散热量为1250W。卫星的外壳需要维持在265~305K的温度。已知壳体的发射率为0.75，其温度均匀。试估算能允许的卫星表面对太阳能辐射的吸收率。

图8-26 例题8-7图示

题解：

分析：卫星与太阳间的辐射作用是卫星最主要的换热过程，因此可假设不考虑卫星与地球间的辐射换热；宇宙空间按0K的物体处理，则卫星表面得到的是太阳的辐射和内部电子器件的散热量。传递到宇宙空间的是其自身辐射，根据热平衡有：

$$\alpha_s G_s A + \phi_e = \varepsilon \sigma T^4 A$$

式中，α_s 是卫星表面的吸收率，A 为卫星接受太阳辐射的面积，ϕ_e 是电子器件的功率。于是有

$$\alpha_s = \frac{4\pi R^2 \varepsilon \sigma T^4 - \phi_e}{\pi R^2 G_s}$$

计算：卫星需要维持外表面温度在265~305K。因此最小与最大的吸收率分别为：

$$\alpha_{s,min} = \frac{4\pi \times 1m^2 \times 0.75 \times 5.67 \times 10^{-8} W/(m^2 \cdot K^4) \times (265K)^4 - 1250W}{\pi/m^2 \times 1367W/m^2} = 0.323$$

178

$$\alpha_{s,max} = \frac{4\pi \times 1m^2 \times 0.75 \times 5.67 \times 10^{-8}W/(m^2 \cdot K^4) \times (305K)^4 - 1250W}{\pi/m^2 \times 1367W/m^2} = 0.786$$

讨论：为使卫星表面对太阳辐射的吸收率达到所需的值，可对表面材料敷设专门的涂层。在太空飞行的物体，辐射是其散热的唯一方式，所以航天事业是促进辐射传热研究发展的主要动力之一。本章引用的辐射名著[13]的作者就是长期从事美国航天事业的研究者。

【例8-8】 开一个极小的孔，可以分别测出从腔体左右两个顶面上发出的总的辐射能。由于试样本身温度较低，可以认为试样向外发射的主要是反射的能量，对波长 λ，反射能量正比于 $\rho(\lambda)G_\lambda$，从图中的 A 方向用测定定向辐射强度的仪器可以测定这份能量，而从 B 方向则可测定正比于 $E_\lambda(T)_f$ 的能量，因为 $G_\lambda(T_f) = E_{b,\lambda}(T_f)$，所以两者之比即为 $\rho(\lambda)$。

参 考 文 献

[1] 王应时，范维澄，周力行. 燃烧过程数值计算[M]. 北京：科学出版社，1986.

[2] Keramida E P, Liakos H H, Founti M A, Boudouvis A G, Markatos N C. Radiative heat transfer in natural gas-fired furnaces[J]. International Journal of Heat and Mass Transfer, 2000, 43(10)：1801–1809.

[3] 侯晓春，季鹤鸣，刘庆国等. 高性能航空燃气轮机燃烧技术[M]. 北京：国防工业出版社，2002.

[4] Tian W, Huang W, Chiu W. Thermal radiative properties of a semitransparent fiber coated with a thin absorbing film[J]. Journal of Heat Transfer, 2007, 129(6)：763–767.

[5] Venugopalan V, You J S, Tromberg B J. Radiative transport in the diffusion approximation：an extension for highly absorbing media and small source-detector separations [J]. Physical Review E, 1998, 58(2)：2395–2407.

[6] Bose D, Wright M J, Palmer G E. Uncertainty analysis of laminar aeroheating predictions for Mars entries [J]. Journal of Thermophysics and Heat Transfer, 2006, 20(4)：652–662.

[7] 夏新林，谈和平，余其铮等. 用蒙特卡洛方法计算红外光学系统的杂散光[J]. 计算物理，1997, 14(4–5)：680~681.

[8] 谈和平，夏新林，刘林华等. 红外辐射特性与传输的数值计算——计算热辐射学[M]. 哈尔滨：哈尔滨工业大学出版社，2006.

[9] 刘静. 微米/纳米尺度传热学[M]. 北京：科学出版社，2001.

[10] 余其铮. 辐射换热原理[M]. 哈尔滨：哈尔滨工业大学出版社，2000.

[11] 张琳. 梯度折射率介质内辐射传递方程数值模拟的有限元法[D]. 哈尔滨：哈尔滨工业大学，2009.

[12] Siegel R, Howell J R. Thermal Radiation Heat Transfer[M]. New York：Taylor & Francis, 2002.

[13] Sakami M, Charette A. Application of a modified discrete ordinates method to two-dimensional enclosures of irregular geometry[J]. Journal of Quantitative Spectroscopy and Radiative Transfer, 2000, 64(3)：275–298.

[14] Amiri H, Mansouri S H, Coelho P J. Application of the modified discrete ordinates method with the concept of blocked-off region to irregular geometries [J]. International Journal of Thermal Sciences, 2011, 50(4)：515–524.

[15] Mishra S C, Hari Krishna C. Analysis of radiative transport in a cylindrical enclosure-an application of the modified discrete ordinate method[J]. Journal of Quantitative Spectroscopy and Radiative Transfer, 2011, 112(6)：1065–1081.

[16] Byun D Y, Baek S W, Kim M Y. Prediction of radiative heat transfer in a 2D enclosure with blocked-off, multi-block, and embeded boundary treatments[J]. Heat Transfer Division, 2000, 366(1)：119–126.

[17] Pontaza J P, Reddy J N. Least-squares finite element formulations for one-dimensional radiative transfer [J]. Journal of Quantitative Spectroscopy and Radiative Transfer, 2005, 95(3)：387–406.

[18] Zhou H C, Cheng Q, Huang Z F, He C. The influence of anisotropic scattering on the radiative intensity in a

gray, plane-parallel medium calculated by the DRESOR method[J]. Journal of Quantitative Spectroscopy and Radiative Transfer, 2007, 104(1): 99-115.

[19] Wang C A, Sadat H, Ledez V, Lemonnier D. Meshless method for solving radiative transfer problems in complex two-dimensional and three-dimensional geometries[J]. International Journal of Thermal Sciences, 2010, 49(12): 2282-2288.

[20] Viskanta R, Grosh R J. Heat transfer by simultaneous conduction and radiation in an absorbing medium [J]. Journal of Heat Transfer, 1962, 84(1): 63-72.

[21] 罗剑锋. 镜漫反射下多层吸收散射性介质内的瞬态耦合换热[D]. 哈尔滨：哈尔滨工业大学, 2002.

[22] Liu L H. Transient coupled radiation-conduction in infinite semitransparent cylinders[J]. Journal of Quantitative Spectroscopy and Radiative Transfer, 2002, 74(1): 97-114.

[23] Talukdar P, Mishra S C. Transient conduction-radiation interaction in a planar packed bed with variable porosity [J]. Numerical Heat Transfer Part A, 2003, 44(3): 281-297.

[24] Mishra S C, Lankadasu A. Transient conduction-radiation heat transfer in participating media using the lattice Boltzmann method and the discrete transfer method[J]. Numerical Heat Transfer Part A, 2005, 47(9): 935-954.

[25] Sadooghi P. Transient coupled radiative and conductive heat transfer in a semitransparent layer of ceramic [J]. Journal of Quantitative Spectroscopy and Radiative Transfer, 2005, 92(4): 403-416.

[26] Asllanaj F, Milandri A, Jeandel G, Roche J R. A finite difference solution of non-linear systems of radiative-conductive heat transfer equations[J]. International Journal for Numerical Methods in Engineering, 2002, 54 (11): 1649-1668.

[27] Tan J Y, Liu L H, Li B X. Least-squares collocation meshless approach for coupled radiative and conductive heat transfer[J], Numerical Heat Transfer Part B, 2006, 49(2): 179-195.

[28] David L, Nacer B, Pascal B, Gerard J. Transient radiative and conductive heat transfer in non-gray semitransparent two-dimensional media with mixed boundary conditions[J]. Heat and Mass Transfer, 2006, 42(4): 322-337.

[29] Ruan L M, Xie M, Qi H, An W, Tan H P. Development of a finite element model for coupled radiative and conductive heat transfer in participating media[J]. Journal of Quantitative Spectroscopy and Radiative Transfer, 2006, 102(2): 190-202.

[30] Talukdar P, Issendorff F, Trimis D, Simonson C. Conduction-radiation interaction in 3D irregular enclosures using the finite volume method[J]. Heat and Mass Transfer, 2008, 44(6): 695-704.

[31] Mondal B, Mishra S C. Analysis of 3-D conduction-radiation heat transfer using the lattice Boltzmann method [J]. Journal of Thermophysics and Heat Transfer, 2009, 23(1): 210-215.

[32] Zhao J M, Liu L H. Spectral element approach for coupled radiative and conductive heat transfer in semitransparent medium[J]. Journal of Heat Transfer, 2007, 129(10): 1417-1424.

[33] Zhao J M, Liu L H. Least-squares spectral element method for radiative heat transfer in semitransparent media [J]. Numerical Heat Transfer Part B, 2006, 50(5): 473-489.

[34] 赵军明. 求解辐射传递方程的谱元法[D]. 哈尔滨：哈尔滨工业大学, 2007.

[35] Abdallah P B, Le Dez V. Thermal emission of a two-dimensional rectangular cavity with spatial affine refractive index[J]. Journal of Quantitative Spectroscopy and Radiative Transfer, 2000, 66(6): 555-569.

[36] Huang Y, Xia X L, Tan H P. Radiative intensity solution and thermal emission analysis of a semitransparent medium layer with a sinusoidal refractive index[J]. Journal of Quantitative Spectroscopy and Radiative Transfer, 2002, 74(2): 217-233.

[37] Huang Y, Xia X L, Tan H P. Temperature field of radiative equilibrium in a semitransparent slab with a linear refractive index and gray walls[J]. Journal of Quantitative Spectroscopy and Radiative Transfer, 2002, 74(2):

249-261.

[38] Huang Y, Xia X L, Tan H P. Comparison of two methods for solving radiative heat transfer in a gradient index semitransparent slab[J]. Numerical Heat Transfer Part B, 2003, 44(1): 83-99.

[39] 黄勇. 梯度折射率半透明介质内热辐射传递研究[D]. 哈尔滨: 哈尔滨工业大学, 2002.

[40] Xia X L, Huang Y, Tan H P. Thermal emission and volumetric absorption of a graded index semitransparent medium layer[J]. Journal of Quantitative Spectroscopy and Radiative Transfer, 2002, 74(2): 235-248.

[41] Huang Y, Zhu K Y, Wang J. Temperature field of radiative equilibrium in a two-dimensional graded index medium with gray boundaries[J]. Journal of Quantitative Spectroscopy and Radiative Transfer, 2009, 110(12): 1013-1026.

[42] Liu L H. Discrete curved ray-tracing method for radiative transfer in an absorbing-emitting semitransparent slab with variable spatial refractive index[J]. Journal of Quantitative Spectroscopy and Radiative Transfer, 2004, 83(2): 223-228.

[43] Liu L H. Benchmark numerical solutions for radiative heat transfer in two-dimensional medium with graded index distribution[J]. Journal of Quantitative Spectroscopy and Radiative Transfer, 2006, 102(2): 293-303.

[44] Liu L H, Tan H P, Yu Q Z. Temperature distributions in an absorbing-emitting-scattering semitransparent slab with variable spatial refractive index[J]. International Journal of Heat and Mass Transfer, 2003, 46(15): 2917-2920.

[45] Xia X L, Ren D P, Tan H P. A Curve Monte Carlo Method for Radiative Heat Transfer in Absorbing and Scattering Gradient-Index Medium[J]. Numerical Heat Transfer Part B, 2006, 50(2): 181-192.

第9章 辐射传热的计算

本章讨论物体间辐射传热的计算方法,重点是固体表面间的辐射传热。首先介绍辐射传热计算中的一个重要几何因子—角系数,它的定义、性质及其计算方法,接着讨论由两个表面和多个表面组成的封闭腔内辐射传热的计算方法,然后简要介绍气体热辐射的计算,并以太阳能集热器和空间辐射制冷器为例分析辐射换热应用中的一些计算问题。在此基础上,综述辐射传热的强化和削弱的方法。最后是本章的小结与应用举例。

9.1 辐射传热的角系数

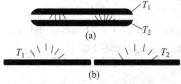

图 9-1 表面相对位置的影响

两个表面之间的辐射传热量与两个表面之间的相对位置有很大关系,图9-1示出了两个等温表面间的两种极端布置情况:图9-1(a)中两表面无限接近,相互间的换热量最大;图9-1(b)中两表面位于同一平面上,相互间的辐射传热量为零。由图可以看出,两个表面间的相对位置不同时,一个表面发出而落到另一个表面上的辐射能的百分数随之而异,从而影响到传热量。本节专门研究表面的形状及空间相对位置对这个百分数的影响和计算方法。

9.1.1 角系数的定义及计算假定

表面1发出的辐射能中落到表面2的百分数称为表面1对表面2的角系数(angle factor),记为$X_{1,2}$。同理也可以定义表面2对表面1的角系数。

在讨论角系数时,假定:ⓐ所研究的表面是漫射的;ⓑ在所研究的表面的不同地点上向外发射的辐射热流密度是均匀的。在这两个假定下,物体的表面温度及发射率的改变只影响该物体向外发射的辐射能的多少而不影响在空间的相对分布,因而不影响辐射能落到其他表面上的百分数。于是角系数就纯是一个几何因子,与两个表面的温度及发射率没有关系,从而给其计算带来很大的方便。实际工程问题虽然不一定满足这些假定,但由此造成的偏差一般均在工程计算允许的范围之内,因此这种处理方法在工程中广为采用。本书为讨论的方便,在研究角系数时把物体作为黑体来处理。但所得到的结论对于漫灰表面均适合。

在上述计算假定下,角系数有以下一些性质。

9.1.2 角系数的性质

9.1.2.1 角系数的相对性(reciprocity rule)

首先来看从一个微元表面dA_1到另一个微元表面dA_2的角系数(图9-2),记为X_{d_1,d_2},下标d_1、d_2分别代表dA_1和dA_2。按定义:

$$X_{d_1,d_2} = \frac{\text{落到} dA_2 \text{上由} dA_1 \text{发出的辐射能}}{dA_1 \text{向外发出的总辐射能}}$$

$$= \frac{I_{b1}\cos\theta_1 dA_1 d\Omega_1}{E_{b1}dA_1} = \frac{dA_2\cos\theta_1\cos\theta_2}{\pi r^2}$$

(9-1)

类似的有：

$$X_{d_2, d_1} = \frac{dA_1 \cos\theta_1 \cos\theta_2}{\pi r^2} \qquad (9-2)$$

由此可见：

$$dA_1 X_{d_1, d_2} = dA_2 X_{d_1, d_2} \qquad (9-3)$$

这是两微元表面间角系数相对性的表达式，它表明 X_{d_1, d_2} 与 X_{d_2, d_1} 不是独立的，它们受式(9-3)的制约。

两个有限大小表面 A_1、A_2 之间角系数的相对性可以通过分析图 9-3 所示两个黑体表面间的辐射传热量而获得。两个表面间的换热量记为 $\phi_{1,2}$，则有：

$$\phi_{1,2} = A_1 E_{b_1} X_{1,2} - A_2 E_{b_2} X_{2,1} \qquad (9-4)$$

当 $T_1 = T_2$ 时，净辐射传热量为零，则有：

$$A_1 X_{1,2} = A_2 X_{2,1} \qquad (9-5)$$

这是两个有限大小表面间角系数相对性的表达式。

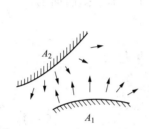

图 9-2 微元表面角系数
相对性证明图示

9.1.2.2 角系数的完整性(summation rule)

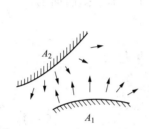

图 9-3 有限大小两表面间角
系数相对性证明的图示

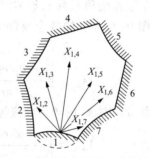

图 9-4 角系数完整性证明的图示

对于由几个表面组成的封闭系统(图 9-4)，据能量守恒原理，从任何一个表面发射出的辐射能必全部落到封闭系统的各表面上。因此，任何一个表面对封闭腔各表面的角系数之间存在下列关系(以表面 1 为例示出)：

$$X_{1,1} + X_{1,2} + X_{1,3} + \cdots + X_{1,n} = \sum_{i=1}^{n} X_{1,i} = 1 \qquad (9-6)$$

此式表达的关系称为角系数的完整性。表面 1 为非凹表面时，$X_{1,1} = 0$。若表面 1 为图中虚线所示的凹表面，则表面 1 对自己本身的角系数 $X_{1,1}$ 不为零。

9.1.2.3 角系数的可加性(superposition rule)

考虑如图 9-5 所示表面 1 对表面 2 的角系数。由于从表面 1 落到表面 2 上的总能量等于落到表面 2 上各部分的辐射能之和，于是有：

$$A_1 E_{b_1} X_{1,2} = A_1 E_{b_1} X_{1,2a} + A_1 E_{b_1} X_{1,2b}$$

故有：

$$X_{1,2} = X_{1,2a} + X_{1,2b}$$

如把表面 2 进一步分成若干小块，则仍有：

$$X_{1,2} = \sum_{i=1}^{N} X_{1, 2i} \qquad (9-7)$$

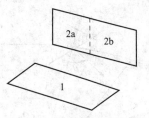

图 9-5　角系数可加性
证明图示

注意，利用角系数可加性时，只有对角系数符号中第二个角码可加的，对角系数符号中的第一个角码则不存在类似于式(9-7)这样的关系。由于从表面 2 发出落到表面 1 的总辐射能等于从表面 2 的各个组成部分发出而落到表面 1 上辐射能之和，对图 9-5 所示情况可写出：

$$A_2 E_{b_2} X_{2,1} = A_{2a} E_{b_2} X_{2a,1} + A_{2b} E_{b_2} X_{2b,1}$$

所以：

$$A_2 X_{2,1} = A_{2a} X_{2a,1} + A_{2b} X_{2b,1} \tag{9-8a}$$

$$X_{2,1} = X_{2a,1} \frac{A_{2a}}{A_2} + X_{2b,1} \frac{A_{2b}}{A_2} \tag{9-8b}$$

角系数的上述特性可以用来求解许多情况下两表面间的角系数之值，下面来讨论角系数的计算问题。

9.1.3　角系数的计算方法

角系数是计算物体间辐射传热所需的基本参数。确定物体间角系数的方法主要有直接积分法与代数分析法两种，我们将重点放在代数分析法上。

9.1.3.1　直接积分法

所谓直接积分法是按角系数的基本定义，通过求解多重积分而获得角系数的方法。对图 9-6 所示的两个有限大小的面积 A_1、A_2，据前面的讨论，有：

$$X_{d_1,d_2} = \frac{\cos\theta_1 \cos\theta_2 dA_2}{\pi r^2}$$

显然微元面积 dA_1 对 A_2 的角系数应为：

$$X_{d_{1,2}} = \int_{A_2} \frac{\cos\theta_1 \cos\theta_2 dA_2}{\pi r^2} \tag{9-9}$$

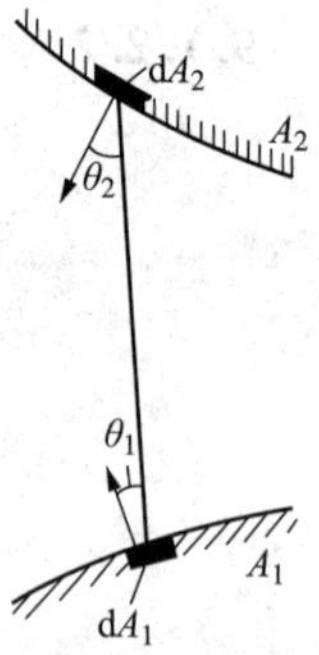

图 9-6　直接积
分法图示

而表面 A_1 对 A_2 的角系数则可以通过对式(9-9)右端做下列积分而得出：

$$A_1 X_{1,2} = \int_{A_1} \left(\int_{A_2} \frac{\cos\theta_1 \cos\theta_2 dA_2}{\pi r^2} \right) dA_1$$

即：

$$X_{1,2} = \frac{1}{A_1} \int_{A_1} \int_{A_2} \frac{\cos\theta_1 \cos\theta_2 dA_2 dA_1}{\pi r^2} \tag{9-10}$$

这就是求解任意两表面之间角系数的积分表达式。注意这是一个四重积分，情况下会遇到一些数学上的困难，需采用某些专门的技巧，有兴趣的读者可参考文献[1，2]。工程上已将大量几何结构角系数的求解结果绘制成图线，可参阅文献[3，4]。

本章给出了一些二维几何结构角系数的计算公式(表 9-1)以及三种典型三维几何结构的计算式(表 9-2)和工程计算图线(图 9-7~图 9-9)。为扩大表示范围，这些图线常常采用对数坐标，查图时要注意对数坐标的特点以及下标 1、2 所指的表面。

9.1.3.2　代数分析法

利用角系数的相对性、完整性及可加性，通过求解代数方程而获得角系数的方法称为代数分析法。下面，我们先利用此法导出由三个表面组成的封闭系统的角系数计算公式，然后进一步得出计算任意两个二维表面间角系数的交叉线法。

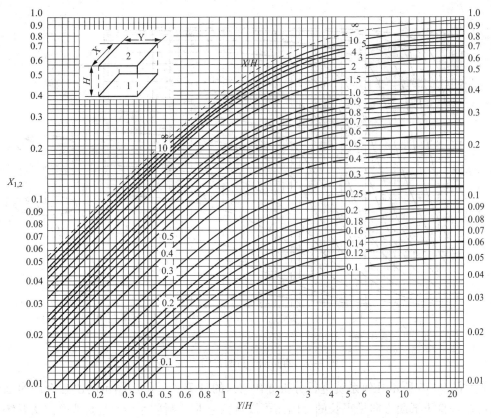

图 9-7 两平行长方形表面间的角系数

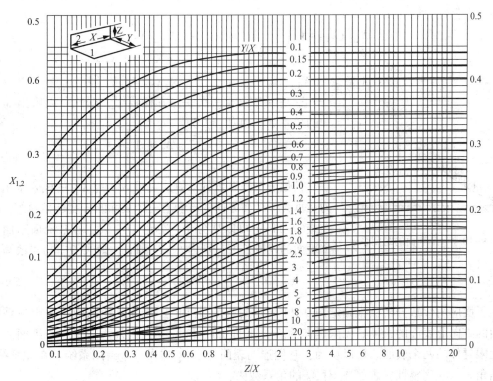

图 9-8 两垂直长方形表面间的角系数

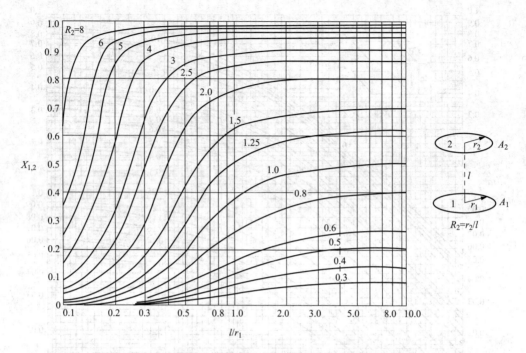

图 9-9　两同轴平行圆盘间的角系数

先对图 9-10 所示几何系统进行分析导出 $X_{1,2}$ 的计算式。假定图示的由三个凸表面组成的系统在垂直于纸面方向是很长的，因而可以认为它是个封闭系统（也就是说，从系统两端开口处逸出的辐射能可略去不计）。设三个表面的面积分别为 A_1、A_2 和 A_3。根据角系数的相对性和完整性可以写出：

$$X_{1,2}+X_{1,3}=1 \qquad X_{2,1}+X_{2,3}=1$$
$$X_{3,1}+X_{1,2}=1 \qquad A_1 X_{1,2}=A_2 X_{2,1}$$
$$A_1 X_{1,3}=A_3 X_{3,1} \qquad A_2 X_{2,3}=A_3 X_{3,2}$$

这是一个六元一次联立方程式组，据此可以解出 6 个未知的角系数。例如 $X_{1,2}$ 为：

$$X_{1,2} = \frac{A_1 + A_2 - A_3}{2A_1} \qquad (9-11)$$

其他五个角系数的计算式也可以仿照 $X_{1,2}$ 的模式求出。因为在垂直于纸面方向的方向上三个表面的长度是相同的，所以在式（9-11）中可以从分子、分母中消去。若系统横断面上三个表面的线段长度分别为 l_1、l_2 和 l_3，则式（9-11）可改写为：

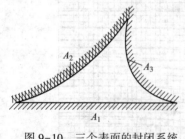

图 9-10　三个表面的封闭系统

$$X_{1,2} = \frac{l_1 + l_2 - l_3}{2l_1} \qquad (9-12)$$

下面应用代数分析法来确定图 9-11 所示的表面 A_1 和 A_2 之间的角系数。假定在垂直于纸面的方向上表面的长度是无限延伸的。做辅助线 ac 和 bd，它们代表在垂直于纸面的方向上无限延伸的两个表面。可以认为，它们连同表面 A_1，A_2 构成一个封闭系统。在此系统里，根据角系数的完整性，表面 A_1 对 A_2 的角系数为：

186

$$X_{\mathrm{ab,cd}} = 1 - X_{\mathrm{ab,ac}} - X_{\mathrm{ab,bd}} \qquad (9-13)$$

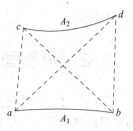

图 9-11　交叉线法图示

同时，也可以把图形 abc 和 abd 看成两个各由三个表面组成的封闭系统。对这两个系统直接应用式(9-7)，可写出两个角系数的表达式

$$X_{\mathrm{ab,ac}} = \frac{ab + ac - bc}{2ab} \qquad (9-14)$$

$$X_{\mathrm{ab,bd}} = \frac{ab + bd - ad}{2ab} \qquad (9-15)$$

将式(9-14)和式(9-15)代入式(9-13)可得

$$X_{\mathrm{ab,cd}} = \frac{(bc + ad) - (ac + bd)}{2ab} \qquad (9-16)$$

按照式(9-12)的组成，可以归纳出如下的一般关系：

$$X_{1,2} = \frac{交叉线之和 - 不交叉线之和}{2 \times 表面 A_1 的断面长度} \qquad (9-17)$$

对于在一个方向上长度无限延伸的多个表面组成的系统，任意两个表面之间的角系数的计算式，都可以参照式(9-17)的结构关系写出，因此又把这种方法称为交叉线法(cross-syring method)。

根据已知几何关系的角系数的资料，还可以推出其他几何关系的角系数。下面通过例题来作示例性的说明。

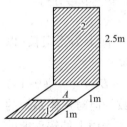

图 9-12　[例 9-1]图示

【例 9-1】　试确定图 9-12 所示的表面 1 对表面 2 的角系数 $X_{1,2}$。

题解：

分析：由图 9-12 可见，表面 2 对表面 A、表面 2 对表面(1+A)都是相互垂直的矩形，因此角系数 $X_{2,A}$ 与 $X_{2,(1+A)}$ 都可利用图 9-8 确定。

由角系数的可加性，有：

$$X_{2,(1+A)} = X_{2,1} + X_{2,A}$$

因此有

$$X_{2,1} = X_{2,(1+A)} - X_{2,A}$$

根据角系数的相对性可得到：

$$X_{1,2} = \frac{A_2 X_{2,1}}{A_1} = \frac{A_2(X_{2,(1+A)} - X_{2,A})}{A_1}$$

计算：由图 9-8 得：

$$X_{2,A} = 0.10, \quad X_{2,(1+A)} = 0.15$$

所以：

$$X_{1,2} = \frac{A_2 X_{2,1}}{A_1} = \frac{A_2(X_{2,(1+A)} - X_{2,A})}{A_1}$$

$$= \frac{2.5 \times (0.15 - 0.10)}{1} = 0.125$$

讨论：利用这样的分析方法可以得出不少几何结构的角系数，习题中将有更多这样的例子。采用代数分析法时最终得到的答案往往是一个比较小的数。因而计算时要注意有效数字的位数问题。

9.2 两表面封闭系统的辐射传热

如前所述，在能量传递的三种基本方式中，导热与对流都发生在直接接触的物体之间，而辐射传热则可以发生在两个被真空或透热介质隔开的表面之间。这里的透热介质指的是不参与热辐射的介质，例如空气。本节所讨论的固体表面间的辐射传热是指表面之间不存在参与热辐射介质的情形。

9.2.1 封闭腔模型及两黑体表面组成的封闭腔

9.2.1.1 封闭腔模型

热辐射是物体以电磁波方式向外界传递能量的过程，在计算任何一个表面与外界之间的辐射传热时，必须把由该表面向空间各个方向发射出去的辐射能考虑在内，也必须把由空间各个方向投入到该表面的辐射能包括进去，因此第 8 章在讨论热辐射特性时引入了半球空间的概念。当要计算一个表面通过热辐射与外界净换能量时，为了确保这一点，计算对象必须是包含所研究表面在内的一个封闭腔[2,5]。这个辐射传热封闭腔的表面可以全部是物理上真实的，也可以部分是虚构的。最简单的封闭腔就是两块无限接近的平行平板。本节只讨论由两个表面组成的封闭系统，重点在于灰体表面间辐射传热的计算方法。多表面系统下一节再分析。

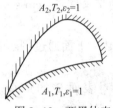

$A_2,T_2,\varepsilon_2=1$

$A_1,T_1,\varepsilon_1=1$

图 9-13 两黑体表面换热系统

9.2.1.2 两黑体表面封闭系统的辐射传热

如图 9-13 所示，黑体表面 1、2 在垂直于纸面方向上为无限长（以下简称二维系统），则表面 1、2 间的净辐射传热量为

$$\phi_{1,2} = A_1 E_{b_1} X_{1,2} - A_2 E_{b_2} X_{2,1} = A_1 X_{1,2}(E_{b_1} - E_{b_2}) = A_2 X_{2,1}(E_{b_1} - E_{b_2}) \tag{9-18}$$

由式（9-18）可见，黑体系统辐射传热量计算的关键在于求得角系数。但对灰体系统的情况就要复杂得多，这是因为：ⓐ灰体表面的吸收比小于 1，投入到灰体表面上的辐射能的吸收不是一次完成的，要经过多次反射；ⓑ由一个灰体表面向外发射出去的辐射能除了自身的辐射力（以后简称自身辐射）外还包括了被反射的辐射能在内。这就给辐射传热的计算增加了不少复杂性。

9.2.2 有效辐射

为了能以简洁明了的方式导得灰体系统的辐射传热量计算式，需要引入有效辐射的概念。

9.2.2.1 有效辐射的定义

前面已经指出，单位时间内投入到单位表面积上总辐射能称为该表面的投入辐射，记为 G。所谓有效辐射（radiosity）是指单位时间内离开表面单位面积的总辐射能，记为 J。有效辐射 J 不仅包括表面的自身辐射 E，而且还包括投入辐射 G 中被表面反射的部分 ρG。这里 ρ 为表面的反射比，可表示为 $(1-\alpha)$。考察表面温度均匀、表面辐射特性为常数的表面 1（图 9-14）。根据有效辐射的定义，表面 1 的有效辐射 J_1 有如下的表达式：

$$J_1 = E_1 + \rho_1 G_1 = \varepsilon_1 E_{b_1} + (1-\alpha)G_1 \tag{9-19}$$

在表面外能感受到的表面辐射就是有效辐射，它也是用辐射探测仪能测量到的单位表面

188

积上的辐射功率（W/m^2）。

9.2.2.2 有效辐射与辐射传热量的关系

图 9-14 表示了固体表面 1 自身发射与吸收外界辐射的情形，分别从离开表面非常近的外部 a-a 处与下处 b-b 处两个位置来写出表面 1 的能量收支。

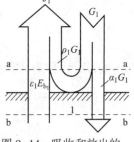

图 9-14 吸收和放出的表面辐射能量图

从表面 1 外部 a-a 来观察，其能量收支差额应等于有效辐射 J_1 与投入辐射 G_1 之差，即：

$$q = J_1 - G_1 \tag{9-20}$$

从表面 1 内部 b-b 处观察，该表面与外界的辐射换热量应为：

$$q = E_1 - \alpha_1 G_1 \tag{9-21}$$

从式（9-20）和式（9-21）中消去 G_1，即得有效辐射 J 与表面净辐射换热量 q 之间的关系：

$$J = \frac{E}{\alpha} - \frac{1-\alpha}{\alpha} \quad q = E_b - \left(\frac{1}{\varepsilon} - 1\right)q \tag{9-22}$$

为使表达式具有一般性，式（9-22）中的下角码"1"已经删除。但应注意，该式中的各个量均是对同一表面而言的，而且以向外界的净放热量为正值。有效辐射的概念以及式（9-22）在固体表面间辐射传热计算中有重要的作用。

9.2.3 两个漫灰表面组成的封闭腔的辐射传热

下面应用有效辐射的概念来分析由两个灰体表面组成的封闭系统的辐射传热。

由两个等温的漫灰表面组成的二维封闭系统可抽象为图 9-15 所示的四种情形。其中图（b）、（c）、（d）所代表的系统在垂直于纸面方向无限长（二维系统），图（a）所示情形既可代表二维的（A_1、A_2 为圆柱面），也可以是三维的（A_1、A_2 为球面）。无论对于那种情形，都可以写出表面 1、2 间的辐射传热量为：

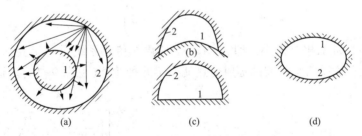

(a)　　　　　　　(c)　　　　　　　(d)

图 9-15 两个物体组成的辐射传热系统

$$\phi_{1,2} = A_1 J_1 X_{1,2} - A_2 J_2 X_{2,1} \tag{9-23}$$

同时应用式（9-22）有：

$$J_1 A_1 = A_1 E_{b_1} - \left(\frac{1}{\varepsilon_1} - 1\right)\phi_{1,2} \tag{9-24}$$

$$J_2 A_2 = A_2 E_{b_2} - \left(\frac{1}{\varepsilon_2} - 1\right)\phi_{2,1} \tag{9-25}$$

注意到，按能量守恒定律有：

$$\phi_{1,2} = -\phi_{2,1} \tag{9-26}$$

将式（9-24）、式（9-25）和式（9-26）代入式（9-23）可得：

$$\phi_{1,2} = \frac{E_{b_1} - E_{b_2}}{\dfrac{1-\varepsilon_1}{\varepsilon_1 A_1} + \dfrac{1}{A_1 X_{1,2}} + \dfrac{1-\varepsilon_2}{\varepsilon_2 A_2}} \tag{9-27a}$$

若用 A_1 作为计算面积，式(9-27a)可改写为：

$$\phi_{1,2} = \frac{A_1(E_{b_1} - E_{b_2})}{\left(\dfrac{1}{\varepsilon_1} - 1\right) + \dfrac{1}{X_{1,2}} + \dfrac{A_1}{A_2}\left(\dfrac{1}{\varepsilon_2} - 1\right)} \tag{9-27b}$$

$$= \varepsilon_s A_1 X_{1,2}(E_{b_1} - E_{b_2})$$

其中：

$$\varepsilon_s = \frac{1}{1 + X_{1,2}\left(\dfrac{1}{\varepsilon_1} - 1\right) + X_{2,1}\left(\dfrac{1}{\varepsilon_2} - 1\right)} \tag{9-28}$$

与黑体系统的辐射传热式(9-18)相比，灰体系统的计算式(9-27b)多了一个修正因子 ε_s。ε_s 的值小于 1，它是考虑由于灰体系统发射率之值小于 1 引起的多次吸收与反射对换热量影响的因子，称为系统发射率(又称为系统黑度)。

对于下列三种情形，式(9-27)可以进一步简化。

(1)表面 1 为平面或凸表面。此时 $X_{1,2} = 1$，式(9-27b)简化为：

$$\Phi_{1,2} = \frac{A_1(E_{b_1} - E_{b_2})}{\dfrac{1}{\varepsilon_1} + \dfrac{A_1}{A_2}\left(\dfrac{1}{\varepsilon_2} - 1\right)} \tag{9-29}$$

$$= \varepsilon_s A_1 \times 5.67\,\mathrm{W/(m^2 \cdot K^4)}\left[\left(\frac{T_1}{100}\right)^4 - \left(\frac{T_2}{100}\right)^4\right]$$

其中系统发射率为：

$$\varepsilon_s = \frac{1}{\dfrac{1}{\varepsilon_1} + \dfrac{A_1}{A_2}\left(\dfrac{1}{\varepsilon_2} - 1\right)}$$

(2)表面积 A_1 和 A_2 相差很小，即 $A_1/A_2 \to 1$ 的辐射传热系统是个重要的特例。实用上，有重要意义的无限大平行平板间的辐射传热就属于此种特例(见图 9-16)。这时，辐射换热量 $\phi_{1,2}$ 可按下式计算：

$$\phi_{1,2} = \frac{A_1(E_{b_1} - E_{b_2})}{\dfrac{1}{\varepsilon_1} + \dfrac{1}{\varepsilon_2} - 1} = \frac{A_1 \times 5.67\,\mathrm{W/(m^2 \cdot K^4)}\left[\left(\dfrac{T_1}{100}\right)^4 - \left(\dfrac{T_2}{100}\right)^4\right]}{\dfrac{1}{\varepsilon_1} + \dfrac{1}{\varepsilon_2} - 1} \tag{9-30}$$

(3)表面积 A_2 比 A_1 大得多，即 $A_1/A_2 \to 0$，表面 1 为非凹表面的辐射传热系统是又一个重要的特例：大房间内的小物体(如高温管道等)的辐射散热，以及气体容器(或管道)内热电偶测温的辐射误差等实际问题的计算都属于这种情况。这时，式(9-27)简化为

$$\phi_{1,2} = \varepsilon_1 A_1(E_{b_1} - E_{b_2}) = \varepsilon_1 A_1 \times 5.67\,\mathrm{W/(m^2 \cdot K^4)}\left[\left(\frac{T_1}{100}\right)^4 - \left(\frac{T_2}{100}\right)^4\right] \tag{9-31}$$

对于这个特例，系统发射率 $\varepsilon_s = \varepsilon_1$。也就是说，在这种情况下进行辐射传热计算，不需要知道包壳物体 2 的面积 A_2 及其发射率 ε_2。读者不妨自行分析一下为什么会有这样的结果。

上面所讨论的都是由两个表面组成的封闭系统，关于由 3 个或更多个表面组成的封闭系统的辐射传热将在下节用网络法求解。

【例 9-2】 液氧储存器为双层镀银的夹层结构(图 9-17)，外壁内表面温度 $t_{w_1} = 20℃$，内壁外表面温度 $t_{w_2} = -183℃$，镀银壁的发射率 $\varepsilon = 0.02$。试计算由于辐射传热每单位面积容器壁的散热量。

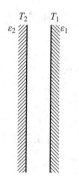

图 9-16　平行平板间辐射传热的示意图

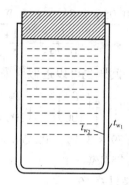

图 9-17　液氧储存容器示意图

解题：

分析：因为容器夹层的间隙很小，可认为属于无限大平行表面间的辐射传热问题。容器壁单位面积的辐射散热量可用式(9-16)计算。

计算：

$$T_{w_1} = t_{w_1} + 273K = (20 + 273)K = 293K$$
$$T_{w_2} = t_{w_2} + 273K = (-183 + 273)K = 90K$$

$$q_{1,2} = \frac{C_0\left[\left(\dfrac{T_{w_1}}{100}\right)^4 - \left(\dfrac{T_{w_2}}{100}\right)^4\right]}{\dfrac{1}{\varepsilon_1} + \dfrac{1}{\varepsilon_2} - 1} = \frac{5.67W/(m^2\cdot K^4)\,[(2.93K)^4 - (0.9K)^4]}{\dfrac{1}{0.02} + \dfrac{1}{0.02} - 1} = 4.18W/m^2$$

讨论：采用镀银壁对降低辐射散热量作用极大。作为比较，设 $\varepsilon_1 = \varepsilon_2 = 0.8$，则将有 $q_{1,2} = 276W/m^2$，即散热量增加 66 倍。

如果不采用抽真空的夹层，而是采用在容器外敷设保温材料的方法来绝热，取保温材料的保温系数为 $0.05W/(m\cdot K)$(这已经是相当好的保温材料了)，则按一维平板导热问题来计算，所需保温材料壁厚 δ 应满足下式：

$$4.18W/m^2 = 0.05W/(m\cdot K) \times \frac{[20 - (-183)]K}{\delta}$$

$$\delta = 2.43m$$

由此可见抽真空的低发射率夹层保温的有效性。

【例 9-3】 一根直径 $d = 50mm$、长度 $l = 8m$ 的钢管，被置于横断面为 $0.2m\times 0.2m$ 的砖槽道内，若钢管温度和发射率分别为 $t_1 = 250℃$、$\varepsilon_1 = 0.79$，砖槽壁面温度和发射率分别为 $t_2 = 27℃$、$\varepsilon_2 = 0.93$，试计算该钢管的辐射热损失。

解题：

分析：这是一个三维问题，但是因为 $l/d \gg 1$，可以近似地按二维问题处理，而直接应用式(9-15)计算钢管的辐射散热损失。

计算：

$$\Phi = \frac{A_1 C_0 \left[\left(\dfrac{T_1}{100} \right)^4 - \left(\dfrac{T_2}{100} \right)^4 \right]}{\dfrac{1}{\varepsilon_1} + \dfrac{A_1}{A_2}\left(\dfrac{1}{\varepsilon_2} - 1 \right)}$$

$$= \frac{3.14 \times 0.05\text{m} \times 8\text{m} \times 5.67\text{W/(m}^2\cdot\text{K}^4) \times [(5.23\text{K})^4 - (3.00\text{K})^4]}{\dfrac{1}{0.79} + \dfrac{3.14 \times 0.05}{4 \times 0.2} \times \left(\dfrac{1}{0.93} - 1 \right)} = 3.710\text{kW}$$

讨论：这一问题也可以近似地采用 $A_1/A_2 \approx 0$ 的模型。此时有：

$$\Phi = \varepsilon_1 A_1 C_0 \left[\left(\frac{T_1}{100} \right)^4 - \left(\frac{T_2}{100} \right)^4 \right]$$

$$= 0.79 \times 3.14 \times 0.05\text{m} \times 8\text{m} \times 5.67\text{W/(m}^2\cdot\text{K}^4) \times [(5.23\text{K})^4 - (3.00\text{K})^4]$$

$$= 3.754\text{kW}$$

与上述结果只差 1%。

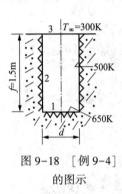

图 9-18　[例 9-4]的图示

【例 9-4】　一直径 $d = 0.75\text{m}$ 的圆筒形埋地式加热炉采用电加热方法加热，如图 9-18 所示。在操作过程中需要将炉子顶盖移去一段时间，设此时筒身温度为 500K，筒底为 650K，环境温度为 300K。试计算顶盖移去期间单位时间内的热损失。设筒身和底面均可作为黑体。

解题：

分析：从加热炉的侧壁与底面通过顶开口散失到厂房中的辐射热量几乎全部被厂房中的物体吸收，返回到加热炉内的比例几乎为零，因此可以把顶盖开口处当作一个假想的黑体表面，其温度则等于环境温度，这样就形成了由三个等温表面组成的黑体封闭腔。加热炉散失到厂房中的辐射能即为：

$$\phi = \phi_{2,3} + \phi_{1,3}$$
$$= A_2 X_{2,3} (E_{b_2} - E_{b_3}) + A_1 X_{1,3} (E_{b_1} - E_{b_3})$$

计算：据角系数图 9-9，$r_2/l = 0.375/1.5 = 0.25$，$l/r_1 = 1.5/0.375 = 4$，得：

$$X_{1,3} = 0.06, \quad X_{1,2} = 1 - 0.06 = 0.94$$

根据相对性得：

$$X_{2,1} = \frac{A_1}{A_2} X_{1,2} = \frac{3.14 \times 0.75^2/4}{3.14 \times 0.75 \times 1.5} \times 0.94 = 0.118$$

再据相对性得 $X_{2,1} = X_{2,3}$，故最后得：

$$\Phi = 3.14 \times 0.75\text{m} \times 1.5\text{m} \times 0.118 \times \frac{5.67\text{W}}{\text{m}^2\cdot\text{K}^4} \times [(5\text{K})^4 - (3\text{K})^4] + \frac{3.14}{4} \times (0.75\text{m})^2$$

$$\times 0.06 \times \frac{5.67\text{W}}{\text{m}^2\cdot\text{K}^4} \times [(6.5\text{K})^4 - (3\text{K})^4]$$

$$= 1286\text{W} + 256\text{W} = 1542\text{W}$$

讨论：在上述计算中利用 9.1 节中的式 (9-4) 计算两黑体表面间的辐射传热，该两个表面并未形成封闭系统。这里要特别指出，只有对于黑体表面，不形成封闭腔的两表面之间的辐射传热计算才具有确定结果；而对于灰体表面，这样的计算不能得出确定的结果，其数值

192

将随环境条件的不同而改变[5]。鉴于这一原因，本书不讨论不构成封闭腔的任意两表面间的辐射传热，而把注意力集中到工程计算最感兴趣的问题——一个表面通过辐射传热所传递的净辐射传热量。对于这种计算，必须采用封闭腔的模型。

9.3 多表面系统的辐射传热

在由两个表面组成的封闭系统中，一个表面的净辐射换热量也就是该表面与另一表面间的辐射传热量。而在多表面系统中，一个表面的净辐射换热量是与其余各表面分别换热的换热量之和。工程计算的主要目的是获得一个表面的净辐射传热量，这是本节讨论的重点。对于被透热介质隔开的多表面系统，可以采用网络法得出计算各个表面的有效辐射的联立方程，当表面数量大时，需要通过计算机求解来获得有效辐射以及每一表面的净辐射传热量。

9.3.1 两表面换热系统的辐射网络

根据有效辐射的计算式(9-22)得：

$$q = \frac{E_b - J}{\frac{1 - \varepsilon}{\varepsilon}} \text{ 或 } \Phi = \frac{E_b - J}{\frac{1 - \varepsilon}{\varepsilon A}} \tag{9-32}$$

又根据9.2节式(9-23)：

$$\phi_{1,2} = A_1 J_1 X_{1,2} - A_2 J_2 X_{2,1} = A_1 X_{1,2}(J_1 - J_2)$$

由此得：

$$\phi_{1,2} = \frac{J_1 - J_2}{\frac{1}{A_1 X_{1,2}}} \tag{9-33}$$

将式(9-32)和式(9-33)与电学中的欧姆定律相比可见：换热量相应于电流强度；$E_b - J$ 或 $J_1 - J_2$ 相当于电势差；$\frac{1-\varepsilon}{\varepsilon A}$ 及 $\frac{1}{A_1 X_{1,2}}$ 相当于电阻，分别称为辐射传热的表面辐射热阻及空间辐射热阻，因为它们分别取决于表面的辐射特性及表面空间机构(角系数 X)，E_b 相当于电源电动势，而 J 则相当于节点电压。这两个辐射热阻的等效电路如图9-19所示。利用上述两个单元电路，可以容易地画出组成封闭系统的两个灰体表面间辐射传热的等效网络，如图9-20所示。根据这一等效网络，可以立即写出下列换热量计算式：

$$\phi = \frac{E_{b_1} - E_{b_2}}{\frac{1 - \varepsilon_1}{\varepsilon_1 A_1} + \frac{1}{A_1 X_{1,2}} + \frac{1 - \varepsilon_2}{A_2 \varepsilon_2}}$$

这就是上一节的式(9-27a)。

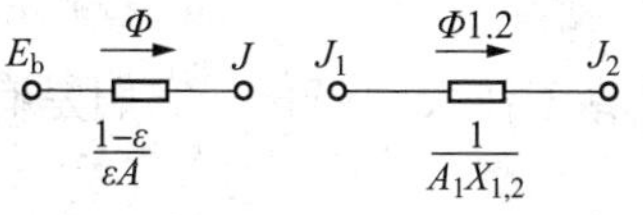

图 9-19 辐射传热单元网络图

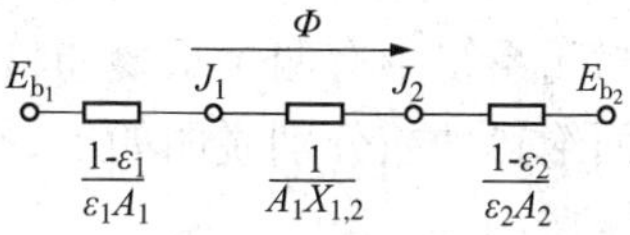

图 9-20 两表面封闭腔辐射传热等效网络图

这种把辐射热阻比拟成等效的电阻从而通过等效的网络图来求解辐射传热的方法，称为辐射传热的网络法（network method of radiation heat exchange）。

9.3.2 多表面封闭系统网络法求解的实施步骤

应用网络法求解多表面封闭系统辐射传热问题的步骤如下：

(1)画出等效的网络图。画图时应注意：(a)每一个参与换热的表面(净换热量不为零的表面)均应有一段相应的电路，它包括源电动势、与表面热阻相应的电阻及节点电势；(b)各表面之间的连接，由节点电势出发通过空间热阻进行。每一个节点电势都应与其他节点电势连接起来。

(2)列出节点的电流方程。画出等效网络图后，辐射传热问题就可作为直流电路问题来求解。以如图 9-21 所示的三表面的辐射传热问题为例，画出等效网络如图 9-22 所示。根据电学中的基尔霍夫定律，可列出三个节点处的电流方程如下：

$$J_1: \quad \frac{E_{b_1} - J_1}{\dfrac{1 - \varepsilon_1}{\varepsilon_1 A_1}} + \frac{J_2 - J_1}{\dfrac{1}{A_1 X_{1,2}}} + \frac{J_3 - J_1}{\dfrac{1}{A_1 X_{1,3}}} = 0$$

$$J_2: \quad \frac{E_{b_2} - J_2}{\dfrac{1 - \varepsilon_2}{\varepsilon_2 A_2}} + \frac{J_1 - J_2}{\dfrac{1}{A_1 X_{1,2}}} + \frac{J_3 - J_2}{\dfrac{1}{A_2 X_{2,3}}} = 0$$

$$J_3: \quad \frac{E_{b_3} - J_3}{\dfrac{1 - \varepsilon_3}{\varepsilon_3 A_3}} + \frac{J_1 - J_3}{\dfrac{1}{A_1 X_{1,3}}} + \frac{J_2 - J_3}{\dfrac{1}{A_2 X_{2,3}}} = 0$$

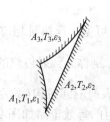
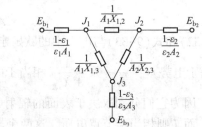

图 9-21　由 3 个表面组成的封闭腔　　图 9-22　三表面封闭腔的等效网络图

(3)求解上述代数方程得出节点电势(表面有效辐射)J_1、J_2、J_3。

(4)按公式 $\Phi_i = \dfrac{E_{b_i} - J_i}{\dfrac{1 - \varepsilon_i}{\varepsilon_i A_i}}$ 确定每个表面的净辐射传热量。

9.3.3 三表面封闭系统的两种特殊情形

在三表面封闭系统中有两个重要的特例可使计算工作大为简化，它们是有一个表面为黑体或有一个表面绝热，兹分别说明如下。

(1)有一个表面为黑体。设图 9-21 中表面三为黑体。此时其表面热阻 $\dfrac{1 - \varepsilon_3}{\varepsilon_3 A_3} = 0$。从而有 $J_3 = E_{b_3}$，网络图简化成如图 9-23(a)所示。这时上述代数方程简化为二元方程组。

194

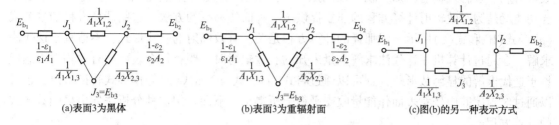

(a)表面3为黑体　　　　　(b)表面3为重辐射面　　　　　(c)图(b)的另一种表示方式

图9-23　三表面系统的两个特例

（2）有一个表面绝热，即净辐射传热量 q 为零。设表面3绝热，则：

$$J_3 = E_{b_3} - \left(\frac{1}{\varepsilon} - 1 \right) q = E_{b_3} \tag{9-34}$$

即该表面的有效辐射等于某一温度下的黑体辐射。但与已知表面3为黑体的情形所不同的是：此时绝热表面的温度是未知的，而由其他两个表面所决定，其等效网络如图9-23（b）所示。注意，此处 $J_3 = E_{b_3}$ 是一个浮动的电势，取决于 J_1、J_2 及其间的两个表面热阻。图9-23（c）是其另一种表示方法，可以更清楚地看出上述特点。

辐射传热系统中，这种表面温度未定而净的辐射传热量为零的表面称为重辐射面。对于三表面系统，当有一个表面为重辐射面时，其余两个表面间的净辐射传热量可方便地按图9-23（c）写出，为：

$$\phi_{1,2} = \frac{E_{b_1} - E_{b_2}}{\sum R_t} \tag{9-35}$$

其中总阻力为：

$$\sum R_t = \frac{1 - \varepsilon_1}{\varepsilon_1 A_1} + \frac{1 - \varepsilon_2}{\varepsilon_2 A_2} + R_{eq} \tag{9-36}$$

按电学原理，并联电路的等效电阻为：

$$R_{eq} = \frac{1}{\dfrac{1}{\dfrac{1}{A_1 X_{1,2}}} + \dfrac{1}{\dfrac{1}{A_1 X_{1,3}} + \dfrac{1}{A_2 X_{2,3}}}}$$

$$R_{eq} = \frac{\dfrac{1}{A_1 X_{1,2}} \left(\dfrac{1}{A_1 X_{1,3}} + \dfrac{1}{A_2 X_{2,3}} \right)}{\dfrac{1}{A_1 X_{1,2}} + \dfrac{1}{A_1 X_{1,3}} + \dfrac{1}{A_2 X_{2,3}}} \tag{9-37}$$

将式（9-37）和式（9-36）代入式（9-35），即可求得 $\phi_{1,2}$。

值得指出，在工程辐射传热计算中常会遇到有重辐射面的情形。电炉及加热炉中保温很好的耐火炉墙就是这种绝热表面。这时可以认为它把落在其表面上的辐射能又完全重新辐射出去，因而被称为重辐射面。虽然重辐射面与换热表面之间无净辐射热量交换，但它的重辐射作用却影响到其他换热表面间的辐射传热。

9.3.4　多表面封闭系统辐射传热计算的几点说明

9.3.4.1　适合计算机求解的有效辐射计算表达式

由前面的讨论可见，封闭腔中每一个表面净辐射传热量计算的关键是要获得该表面的有效辐射。一旦有效辐射已知，就可以利用式(9-18)确定其辐射传热量。辐射传热网络法主要功能就是为有效辐射计算方程的建立提供了一种简便易行的方法，这些计算方程如本节式(a)、式(b)和式(c)所示。但那样的计算方程是关于有效辐射的隐式形式，不适宜于迭代法求解。在通过计算机用迭代法求解大量未知的有效辐射时，要将每个表面的有效辐射表达成易于迭代求解的显函数形式，这可以通过将式(a)、式(b)和式(c)等作形式转换得出，也可以通过对封闭腔中任意表面作能量收支平衡分析得出。下面采用这种分析法导出显函数形式的计算方程。

假设由 N 个漫灰表面组成的封闭腔中，每个表面的温度 T_i 为已知，为简便起见，假定每个表面都不是内凹的，即 $X_{i,j}=0$，$i=1 \sim N$，在此条件下对任意表面 i 有：

$$J_i = \varepsilon_i \sigma T_i^4 + (1 - \varepsilon_1) \sum_{j=1}^{N} J_j X_{j,i} A_j / A_i$$

利用角系数的相对性 $A_j X_{j,i} = A_i X_{i,j}$，上式可化为

$$J_i = \varepsilon_i \sigma T_i^4 + (1 - \varepsilon_i) \sum_{j=1}^{N} J_j X_{i,j}, \quad i = 1, 2, \cdots, N \tag{9-38}$$

利用直接解法或迭代法求解代数方程组(9-20)，得出各个表面的有效辐射后，即可利用式(9-18)计算出各个表面的净辐射传热量。关于求解多表面辐射传热问题的更多内容(例如部分表面给定温度，而其余表面给定热流密度)可参见文献[1, 2]。

9.3.4.2 计算表面数的划分以热边界条件为依据

这里要特别指出的一点是，对于多表面系统的问题，表面的划分应以热边界条件为主要依据。例如对于一个六面体，如果给定了顶面与底面的温度，而4个侧面绝热，则4个侧面即可作为一个表面处理，从而使该问题成为一个三表面的封闭系统。

进一步，如果顶面的温度不是均匀分布的，则可根据需要将它分为几个子区域，在每个子区域中认为温度均匀。子区域的数目就是顶面新的计算表面数。

【例9-5】 两块尺寸均匀为1m×2m、间距为1m的平行平板置于室温 $t_3 = 27℃$ 的大厂房内。平板背面不参与换热。已知两板的温度和发射率分别为 $t_1 = 827℃$、$t_2 = 327℃$ 和 $\varepsilon_1 = 0.2$、$\varepsilon_2 = 0.5$，试计算每块板的净辐射散热量及厂房墙壁所得到的辐射热量。

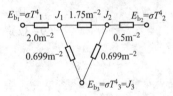

图9-24 ［例9-5］的网络图

题解：

分析：本题是3个灰表面间的辐射传热问题。因厂房墙壁表面积 A_3 很大，其表面热阻 $1-\varepsilon_3/(\varepsilon_3 A_3)$ 可取为零。因此，$J_3 = E_{b_3}$ 是个已知量，而其等效网络图如图9-24所示。

计算：根据给定的几何特性 $X/D = 2$、$Y/D = 1$，由图9-7查出：

$$X_{1,2} = X_{2,1} = 0.285$$

而

$$X_{1,3} = X_{2,3} = 1 - X_{1,2} = 1 - 0.285 = 0.715$$

计算网络中的各热阻值：

$$\frac{1 - \varepsilon_1}{\varepsilon_1 A_1} = \frac{1 - 0.2}{0.2 \times 2m^2} = 2.0m^{-2}$$

$$\frac{1 - \varepsilon_2}{\varepsilon_2 A_2} = \frac{1 - 0.5}{0.5 \times 2m^2} = 0.5m^{-2}$$

$$\frac{1}{A_1 X_{1,2}} = \frac{1}{2\mathrm{m}^2 \times 0.285} = 1.75\mathrm{m}^{-2}$$

$$\frac{1}{A_1 X_{1,3}} = \frac{1}{2\mathrm{m}^2 \times 0.715} = 0.699\mathrm{m}^{-2}$$

$$\frac{1}{A_2 X_{2,3}} = \frac{1}{2\mathrm{m}^2 \times 0.715} = 0.699\mathrm{m}^{-2}$$

以上各热阻的数值已标出在图 9-24 上。对节点 J_1、J_2 应用直流电路的基尔霍夫定律，得：

$$J_1: \quad \frac{E_{b_1} - J_1}{2} + \frac{J_2 - J_1}{1.75} + \frac{E_{b_3} - J_1}{0.699} = 0$$

$$J_2: \quad \frac{J_2 - J_1}{1.75} + \frac{E_{b_3} - J_2}{0.699} + \frac{E_{b_2} - J_2}{0.5} = 0$$

而：

$$E_{b_1} = C_0 \left(\frac{T_1}{100}\right)^4 = 5.76\mathrm{W/(m^2 \cdot K^4)} \times \left(\frac{1100}{100}\mathrm{K}\right)^4 = 83.01 \times 10^3 \mathrm{W/m^2} = 83.01\mathrm{kW/m^2}$$

$$E_{b_2} = C_0 \left(\frac{T_2}{100}\right)^4 = 5.76\mathrm{W/(m^2 \cdot K^4)} \times \left(\frac{600}{100}\mathrm{K}\right)^4 = 7.348 \times 10^3 \mathrm{W/m^2} = 7.348\mathrm{kW/m^2}$$

$$E_{b_3} = C_0 \left(\frac{T_3}{100}\right)^4 = 5.76\mathrm{W/(m^2 \cdot K^4)} \times \left(\frac{300}{100}\mathrm{K}\right)^4 = 459\mathrm{W/m^2} = 0.459\mathrm{kW/m^2}$$

将 E_{b_1}、E_{b_2}、E_{b_3} 值代入方程，联立求解得：

$$J_1 = 18.33\mathrm{kW/m^2} \qquad J_2 = 6.347\mathrm{kW/m^2}$$

于是板 1 的辐射传热量：

$$\Phi_1 = \frac{E_{b_1} - J_1}{\dfrac{1 - \varepsilon_1}{\varepsilon_1 A_1}} = \frac{83.01 \times 10^3 \mathrm{W} - 18.33 \times 10^3 \mathrm{W}}{2} = 32.34 \times 10^3 \mathrm{W} = 32.34\mathrm{kW}$$

板 2 的辐射传热量：

$$\Phi_2 = \frac{E_{b_2} - J_2}{\dfrac{1 - \varepsilon_2}{\varepsilon_2 A_2}} = \frac{7.348 \times 10^3 \mathrm{W} - 6.437 \times 10^3 \mathrm{W}}{2} = 1.822 \times 10^3 \mathrm{W} = 1.822\mathrm{kW}$$

厂房墙壁的辐射传热量：

$$\Phi_3 = \frac{E_{b_3} - J_1}{0.699} + \frac{E_{b_3} - J_2}{0.699} = -\left(\frac{E_{b_1} - J_1}{2} + \frac{E_{b_2} - J_2}{0.5}\right) = -(\Phi_1 + \Phi_2)$$

$$= -(32.34 \times 10^3 \mathrm{W} + 1.822 \times 10^3 \mathrm{W}) = -34.16\mathrm{kW}$$

讨论：表面 1、2 的净辐射传热量均为正值，说明两个表面都向环境放出了热量。按能量守恒定律，这份能量必为墙壁所吸收。上述结果中的负号就表示了这一物理意义。又，本题为简化分析，设平板 1、2 的背面不参与辐射传热。如果设平板 1、2 的背面分别为表面 4、5，其温度及发射率分别与其正面的一样，试画出这时的等效网络图，并分析表面热阻 $R_{4,5}$、$R_{4,1}$、$R_{4,2}$、$R_{5,1}$、$R_{5,2}$ 之值。

【例 9-6】 假定例 9-5 中大房间的墙壁为重辐射表面，在其他条件不变时，试计算温度较高表面的净辐射散热量。

题解：

分析：本例题与例9-5的区别在于把房间墙壁看成是绝热表面，于是房间墙壁不能把热量传向外界，其辐射网络见图9-23(c)。因其他条件不变，上例中各热阻值及 E_{b_1} 和 E_{b_2} 之值在本例中仍然有效。

计算：

$$R_1 = \frac{1-\varepsilon_1}{\varepsilon_1 A_1} = 2\,\text{m}^{-2}, \quad R_2 = \frac{1-\varepsilon_2}{\varepsilon_2 A_2} = 0.5\,\text{m}^{-2}$$

$$R_{1,2} = \frac{1}{A_1 X_{1,2}} = 1.75\,\text{m}^{-2}$$

$$R_{1,3} = \frac{1}{A_1 X_{1,3}} = 0.699\,\text{m}^{-2}, \quad R_{2,3} = R_{1,3} = 0.699\,\text{m}^{-2} \approx 0.7\,\text{m}^{-2}$$

$$E_{b_1} = 83.01\,\text{kW/m}^2, \quad E_{b_2} = 7.348\,\text{kW/m}^2$$

串、并联电路部分的等效电阻为：

$$R_{eq} = \frac{1}{R_{1,2}} + \frac{1}{R_{2,3} + R_{1,3}} = \frac{1}{1.75\,\text{m}^{-2}} + \frac{1}{0.7\,\text{m}^{-2} + 0.7\,\text{m}^{-2}} = 1.29\,\text{m}^2$$

所以：

$$R_{eq} = \frac{1}{1.29\,\text{m}^2} = 0.78\,\text{m}^{-2}$$

总阻值为：

$$\Sigma R = R_1 + R_{eq} + R_2 = (2 + 0.78 + 0.5)\,\text{m}^{-2} = 3.28\,\text{m}^{-2}$$

温度较高的表面的净辐射散热量为：

$$\Phi_{1,2} = \frac{E_{b_1} - E_{b_2}}{\Sigma R} = \frac{83.01 \times 10^3\,\text{W/m}^2 - 7.348 \times 10^3\,\text{W/m}^2}{3.28\,\text{m}^{-2}} = 23.06 \times 10^3\,\text{W} = 23.06\,\text{kW}$$

讨论：表面3改为重辐射面后辐射传热情况发生了重要变化：首先高温表面1的净换热量减少了约29%；其次表面2在上例中也是一个净放热的表面，而这里则成为一个净吸热的表面。所以，在进行多表面系统辐射传热的计算时，是否确认其中某个表面为重辐射面必须谨慎。从数学、物理建模的角度看，这相当于要正确地给出热边界条件。

【例9-7】 有一辐射采暖间，加热设施布置于顶棚，房间尺寸为4m×5m×3m，见图9-25。根据实测已知：顶棚表面温度 $t_1 = 25℃$，$\varepsilon_1 = 0.9$；边墙2内表面温度 $t_2 = 10℃$，$\varepsilon_2 = 0.8$；其余三面边墙的内表面温度及发射率相同，将它们作为整体看待，统称为 A_3，$t_3 = 13℃$，$\varepsilon_3 = 0.8$；底面的表面温度 $t_4 = 11℃$，$\varepsilon_4 = 0.6$。试求：(1)顶棚的总辐射传热量；(2)其他3个表面的净辐射传热量。

题解：

分析：本题可看作4个灰表面组成的封闭腔的辐射传热问题，其辐射传热网络如图9-26所示。为了说明网络法所列出的节点方程与应用计算机求解的有效辐射方程式(9-20)之间的关系，我们先按基尔霍夫定律写出四个节点的电流方程：

$$\frac{E_{b_1} - J_1}{\dfrac{1-\varepsilon_1}{\varepsilon_1 A_1}} + \frac{J_2 - J_1}{\dfrac{1}{A_1 X_{1,2}}} + \frac{J_3 - J_1}{\dfrac{1}{A_1 X_{1,3}}} + \frac{J_4 - J_1}{\dfrac{1}{A_1 X_{1,4}}} = 0$$

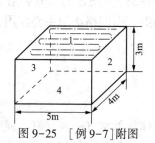

图9-25 [例9-7]附图

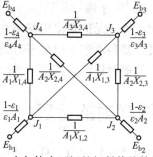

图9-26 4个灰体表面间的辐射传热等效网络图

$$\frac{E_{b_2} - J_2}{\frac{1 - \varepsilon_2}{\varepsilon_2 A_2}} + \frac{J_1 - J_2}{\frac{1}{A_2 X_{2,1}}} + \frac{J_3 - J_2}{\frac{1}{A_2 X_{2,3}}} + \frac{J_4 - J_2}{\frac{1}{A_2 X_{2,4}}} = 0$$

$$\frac{E_{b_3} - J_3}{\frac{1 - \varepsilon_3}{\varepsilon_3 A_3}} + \frac{J_1 - J_3}{\frac{1}{A_3 X_{3,1}}} + \frac{J_2 - J_3}{\frac{1}{A_3 X_{3,2}}} + \frac{J_4 - J_3}{\frac{1}{A_3 X_{3,4}}} = 0$$

$$\frac{E_{b_4} - J_4}{\frac{1 - \varepsilon_4}{\varepsilon_4 A_4}} + \frac{J_1 - J_4}{\frac{1}{A_4 X_{4,1}}} + \frac{J_2 - J_4}{\frac{1}{A_4 X_{4,2}}} + \frac{J_3 - J_4}{\frac{1}{A_4 X_{4,3}}} = 0$$

把它们改写成为关于 $J_1 \sim J_4$ 的代数方程后，有：

$$-\left(\frac{1}{1 - \varepsilon_1}\right) J_1 + X_{1,2} J_2 + X_{1,3} J_3 + X_{1,4} J_4 = \frac{\varepsilon_1 E_{b_1}}{\varepsilon_1 - 1}$$

$$X_{2,1} J_1 - \left(\frac{1}{1 - \varepsilon_2}\right) J_2 + X_{2,3} J_3 + X_{2,4} J_4 = \frac{\varepsilon_2 E_{b_2}}{\varepsilon_2 - 1}$$

$$X_{3,1} J_1 + X_{3,2} J_2 - \left(\frac{1}{1 - \varepsilon_3}\right) J_3 + X_{3,4} J_4 = \frac{\varepsilon_3 E_{b_3}}{\varepsilon_3 - 1}$$

$$X_{4,1} J_1 + X_{4,2} J_2 + X_{4,3} J_3 - \left(\frac{1}{1 - \varepsilon_4}\right) J_4 = \frac{\varepsilon_4 E_{b_4}}{\varepsilon_4 - 1}$$

显然，以上4式可统一写成：

$$J_i = \varepsilon_i \sigma T_i^4 - (1 - \varepsilon_i) \sum_{j=1}^{4} J_j X_{i,j}$$

这就是式(9-38)应用于 $N=4$ 的情形。

计算：各对表面间的角系数可按给定条件求出，其值为

$$X_{1,2} = 0.15, \quad X_{1,3} = 0.54, \quad X_{1,4} = 0.31$$

$$X_{2,1} = 0.25, \quad X_{2,3} = 0.50, \quad X_{2,4} = 0.25$$

$$X_{3,1} = 0.27, \quad X_{3,2} = 0.14, \quad X_{3,3} = 0.32, \quad X_{3,4} = 0.27$$

$$X_{4,1} = 0.31, \quad X_{4,2} = 0.15, \quad X_{4,3} = 0.54$$

$$X_{1,1} = X_{2,2} = X_{4,4} = 0$$

数值求解的结果为：

(1)顶棚的总辐射传热量 $\phi_1 = 1204.5\text{W}$

199

(2)其余 3 个表面的净辐射传热量为 $\phi_2 = -395.5W$，$\phi_3 = -450.5W$，$\phi_4 = -358.5W$。

讨论：由本例可见，无论是采用网络法还是采用由式(9-38)所规定的有效辐射显函数形式的表达式，最终都要求解一组关于有效辐射的代数方程组。而网络法的主要作用，实质上是给出了列出有效辐射代数方程的一种简捷方法。

9.4 气体辐射的计算

在工业上常见的温度范围内，分子结构对称的双原子气体，如空气、氢、氧、氮等，实际上并无发射和吸收辐射能的能力，可认为是热辐射的透明体。但是，臭氧、二氧化碳、水蒸气、二氧化硫、甲烷、氯氟烃和含氢氯氟烃(两者俗称氟利昂)等三原子、多原子以及结构不对称的双原子气体(一氧化碳)却具有相当大的辐射本领。当这类气体出现在换热场合中时，就要涉及气体和固体间的辐射传热计算。由于燃油、燃煤及燃气的燃烧产物中通常包含有一定浓度的二氧化碳和水蒸气，所以这两种气体的辐射在动力工程计算上特别重要。本节着重介绍二氧化碳和水蒸气的辐射和吸收特性。

本节首先分析气体辐射不同于固体、液体辐射的特点，然后简要介绍处于一定容器内具有辐射特性的气体的吸收比及发射率的确定方法，最后给出气体与黑体包壳间辐射传热的计算方法。

9.4.1 光谱辐射能在气体层中的定向传递

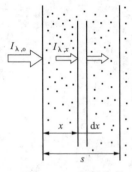

图 9-27 辐射能在气层中的传递

当辐射能通过吸收性气体层时，因沿途被气体吸收而削弱。削弱的程度取决于辐射强度及途中所碰到的气体分子数目。气体分子数目则和射线行程长度及气体密度 ρ 有关[$\rho = f(p, T)$]。见图 9-27，考察波长为 λ 的光谱辐射的削弱。投射到气体界面 $x=0$ 处的光谱辐射强度为 $I_{\lambda,0}$ 通过一段距离 x 后该辐射强度变为 $I_{\lambda,x}$。通过微元气体层 dx 后，光谱辐射强度 $I_{\lambda,x}$ 的减少量为 $dI_{\lambda,x}$。辐射强度的相对减少量 dI/I 正比例于气体层厚度 dx，故 $dI_{\lambda,x}$ 正比于 $I_{\lambda,x}dx$ 这个乘积。于是可得：

$$dI_{\lambda,x} = -k_\lambda I_{\lambda,x}dx$$

式中，k_λ 为光谱减弱系数，它取决于气体的种类、密度和波长。当气体的温度和压力为常数时，k_λ 不变，对上式积分可得：

$$\int_{I_{\lambda,0}}^{I_{\lambda,s}} \frac{dI_{\lambda,x}}{I_{\lambda,x}} = -k_\lambda \int_0^s dx \qquad \frac{I_{\lambda,s}}{I_{\lambda,0}} = e^{-k_\lambda s}$$

$$I_{\lambda,s} = I_{\lambda,0}e^{-k_\lambda s} \qquad (9-39)$$

式(9-21)的规律称为贝尔(Beer)定律，表明光谱辐射强度在吸收性气体中传播时按指数规律衰减。$I_{\lambda,s}/I_{\lambda,0}$ 正是厚度为 s 的气体层的单色穿透比 $\tau(\lambda, s)$，所以：

$$\tau(\lambda, s) = e^{-k_\lambda s} \qquad (9-40)$$

对于气体，反射比 $\rho=0$，而得 $\tau(\lambda, s) + \alpha(\lambda, s) = 1$，于是可得气体层吸收比：

$$\alpha(\lambda, s) = 1 - e^{-k_\lambda s} \qquad (9-41)$$

气体层的厚度 s 很大时 $\alpha(\lambda, s)$ 趋近于 1，但工程实际上所能碰到的气体辐射达不到这种程度。将基尔霍夫定律应用于光谱辐射，$\varepsilon(\lambda)=\alpha(\lambda)$，则气体层的光谱发射率为：

$$\varepsilon(\lambda, s) = 1 - e^{-k_\lambda s} \qquad (9-42)$$

9.4.2 平均射线程长的计算

上面讨论了某个特定波长的辐射能在某个特定方向上在气体中的传递过程。工程计算中重要的是确定气体在所有光带范围内辐射能的总和。这个总和是气体的辐射力 E_g，由实验测定。按发射率的定义，气体的发射率显然就是辐射力 E_g，与同温度下黑体辐射力之比，即 $\varepsilon_g = E_g / E_b$，气体发射率取决于气体的种类，不同气体的发射率不同。对于同一种气体，它的发射率又受哪些因素支配呢？下面来分析这个问题。

由于气体容积辐射的特点，辐射力与射线行程的长度(简称射线程长)有关，而射线程长取决于气体容积的形状和尺寸。从图 9-28 可知，从不同方向辐射到 A 或 B 处的射线程长是各不相同的。只有如图 9-29 所示的半球气体容积对球心 dA 的辐射，各个方向上的射线程长都是一样的，即半径 R，如果对其他气体形状采用当量半球的处理方法，就可以用当量半球的半径作为平均射线程长。所谓当量半球，是指半球内的气体具有与所研究的情况相同的温度、压力和成分时，该半球内气体对球心的辐射力，等于所研究情况下气体对指定地区的辐射力。实际上正是采用这种当量半球半径作为平均射线程长的方案。几种典型几何容积的气体对整个包壁或对某一指定地区的平均射线程长列于表 9-3 中。在缺少资料的情况下，任意几何形状气体对整个包壁辐射的平均射线程长可按下式计算：

$$s = 3.6 \frac{V}{A} \tag{9-43}$$

式中，V 为气体容积，m^3；A 为包壁面积，m^2。

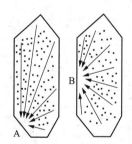 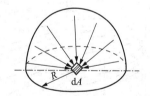

图 9-28　气体对不同地区的辐射　　　图 9-29　半球内气体对球心的辐射

使用表 9-3 时应注意，平均射线程长的数值取决于所讨论容器的几何形状与大小；对同一几何形状，平均射线程长还与被辐射的表面在容器壁面上的位置有关。

表 9-3　气体辐射的平均射线程长

气体容积的形状	特性尺度	受到气体辐射的位置	平均射线程长
球	直径 d	整个包壁或壁上的任何地方	$0.6d$
立方体	边长 b	整个包壁	$0.6b$
高度等于直径的圆柱体	直径 d	底面圆心	$0.77d$
		整个包壁	$0.6d$
两无限大平行平板之间	平板间距 H	平板	$1.8H$
无限长圆柱体	直径 d	整个包壁	$0.9d$
气体容积的形状	特性尺度	受到气体辐射的位置	平均射线程长

气体容积的形状	特性尺度	受到气体辐射的位置	平均射线程长
高度等于底圆直径两倍的圆柱体	直径 d	上下底面	$0.6d$
		侧面	$0.76d$
		整个包壁	$0.73d$
相对尺寸为 1×1×4 的正方柱体	短边 b	1×4 表面	$0.82b$
		1×1 表面	$0.78b$
		整个包壁	$0.81b$
位于叉排或顺排管束间的气体	节距 s_1、s_2 外直径 d	管束表面	$0.9d\left(\dfrac{4s_1s_2}{\pi d^2}-1\right)$

9.4.3　水蒸汽、二氧化碳发射率、吸收比的经验确定图线

9.4.3.1　水蒸气、二氧化碳对包壁上指定地点辐射的发射率

气体对容器壁的平均辐射力或对壁上某一指定地点的辐射力，受气体的温度、成分和沿途吸收性气体分子数目等因素所支配。沿途气体分子数显然与气体分压力 p 和平均射线程长 s 的乘积 ps 成正比。于是可写出

$$\varepsilon_g = f(T_g,\ ps) \tag{9-44}$$

用实验测定的气体发射率通常按式（9-26）关系表示成图线形式。图 9-30 是水蒸气发射率的图线。该图以气体温度 T_g 为横坐标。p_{H_2O} 为参变量，纵坐标为水蒸气的发射率 $\varepsilon_{H_2O}^*$。它

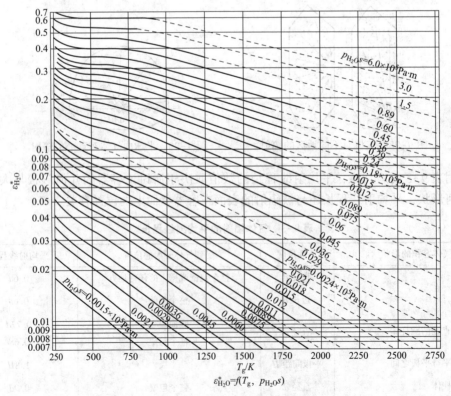

图 9-30　水蒸气的发射率曲线

是在气体总压力把水气分压力 $p = 10^5\mathrm{Pa}$，把水蒸气外推到零的理想情况下绘制的。为什么要把 $p_{\mathrm{H_2O}}$ 外推到零的理想情况呢？这是因为，对于水蒸气除了综合参量 $p_{\mathrm{H_2O}}s$ 影响气体发射率外，还有 $p_{\mathrm{H_2O}}$ 的单独影响。为了处理上的方便，就先把在一定 T_g，$p_{\mathrm{H_2O}}s$ 的单独影响按实验结果外推到，$p_{\mathrm{H_2O}}$ 零的极限状况，作为绘制 $\varepsilon_{\mathrm{H_2O}}^* = f(T_\mathrm{g},\ p_{\mathrm{H_2O}}s)$ 图线的依据。总压力 $P \neq 10^5\mathrm{Pa}$ 以及 $p_{\mathrm{H_2O}}$ 的单独影响则用系数 $C_{\mathrm{H_2O}}$ 予以修正，见图 9-31。于是水蒸气的发射率 $\varepsilon_{\mathrm{H_2O}}$ 为：

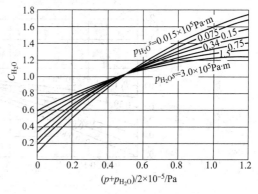

图 9-31　水蒸气的总压力与分压力修正系数

$$\varepsilon_{\mathrm{H_2O}} = C_{\mathrm{H_2O}}\varepsilon_{\mathrm{H_2O}}^*$$

同样，二氧化碳的 $\varepsilon_{\mathrm{CO_2}}^*$ 和 $C_{\mathrm{CO_2}}$ 分别示出图 9-32 和图 9-33。二氧化碳的发射率 $\varepsilon_{\mathrm{CO_2}}$ 为：

$$\varepsilon_{\mathrm{CO_2}} = C_{\mathrm{CO_2}}\varepsilon_{\mathrm{CO_2}}^*$$

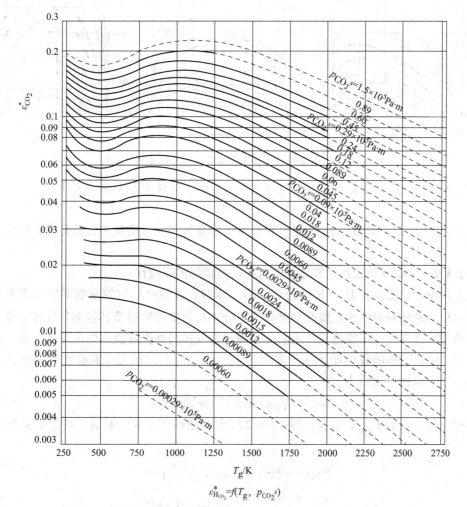

$\varepsilon_{\mathrm{H_{CO_2}}}^* = f(T_\mathrm{g},\ p_{\mathrm{CO_2}}s)$

图 9-32　二氧化碳气体的发射率曲线

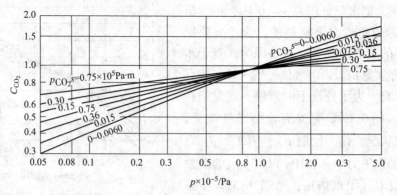

图 9-33 二氧化碳气体的修正系数

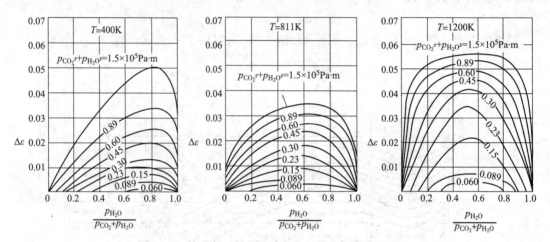

图 9-34 水蒸气、二氧化碳混合气体发射率修正曲线

当气体中同时存在水蒸气和二氧化碳两种成分时，气体发射率由下式计算：

$$\varepsilon_{g} = C_{H_2O}\varepsilon_{H_2O}^{*} + C_{CO_2}\varepsilon_{CO_2}^{*} - \Delta\varepsilon \tag{9-45}$$

式中修正量 $\Delta\varepsilon$，由图 9-34 确定，它是由于水蒸气和二氧化碳光带部分重叠而引入的修正量。

9.4.3.2 水蒸气和二氧化碳对黑体包壳内热辐射的吸收比

以上讨论了确定含有 H_2O 和（或）CO_2 的气体对容器包壁辐射的发射率的计算方法。气体在发出辐射能的同时，也在接受并吸收一部分来自器壁的辐射及其他部分气体的辐射。因为气体辐射有选择性，不能把它作为灰体，而且在气体与外壳有换热的情况下，也不处于热平衡状态，所以气体吸收比 α_{g} 不等于发射率 ε_{g}。水蒸气和二氧化碳共存的混合气体对黑体外壳辐射的吸收比可表示为

$$\alpha_{g} = C_{H_2O}\alpha_{H_2O}^{*} + C_{CO_2}\alpha_{CO_2}^{*} - \Delta\alpha \tag{9-46}$$

其中，修正系数 C_{H_2O} 和 C_{CO_2}，与式（9-27）中的相同，而 $\alpha_{H_2O}^{*}$ 和 $\alpha_{CO_2}^{*}$ 确定可采用下列经验处理方案：

$$\alpha_{H_2O}^{*} = \left[\varepsilon_{H_2O}^{*}\right]_{T_w,\ p_{H_2O}s(T_w/T_g)}\left(\frac{T_g}{T_w}\right)^{0.45} \tag{9-47a}$$

$$\alpha_{CO_2}^{*} = \left[\varepsilon_{CO_2}^{*}\right]_{T_{CO_2},\ p_{CO_2}s(T_w/T_g)}\left(\frac{T_g}{T_w}\right)^{0.65} \tag{9-47b}$$

$$\Delta\alpha = \left[\Delta\varepsilon\right]_{T_w} \tag{9-47c}$$

204

其中 T_w 为气体外壳的壁面温度，方括号的下角码是指确定方括号内的量时所用的参量。

9.4.4 气体与黑体包壳间的辐射传热计算

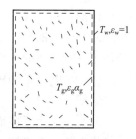

图 9-35 导出公式
(9-30)的模型

在气体发射率和吸收比确定之后，气体与黑体外壳之间的辐射传热计算十分简单。这时可以采用两平行平壁间辐射传热的简化模型（图9-35）：由于燃气所发出的辐射能及所受到的壁面辐射均要通过图中虚线所示位置的边界，因而可以用该虚线边界来代替燃烧室内的燃气辐射，该边界具有温度 T_g 发射率 ε_g 及吸收比 α_g，这样只要把气体的自身辐射 $\varepsilon_g E_{b,g}$（气体温度为 T_g）减去气体的吸收辐射 $\alpha_g E_{b,w}$（外壳壁温为 T_w），就得到气体与外壳间换热的热流密度 q，即：

$$q = \varepsilon_g E_{b,g} - \alpha_g E_{b,w} = 5.67 \text{W}/(\text{m}^2 \cdot \text{K}^4)\left[\varepsilon_g\left(\frac{T_g}{100}\right)^4\right] - \alpha_g\left(\frac{T_w}{100}\right)^4 \tag{9-48}$$

应当指出，由于气体辐射传热的复杂性，关于气体辐射特性的计算至今为止仍然是一种半经验方式，本节介绍的基本上是在 Hottel 的 20 世纪 30 年代的实验测定数据基础上发展起来的方法，最近文献[6，7]中提出了据报道精度更高的方法，有兴趣的读者可以参考。另外，在不同的专业领域还有结合过程特点发展起来的一些半经验方法。关于气体与灰体外壳之间以及灰体封闭系统中存在吸收性气体时辐射传热的计算，可参见文献[2，8，9]

【例9-8】 在直径为 1m，长 2m 的圆形烟道中，有温度为 1027℃的烟气通过。若烟气总压力为 10^5Pa，其中二氧化碳占 10%，水蒸气占 8%，其余为不辐射气体，试计算烟气对整个包壁的平均发射率。

题解：

分析：为计算气体对容器整个包壁辐射的平均发射率，首先需要确定相应的平均射线程长，然后按式(9-27)计算。

计算：由表 9-3 查得平均射线程长：

$$s = 0.73d = 0.73 \times 1\text{m} = 0.73\text{m}$$

于是：

$$p_{H_2O}s = 0.08 \times 10^5 \text{Pa} \times 0.73\text{m} = 5.84 \times 10^3 \text{Pa} \cdot \text{m}$$

$$p_{CO_2}s = 0.1 \times 10^5 \text{Pa} \times 0.73\text{m} = 7.3 \times 10^3 \text{Pa} \cdot \text{m}$$

根据烟气温度 $T_g = (1027+273)\text{K} = 1300\text{K}$ 及值 $P_{H_2O}s$、$P_{CO_2}s$ 分别由图 9-31 和图 9-33 查得：

$$\varepsilon_{H_2O}^* = 0.068 , \qquad \varepsilon_{CO_2}^* = 0.092$$

计算参量：

$$(p + p_{H_2O})/2 = (1 + 0.08) \times 10^5 \text{Pa}/2 = 5.4 \times 10^4 \text{Pa}$$

$$p = 10^5 \text{Pa}$$

$$p_{H_2O}/(p_{H_2O} + p_{CO_2}) = 0.08/(0.08 + 0.1) = 0.444$$

$$(p_{H_2O} + p_{CO_2})s = (0.08 + 0.1) \times 10^5 \text{Pa} \times 0.73\text{m} = 0.131 \times 10^3 \text{Pa} \cdot \text{m}$$

分别从图 9-32~图 9-35 查得：

$$C_{H_2O} = 1.05, \ C_{CO_2} = 1.0, \ \Delta\varepsilon = 0.014$$

以上各值代入式(9-45)得：
$$\varepsilon_g = 1.05 \times 0.068 + 1.0 \times 0.092 - 0.014 = 0.149$$

讨论：由于气体辐射的容积特性，在论及气体的发射率时，一定要规定气体所处的容器形状及对容器的哪一部分而言的发射率，这里是指对整个圆筒体筒身包壁的平均值，近似地选用了短圆柱体的平均射线程长的计算方法。

【例 9-9】 若例9-8中的壁温 $t_w = 527℃$，其他条件不变，试确定烟气对外壳辐射的吸收比。

题解：

分析：由于气体辐射不具备灰体的特性，为计算气体的吸收比，需要根据容器壁温与气体温度的比值去查取气体发射率的图线。上题中已经查到的修正系数 $C_{H_2O} = 1.05$、$C_{CO_2} = 1.0$ 仍然可以采用。

计算下列参量：
$$p_{H_2O}s \frac{T_w}{T_g} = 0.0584 \times 10^5 \text{Pa·m} \times \frac{800K}{1300K} = 3.6 \times 10^3 \text{Pa·m}$$

$$p_{CO_2}s \frac{T_w}{T_g} = 0.073 \times 10^5 \text{Pa·m} \times \frac{800K}{1300K} = 4.5 \times 10^3 \text{Pa·m}$$

根据这些参量和 $T = 800K$，从图 9-31 和图 9-33 分别查得：
$$\varepsilon_{H_2O}^* = 0.088 \qquad \varepsilon_{CO_2}^* = 0.082$$

于是：
$$\alpha_{H_2O}^* = 0.088 \times \left(\frac{1300K}{800K}\right)^{0.45} = 0.109$$

$$\alpha_{CO_2}^* = 0.082 \times \left(\frac{1300K}{800K}\right)^{0.65} = 0.112$$

再根据：
$$T_w = 800K$$
$$p_{H_2O} / (p_{H_2O} + p_{CO_2}) = 0.444$$
$$(p_{H_2O} + p_{CO_2})s = 1.31 \times 10^4 \text{Pa·m}$$

在图 9-34 上查得 $\Delta\alpha = 0.008$

于是根据式(9-27)，气体吸收比为：
$$\alpha_g = 1.05 \times 0.109 + 1.0 \times 0.112 - 0.008 = 0.219$$

讨论：由例9-8得 $\varepsilon_g = 0.149$，而对包壁辐射的平均吸收比 $\alpha_g = 0.219$，气体的吸收比还取决于投入辐射表面的温度。气体的选择性吸收及非灰体的特点由此可以清楚地看出。读者不妨对 $T_w = 1200K$ 的情形重做上述计算，并在计算前估计 α_g 的变化趋向（相对于 $T_w = 800K$ 时的值）。

9.5 辐射传热的控制

在 1.1 节中已经指出，传热的强化或削弱是传热学研究的重要命题。辐射和导热、对流换热的物理机制不同，本节先讨论辐射传热的强化与削弱问题，关于导热与对流传热的强化或削弱将在下一章分析。

9.5.1 控制物体表面间辐射传热的方法

在一定的冷、热表面温度下控制(增强或削弱)表面间辐射传热量的方法，可以从计算辐射传热的网络法得到启示：控制表面热阻以及空间热阻。兹分述如下。

9.5.1.1　控制表面热阻

根据表面热阻的定义$\dfrac{1-\varepsilon}{A\varepsilon}$，改变表面热阻可以通过改变表面积 A 或改变发射率来实现。表面积一般由其他条件决定，控制表面发射率是一个有效的方法。值得指出，采用改变表面发射率方法来控制辐射传热量时首先应当改变对换热量影响最大的那个表面的发射率。以图 9-36 所示两无限长同心圆柱表面所组成封闭系统为例 $\varepsilon_1 = \varepsilon_2 = 0.5$，$A_1 = \dfrac{1}{10}A_2$，

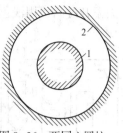

图 9-36　两同心圆柱表面间的辐射传热

则显然内圆柱面 1 的表面热阻$\dfrac{1-\varepsilon_1}{A_1\varepsilon_1}$所产生的影响远大于外圆柱面的热阻$\dfrac{1-\varepsilon_2}{A_2\varepsilon_2}$，两个表面热阻是串联的，见式(9-27a)，所以增加内圆柱面的表面热阻所产生的影响远比改变 ε_2 要明显。这就意味着要强化换热首先应减小各串联环节中最大的热阻项。

当物体的辐射传热涉及温度较低的红外辐射与太阳辐射时，强化或削弱辐射换热需要从控制红外辐射的发射率与对太阳辐射吸收的吸收比同时入手。以图 2-24 所示的平板型太阳能集热器为例，为了吸收尽可能多的太阳能，同时减少吸热板由于自身辐射而引起的损失，吸热板对太阳能的吸收比要尽可能地大，而自身的发射率则要尽量小。因为太阳辐射的主要能量集中在 $0.3 \sim 3\mu m$ 波长之间，而常温下物体的红外辐射的主要能量在波长大于 $3\mu m$ 的范围，所以在太阳能利用中吸热面材料的理想辐射特性应是在 $0.3 \sim 3\mu m$ 的波长范围内的光谱吸收比接近于 1，而在大于 $3\mu m$ 的波长范围内的光谱吸收比接近于零，如图 9-37 中曲线 1

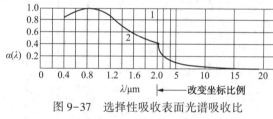

图 9-37　选择性吸收表面光谱吸收比随波长的变化举例

所示。换句话说，要求 α_s 尽可能大，而 ε 可能小。此处 ε 是常温下的发射率。因此，α_s/ε 比值是评价材料吸热性能的重要数据。用人工的方法改造表面，如对材料表面覆盖涂层是提高 α_s/ε 值的有效手段，近年来获得很大发展。这种涂层称为光谱选择性涂层，如在铜材上电镀黑镍镀层就是一个例子，其吸收比特性如图 9-38 中曲线 2 所示(图中曲线 1 是理想情况)。黑镍镀层的厚度对表面特性的影响示于表 9-4。由表中可以看出，黑镍镀层可使 α_s/ε 值提高到 10 左右。采用光谱选择性涂层是提高集热器效率的重要措施，选择性涂层更详尽的讨论可参阅文献[9, 10]。

这里要再次说明，不仅人工研制的涂层表面对太阳能的吸收比不等于其自身的发射率，而且一般材料也常是如此，见表 9-4。

表 9-4　黑镍镀层厚度对辐射特性的影响

镀层厚度指标/(mg/cm^2)	0.055	0.077	0.080	0.098	0.13
α_s	0.83	0.97	0.93	0.89	0.91
ε	0.08	0.07	0.09	0.09	0.11
α_s/ε	10.0	14.0	10.0	9.9	8.30

此外，人造地球卫星为了减少迎阳面（直接受到阳光照射的表面）与背阳面之间的温差，采用对太阳能吸收比小的材料作表面涂层；置于室外的发热设备（如变压器），为了防止夏天温升过高而用浅色油漆作为涂层。这些都是用减少发射率（吸收比）的方法来削弱传热的例子。

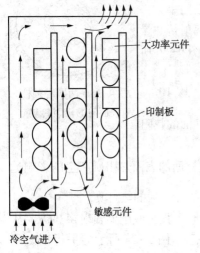

图9-38　电子机箱布置示意图

9.5.1.2　控制表面的空间热阻

空间热阻的定义 $\dfrac{1}{A_i X_{i,j}}$ 中面积 A 一般取决于工艺条件，所以改变空间热阻需要调整物体的辐射角系数。例如要增加一个发热表面的散热量，则应增加该表面与温度较低的表面间的辐射角系数。作为综合应用的实例，如图9-38所示的送风式电子器件机箱中元件布置的一般原则，对温度特别敏感的元件应放置于冷风入口处，此时从对流传热的角度，该处流体温度最低，换热温差大；从辐射的角度该处电子元件对冷表面的角系数远大于将元件置于印制板中间位置时的数值，因此此也增加了辐射传热。为了削弱两个表面间的辐射传热，采用遮热板是一种非常有效的方法，它能够使两种辐射热阻同时得到大幅度的增加。

9.5.2　遮热板的原理及其应用

9.5.2.1　遮热板削弱辐射传热的原理

所谓遮热板（radition shield）是指插入两个辐射传热表面之间用以削弱辐射传热的薄板。为了说明遮热板的工作原理，分析在两平行平板之间插入一块金属薄板所引起的辐射传热的变化。辐射表面和金属板的温度、吸收比如图9-39所示。为讨论方便起见，设平板和金属薄板都是灰体，并且 $\alpha_1 = \alpha_2 = \alpha_3 = \varepsilon$，根据式（9-30）可写出：

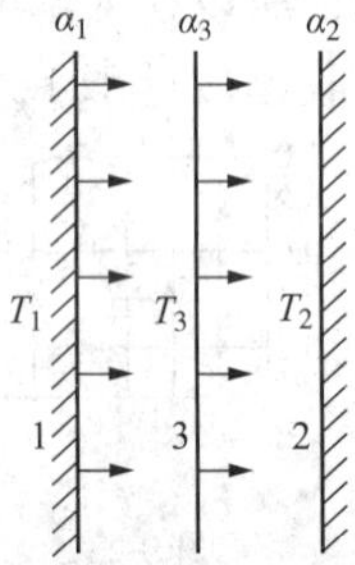

$$q_{1,3} = \varepsilon (E_{b_1} - E_{b_3}) \tag{9-49}$$

$$q_{3,2} = \varepsilon (E_{b_3} - E_{b_2}) \tag{9-50}$$

图9-39　遮热板

式中 $q_{1,3}$ 和 $q_{3,2}$ 分别为表面1对遮热板3和遮热板3对表面2的辐射传热热流密度。表面1，3及表面3、2两个系统的系统发射率相同，都是：

$$\varepsilon_s = \dfrac{1}{\dfrac{1}{\varepsilon} + \dfrac{1}{\varepsilon} - 1}$$

在热稳态条件下，$q_{1,3} = q_{3,2} = q_{1,2}$ 将式（9-49）和式（9-50）相加得：

$$q_{1,2} = \dfrac{1}{2} \varepsilon_s (E_{b_1} - E_{b_2}) \tag{9-51}$$

与未加金属薄板时的辐射传热相比，其辐射传热量减小了一半。为使削弱辐射传热的效果更为显著，实际上都采用发射率低的金属薄板作为遮热板。例如，在发射率为0.8的两个平行表面之间插入一块发射率为0.05的遮热板，可使辐射热量减小到原来的1/27。当一块遮热板达不到削弱换热的要求时，可以采用多层遮热板。

9.5.2.2 遮热板的应用

遮热板在工程技术上应用甚广，下面是4个应用实例。

（1）汽轮机中用于减少内、外套管间辐射传热[11]。国产 300MW（30万千瓦）汽轮机高、中压汽缸进气连接管的大致结构如图9-40所示，其内套管与内缸连接，外套管与外缸连接。高温蒸汽经内套管流入内缸，内套管的壁温较高。为减少内、外套管间的辐射传热，在其间安置了一个用不锈钢制成的圆筒形遮热罩。另外，300MW 汽轮机高压主汽门、中压联合汽门的阀杆上都有遮热板，燃气轮机进气部分有遮热衬套等都是应用实例。

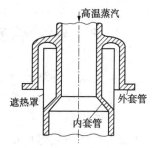

图9-40 进气连接管处的遮热罩

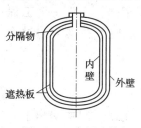

图9-41 多层遮热板保温容器示意图

（2）遮热板应用于储存液态气体的低温容器。储存液氮、液氧的容器见图9-41。为了提高保温效果，这里采用多层遮热板并抽真空的方法。遮热板用塑料薄膜制成，其上涂以反射比很大的金属箔层。箔层厚约 0.01~0.05mm 箔间嵌以质轻且导热系数小的材料作分隔层，绝热层中抽成高度真空。据实测，当冷面（内壁）温度为 20~80K，热面（容器外壁）温度为 300K 时，在垂直于遮热板方向上的导热系数可低达 $(5 \sim 10) \times 10^{-5} W/(m \cdot K)$ 可见其当量导热阻力是常温下空气的几百倍，故有超级绝热材料之称。

（3）遮热板用于超级隔热油管。世界上有不少石油埋藏于地层下千米乃至数千米处，黏度很大，开采时需注射高温高压蒸汽以使石油稀释。在将蒸汽输送到地面下数千米处的过程中，减少散热损失是件重要的工作。超级隔热油管就是采用了类似低温保温容器的多层遮热板并抽真空的方式制造而成的，其截面图如图9-42所示。目前世界上研制成功的这类油管半径方向的当量导热系数可降低到 0.003W/(m·K)。

（4）遮热板用于提高温度测量的准确度。图9-43为单层遮热罩抽气式热电偶测温的示意图。如果使用裸露热电偶测量高温气流的温度，高温气流以对流方式把热量传给热电偶，同时热电偶又以辐射方式把热量传给温度较低的容器壁。当热电偶的对流传热量等于其辐射散热量时，热电偶的温度就不再变化，此温度即为热电偶的指示温度。指示温度必低于气体的真实温度，造成测温误差。使用遮热罩抽气式热电偶时，热电偶在遮热罩保护下辐射散热减少，而抽气作用又增强了气体与热电偶的对流传热。此时热电偶的指示温度可更接近于气体的真实温度，使测温误差减小。采用多层遮热罩时效果更加明显。值得指出的是，为使遮热罩能对热电偶有效地起到屏蔽作用，热电偶离开遮热罩端口的距离 s 应大于 $(2 \sim 2.2)d$（图9-43）。

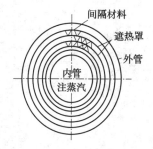

图9-42 多层遮热板超级隔热油管

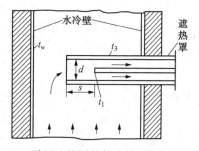

图9-43 单层遮热罩抽气式热电偶测温示意图

9.6 综合传热问题分析

本书以前各章分别研究了导热、对流传热和辐射传热的基本规律及工程计算方法。本章重点讨论的封闭腔中各表面间的换热也仅限于辐射。实际上，许多应用场合几种热量传递的机制同时起作用。这几种热量传递机制同时起作用的传递过程称为综合传热问题或复合传热问题(combined mode of heat transfer 或 multimode of heat transfer)。读者在学习传热学的基本知识的同时，应注意培养自己对实际传热问题的分析能力，逐步掌握在解决实际传热问题时如何提出问题、辨析过程、作出假设、建立模型和理论求解(或计算)的一整套方法。本节举两个实际问题作为综合分析的例子。值得指出，作为一个工程问题来处理时还要综合考虑其他因素，例如初投资、运行费用等，这些不在本节的讨论范围内。

9.6.1 测定炉膛辐射热流密度简易方法的原理分析

为了测定锅炉炉膛中水冷壁管所吸收的火焰辐射的热流密度，在文献[12]中提出了一种简易的测试方法，如图9-44所示。在相邻两根水冷壁管之间焊上一块薄壁金属过桥，并在其中心及两侧安置三对热电偶(例如 Ni-Cr/Al 热电偶)。现在要寻找所测定的过桥壁温与其所吸收的辐射热流密度的关系。

为此，可做以下简化假设：ⓐ过桥的导热系数为常数；ⓑ过桥的背火面与炉墙间的辐射传热可以不计；ⓒ在所测定的局部地区火焰对过桥表面的辐射热流是均匀的；ⓓ辐射热流一经表面吸收即成为平行于过桥壁面而向两侧传导的导热热流；ⓔ过桥表面温度远低于火焰温度；ⓕ过桥表面与烟气间的对流传热略而不计。根据这些简化假设，在离开过桥中心 x 处的截面上的导热热流量，应等于在这一区段中所吸收的辐射热量。把过桥表面看作为位于无限大包壁内的一个很小的面积，则有

$$-\lambda\delta\frac{\mathrm{d}T_w}{\mathrm{d}x} = \sigma x\varepsilon_w(T_g^4 - T_w^4) \tag{9-52}$$

式中 $\sigma\varepsilon_w(T_g^4-T_w^4)$ 为过桥单位面积上所净吸收的辐射热量 q。根据假设⑤，T_g^4 远大于 T_w^4；根据假设③，可认为 T_g 为常数。因而上式可简化为：

$$-\lambda\delta\frac{\mathrm{d}T_w}{\mathrm{d}x} = qx \tag{9-53}$$

分离变量得：

$$-\lambda\mathrm{d}T_w = \frac{q}{\delta}x\mathrm{d}x$$

积分得：

$$-\lambda T_w = \frac{1}{2}\frac{q}{\delta}x^2 + c \tag{9-54}$$

当 $x=0$ 时 $T_w = T_{w0}$，得 $c = -\lambda T_{w0}$ 代入式(c)得：

$$q = \frac{2\lambda(T_{w0} - T_{w1})}{l^2}\delta \tag{9-55}$$

式中已代入了 $x=l$ 时 $T_w = T_{w1}$ 的关系式。此式表明，两测点间的温差正比于该测点间的距

离的平方。对这种测试元件用黑体炉进行标定的结果，证明上述分析是正确的[12]（图9-45）。建议读者对求解中所作的6条假设的合理性及其在分析过程中的作用作一分析。

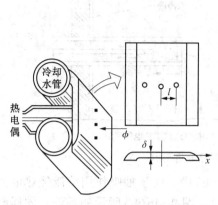

图9-44 测定辐射热流密度的简易方法

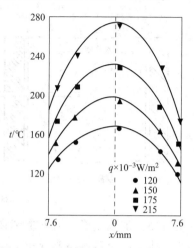

图9-45 测定结果与理论分析的比较

9.6.2 遮热罩抽气式热电偶为什么能减少气体温度的测量误差

温度是工程技术测量中一个最常见的测量参数，常用玻璃温度计、热电偶等来测量气体或者液体的温度。通过本书2.4节的分析，可知，一般地说这些测温元件（玻璃温度计的水银泡，热电偶的热接点）的温度并不等于所接触的流体温度。本节中我们再来考虑由于辐射传热的存在对温度测量准确性的影响及其减小的方法。

首先分析如图9-45（a）所示的情形。一支热电偶被置于高温气流的通道中，热接点的温度为 t_1，气流温度为 t_f，流道内壁温度为 t_w，热接点与气流间的对流传热表面传热系数为 h，其表面的发射率为 ε_1。此时热接点的热量传递的三种方式同时起作用：一般来说流道的表面温度总低于气流温度，因此热接点与流道表面有辐射传热；热接点从高温气流通过对流获得热量（假设气流本身没有辐射与吸收能力）；热接点还有通过连线的导热。在这三种热量传递中，连线的导热相对甚小（因为连线很长，导线较细，测高温的热电偶材料的导热系数相对较小，如 Ni-Cr 合金只有 $20\text{W}/(\text{m}\cdot\text{K})$ 左右，可以忽略。这样当热电偶读数稳定以后，热接点单位面积与流道的辐射传热应等于高温气体对它的对流传热。热接点与流道的辐射传热属于9.2节中 $A_1/A_2 \to 0$ 的情形，因此对单位面积有：

$$\varepsilon_1(E_{b_1} - E_{b,w}) = h(t_f - t_1) \tag{9-56}$$

由此可以得出气流温度为：

$$t_f = t_1 + \frac{\varepsilon C_0}{h}\left[\left(\frac{T_1}{100}\right)^4 - \left(\frac{T_w}{100}\right)^4\right] \tag{9-57}$$

这说明，热电偶所显示的温度与实际气流温度间存在由辐射引起的，大小为上式右端第二项的测温误差。取 $t_1 = 792℃$，$t_w = 600℃$，$h = 58.2\text{W}/(\text{m}^2\cdot\text{K})$，$\varepsilon = 0.3$，进行计算，代入后得：

$$t_f = t_1 + \frac{\varepsilon_1 C_0}{h}\left[\left(\frac{T_1}{100}\right)^4 - \left(\frac{T_w}{100}\right)^4\right] = 998.2℃$$

绝对测温误差达 $206.2℃$，相对误差达 20%，这样大的误差是不允许的。从式（9-57）

可见，为减少辐射测温误差，可以采用减小热接点的发射率(即增加辐射的表面热阻)，增加气流的对流传热表面传热系数来实现。在热电偶外围一层遮热板是同时实现上述措施的好方法。

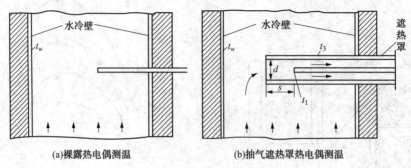

(a)裸露热电偶测温　　　　(b)抽气遮热罩热电偶测温

图9-46　热电偶测温误差分析图示

为分析方便，加遮热罩的情形重现在图9-46(b)中。由于抽吸作用使流经热电偶的气体流速加快，所以加遮热罩还能减小对流热阻。对于图9-46(b)所示的系统，同样略去热电偶连线的导热不计，而且假定气流与热电偶及气流与遮热罩间的对流传热的表面传热系数相同，遮热罩的表面发射率为ε_s，则该系统的热量交换的过程可分析如下。

首先，热电偶与遮热罩内壁(其温度记为t_s)有辐射传热，并且仍然可以采用$A_1/A_2 \to 0$模型，这份换热量(以热电偶的单位面积考虑)为：

$$q_{r,t_c} = \varepsilon_1 C_0 \left[\left(\frac{T_1}{100} \right)^4 - \left(\frac{T_s}{100} \right)^4 \right] \tag{9-58}$$

这里下标t_c表示热电偶(thermocouple)。

热电偶与气流间的对流传热为：

$$q_{cv,t_c} = h(t_f - t_1) \tag{9-59}$$

遮热罩同样有辐射与对流传热，但要注意的是，其内外表面同时存在与高温气流的对流传热。以遮热罩的单位面积写出，有：

$$q_{r,rs} = \varepsilon_s C_0 \left[\left(\frac{T_s}{100} \right)^4 - \left(\frac{T_w}{100} \right)^4 \right] \tag{9-60}$$

$$q_{cv,rs} = h(t_f - t_s) \tag{9-61}$$

下标rs表示遮热罩(radiation shield)要特别指出，式(9-58)和式(9-59)是对热电偶的单位面积写出的，式(9-60)和式(9-61)是对遮热罩的单位面积写出的。对遮热罩总体而言，热电偶与其的辐射传热可以略而不计，因而式(9-60)中没有列入。当整个测试系统进入稳态后，应该有：

$$q_{r,tc} = q_{cv,tc} \tag{9-62}$$

以及：

$$q_{r,rs} = 2q_{cv,rs} \tag{9-63}$$

于是，在给定t_f的条件下，可以由式(9-59)解得t_s，再由式(9-59)解出t_1，即改进后热电偶应有的读数。仍然取$\varepsilon_1 = \varepsilon_s = 0.3$，$t_w = 600℃$，但是对流传热表面传热系数增加为$118W/(m^2 \cdot K)$，由式(9-63)解得，$t_s = 903℃$，由式(g)得出$t_1 = 951.2℃$。在所计算的条件下，改进后测温相对误差减小到5%以下(4.88%)，已经在可以接受的范围内。当然，就绝对误差而言，仍然相当大。为进一步提高测温准确度，可增加遮热罩的数目，但一般不超过

4层。有兴趣的读者不妨自行分析采用3层和4层遮热罩所产生的影响。

9.6.3　辐射传热系数

对于同时存在辐射与对流传热的综合传热问题，常常引入辐射传热系数进行工程传热计算。其具体方法如下：先按本章有关辐射传热的公式算出辐射传热量ϕ，然后将它以牛顿冷却公式的形式表示：

$$\phi_r = Ah_r\Delta tW \tag{9-64}$$

式中，h_r为辐射传热表面传热系数（习惯上称为辐射传热系数）。于是复合传热的总换热量可以方便地表示成：

$$\phi_r = Ah_c\Delta t + Ah_r\Delta t = Ah_t\Delta t \tag{9-65}$$

式中，下角"c"表示对流传热，h_t为包括对流传热与辐射传热在内的总表面传热系数。为避免与总传热系数（见1.2节）相混淆，可称h_t为复合传热表面传热系数。

这种辐射传热表面传热系数的表示方法，有时也应用于两个固体表面间的辐射传热。例如对式(9-40)所示的辐射传热，可以定义相应的辐射传热表面传热系数如下：

$$h_r = \frac{\varepsilon_1\sigma(T_1^4 - T_2^4)}{T_1 - T_2} = \varepsilon_1\sigma(T_1^2 - T_2^2)(T_1 + T_2) \tag{9-66}$$

9.7　计算热辐射方法简述

由于数值模拟就是把研究的物理问题转化成一系列的物理与数学模型，然后再处理这些数学模型，从而得到物理问题的实际解。所以，在传热过程的数值模拟中，必须特别强调辐射传热模型的选择问题，以便准确地计算各工业过程中的辐射热交换。

随着计算机技术和计算数学的迅速发展，辐射换热数值计算作为传热学的重要组成部分，得到了空前的发展。近几十年来众多研究者先后开发了一系列的辐射模型，如区域法（Zone method）、热通量法（Heat flux method）、概率模拟法或蒙特卡洛法（Monte-Carlo method）、球形谐波法（Spherical-harmonics method）、离散坐标法（Discrete Ordinates method）、有限体积法（Finite Volume method）等。这些模型在模拟精度、合理性和经济性上都各有不同特点，但在实际应用中如何寻求一种既合理而又经济的模型，是非常值得注意的问题。

下面介绍几种目前常用的解决辐射换热问题所用的数学模型，并简要说明它们的优缺点。

9.7.1　区域法

区域法最先由Hottel和Cohen提出，它基于积分形式辐射传递方程，首先将封闭空腔划分为被称为"区域"的若干体元和面元，并假定每一区域的温度和辐射物性均匀一致，然后计算每个区域之间的直接辐射交换，最后得到每个区域的净辐射热流的计算方法。区域法对无散射的辐射问题具有较好的计算精度，但很难处理非均匀及各向异性散射介质间的辐射问题。由于在计算过程中需要计算并存储大量的交换面积参数，对于尺寸较大的计算区域，为了获得有实际意义的解，需要极多的计算时间和内存。

9.7.2　热通量法

热通量法是将微元体界面上复杂的半球空间的热辐射简化成垂直于此界面的均匀热流，

使积分-微分形式的辐射传递方程简化为一组关于热通量的线性微分方程，然后运用输运方程求解方法求解。热通量法的优点是把复杂的能量方程的微分积分项都处理成微分项，并写成通用的输运方程，计算方便。但是，在计算时，各方向上的辐射热流耦合得不充分，会产生比较大的误差。

9.7.3 蒙特卡洛法

蒙特卡洛法是一种概率模拟方法，其基本思想是对微元体的发射、吸收和散射以及边界壁面的发射、吸收和反射过程做概率模拟，通过概率模拟跟踪每个能束的发射、吸收、散射和反射的情况，直到被完全吸收为止，并统计每个微元吸收能束的数目。蒙特卡洛法避免了区域法计算辐射交换面积繁琐的多重积分计算，计算灵活性强，易于处理较复杂的边界条件，因此在工程上得到较广泛的应用。作为一种统计方法，蒙特卡洛法不可避免地存在一定的统计误差。由于计算机容量和运算速度限制，随机抽样不可能太大，提高模拟精度比较困难。计算时需要大量的计算时间和计算机内存，对于大尺度空间的辐射计算难以求解。

9.7.4 离散坐标法

离散坐标法基于对辐射强度的方向变化进行离散，将辐射传递方程中的内散射项用数值积分近似代替，通过求解覆盖整个 4 立体角的一系列离散方向上的辐射传递方程而得到问题的解。离散坐标法最先是由 Chandrasekhar 从双热流法发展而来的，从研究星际和大气辐射问题时首先提出的，后来又被应用到中子的传输问题，Love 等人最早将其引入到一维平板辐射换热问题的求解中。离散坐标法的主要优点是将辐射传递方程转化成微分表达式，可以很方便地处理散射项，便于同一般输运方程进行耦合求解，计算工作量小，当方向数取到足够多时计算精度高，可以与区域法相媲美，但其本身存在难以克服的缺点，如射线影响、假散射、对差分格式敏感等。国内对离散坐标法的研究从 20 世纪 90 年代开始，处于刚刚起步阶段，由于其方法本身的优越性，此方法将是一种很有发展前途的辐射传热计算模型。

9.7.5 谱方法

谱方法是以正交函数或固有函数为近似函数的计算方法。谱方法的特点可归结为：对光滑函数指数性逼近谱精度；以较少的网格点得到较高的精度；无相位误差；适合多尺度的波动性问题；谱解析性和全域性。应用谱方法求解问题时，一般将求解函数按形式表达，求解则是通过快速变换将物理空间的问题转换到谱空间上，再对系数进行求解，只要系数确定，被求函数也就确定了。众所周知，谱方法的最大魅力在于它具有所谓"无穷阶"的收敛性，即如果原方程的解无限光滑，那么用适当的谱方法求得的近似解将以 $N-1$ 的任意次幂速度收敛于精确解，这里的 N 为所选取的基函数的个数。而传统的差分法、有限体积法、有限元法等低阶方法只具有收敛特性，仅为幂率收敛，因而就收敛特性而言是不能与谱方法相媲美的。

9.8 本章小结

本章的主要概念及公式汇总在表 9-5 中。

表 9-5 主要概念与计算公式

概念或公式名称	基本内容
1. 角系数	一个表面发出的辐射能落到另一个表面上的百分数。注意,只是"落到",未必均被"吸收"
2. 角系数的基本属性	在表面辐射热流均匀以及漫射体的假设下,角系数是纯几何因子,与表面的发射率、温度等无关;从能量平衡出发可以导得角系数的相对性、完整性与可加性
3. 角系数的代数分析法	利用角系数的三个特性从已知的角系数获得未知角系数的方法,把角系数的计算由一个复杂的面积分变成代数方程的求解
4. 有效辐射	从单位表面发出的总辐射能,J,包括自身辐射(辐射力)与反射辐射;有效辐射的引入,简化了灰体表面间辐射传热的计算,避免了分析多次吸收与反射的复杂性
5. 计算辐射传热的封闭腔模型	由于每个表面向整个半球空间发射能量,同时从整个半球空间的各个方向接受辐射能,因此计算某表面的净辐射传热量时,计算系统必须是包括该表面在内的封闭腔;封闭腔表面的划分决定于热边界条件
6. 辐射传热的表面热阻	由表面的面积与发射率所决定,$\dfrac{1-\varepsilon}{A\varepsilon}$
7. 辐射传热的空间热阻	由表面的面积、形状以及与另一表面的相对位置而定,$\dfrac{1}{AX_{1,2}}$
8. 一个表面的净辐射传热量计算式	$\Phi_i=\dfrac{E_{b_i}-J_i}{\dfrac{1-\varepsilon_i}{A_i\varepsilon_i}}$。大于零时,净吸收能量;小于零时,净释放能量
9. 计算辐射传热的网络法	在给定表面的温度时,计算一个表面的净辐射传热量的关键是求解其有效辐射。网络法提供了建立有效辐射代数方程的简易方法,其要点见 9.3.2 节
10. 遮热板	置于两辐射传热物体间的薄板,能同时增加表面热阻与空间热阻,是削弱辐射传热的有效方法
11. 气体辐射	是容积辐射,具有选择性。气体不是灰体,其发射率与吸收比的计算取决于所处容器的形状、气体成分与分压力
12. 平均射线程长	一个相当半球的半径,该半球内气体对球心的辐射相当于所研究容器中气体对所指地点的辐射
13. 综合传热问题	在同一个传热环节中有几种热量传递模式同时起作用的问题
14. 两个表面组成的封闭腔的辐射传热	其内充满透热介质或真空时的辐射传热量计算见式(9-27)。该式应用甚广,应很好掌握
15. 重辐射面	净辐射传热量为零的表面,它不参与辐射传热,但是其存在对系统中其他表面的辐射传热有很大影响

参 考 文 献

［1］王应时. 燃烧过程数值计算［M］. 北京：科学出版社，1986.

［2］范维澄等. 计算燃烧学［M］. 安徽科学技术出版社，1988.

［3］E. P. Keramidaa, H. H. Liakosa, M. A. Fountib, A. G. Boudouvisa and N. C. Markatos. Radiative Heat Transfer in Natural Gas-Fired Furances［J］. International Journal of Heat and Mass Transfer. 2000，43：1801-1809.

［4］B. Zheng, C. X. Lin and M. A. Ebadian. Combined Turbulent Forced Convection and Thermal Radiation in a Curved Pipe with Uniform Wall Temperature［J］. Numerical Heat Transfer Part A. 2003，44（2）：149-167.

［5］W. H. Sutton and X. L. Chen. A General Intergration Method for Radiative Transfer in 3-D Non-Homogeneous Cylindrical Media with Anisotropic Scattering［J］. Journal of Quantitative Spectroscopy and Radiative Transfer. 2004，84：65-103

［6］侯晓春，季鹤鸣，刘庆国等. 高性能航空燃气轮机燃烧技术［M］. 北京：国防工业出版社，2002.

［7］H. Miyama, H. Kaiji, Y. Hirose and N. Arai. Heat Transfer Characteristics of a Rotary Regenerative Combustion System（RRX）［J］. Heat Transfer‐Japanese Research. 1998，27（8）：585-596.

［8］J. Abraham and V. Magi. Application of Discrete Ordinates Method to Compute Radiant Heat Loss in a Diesel Engine［J］. Numerical Heat Transfer Part A. 1997，31（6）：597-610.

［9］郭印诚，林文漪. 马蹄形火焰玻璃熔窑燃烧空间流动与传热的数值模拟［J］. 燃烧科学与技术. 2000，6（3）：244-248.

［10］闵桂荣，郭舜. 航天器热控制［M］. 2版. 北京：科学出版社，1998.

［11］S. S. Penner and D. B. Olfe. Radiation and Reentry［M］. New York：Academic Press，1968.

［12］T. Nakamura and T. Kai. Combined Radiation-Conduction Analysis and Experiment of Ceramic Insulation for Reentry Vehicles［J］. Journal of Thermophysics and Heat Transfer. 2004，18（1）：24-29

［13］P. J. Coelho. Detailed Numerical Simulation of Radiative Transfer in a Nonluminous Turbulent Jet Diffusion Flame［J］. Combustion and Flame. 2004，136：481-492

［14］张文普，丰镇平. 级间分离的流畅及热流分析研究［J］. 推进技术. 2003，24（3）：240-243.

［15］谈和平，夏新林，刘林华，阮立明. 红外辐射特性与传输数值计算［M］. 哈尔滨：哈尔滨工业大学出版社，2006

［16］强希文，王铁良，吴乃清. 多光束激光大气传输［J］. 光子技术. 1999.19（3）：167-172.

［17］李现勤，程兆谷，蒋金波. 激光束在大气中长距离传输聚焦特性的研究［J］. 光学学报. 2001，21（3）：324-329

［18］曹百灵，邬乘就，饶瑞中，魏合理，袁译谦. HF/DF 激光传输的大气衰减特性［J］. 强激光与粒子束. 2003，15（1）：17-20

［19］S. Lahsasni, M. Kouhila, M. Mahrouz, A. Idlimam and A. Jamali. Thin Layer Convective Solar Drying and Mathematical Modeling of Prickly Pear Peel［J］. Energy. 2004，29：211-224.

［20］D. A. Lashof and D. R. Ahuja. Relative Contributions of Greenhouse Gas Emissions to Global Warming［J］. Nature. 1990，344：529-531.

［21］R. S. Linden. Some Coolness Concerning Global Warming［J］. Bulletin of the American Meteorological Society. 1990，71（3）：288-199

［22］史光梅，刘朝. 工业炉内辐射换热模型研究进展［J］. 工业加热，2004，33（5）：9-12.

［23］刘林华. 炉膛传热计算方法的发展状况［J］. 动力工程，2000，20（1）：523-538.

［24］H. C. Hottel and E. S. Cohen. Radiant Heat Exchange in a Gas-Filled Enclosure Allowance for Nonuniformity of Gas Temperature［J］. AICE Joural. 1958，4：3-14.

［25］M. S. Patterson, B. C. Wilson and D. R. Wyman. The Propagation of Optical Radiation in Tissue I［J］. Models of Radiation Transport and Their Application Lasers in Medical Science. 1991，6（2）：155-168.

［26］J. T. Farmer and . J. R. Howell. Monte Carlo Prediction of Radiative Heat Transfer in Inhomogeneous，Anisotropic，Nongray Media［J］. Journal of Thermophysics and Heat Transfer. 1994，8（1）：133−139.

［27］J. R. Howell. Application of Monte Carlo to Heat Transfer Problems［J］. Advances in Heat Transfer. 1968，5：1−54.

［28］J. R. Howell and M. Perlmutter. Monte Carlo Solution of Thermal Transfer through Radiat Media between Gray Walls［J］. ASME Journal of Heat Transfer. 1964，86（1）：116−122

［29］T. J. Love，R. J. Grosh. Radiative heat transfer in absorbing，emitting and scattering media［J］. ASME Heat Transfer，1965，87：161−166.

［30］J. S. Troulove. Discrete-Oridinates Solutions of the Radiative Transport Equation for Rectangular Enclosures ［J］. ASME. J. Heat Transfer，1987，109：1048−1051

［31］刘林华，余其铮，阮立明，谈和平. 求解辐射传递方程的离散坐标方法［J］. 中国工程热物理学会传热传质学学术会议论文集（下册）. 中国工程热物理学会编. 北京：1996：47−54.

第 10 章 换热器概述及传热过程分析

换热器，是将热流体的部分热量传递给冷流体的设备，又称热交换器。换热器在化工、石油、动力、食品及其他许多工业生产中占有重要地位，其在化工生产中可作为加热器、冷却器、冷凝器、蒸发器和再沸器等，在工业各领域应用广泛。本章将讨论换热器类型、结构等内容，并介绍换热器相关传热过程的计算。

10.1 换热器的分类及基本类型

换热器是一种在不同温度的两种或两种以上流体间实现物料之间热量传递的节能设备，是使热量由温度较高的流体传递给温度较低的流体，使流体温度达到流程规定的指标，以满足工艺条件的需要，同时也是提高能源利用率的主要设备之一。适用于不同介质、不同工况、不同温度、不同压力的换热器，结构型式也不同，本节将讨论换热器的具体分类[1-3]。

10.1.1 换热器的分类

换热器除了实现热量传递的功能以外，还有着以下要求：

效率要高。效率高就要求其传热系数大，传热系数是指在单位时间内、单位面积上温度每变化一度所传递的热量。

结构紧凑。要使换热设备的结构紧凑就要求其比表面积大，比表面积是指单位体积的换热设备所具有的传热面积，即传热面积与换热设备体积之比。

节省材料。要做到此点要求其比重量要小，所谓比重量是指单位传热面积所耗用的金属量，即换热设备总金属用量与传热面积之比。

压力降要小。流体在设备中流动阻力小，压力损失就小，节省动力、操作成本降低。

要求结构可靠、制造成本低，便于安装、检修、使用周期长。

由于要全面满足上述要求是非常困难的，因而产生了各种各样的换热器，以适应各种特定的工艺条件。

在工艺要求上，适用于不同介质、不同工况、不同温度、不同压力的换热器，结构型式也不同，其具体分类主要有以下几种[3-5]：

10.1.1.1 换热器按传热原理分类

（1）表面式换热器。表面式换热器是温度不同的两种流体在被壁面分开的空间里流动，通过壁面的导热和流体在壁表面对流，两种流体之间进行换热。表面式换热器有管壳式、套管式和其他型式的换热器。

（2）蓄热式换热器。蓄热式换热器通过固体物质构成的蓄热体，把热量从高温流体传递给低温流体，热介质先通过加热固体物质达到一定温度后，冷介质再通过固体物质被加热，使之达到热量传递的目的。蓄热式换热器有旋转式、阀门切换式等。

（3）流体连接间接式换热器。流体连接间接式换热器，是把两个表面式换热器由在其中循环的热载体连接起来的换热器，热载体在高温流体换热器和低温流体之间循环，在高温流体接受热量，在低温流体换热器把热量释放给低温流体。

(4)直接接触式换热器。直接接触式换热器是两种流体直接接触进行换热的设备，例如冷水塔、气体冷凝器、淋水式换热器等。

10.1.1.2　换热器按用途分类

(1)加热器。加热器是把流体加热到必要的温度，但加热流体没有发生相的变化。

(2)预热器。预热器预先加热流体，为工序操作提供标准的工艺参数。

(3)过热器。过热器用于把流体(工艺气或蒸汽)加热到过热状态。

(4)蒸发器。蒸发器用于加热流体，达到沸点以上温度，使其流体蒸发，一般有相的变化。

10.1.1.3　按换热器的结构分类

可分为：浮头式换热器、固定管板式换热器、U形管板换热器、板式换热器等。

10.1.2　换热器的基本类型

换热器种类很多，但根据冷、热流体热量交换的原理和方式基本上可分三大类即：间壁式、混合式和蓄热式。在三类换热器中，间壁式换热器应用最多。

10.1.2.1　间壁式换热器的类型

常见的间壁式换热器主要有以下类型：

(1)夹套式换热器。这种换热器是在容器外壁安装夹套制成，结构简单；但其加热面受容器壁面限制，传热系数不高。为提高传热系数且使釜内液体受热均匀，可在釜内安装搅拌器，当夹套中通入冷却水或无相变的加热剂时，亦可在夹套中设置螺旋隔板或其他增加湍动的措施，用来提高夹套一侧的给热系数；为补充传热面的不足，也可在釜内部安装蛇管。夹套式换热器广泛用于反应过程的加热和冷却。

(2)沉浸式蛇管换热器。这种换热器是将金属管弯绕成各种与容器相适应的形状，并沉浸在容器内的液体中。蛇管换热器的优点是结构简单，能承受高压，可用耐腐蚀材料制造；其缺点是容器内液体湍动程度低，管外给热系数小。为提高传热系数，容器内可安装搅拌器。

(3)喷淋式换热器。喷淋式换热器是将换热管成排地固定在钢架上，热流体在管内流动，冷却水从上方喷淋装置均匀淋下，故也称喷淋式冷却器。喷淋式换热器的管外是一层湍动程度较高的液膜，管外给热系数较沉浸式增大很多。另外，这种换热器大多放置在空气流通之处，冷却水的蒸发亦带走一部分热量，可起到降低冷却水温度，增大传热推动力的作用。因此，和沉浸式相比，喷淋式换热器的传热效果大为改善。

(4)套管式换热器。套管式换热器是由直径不同的直管制成的同心套管，并由U形弯头连接而成。在这种换热器中，一种流体走管内，另一种流体走环隙，两者皆可得到较高的流速，故传热系数较大。另外，在套管换热器中，两种流体可为纯逆流，对数平均推动力较大。套管换热器结构简单，能承受高压，应用亦方便(可根据需要增减管段数目)。特别是由于套管换热器同时具备传热系数大、传热推动力大及能够承受高压强的优点，在超高压生产过程(例如操作压力为3000个标准大气压的高压聚乙烯生产过程)中所用的换热器几乎全部是套管式。

(5)板式换热器。最典型的间壁式换热器，它在工业上的应用有着悠久的历史，而且至今仍在换热器领域中占据主导地位。主体结构由换热板片以及板间的胶条组成。长期在市场占据主导地位，但是其体积大，换热效率低，更换胶条价格昂贵(胶条的更换费用大约占整个更换费用的 1/3~1/2)。主要应用于液体-液体之间的换热,行业内常称为水-水换热,其换热效率在 5000W/(m²·K) 左右。为提高管外流体换热系数,通常在壳体内安装一定数量的横向折流挡板。折流挡板不仅可防止流体短路,增加流体速度,还迫使流体按规定路径多次错流通过管束,使湍动程度大为增加。常用的挡板有圆缺形和圆盘形两种,前者应用更为广泛。

(6)管壳式换热器。管壳式又称列管式换热器,主要由壳体、管束、管板和封头等部分组成,壳体多呈圆形,内部装有平行管束或者螺旋管,管束两端固定于管板上。在管壳换热器内进行换热的两种流体,一种在管内流动,其行程称为管程;一种在管外流动,其行程称为壳程。管束的壁面即为传热面。管子的型号不一,一般为直径 16mm、19mm 或 25mm 三个型号,管壁厚度一般为 1mm、1.5mm、2mm 及 2.5mm。进口换热器,直径最低可以到 8mm,壁厚仅为 0.6mm,大大提高了换热效率,今年来也在国内市场逐渐推广开来。管壳式换热器采用螺旋管束设计,可以最大限度地增加湍流效果,加大换热效率。内部壳层和管层的不对称设计,最大可以达到 4.6 倍。这种不对称设计,决定其在汽-水换热领域的广泛应用。最大换热系数可以达到 14000W/(m²·K),大大提高生产效率,节约成本。

同时,由于管壳式换热器多为金属结构,多采用不锈钢 316L 为换热器的主体。

(7)双管板换热器。也称 P 型换热器,是在管壳式换热器的两头各加一个管板,可以有效防止泄漏造成的污染。现在国产品牌较少,国外同类产品价格昂贵。

10.1.2.2 混合式换热器

混合式热交换器是依靠冷、热流体直接接触而进行传热的,这种传热方式避免了传热间壁及其两侧的污垢热阻,只要流体间的接触情况良好,就有较大的传热速率。所以可以允许流体相互混合的场合,都可以采用混合式热交换器,例如气体的洗涤与冷却、循环水的冷却、汽-水之间的混合加热、蒸汽的冷凝等。它的应用遍及化工和冶金企业、动力工程、空气调节工程以及其他许多生产部门中。

按照用途的不同,可将混合式热交换器分成以下几种不同的类型:

(1)冷却塔(或称冷水塔);

(2)气体洗涤塔(或称洗涤塔);

(3)喷射式热交换器;

(4)混合式冷凝器。

10.1.2.3 蓄热式换热器

蓄热式换热器是用于进行蓄热式换热的设备,内装固体填充物,用以贮蓄热量,一般用耐火砖等砌成火格子(有时用金属波形带等)。换热分两个阶段进行,第一阶段,热气体通过火格子,将热量传给火格子而贮蓄起来;第二阶段,冷气体通过火格子,接受火格子所储蓄的热量而被加热,这两个阶段交替进行。通常用两个蓄热器交替使用,即当热气体进入一器时,冷气体进入另一器。常用于冶金工业,如炼钢平炉的蓄热室;也用于化学工业,如煤气炉中的空气预热器或燃烧室、人造石油厂中的蓄热式裂化炉。

蓄热式换热器一般用于对介质混合要求比较低的场合。

10.2 各类换热器结构及特点

换热器种类型式繁多,不同场合使用目的不同,有时是为了工作介质获得或者散去热量，有时是为了制取或者回收纯净的工质，有时是为了保持工作介质的恒定温度，有时则是为了回收工艺流程中余能或者有价值的工质。为了适应上述目的，对换热器的结构、材料、热工参数提出了不同的要求，因而出现了不同种类的换热器。

10.2.1 管壳式换热器

目前，在换热器中，应用最多的是管壳式换热器，是工业过程热量传递中应用最为广泛的一种换热器(见图 10-1)。管壳式换热器又称列管式换热器，是一种通用的标准换热设备。虽然管壳式换热器在结构紧凑型、传热强度和单位传热面的金属消耗量无法与板式或者是板翅式等紧凑换热器相比，但管壳式换热器适用的操作温度与压力范围较大，制造成本低，清洗方便，处理量大，工作可靠，长期以来人们已在其设计和加工方面积累了许多经验，建立了一整套程序，可以容易查找到相关的设计及制造标准，而且方便地使用众多材料制造，设计成各种尺寸及形式，管壳式换热器往往成为人们的首选。它具有结构简单、坚固耐用、造价低廉、用材广泛、清洗方便、适应性强等优点，应用最为广泛，在换热设备中占据主导地位。管壳式换热器是把换热管束与管板连接后，再用筒体与管箱包起来，形成两个独立的空间。管内的通道及与其相贯通的管箱称为管程(tube-side)；管外的通道及与其相贯通的部分称为壳程(shell-side)。一种流体在管内流动，而另一种流体在壳与管束之间从管外表面流过，为了保证壳程流体能够横向流过管束，以形成较高的传热速率，在外壳上装有许多挡板[5,6]。

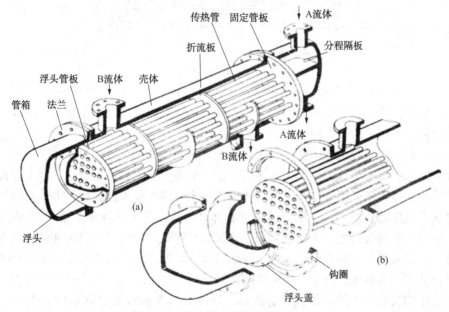

图 10-1　常见管壳式换热器的结构图

10.2.1.1 管壳式换热器的类型

工业换热器通常按以下诸方面来分类：结构、传热过程、传热面的紧凑程度、所用材料、流动形态、分程情况、流体的相态和传热机理等。现在介绍管壳式换热器的相关分类情况。

(1)按流体流动形式分类。根据管壳式换热器内流体流动的形式可分为并流、逆流和错流三种形式。这三种流动形式中，逆流相比其他流动方式，在同等条件下换热器壁面的热应力最小，壁面两侧流体的传热温差最大，因而是优先选用的形式。

（2）按结构特点分类。可分为固定管板式、浮头式、U形管式、填料函式、滑动管板式、双管板式、薄管板式等。

（3）按所用材料分类。一般可把换热器分为金属材料和非金属材料两类。非金属的换热器主要有陶瓷换热器、塑料换热器、石墨换热器和玻璃换热器等。

（4）按传热面的特征分类。根据管壳式换热器内传热管表面的形状可分为螺纹管换热器、波纹管换热器、异型管换热器、表面多空管换热器、螺旋扁管换热器、螺旋槽管换热器、环槽管换热器、纵槽管换热器、翅管换热器、螺旋绕管式换热器、翅片管换热器、内插物换热器、锯齿管换热器等。

（5）常见类型的管壳式换热器。

①固定管板换热器。固定管板换热器由壳体、管束、封头、管板、折流挡板、接管等部件组成（见图10-2）。结构特点为：两块管板分别焊于壳体的两端，管束两端固定在管板上。换热管束可做成单程、双程或多程，适用于壳体与管子温差小的场合。

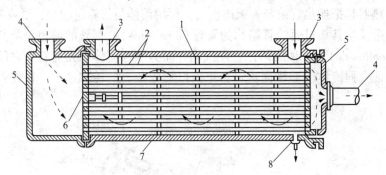

图 10-2　固定管板换热器

1—外壳；2—管束；3，4—接管；5—封头；6—管板；7—折流板；8—泄水管

优点：结构简单、紧凑。在相同的壳体直径内，排管数最多，旁路最少；每根换热管都可以进行更换，且管内清洗方便。

缺点：壳程不能进行机械清洗；当换热管与壳体的温差较大（大于50℃）时产生温差应力，需在壳体上设置膨胀节，因而壳程压力受膨胀节强度的限制不能太高。固定管板式换热器适用于壳内流体清洁且不易结垢，两流体温差不大或温差较大但壳程压力不高的场合。

②浮头式换热器。浮头式换热器适用于壳体和管束壁温差较大或壳程介质易结垢的场合。结构特点是两端管板之一不与壳体固定连接，可在壳体内沿轴向自由伸缩，称为浮头。

优点：当换热管与壳体有温差存在，壳体或换热管膨胀时，互不约束，不会产生温差应力；管束可从壳体内抽出，便于管内和管间的清洗。

缺点：结构较复杂，用材量大，造价高；浮头盖与浮动管板之间若密封不严，发生内漏，造成两种介质的混合。

③U形管式换热器。U形管式换热器（见图10-3）的结构特点是只有一个管板，换热管为U形，管子两端固定在同一管板上。管束可以自由伸缩，当壳体与U形换热管有温差时，不会产生温差应力。可弥补浮头式换热器结构复杂的特点，同时又保留换热管束可以抽出，热应力可以消除的优点。

优点：结构简单，只有一个管板，密封面少，运行可靠，造价低；管束可以抽出，管间清洗方便。

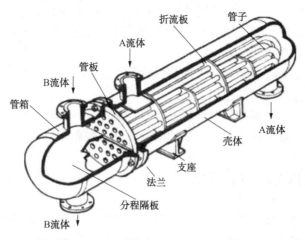

图 10-3　U 形管式换热器结构示意图

缺点：管内清洗比较困难；由于管子需要有一定的弯曲半径，故管板的利用率较低；管束最内层管间距大，壳程易短路；内层管子坏了只能堵塞而不能更换，因而报废率较高。

U 形管式换热器适用于管、壳壁温差较大或壳程介质易结垢，而管程介质清洁不易结垢以及高温、高压、腐蚀性强的场合，一般高温、高压、腐蚀性强的介质走管内，可使高压空间减小，密封易解决，并可节约材料和减少热损失。

④填料函式换热器。填料函式换热器是浮头式换热器的一种改型结构，它把原置于壳程内部的浮头移至体外，用填料函来密封壳程内介质的外泄。结构特点是管板只有一端与壳体固定连接，另一端采用填料函密封。管束可以自由伸缩，不会产生因壳壁与管壁温差而引起的温差应力。

优点：结构较浮头式换热器简单，制造方便，耗材少，造价低；管束可从壳体内抽出，管内、管间均能进行清洗，维修方便。

缺点：填料函耐压不高，一般小于 4.0MPa；壳程介质可能通过填料函外漏，对易燃、易爆、有毒和贵重的介质不适用。填料函式换热器适用于管、壳壁温差较大或介质易结垢，需经常清理且压力不高的场合。

10.2.1.2　管壳式换热器的结构与设计制造

（1）管箱。管箱是由封头、管箱短节、法兰连接、分程隔板等组成。增加短节的目的是保证管箱有必要的深度安放接管和改善流体分布。分程隔板厚度的计算及其与管板间的垫片密封结构应符合 GB 151—1999 的规定。

（2）管束。

①换热管的尺寸规格。换热管是用于传热的主要元件，管子尺寸的大小对传热有很大影响，采用小直径管子时，单位体积的换热面积会大一些，管内传热系数得到提高，但制造麻烦、费用高，而且流体阻力大容易堵塞。

选取管子尺寸应符合国家的公称尺寸标准，U 形管弯管段的弯曲半径应不小于两倍换热管外径。长度越长，单位传热面积材料消耗量越低，制造成本也就越低，同时因流通截面减少而提高流速，K 值增大。但其长度受到管程清洗、运输、拆装、管程压降及支座等因素的影响。一般长度限制在 6m 以下，以 2.5~4m 最为常见。

②换热管的排列方式。换热管的排列方式有正三角形排列和正方形排列两种。在管间距

和布管区均相同的条件下，三角形排列的布管数较多；而正方形排列的管束在相邻的两排管子之间具有一条直线通道，便于用机械方法清洗管间，三角形排列不具有这种直线通道，因而只适用于清洁的壳程介质。

不同的排列方式将会影响到对流传热系数的大小，采用正三角形排列会获得较高的对流传热系数，而正方形排列的对流传热系数最低。

③管间距。管间距指的是相邻两根管子的中心距。减小管间距可提高对流传热系数，但受到管板强度和管子与管板连接工艺要求的限制，其管间距不得小于 GB 151—1999 所规定的距离。

④最大布管限定圆直径。最大布管圆直径应在 GB 151—1999 所规定的限定圆直径范围内。

⑤换热管与管板的连接。其连接形式有胀接、焊接、胀焊并用三种。

胀接：管子与管板的连接靠的是管板孔收缩产生的残余应力而箍紧管子，因此它会随着温度的升高而降低，所以胀接连接的使用温度不大于 300℃，设计压力不超过 4MPa。当管板与换热管采用胀接时，管板的硬度应大于换热管的硬度，以保证管子发生塑性变形时管板仅发生弹性变形，同时还需要考虑管板与换热管两种材料的线膨胀系数的差异大小。胀接时管孔应开胀接槽。

常用方法为机械滚胀法，此外还有爆破胀接法、液压胀管法、液袋胀管法等。

焊接：不适用于有较大震动及有间隙腐蚀的场合；管间距小无法胀接；热循环剧烈温度高；有特殊要求和腐蚀危险的地方；维修受限制的地方；要求接头严密不漏的地方；管板过薄无法胀接时。优点为：ⓐ管孔不需开槽，其表面粗糙度要求不高，管子端部不需退火和磨光，制造简便。ⓑ强度高，抗拉脱力强，可保证气密性要求。缺点是管子更换困难，一般都堵死；焊接的残余应力和应力集中有可能带来应力腐蚀与疲劳破坏。

胀焊并用的适用范围：密封性要求高的场合，承受振动或疲劳载荷的场合，有间隙腐蚀的场合，采用复合管板的场合。其分为两种：

（a）强度胀加密封焊，对胀接的要求是承受管子拉脱力，同时保证连接处的密封，焊接仅起到辅助防漏的作用。

（b）强度焊加贴胀，用焊接保证连接处的强度和密封，贴胀是为了消除换热管与管孔间的环隙，防止间隙腐蚀并增强抗疲劳破坏的能力。

⑥折流板和支持板。

（a）作用。折流板用于提高壳程介质流速，强化传热；对于卧式换热器，还有支撑管束的作用。支持板是为了支撑管束，防止产生过大的挠度变形。

（b）结构形式。弓形和圆环形。

外径尺寸：应符合 GB 151—1999 所规定的要求。

间距：折流板间距过大会影响传热效果，支持板间距过大会使换热管产生过大的挠度，其最大间距不得超过 GB 151—1999 的规定。

固定：折流板和支持板是用拉杆固定的，拉杆应尽量均匀布置在管束的外边缘，拉杆的数量与筒体直径及拉杆直径有关。

⑦其他结构。

（a）防冲板与导流板。为防止壳程的接管进口处壳程流体对换热管直接冲刷，应设置壳程的防冲板与导流板。

（b）扩大管。壳程介质为蒸汽，可采用扩大管起缓冲作用。

（c）排液口与排气口。换热器壳程与管程的最高点设排气口，最低点应设排液口。

（3）设计需要考虑的影响因素。换热设备的类型很多，对每种特定的传热工况，通过优化选型都会得到一种最合适的设备型号，如果将这个型号的设备使用到其他工况，则传热的效果可能有很大的改变。因此，针对具体工况选择换热器类型，是很重要和复杂的工作。对管壳式换热器的设计，有以下因素值得考虑。

①流速的选择。流速是换热器设计的重要变量，提高流速则提高传热系数，同时压力降与功耗也会随之增加。如果采用泵送流体，应考虑将压力降尽量消耗在换热器上而不是调节阀上，这样可依靠提高流速来提高传热效果。

采用较高的流速有两个好处：一是提高总传热系数，从而减小换热面积；二是减少在管子表面生成污垢的可能性。但是也相应地增加了阻力和动力的消耗，所以需要进行经济比较才能最后确定适宜的流速。

此外在选择流速上，还必须考虑结构上的要求。为了避免设备的严重磨损，所算出的流速不应超过最大允许的经验流速。

②允许压力降的选择。选择较大的压力降可以提高流速，从而增强传热效果减少换热面积。但是较大的压力降也使得泵的操作费用增加。合适的压力降值需要以换热器年总费用为目标，反复调整设备尺寸，进行优化计算而得出。

在大多数设备中，可能会发现一侧的热阻明显地高于另一侧，此侧的热阻成为控制热阻。当壳程的热阻是控制侧时，可以用增加折流板块数或者缩小壳径的方法，来增加壳侧流体流速，减少传热热阻。但是减少折流板间距是有限制的，一般不能小于壳径的 1/5 或 50mm。当管程的热阻是控制侧时，则依靠增加管程来增加流体流速。

在处理黏稠物料时，如果流体处于层流流动则将此物料走壳程。由于在壳程的流体流动易达到湍流状态，这样可以得到较高的传热速率，还可以改进对压力降的控制。

③管壳程流体的确定。主要根据流体的操作压力和温度、可以利用的压力降、结构和腐蚀特性，以及所需设备材料的选择等方面，考虑流体适宜走哪一程。下面的因素可供选择时考虑：

适于走管程的流体有水和水蒸气或强腐蚀性流体，有毒性流体，容易结垢的流体，高温或高压操作的流体等。

适于走壳程的流体有塔顶馏出物的冷凝，烃类的冷凝和再沸，管件压力降控制的流体，黏度大的流体等。

当上述情况排除后，介质走哪一程的选择，应着眼于提高传热系数和最充分的利用压力降上。由于介质在壳程的流动容易达到湍流（$Re \geqslant 100$），因而将黏度大的或流量小的流体，即雷诺数低的流体走壳程一般是有利的。反之，如果流体在管程能够达到湍流时，则安排走管程较合理。若从压力降的角度考虑，一般是雷诺数低的走壳程合理。

④换热终温的确定。换热终温一般由工艺过程的需要确定。当换热终温可以选择时，其数值对换热器是否经济合理有很大的影响。在热流体出口温度与冷流体出口温度相等的情况下，热量利用效率最高，但是有效传热温差最小，换热面积最大。

另外，在确定物流出口温度时，不希望出现温度交叉现象，即热流体出口温度低于冷流体出口温度。

⑤设备结构的选择。对于一定的工艺条件，首先应确定设备的形式，例如选择固定管板

形式还是浮头形式等。

在换热器设计过程中，强化传热总的目标概括有：在给定换热量下减少换热器的尺寸，提高现有换热器的性能，减小流动工质的温差，或者降低泵的功率。

传热过程是指两种流体通过硬设备的壁面进行热交换的过程，按照流体的传热方式基本上可以分为无相变和有相变两种类型。无相变过程强化传热技术的研究，一般依据控制热阻侧而采取相应的措施：如采用扩展管内或者管外表面，采用管内插异物，改变管束支撑件形式，加入不互溶的低沸点添加剂等方法，以增强传热效果。

10.2.2　板式换热器

板式换热器广泛应用于供热、生活、空调、冶金、液压、化工、制药、食品等领域。板式换热器是目前各类换热器中换热效率较高的一种换热器，它具有占用空间小、安装拆卸方便等诸多优点[5,6]。

板式换热器技术的主要特点有：第一，板式换热器单元和单片面积大型化。第二，采用垫片无胶连接技术，使板式换热器安装和维护的时间节约80%。第三，由一种规格的板片设计两种不同波形夹角，以满足有不同压力降要求的场合，从而扩大了应用范围。第四，板片材料多样化，已使用了不锈钢、高铬镍合金、蒙乃尔哈氏合金等，还推出了石墨式换热器。

10.2.2.1　板式换热器的结构上主要特点

(1)传热效率高，一般比管壳式加热器高2~4倍。K值一般达到3500~5800W/($m^2 \cdot$℃)，因而在同一条件下所需传热面积小。

(2)结构紧凑、体积小，特别适用于老厂改造中技改等充分利用原有设备，克服空间局限的场合。质量轻，传热板薄，耗用金属量少，每平方米加热面积约消耗金属10kg，仅为列管式加热器的1/3~1/4。

(3)加热物料在加热器中停留时间短、内部死角少、卫生条件好，适用于热敏性物料的加热。

(4)操作灵活性大，应用范围广，可以根据需要增加或减少板片的数量，以改变其加热面积，或改变工作条件。设备规格的幅度很大，每片换热片的尺寸，小的可到0.5m^2，大的可达1.3m^2，每台设备的换热面积可在1~1000m^2之间，设备余量大。

(5)可使用较低温度的热源，回收低温热源中的热量，达到节约能源的目的。冷热物料之间的传热温差可减少到4~5℃。

(6)换热器板片间通道内流体运动激烈，且表面光滑，形成积垢较少，工作周期长，并便于使用化学方法清洗，可以大幅度减少小检或停机时所耗费的人力、物力、财力。

(7)换热器板片较薄，承压能力低，特别是对于波纹板间形成接触点，互为支撑型的换热器，使用时间久，压紧尺寸超出安装要求尺寸后，易使接触点压成凹坑，最后形成穿孔，使板片报废。

(8)板片间的间距(缝隙宽度)较窄，一般换热器4~6mm，"宽缝"的换热器在8~12mm。液膜较薄，蒸发速度快。

10.2.2.2　板式换热器的类型

板式换热器主要有以下类型：

(1)螺旋板式换热器。螺旋板式换热器其特点是有一端管板不与外壳相连，可以沿轴向自由伸缩。这种结构不但完全消除了热应力，而且由于固定端的管板用法兰与壳体连接，整个管束可以从壳体中抽出，便于清洗和检修，但结构复杂，造价较高。螺旋板换热器的直径一般在 1.6m 以内，板宽 200~1200mm，板厚 2~4mm。

两板间的距离由预先焊在板上的定距撑控制，相邻板间的距离为 5~25mm。常用材料为碳钢和不锈钢。

①螺旋板换热器的优点是：

(a)传热系数高。螺旋流道中的流体由于离心惯性力的作用，在较低雷诺数下即可达到湍流(一般在 $Re=1400~1800$ 时即为湍流)，并且允许采用较高流速(液体 2m/s，气体 20m/s)，所以传热系数较大。如水与水之间的换热，其传热系数可达 2000~3000W/$(m^2 \cdot ℃)$，而列管式换热器一般为 1000~2000W/$(m^2 \cdot ℃)$。

(b)不易结垢和堵塞。由于对每种流体流动都是单通道，流体的速度较高，又有离心惯性力的作用，湍流程度高，流体中悬浮的颗粒不易沉积，故螺旋板换热器不易结垢和堵塞，宜处理悬浮液及黏度较大的流体。

(c)能利用低温热源。由于流体流动的流道长和两流体可完全逆流，故可在较小的温差下操作，充分回收低温热源。据相关资料介绍，流体出口端热、冷流体温差可小至 3℃。

(d)结构紧凑。单位体积的传热面积约为列管式的 3 倍。

②螺旋板式换热器的主要缺点是：

(a)工作压强和温度不宜太高。目前最高操作压强不超过 2MPa，温度在 400℃ 以下。

(b)不易检修。因常用的螺旋板换热器被焊成一体，一旦损坏，修理很困难。

(2)平板式换热器。平板式换热器(通常称为板式换热器)主要由一组冲压出一定凹凸波纹的长方形薄金属板平行排列，以密封及夹紧装置组装于支架上构成。两相邻板片的边缘衬有垫片，压紧后可以达到对外密封的目的。操作时要求板间通道冷、热流体相间流动，即一个通道走热流体，其两侧紧邻的流道走冷流体。为此，每块板的四个角上各开一个圆孔，通过圆孔外设置或不设直圆环形垫片可使每个板间通道只与两个孔相连。引入的流体可并联流入一组板间通道，而组与组间又为串联机构。板上的凹凸波纹可增大流体的湍流程度，亦可增加板的刚性。波纹的形式有多种，其中人字形波纹板较为常见。

①平板式换热器的优点是：

(a)换热系数高。因板面上有波纹，在低雷诺数($Re=200$ 左右)下即可达到湍流，而且板片厚度又小，故传热系数大。热水与冷水间换热的传热系数可达 1500~4700W/$(m^2 \cdot ℃)$。

(b)结构紧凑。一般板间距为 4~6mm，单位体积设备可提供的传热面积为 250~1000m^2/m^3(列管式换热器只有 40~150m^2/m^3)。

(c)具有可拆结构。可根据需要，用调节板片数目的方法增减传热面积，故检修、清洗都比较方便。

②平板式换热器的主要缺点是：

(a)工作压强和温度不太高。操作压强不宜超过 2MPa，压强过高容易泄漏。操作温度受垫片材料耐热性能限制，一般不超过 250℃。

(b)处理量小。因板间距离仅几毫米，流速又不大，故处理量较小。

(3)板翅式换热器。板翅式换热器是一种更为高效、紧凑、轻巧的换热器，应用甚广。板翅式换热器的结构形式很多，但其基本结构元件相同，即在两块平行的薄金属板之间，夹入波纹状或其他形状的金属翅片，并将两侧面封死，即构成一个换热基本单元。将各基本元件进行不同的叠积和适当的排列，并用钎焊固定，即可制成并流、逆流或错流的板束(或称芯部），将带有流体进、出口接管的集流箱焊在板束上，就成为板翅式换热器。我国目前常用的翅片型式有光直型、锯齿形和多孔形翅片三种。

①板翅式换热器的优点是：

（a）热系数高、传热效果好。因翅片在不同程度上促进了湍流并破坏了传热边界层的发展，故传热系数高。空气强制对流给热系数为 $35\sim350W/(m^2\cdot℃)$，油类强制对流时给热系数为 $115\sim1750W/(m^2\cdot℃)$。冷、热流体间换热不仅以平隔板为传热面，而且大部分通过翅片传热(二次传热面)，因此提高了传热效果。

（b）结构紧凑。单位体积设备提供的传热面积一般能达到 $2500\sim4300m^2/m^3$。

（c）轻巧牢固。通常用铝合金制造，板重量轻。在相同的传热面积下，其重量约为列管式换热器的1/10。波形翅片不单是传热面，亦是两板间的支撑，故其强度很高。

（d）适应性强、操作范围广。因铝合金的导热系数高，且在0℃以下操作时，其延伸性和抗拉强度都较高，适用于低温及超低温的场合，故操作范围广。此外，既可用于两种流体的热交换，还可用于多种不同介质在同一设备内的换热，故适应性强。

②板翅式换热器的缺点是：

（a）设备流道很小，易堵塞，且清洗和检修困难，所以，物料应洁净或预先净制。

（b）因隔板和翅片都由薄铝片制成，故要求介质对铝不腐蚀。

10.2.2.3 板式换热器的结构与材料

常规板式换热器的结构分解和外观见图10-4和图10-5，主要部件是由换热板片、密封胶垫、夹紧板、导杆、夹紧螺栓组成。换热板片是由不锈钢板压制成型，它上面开有4个流道孔，中部压成人字形波纹，四周压有密封槽，密封槽内粘有密封胶垫。换热板片通过两导杆定位对齐，两夹紧板通过夹紧螺栓将各板片压紧，从而形成换热器内腔换热流道。相邻换热板片的人字形波纹方向安装时相反，接触点彼此相互支撑。人字形波纹和这些支撑点使流体介质在其内部流动时充分形成湍流，这是板式换热器具有很高换热效率的主要原因。另外换热板片厚度较薄，导热热阻较小，板片两侧的流体介质流动分布较为均衡，也使得传热较为充分。

板式换热器根据介质的温差和流量，可以装配成单流程、双流程、三流程以及多流程的形式。单流程是指介质在换热器内流过一个流程，双流程是指介质在换热器内折返流过两个过程，依次类推。当采用多流程时，换热器的四个接口就不能在同一侧的夹紧板上，进出口要位于前后两个夹紧板上。

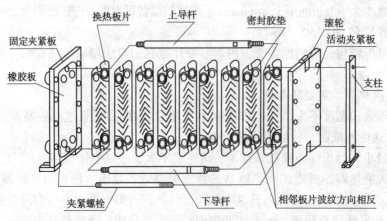

图 10-4　板式换热器结构示意图

228

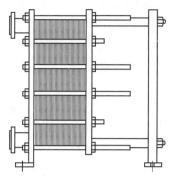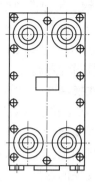

图 10-5　板式换热器外观图

一般类似于水，黏度较低的介质在换热流道内的平均流速为 0.4m/s 较为适合，流速过大，则阻力也大；流速过小，流道内流体流动不易形成湍流，易形成死区，换热效果不好。因此应根据介质流量的大小来选择流程数，使换热流道内的流速接近 0.4m/s，以获得最佳的换热效果。对于类似于液压油黏度较高的介质，流速应减小，0.3m/s 较为合适。当流量较小时，可增加流程数来提高流速。例如当所确定的换热面积在表中所对应的流量比使用的流量大一倍时，采用双流程组装形式，换热流道内的流速就可增加一倍达到合适的流速。两个流道根据流量的不同可采用不相等的流程数。流程数增加，阻力也会相应增加。对于用蒸汽加热的换热器，蒸汽一侧一般应装成单流程的形式，以利于蒸汽的充分进入和冷凝水的顺利排出。

（1）对于板式换热器（平板）主要部件是传热板片、密封垫片、两端压板、夹紧螺栓、支架等，各部件作用如下：

①传热板片。传热板片是换热器主要起换热作用的元件，一般波纹做成人字形。按照流体介质的不同，传热板片的材质也不一样，大多采用不锈钢和钛材质制作而成。

②密封垫片。板式换热器的密封垫片主要是在换热板片之间起密封作用。材质有：丁腈橡胶，三元乙丙橡胶，氟橡胶等，根据不同介质采用不同橡胶。

③两端压板。两端压板主要用于夹紧压住所有的传热板片，保证流体介质不泄漏。

④夹紧螺栓。夹紧螺栓主要是起紧固两端压板的作用。夹紧螺栓一般是双头螺纹，预紧螺栓时，使固定板片的力矩均匀。

⑤挂架。主要是支承换热板片，使其拆卸、清洗、组装等方便。

（2）板式换热器常用板片材质主要为：

①1304 型不锈钢。这是最廉价、最广泛使用的奥氏体不锈钢（如食品、化工、原子能等工业设备）。适用于一般的有机和无机介质，例如，浓度<30%、温度≤100℃或浓度≥30%、温度<50℃的硝酸；温度≤100℃的各种浓度的碳酸、氨水和醇类。在硫酸和盐酸中的耐蚀性差，尤其对含氯介质（如冷却水）引起的缝隙腐蚀最敏感。

②304L 型不锈钢。耐蚀性和用途与 304 型基本相同。由于含碳量更低（≤0.03%），故耐蚀性（尤其耐晶间腐蚀，包括焊缝区）和可焊性更好，可用于半焊式或全焊式 PHE。

③316 型不锈钢。适用于一般的有机和无机介质，例如，天然冷却水、冷却塔水、软化水；碳酸；浓度<50%的乙酸和苛性碱液；醇类和丙酮等溶剂；温度≤100℃的稀硝酸（浓度<20%稀磷酸）等。但是，不宜用于硫酸。由于含约 2%的 Mo，故在海水和其他含氯介质中的耐蚀性比 304 型好，完全可以替代 304 型。

④316L 型不锈钢。耐蚀性和用途与 316 型基本相同。由于含碳量更低（≤0.03%），故可焊性和焊后的耐蚀性也更好，可用于半焊式或全焊式 PHE。

⑤317 型不锈钢。适合要求比 316 型使用寿命更长的工况。由于 Cr、Mo、Ni 元素的含量比 316 型稍高，故耐缝隙腐蚀、点蚀和应力腐蚀的性能更好。

10.2.2.4 板式换热器(平板)安装与维护

(1)换热器的安装方法。板式换热器按照有无鞍式支架分为两种安装方式。

①对于没有鞍式支架的板式换热器，应把换热器安装在砖砌的鞍形基础上，安装后的板式换热器不用与基础固定，整个板换可随着膨胀的改变自由移动。

②对于有鞍式支座的板换，应首先在基础上平铺混凝土，待完全干透后用地脚螺栓将鞍式支座与地面混凝土完全固定起来。

在安装板式换热器的过程中，应在换热器前后两端留出足够的空间以便维护和清洗。换热器不得在超过铭牌规定的条件下运行，对于换热器介质的温度和压力要进行察看和分析，防止换热器出现异常运行情况。

(2)换热器的维护。由于水中含有少量钙镁离子以及细菌等微生物，换热器在长期使用后光洁的板片上难免会有水垢聚集，细菌滋生。

水垢是由于水中含有钙镁盐类，部分钙镁盐类的溶解度随着温度的升高而下降，析出的结晶盐聚集附着在板片上形成水垢。水垢导热性差，附着在板片上势必会影响板片的换热效果。若长时间得不到有效的清理，越积越多的水垢将减小流通截面(如图中板片的波纹面)，加大流通阻力，严重时甚至堵塞流通截面。

因此，定期清洗水垢是保证板换热效果的基础。目前最常用的清洗方法是化学清洗杀菌法。在清洗时，加入化学剂和杀菌剂，让板片上的水垢、浮锈、细菌等与试剂发生化学反应清洗后排除，还原板片光洁表面。

此外，在日常维护方面，可以适当加入缓蚀阻垢剂，防止钙镁离子结晶沉淀。条件好的可以采用磁化及离子棒防垢处理、钠离子交换处理等方法。

10.2.3 其他类型换热器

10.2.3.1 蓄热式换热器

蓄热式换热器的两种主要形式是固定床型和旋转型。固定床式的蓄热式换热器，通常需要两个床体维持连续地热量传递，因此在任意时刻总是一个床体运行在加热周期，而另一床体运行在冷却周期。蓄热式换热器内的流向变换是通过切换阀实现的。在旋转型蓄热式换热器中，通常冷热两种流体连续地流经蓄热体，所流经的圆柱形填料蓄热体沿着与气流的流向平行的轴从一侧转动到另一侧；另外一种旋转型蓄热式换热器的设计中，冷热流体进行旋转的切换，而填料蓄热体则固定不动。旋转型蓄热式换热器在实际的连续性换热中，不再需要两个蓄热室，也不再需要切换阀。进一步可以发现，旋转型蓄热式换热器的圆柱形填料蓄热体沿着流动方向被分成多个平行的部分。由于旋转型蓄热式换热器每个部分在连续性的换热中的作用和固定床型蓄热式换热中的单个床体的作用是相同的，因此，虽然有切换方式上的差异，但二者的基本原理是类似的。

蓄热式换热器通过多孔填料或基质的短暂能量储存，将热量从一种流体传递到另外一种流体。首先，在习惯上称为加热周期的时间内，热气流流过蓄热式换热器中的填料，热量从气流传递到填料，气流温度降低。在这个周期结束时，流动方向进行切换，冷流体流经蓄热体。在冷却周期，流体从蓄热填料吸收热量。因此，对于常规的流向变换，蓄热体内的填料交替性地与冷热流体进行换热，蓄热体内以及气流在任意位置的温度都不断随时间波动。启动后，经过数个切换周期，蓄热式换热器进入稳定运行状态，蓄热体内某一位置随时间的波动在相继的周期内都是相同的。从运行的特性上很容易区分蓄热式换热器和回热式换热器，回热式换热器中两种流体的换热是通过各个位置的固定边界进行的，在稳定运行时换热器内的温度只与位置有关，而在蓄热式换热器热量的传递都是动态的，同时依赖于位置和时间。

由固体填充物构成的蓄热体作为传热面的。与一般间壁式换热器的区别在于换热流体不是在各自的通道内吸、放热量，而是交替地通过同一通道利用蓄热体来吸、放热量。换热分两个阶段进行：先是热介质流过蓄热体放出热量，加热蓄热体并被储蓄起来，接着是冷介质流过蓄热体吸取热量，并使蓄热体又被冷却。重复上述过程就能使换热连续进行。必须有两套并列设备或同一设备中具有两套并列蓄热体通道同时工作才行。

周期变换型蓄热式换热器按结构可分为固定型（阀门切换型）和旋转型（回转式）两类。

优点：结构紧凑、价格便宜、单位体积传热面积大，适用于气-气热交换。如回转式空气预热器。局限：若两种流体不允许混合，不能采用蓄热式换热器。

蓄热式换热器在很多工业过程中都有应用，燃烧中空气的预热就是一个典型的应用领域。其可以利用燃烧排气中的热能，用于预热未燃气，从而达到燃烧低品位燃料、提高燃烧过程的热效率、实现更高的燃烧反应温度等目的。按照这种方式，蓄热式换热器可以用于金属还原和热处理过程，以及玻璃窑炉装置，发电厂的锅炉、高温空气燃烧装置和燃气轮机装置。早期固定床蓄热式换热器应用最为广泛的领域是钢铁制造工业中的热风炉，以及电厂中的回转式空气预热器。

10.2.3.2 直接接触式换热器

直接接触式换热器，也叫混合式换热器，依靠冷、热流体直接接触而进行传热，这种传热方式避免了传热间壁及其两侧的污垢热阻，只要流体间的接触情况良好，就有较大的传热速率。所以凡是允许流体相互混合的场合，都可以采用混合式热交换器，例如气体的洗涤与冷却、循环水的冷却、汽-水之间的混合加热、蒸汽的冷凝等等。它的应用遍及化工和冶金企业、动力工程、空气调节工程以及其他许多生产部门中。

（1）直接接触式换热器的种类。按照用途的不同，可将直接接触式换热器（混合式热交换器）分成以下几种不同类型：

①冷却塔（或称冷水塔）。在这种设备中，用自然通风或机械通风的方法，将生产中已经提高了温度的水进行冷却降温之后循环使用，以提高系统的经济效益。例如热力发电厂或核电站的循环水、合成氨生产中的冷却水等，经过水冷却塔降温之后再循环使用，这种方法在实际工程中得到了广泛的使用。

②气体洗涤塔（或称洗涤塔）。在工业上用这种设备来洗涤气体有各种目的，例如用液体吸收气体混合物中的某些组分，除净气体中的灰尘，气体的增湿或干燥等。但其最广泛的用途是冷却气体，而冷却所用的液体以水居多。空调工程中广泛使用的喷淋室，可以认为是它的一种特殊形式。喷淋室不但可以像气体洗涤塔一样对空气进行冷却，而且还可对其进行加热处理。但是，它也有对水质要求高、占地面积大、水泵耗能多等缺点。所以，目前在一般建筑中，喷淋室已不常使用或仅作为加湿设备使用。但是，在以调节湿度为主要目的纺织厂、卷烟厂等仍大量使用。

③喷射式热交换器。在这种设备中，使压力较高的流体由喷管喷出，形成很高的速度，

低压流体被引入混合室与射流直接接触进行传热传质，并一同进入扩散管，在扩散管的出口达到同一压力和温度后送给用户。

④混合式冷凝器。这种设备一般是用水与蒸汽直接接触的方法使蒸汽冷凝。

（2）直接接触式换热器的结构。

①喷淋室的类型和构造。

（a）喷淋室的构造。国内应用比较广泛的单级、卧式、低速喷淋室，它由许多部件组成。前挡水板有挡住飞溅出来的水滴和使进风均匀流动的双重作用，因此有时也称它为均风板。被处理空气进入喷淋室后流经喷水管排，与喷嘴中喷出的水滴相接触进行热质交换，然后经后挡水板流走。后挡水板能将空气中夹带的水滴分离出来，防止水滴进入后面的系统。在喷淋室中通常设置一至三排喷嘴，最多四排喷嘴。喷水方向根据与空气流动方向相同与否分为顺喷、逆喷和对喷，从喷嘴喷出的水滴完成与空气的热质交换后，落入底池中。底池和四种管道相通。

a. 循环水管。底池通过滤水器与循环水管相连，使落到底池的水能重复使用。滤水器的作用是清除水中杂物，以免喷嘴堵塞。

b. 溢水管。底池通过溢水器与溢水管相连，以排除水池中维持一定水位后多余的水。在溢水器的喇叭口上有水封罩可将喷淋室内、外空气隔绝，防止喷淋室内产生异味。

c. 补水管。当用循环水对空气进行绝热加湿时，底池中的水量将逐渐减少，由于泄漏等原因也可能引起水位降低。为了保持底池水面高度一定，且略低于溢水口，需设补水管并经浮球阀自动补水。

d. 泄水管。为了检修、清洗和防冻等目的，在底池的底部需设有泄水管，以便在需要泄水时，将池内的水全部泄至下水道。

为了观察和检修的方便，喷淋室还设有防水照明灯和密闭检查门。

喷嘴是喷淋室的最重要部件。我国曾广泛使用 Y–I 型离心喷嘴。近年来，国内研制出了几种新型喷嘴，如 BTL–I 型、PY–1 型、FL 型、FKT 型等。

挡水板是影响喷淋室处理空气效果的又一重要部件。它由多折的或波浪形的平行板组成。当夹带水滴的空气通过挡水板的曲折通道时，由于惯性作用，水滴就会与挡水板表面发生碰撞，并聚集在挡水板表面上形成水膜，然后沿挡水板下流到底池。

用镀锌钢板或玻璃钢加工而成的多折形挡水板，由于其阻力较大、易损坏，现已较少使用。而用各种塑料板制成的波形和蛇形挡水板，阻力较小且挡水效果较好。

（b）喷淋室的类型。喷淋室有卧式和立式，单级和双级，低速和高速之分。此外，在工程上还使用带旁通和带填料层的喷淋室。

立式喷淋室的特点是占地面积小，空气流动自下而上，喷水由上而下，因此空气与水的热湿交换效果更好，一般是在处理风量小或空调机房层高允许的地方采用。

双级喷淋室能够使水重复使用，因而水的温升大、水量小，在使空气得到较大焓降的同时节省了水量。因此，它更适宜于用在使用自然界冷水或空气焓降要求较大的地方。双级喷淋室的缺点是占地面积大、水系统复杂。

一般低速喷淋室内空气的流速为 2~3m/s，而高速喷淋室内空气流速更高，高速喷淋室在其圆形断面内空气流速可高达 8~10m/s，挡水板在高速气流驱动下旋转，靠离心力作用排除所夹带的水滴。

带旁通的喷淋室是在喷淋室的上面或侧面增加一个旁通风道，它可使一部分空气不经过喷水处理而与经过喷水处理的空气混合，得到要求处理的空气终参数。

带填料层的喷淋室，是由分层布置的玻璃丝盒组成。在玻璃丝盒上均匀地喷水，空气穿过玻璃丝层时与各玻璃丝表面上的水膜接触，进行热湿交换。这种喷淋室对空气的净化作用更好，它适用于空气加湿或蒸发式冷却，也可作为水的冷却装置。

②冷却塔的类型与结构。

(a)冷却塔的类型。冷却塔有很多种类，根据循环水在塔内是否与水直接接触，可分成干式、湿式。干式冷却塔是把循环水通入安装于冷却塔中的散热器内被空气冷却，这种塔多用于水源奇缺而不允许水分散失或循环水有特殊污染的情况；湿式冷却塔则让水与空气直接接触。

在开放式冷却塔中，利用风力和空气的自然对流作用使空气进入冷却塔，其冷却效果要受到风力及风向的影响，水的散失比其他型式的冷却塔大。在风筒式自然通风冷却塔中，利用较大高度的风筒，形成空气的自然对流作用，使空气流过塔内与水接触进行传热，其特点是冷却效果比较稳定。在机械通风冷却塔中，机械通风冷却塔具有冷却效果好和稳定可靠的特点，它的淋水密度(指在单位时间内通过冷却塔的单位截面积的水量)可远高于自然通风冷却塔。

按照热质交换区段内水和空气流动方向的不同，还有逆流塔、横流塔之分，水和空气流动方向相反的为逆流塔，方向垂直交叉的为横流塔。

(b)冷却塔的构造。各种型式的冷却塔，一般包括下面所述几个主要部分，这些部分的不同结构，可以构成不同形式的冷却塔。

a. 淋水装置。淋水装置又称填料，其作用在于将进塔的热水尽可能形成细小的水滴或水膜，增加水和空气的接触面积，延长接触时间，以增进水气之间的热质交换。在选用淋水装置的型式时，要求它能提供较大的接触面积并具有良好的亲水性能，制造简单而又经久耐用，安装检修方便、价格便宜等。

淋水装置可根据水在其中所呈现的形状分为点滴式、薄膜式及点滴薄膜式三种。

点滴式。这种淋水装置通常用水平的或倾斜布置的三角形或矩形板条按一定间距排列而成。在这里，水滴下落过程中水滴表面的散热以及在板条上溅散而成的许多小水滴表面的散热约占总散热量的 $60\% \sim 75\%$，而沿板条形成的水膜的散热只占总散热量的 $25\% \sim 30\%$。一般来说，减小板条之间的距离 S_1、S_2 可增大散热面积，但会增加空气阻力，减小溅散效果。通常取 S_1 为 150mm，S_2 为 300mm。风速的高低也对冷却效果产生影响，一般在点滴式机械通风冷却塔中可采用 $1.3 \sim 2\text{m/s}$，自然通风冷却塔中采用 $0.5 \sim 1.5\text{m/s}$。

薄膜式。这种淋水装置的特点是利用间隔很小的平膜板或凹凸形波板、网格形膜板所组成的多层空心体，使水沿着其表面形成缓慢的水流，冷空气则经多层空心体间的空隙，形成水气之间的接触面。水在其中的散热主要依靠表面水膜、网格间隙中的水滴表面和溅散而成的水滴散热等三个部分，而水膜表面的散热居于主要地位。对于斜波交错填料，安装时可将斜波片正反叠置，水流在相邻两片的棱背接触点上均匀地向两边分散。其规格的表示方法为"波矩×波高×倾角—填料总高"，以 mm 为单位。蜂窝淋水填料是用浸渍绝缘纸制成毛坯，在酚醛树脂溶液中浸胶烘干制成六角形管状蜂窝体，以多层连续放于支架上，交错排列而成。它的孔眼的大小以正六边形内切圆的直径 d 表示。其规格的表示方法为：d(直径)，总高 H=层数×每层高-层距，例如：$d20$，$H = 12 \times 100 - 0 = 1200\text{mm}$。

点滴薄膜式。铅丝水泥网格板是点滴薄膜式淋水装置的一种，它是以 $16 \sim 18$ 号铅丝作筋制成的 50mm×50mm×50mm 方格孔的网板；每层之间留有 50mm 左右的间隙，层层装设而成的，热水以水滴形式淋洒下去，故称点滴薄膜式。其表示方法：G 层数×网孔-层距 mm。例如 G16×50-50。

b. 配水系统。配水系统的作用在于将热水均匀地分配到整个淋水面积上，从而使淋水装置发挥最大的冷却能力。常用的配水系统有槽式、管式和池式三种。

槽式配水系统通常由水槽、管嘴及溅水碟组成，热水从管嘴落到溅水碟上，溅成无数小水滴射向四周，以达到均匀布水的目的。

c. 通风筒。通风筒是冷却塔的外壳，气流的通道。自然通风冷却塔一般都很高，有的达 150m 以上。而机械通风冷却塔的风筒一般在 10m 左右。包括风机的进风口和上部的扩散筒。为了保证进、出风的平缓性和清除风筒口的涡流区，风筒的截面一般用圆锥形或抛物线形。

在机械通风冷却塔中，若鼓风机装在塔的下部区域，操作比较方便，这时由于它送的是较冷的干空气，而不像装在塔顶的抽风机那样是用于排除受热而潮湿的空气，因此鼓风机的工作条件较好。但是，采用鼓风机时，从冷却塔排出的空气流速，仅有 1.5~2m/s 左右，而且由于这种塔的高度不大，因此只要有微风吹过，就有可能将塔顶排出的热而潮湿的空气吹向下部，以致被风机吸入，造成热空气的局部循环，恶化了冷却效果。

10.2.3.3 热管式换热器[7]

热管——简单讲，以真空相变原理工作的一种极其高效的传热元件。

具有良好导热性的材料有铝 $[\lambda=202W/(m \cdot ℃)]$、柴铜 $[\lambda=385W/(m \cdot ℃)]$、银 $[\lambda=410W/(m \cdot ℃)]$，但其导热系数只能达到 $10^2 W/(m \cdot ℃)$ 的数量级，远不能满足某些工程中的快速散热和传热需要，热管的发明就解决了这一问题。

热管的导热系数可达 $10^5 W/(m \cdot ℃)$ 的数量级．为一般金属材料的数百倍乃至上千倍。它可将大量热量通过很小的截面积远距离地传输而无需外加动力。由于热管具有导热性能好、结构简单、工作可靠、温度均匀等良好性能，热管是传热领域的重大发明和科技成果，给人类社会带来巨大的实用价值。

1944 年，美国通用发动机公司的工程师 R.S Gaugler 首先提出热管设想及概念，随后，他申请了相关技术专利，该专利后用于冷冻装置的制造。

1963 年，Los Alamos 国家实验室的 G.M.Grover 独立发明类似传热元件，并付诸实践、测试，1964 年发表论文正式命名"Heat Pipe"，证明了其"超导热性"。实验为 5200W 不锈钢——钠有芯热管。

1965 年，美 Cotter 首次提出较完整的热管理论。

1967 年，Los Alamos 国家实验室将一不锈钢——水热管放入人造卫星，空间零重力传热试验成功。从此，各国科学家纷纷研究，热管技术大发展。

1969 年，日本、前苏联发明不同种类热管，如可变导热管、旋转热管等。

1970 年，美国出现商品热管。空间到地面，开始应用。最著名：阿拉斯加输油管线支撑，112000 根氨热管，9~23m 长度，保证土层永冻。

1974 年后，热管换热器应用于节能及新能源开发，美、日领先。

1980 年，美 Q-Dot 公司热管余热锅炉，日帝人公司锅炉给水预热器，然后回转式、分离式等新结构出现，日趋大型化及工业化。

1984 年，Cotter 微型热管理论。出现毛细泵热管、回路热管等应用于航天及电子工业。长距离挠性热管等应用于特殊场合。

20 世纪 90 年代后热管在理论、实验、结构、应用等方面长足发展，尤其今天，在节能减排中发挥巨大作用。

（1）热管的分类。按照热管管内工作温度分：

低温热管（-273～0℃）、常温热管（0～250℃）、中温热管（250～450℃）、高温热管（450～1000℃）。

按照工作液体回流动力分：

有芯热管、两相闭式热虹吸管（又称重力热管）、重力辅助热管、旋转热管、电流体动力热管、磁流体动力热管、渗透热管。

按管壳与工作液体的组合方式分：

有铜-水热管、碳钢-水热管、铝-丙酮热管、碳钢-萘热管、不锈钢-钠热管等几类。

按结构形式分：

普通热管、分离式热管、毛细泵回路管、微型热管、平板热管、径向热管。

按热管的功用分：

传输热量的热管、热二极管、热开关、热控制用热管、仿真热管、制冷热管。

（2）热管的基本构造。常用的热管由三部分组成（见图10-6）：主体为一根封闭的金属管（管壳），内部空腔内有少量工作介质（工作液）和毛细结构（管芯），管内的空气及其他杂物必须排除在外。热管工作时利用了三种物理学原理：

在真空状态下，液体的沸点降低；

同种物质的汽化潜热比显热高得多；

多孔毛细结构对液体的抽吸力可使液体流动。

从传热状况看，热管沿轴向可分为蒸发段、绝热段和冷凝段三部分。

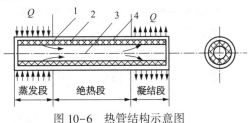

图 10-6　热管结构示意图

1—管壳；2—管芯；3—蒸汽腔；4—工作液

热管的管壳是受压部件，要求由高导热率、耐压、耐热应力的材料制造。在材料的选择上必须考虑到热管在长期运行中管壳无腐蚀，工质与管壳不发生化学反应，不产生气体。

管壳材料有多种，以不锈钢、铜、铝、镍等较多，也可用贵重金属铌、钽或玻璃、陶瓷等。管壳的作用是将热管的工作部分封闭起来，在热端和冷端接受和放出热量，并承受管内外压力不等时所产生的压力差。

热管的管芯是一种紧贴管壳内壁的毛细结构，通常用多层金属丝网或纤维、布等以衬里形式紧贴内壁以减小接触热阻，衬里也可由多孔陶瓷或烧结金属构成。

热管的工作液要有较高的汽化潜热、导热系数，合适的饱和压力及沸点，较低的黏度及良好的稳定性。工作液体还应有较大的表面张力和润湿毛细结构的能力，使毛细结构能对工作液作用并产生必须的毛细力。工作液还不能对毛细结构和管壁产生溶解作用，否则被溶解的物质将积累在蒸发段破坏毛细结构。

（3）热管的工作过程。根据热管外部热交换情况分：加热段、绝热段、冷却段。根据热管内部工质传热传质情况分：蒸发段、绝热段、冷凝段。

热管在实现其热量转移过程中，包含了6个相互关联的主要过程：

①热量从热源通过热管管壁和充满工作液体的吸液芯传递到液-汽分界面；

②液体在蒸发段内的液-汽分界面上蒸发；

③蒸汽腔内的蒸汽从蒸发段到冷凝段；

④蒸汽在冷凝段内的汽-液分界面上凝结；

⑤热量从汽-液分界面通过吸液芯、液体和管壁传给冷源；

⑥在吸液芯内由于毛细作用使冷凝后工作液体回流到蒸发段。

对于普通热管，其液体和蒸汽循环的主要动力是毛细材料和液体结合所产生的毛细力。假设热管中沿蒸发段蒸发率是均匀的，沿冷凝段冷凝率也是均匀的。

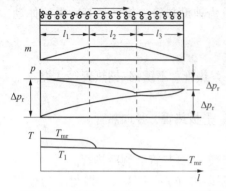

图10-7 热管内质量温度及压力分布图

在蒸发段内，由于液体不断蒸发，使汽液分界面缩回到管芯里，即向毛细孔一侧下陷，使毛细结构的表面上形成弯月形凹面。而在冷凝段，蒸汽逐渐凝结的结果使液汽分界面高出吸液芯，故分界面基本上呈平面形状，即界面的曲率半径为无穷大。曲率半径之差提供了使工质循环流动的毛细驱动力（循环压头），用以克服循环流动中作用于工质的重力、摩擦力以及动量变化所引起的循环阻力。热管内质量温度及压力分布如图10-7所示。

热管的导热特性如下：

相变传热，热阻小→极高的导热性→换热效率高，节能效果显著；

汽液处于饱和状态→优良的等温性→温度展平；

蒸发段、冷凝段换热面积可变→热流密度的可变性→调节管壁温度（避免露点腐蚀）；

热流方向的可逆性；

单向导热→热二极管→太阳能、地土永冻；

热开关性能→控制热管工作温度范围；

加热量变化→热阻改变→控制温度→可控热管（可变导热管）；

汇源分隔→环境适应性好；

（4）热管换热器。热管换热器是由许多单根热管组成的换热器（见图10-8）。

特点：

结构简单，换热效率高；压力损失小；安全可靠；灵活调温。

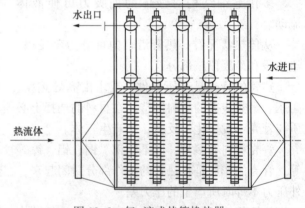

图10-8 气-液式热管换热器

类型与结构：

按照热流体和冷流体的状态，热管换热器可分为：

气—气式、气—汽式、气—液式、液—液式、液—气式。

按结构型式分，可分为整体式（见图10-9）、分离式、回转式和组合式。

其中整体式热管换热器特点如下：

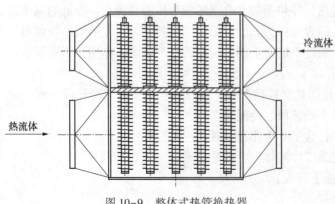

图10-9 整体式热管换热器

高效传热——热管的冷、热侧均可根据需要采用高频焊翅片强化传热；流动阻力小；体积小、重量轻(强化传热)；

能避免冷、热流体的串流，每根热管都是相对独立的密闭单元，冷、热流体都在管外流动，并由中间密封板严密地将冷、热流体隔开；

防止和降低露点腐蚀，通过调整热管根数或调整热管冷热侧的传热面积比，使热管的管壁温度尽量提高到露点温度以上或在合适的区域；

有效地防止积灰，换热器设计可采用变截面结构，保证流体进出口等流速流动，达到自清灰的目的；

无任何转动部件，没有附加动力消耗，不需要经常更换元件，即使有部分元件损坏，也不影响正常生产；

单根热管的损坏不影响其他的热管，同时对整体换热效果的影响也可忽略不记。

（5）热管换热器的应用见表10-1。

表 10-1　热管换热器的应用

流程图	技术特性	
高炉热风炉余热回收一	形　式	分离式热管换热器
	热流体	热风炉烟气
	冷流体	空气　煤气
	热流体温度	200~400℃
	冷流体温度	20℃升高到90~210℃
	回收热量	~12000kW(10320000kcal/h)
	压降	196~590Pa
高炉热风炉余热回收二	形　式	整体式气-气热管换热管
	热流体	热风炉烟气
	冷流体	空气　煤气
	热流体温度	220~400℃
	冷流体温度	20℃升高到90~210℃
	回收热量	~12000kW(10320000kcal/h)
	压降	196~590Pa
烧结系统废热回收	形　式	热管余热锅炉
	热源	烧结矿废热
	冷流体	水
	热风温度	200~600℃
	蒸汽压力	$5×10^5~1.4×10^6Pa$
	回收热量	~4650kW(4000000kcal/h)

流程图	技术特性	
加热炉废热回收	立式加热炉	形　式　　热管空气预热器
		热流体　　烟气
		冷流体　　空气(助燃用)
		热流体温度　　200~400℃
		冷流体温度　　20℃升高到120~250℃
		回收热量　　~12000kW(10320000kcal/h)
窑炉废热回收	隧道窑	形　式　　热管空气预热器
		热流体　　烟气
		冷流体　　空气(助燃或干燥用)
		热流体温度　　250~350℃
		冷流体温度　　20℃升高到120~220℃
		回收热量　　~5800kW(5000000kcal/h)
锅炉热管空气预热器	锅炉	形　式　　热管空气预热器
		热流体　　烟气
		冷流体　　空气
		热流体温度　　180~300℃
		冷流体温度　　20℃升高到60~150℃
		回收热量　　~5800kW(5000000kcal/h)
空调废热利用		形　式　　带吸液芯热管空气预热器
		热流体　　新鲜空气(夏季) / 浊空气(冬季)
		冷流体　　浊空气(夏季) / 新鲜空气(冬季)
		本装置利用废热的能量来预热或预冷进入的新鲜空气,可以大量节约空调机的用电量
喷雾干燥	燃烧炉	形　式　　高温热管空气预热器
		热流体　　烟气
		冷流体　　空气
		热流体温度　　<1100℃
		冷流体温度　　20℃升高到550℃

238

	流程图	技术特性	
水泥窑炉余热发电		形 式	热管余热锅炉
		热流体	窑炉烟气
		冷流体	水
		热流体温度	400℃下降到160℃
		水蒸气	200℃饱和蒸汽
化肥厂余热回收		形 式	高温热管蒸汽发生器
		热流体	上、下行煤气吹风气
		热流体温度	80~1000℃
		蒸汽压力	0.82~2.0MPa
载热体加热炉		形 式	热管载热体加热炉
		最高使用压力	1.0MPa
		最高使用温度	350℃
		循环油量	60~100m³/h
		供热能力	400~1000kW
化学反应器		形 式	热管化学反应器
		吸热反应	加热方式	烟气或电加热
			反应床温度	<600℃
		放热反应	冷却流体	水或空气
			反应床温度	<1000℃

10.2.3.4 特殊换热器

(1)石墨换热器。人造石墨材料的导热系数达到100~130W/(m·K),是碳钢的3倍,不锈钢的6倍,是唯一的一种既耐腐蚀又有高导热率的材料。

石墨换热器是传热组件用石墨制成的换热器。制造换热器的石墨应具有不透性,常用浸渍类不透性石墨和压型不透性石墨。

石墨换热器按其结构可分为块孔式、管壳式和板式3种类型。

①块孔式。有若干个带孔的块状石墨组件组装而成。

②管壳式。管壳式换热器在石墨换热器中占有重要地位，按结构又分为固定式和浮头式两种。

③板式。板式换热器用石墨板黏结而成。此外，还有沉浸式、喷淋式和套管式等（见蛇管式换热器、套管式换热器）。石墨换热器耐腐蚀性好，传热面不易结垢，传热性能良好。但石墨易脆裂，抗弯、抗拉强度低，因而只能用于低压，即使是承压能力最好的块孔状结构，其工作压力一般也仅为 0.3~0.5MPa，温度−20~165℃。石墨换热器成本高、体积大，使用不多。它主要用于盐酸、硫酸、乙酸和磷酸等腐蚀性介质的换热，如用作乙酸和乙酸酐的冷凝器等。

（2）聚四氟乙烯换热器。在热量交换中常有一些腐蚀性、氧化性很强的物料，因此，要求制造换热器的材料具有抗强腐蚀性能。它可以用石墨、陶瓷、玻璃等非金属材料以及不锈钢、钛、钽、锆等金属材料制成。但是用石墨、陶瓷、玻璃等材料制成的有易碎、体积大、导热差等缺点，用钛、钽、锆等稀有金属制成的换热器价格过于昂贵，不锈钢则难耐许多腐蚀性介质。

聚四氟乙烯换热器亦称为塑料王换热器，超强的耐蚀防老化性能使其广泛应用于化工、酸洗、电镀、医药、阳极氧化等行业，同时，由于其耐温性能极佳，既适用于蒸汽加热，亦适用于热水加热。

聚四氟乙烯塑料英文全称为 Polytetrafluoroetylene，简称 Teflon、PTFE、F4 等；中文名有"塑料王"、"铁氟龙"、"特氟龙"、"特富龙"等。它具有无以伦比的化学稳定性和冷热稳定性（−250~260℃）。PTFE 换热器管板和管束（φ3~10mm 毛细管）均是采用先进的粉末冶金工艺烧结而成，各种性能优异。

采用独有的、先进的焊接方法，使氟塑料换热器管束与管板之间的连接强度达到1.5MPa，解决了传统氟塑料换热器焊接方法存在微渗漏而需要漏管的问题。通过组合，制作成多种形式的 PTFE 换热设备，是强腐蚀性、强酸、强氧化介质传热的理想选择，深受广大工业用户喜欢。

PTFE 换热设备型式多种，其中有包括 W 型、L 型、U 型、O 型、平板型及环绕型等形状的沉浸式换热器，还有塔式换热器以及管壳式换热器，其中塔式换热器和管壳式换热器（亦称为壳管式换热器）的外壳根据不同的换热流程和换热媒体，可采用金属材料或高分子材料制作。

PTFE 换热设备既可用于蒸汽加热也可用于热水加热或冷水冷却，适用于电镀、电解、磷化、酸洗、铝抛光、除油、阳极氧化及其他表面处理工艺的加热、水冷却、制冷和蒸发浓缩以及海水冷却。

PTFE 换热设备的工作压力、工作温度、传热系数以及安装方式根据不同的型式、不同的管壳材料及不同的热媒有较大的差异。

聚四氟换热器主要特点：

①具有极好的耐腐蚀性能。由于聚四氟乙烯属化学惰性材料，除高温下的元素氟、熔融态碱金属、三氟化氯、六氟化铀、全氟煤油外，几乎可以在所有的介质中工作。如：浓盐酸、氢氟酸、硫酸、硝酸、磷酸、乙酸、草酸、苛性钠、次氯酸钠、萘、苯、二甲苯、丙酮、王水、氯气、甲苯、各种有机溶剂等。

②抗结垢性好。由于聚四氟乙烯管的化学惰性、表面光滑性、挠曲性和高膨胀系数，使其传热面很难结垢，大大减少了设备维修次数，保证了相对稳定的传热系数和生产的长期运行。

③寿命长久综合成本低。由于聚四氟乙烯中不含光敏基因，因而其具有优异的耐大气老化性。在强腐蚀介质中其使用寿命是不锈钢的 20~30 倍，再加上免除了维修、事故停产所造成的损失，其综合成本绝对低于其他换热器。

④传热性能好。由于换热器采用的是薄壁管，壁厚仅有 0.5mm、0.75mm 和 1mm，所以克服了聚四氟乙烯材料导热系数低的缺点，使其总传热系数可达 150~300W/(m²·K)。

⑤阻力小。由于 F4 的摩擦系数很小、粗糙度低、润滑性能特好，因此流体在管束内的阻力比金属管小。

⑥体积小、重量轻、结构紧凑。换热器采用薄壁细管，因而其单位体积的换热面积特别大，高达 600m²/m³（φ25×3 的钢管制作的只有 130m²/m³）。加之塑料的重量很轻，这样在运输、安装、维修时就非常方便。

10.3　换热器的传热过程的计算及传热强化

换热器是工程上常用的热交换设备，其中的热交换过程都是一些典型的传热过程，如通过平壁、圆筒壁和肋壁的传热过程，通过分析得出它们的计算公式，进而在这里对一些简单的换热器进行热平衡分析，介绍它们的热计算方法，以此为换热器的应用打下一个坚实的基础。

10.3.1　换热器的传热过程的分析

在实际的工业过程和日常生活中存在着的大量的热量传递过程，常常不是以单一的热量传递方式出现，而多是以复合的或综合的方式出现。在这些同时存在多种热量传递方式的热传递过程中，常常把传热过程和复合换热过程作为研究和讨论的重点[8]。

对于前者，传热过程是定义为热流体通过固体壁面把热量传给冷流体的综合热量传递过程，在之前的学习中我们对通过大平壁的传热过程进行了简单的分析，并给出了计算传热量的公式：

$$\Phi = kA\Delta t \tag{10-1}$$

式中，Φ 为冷热流体之间的传热热流量，W；A 为传热面积，m²；Δt 为热流体与冷流体间的某个平均温差，℃；k 为传热系数，W/(m²·℃)。

在数值上，传热系数等于冷、热流体间温差等于 1℃、传热面积等于 1m² 时的热流量值，是一个表征传热过程强烈程度的物理量。在这一章中我们除对通过平壁的传热过程进行较为详细的讨论之外，还要讨论通过圆筒壁的传热过程，通过肋壁的传热过程，以及在此基础上对一些简单的包含传热过程的换热器进行相应的热分析和热计算。

对于后者，复合换热是定义为在同一个换热表面上同时存在着两种以上的热量传递方式，如气体和固体壁面之间的热传递过程，就同时存在着固体壁面和气体之间的对流换热以及因气体为透明介质而发生的固体壁面和包围该固体壁面的物体之间的辐射换热，如果气体为有辐射性能的气体，那么还存在固体壁面和气体之间的辐射换热。这样，固体壁面和它所处的环境之间就存在着一个复合换热过程。下面我们来讨论一个典型的复合换热过程，即一个热表面在环境中的冷却过程。由热表面的热平衡可知，表面的散热热流应等于其与环境流体之间的对流换热热流加上它与包围壁面之间的辐射换热热流，即 $\phi = \phi_c + \phi_r$，式中 ϕ_c 为对流换热热流；ϕ_r 为辐射换热热流。它们分别为：$\phi_c = A\alpha_c(T_w - T_f)$ 和 $\phi_r = A\varepsilon\sigma_0(T_w^4 - T_s^4) = A\alpha_r(T_w - T_f)$。

式中 $\alpha_r = \dfrac{\varepsilon\sigma_0(T_w^4 - T_s^4)}{T_w - T_f}$ 称为辐射换热系数。如果包围物体距离换热表面比较远，可以将其温度视为与流体温度相同，于是有：

$\alpha_r = \varepsilon\sigma_0(T_w^2 + T_f^2)(T_w + T_f)$，于是总的换热热流可以写为：

$$Q = A\alpha(T_w - T_f)$$

式中，$\alpha = \alpha_c + \alpha_r$ 为换热过程的总的换热系数。今后如果提及换热系数，其含义就可能是指对流换热系数和辐射换热系数之和。这一点希望能引起学生们的注意。

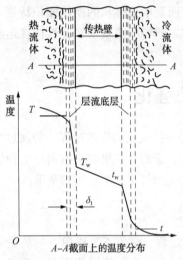

图 10-10　对流换热的温度分布

对流传热是流体流动过程中发生的热量传递，显然与流体流动的状态有密切的关系。工业过程的流动多为湍流状态，湍流流动时，流体主体中质点充分扰动与混合，所以在与流体流动方向垂直的截面上，流体主体区的温度差很小。但无论流体的湍流程度有多大，由于壁面的约束和流体内部的摩擦作用，在紧靠壁面处总存在滞流底层，层内流体平行流动，垂直于流动方向的热量传递以热传导方式进行。由于流体的热导率很小，故主要热阻及温度差都集中在滞流底层。同时在湍流主体和滞流底层之间还存在一个过渡区域，其中温度是逐步连续的变化。

图 10-10 所示为热流体与壁面对流传热及壁面与冷流体的对流传热，在某垂直于流体流动方向上 A—A 截面的温度分布情况。可见，对流传热是一个复杂的过程，严格的数学描述十分困难。工程上将湍流主体和过渡区的热阻予以虚拟，折合为相当厚度为 δt 的滞流底层热阻，这样，图中曲线由虚线代替，流体与壁面之间的温度变化可认为全部发生在厚度为 δt 的一个膜层内，通常将这一存在温度梯度的区域称为传热边界层。如此处理将整个对流传热的热阻集于传热边界层中，且层内传热方式为热传导，而在传热边界层以外，温度是一致的、没有热阻，这样将湍流状态复杂的对流传热归结为通过传热边界层的热传导，并可用热传导基本方程来描述对流传热过程：

$$\phi = \frac{\Delta t}{\delta_t/(\lambda A)} \qquad (10\text{-}2)$$

式中　λ——流体的热导率，$W/(m\cdot K)$；

　　　δ_t——传热边界层厚度，m；

　　　Δt——对流传热温度差，$\Delta T = T - T_w$，K 或者是 $\Delta t = t_w - t$，℃；

实际上对流传热过程中传热边界层厚度难以测定，以 $1/h$ 代替 δ_t/λ，则：

$$\phi = \frac{\Delta t}{1/(hA)} \qquad (10\text{-}3)$$

该式称为牛顿(Newton)冷却定律或给热方程，h 为表面传热系数，或称为对流传热系数，亦称给热系数，单位为 $W/(m\cdot K)$。

（1）牛顿冷却定律似乎简单，但它并未揭示对流传热的本质也未减少计算的困难，实际上它将复杂矛盾集中于表面传热系数 h 之中，所以，如何确定在各种条件下的表面传热系数，成为表面传热的中心问题。影响 h 的因素很多，主要有以下几个方面：

①流体的种类和性质不同的流体或不同状态的流体，如液体、气体、蒸气，其密度、比

242

热容、黏度等不同，其表面传热系数 h 也不同。

②流体的流动形态滞流、过渡流或湍流时 h 各不相同。主要表现在流速 u 对 h 的影响上，u 增大减小即热阻降低，则 h 增大。

③流体的对流状态，强制对流较自然对流时 h 为大。

④传热壁面的形状、排列方式和尺寸，传热壁面是圆管还是平面，是翅片壁面还是套管环隙，管径、管长、管束排列方式，水平还是垂直放置等都影响 h 的大小。

（2）流体有相变过程的表面传热系数。实际生产中多见的相变给热是液体受热沸腾和饱和水蒸气的冷凝。

①液体的沸腾。液体通过固体壁面被加热的对流传热过程中，若伴有液相变为气相，即在液相内部产生气泡或气膜的过程称为液体沸腾，又称沸腾传热。液体沸腾的情况因固体壁面（加热面）温度 t_w 与液体饱和温度 t_s 之间的差值而变化，图 10-11 所示为水的沸腾曲线。

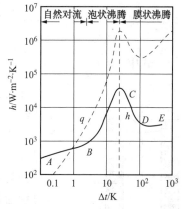

图 10-11　水的沸腾曲线

当温度差较小（$\Delta t < 5℃$）时，加热面上的液体仅产生自然对流，在液体表面蒸发，如图中 AB 段曲线；当 t 逐渐增高时，加热面上液体局部位置产生气泡且不断离开壁面上升至水蒸气空间。由于气泡的产生、脱离和上升对液体剧烈扰动，加剧了热量转移，使面积热流量 q 和表面传热系数 h 均增大，如图 10-11 中 BC 段曲线所示，此段情况称为泡状沸腾；若继续增大 Δt（$\Delta t > 25℃$）时，加热面上产生的气泡大大增多且产生的速度大于脱离加热表面的速度，加热面上形成一层不稳定的水蒸气膜将其与液体隔开，由于水蒸气的导热性差，气膜的附加热阻使 q 和 h 均急剧下降，以致达到 D 点时传热面几乎全部被气膜覆盖，且开始形成稳定的气膜，一般将 CD 段称为不稳定膜状沸腾，将 DE 段称为膜状沸腾。

由于泡状沸腾较膜状沸腾的表面传热系数大，工业生产中总是设法维持在泡状沸腾下操作。

其他液体在不同压强下的沸腾曲线与水的沸腾曲线形状相似，仅 C 点的数值有所差异。

②水蒸气冷凝。饱和水蒸气与温度较低的固体壁面接触时，水蒸气放出热量并在壁面上冷凝成液体。若水蒸气或壁面上存在油脂和杂质，冷凝液不能润湿壁面，由表面张力的作用而形成许多液滴沿壁面落下，此种冷凝称为滴状冷凝。若水蒸气和壁面洁净，冷凝液能够润湿壁面，则在壁面形成一层完整的液膜，故称为膜状冷凝。在膜状冷凝时，水蒸气的冷凝只能在冷凝液膜的表面进行，即冷凝水蒸气放出的热量必须通过液膜的传递才能传给冷凝面，所以冷凝液膜往往是膜状冷凝放给热过程主要热阻之所在；而在滴状冷凝时，壁面大部分直接暴露于水蒸气中，由于无液膜之热阻存在，滴状冷凝的给热系数比膜状冷凝的给热系数可高出数倍乃至数十倍。

然而，工业冷凝器中，即使采用促进滴状冷凝的措施也不能持久，加之膜状冷凝之冷凝液洁净质量高，故工业中遇到的大多是膜状冷凝。

（3）间壁式换热器传热面两侧的流体中，无论是沸腾或冷凝，发生相变一侧流体的表面传热系数比无相变一侧的表面传热系数都高，其热阻在总传热过程中往往也很小。

①通过平壁的传热。热流体通过一个平壁把热量传给冷流体，这就构成了一个简单的通过平壁的热量传递过程。该传热系统由热流体与平壁表面之间的换热过程、平壁的导热过程

和冷流体与平壁表面的换热过程组成。现在设热、冷流体的温度分别为 t_{f_1} 和 t_{f_2}，换热系数分别为 α_1 和 α_2，平壁的厚度为 δ，而平壁两边的温度分别为 t_{w_1} 和 t_{w_2}，于是在稳态条件下通过平壁的热流量可以写为如下的热阻形式：

$$Q = \frac{t_{f_1} - t_{w_1}}{\dfrac{1}{A\alpha_1}} = \frac{t_{w_1} - t_{w_2}}{\dfrac{\delta}{A\lambda}} = \frac{t_{w_2} - t_{f_2}}{\dfrac{1}{A\alpha_2}} \tag{10-4}$$

由于平壁两侧的换热和导热面积是相同的，经整理可以得出：

$$q = \frac{t_{f_1} - t_{f_2}}{\dfrac{1}{\alpha_1} + \dfrac{\delta}{\lambda} + \dfrac{1}{\alpha_2}} = k(t_{f_1} - t_{f_2}) \tag{10-5}$$

式中 $k = \left(\dfrac{1}{\alpha_1} + \dfrac{\delta}{\lambda} + \dfrac{1}{\alpha_1} \right)^{-1}$ 为通过平壁传热的传热系数，单位为 $W/(m^2 \cdot ℃)$。

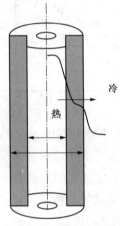

图 10-12　通过圆筒壁的传热

②通过圆筒壁的传热。热流体通过一个圆筒壁（也就是管壁）把热量传给冷流体（见图 10-12），就是一个简单的通过平壁的热量传递过程。该传热系统由热流体与圆筒壁表面之间的换热过程、圆筒壁的导热过程和冷流体与圆筒壁表面的换热过程组成。今设热、冷流体的温度分别为 t_{f_1} 和 t_{f_2}，换热系数分别为 α_1 和 α_2，圆筒壁的内外直径以及长度分别为 d_1、d_2 和 l，而圆筒壁内外壁面的温度分别为 t_{w_1} 和 t_{w_2}，于是在稳态条件下通过圆筒壁的传热热流可以写为如下的热阻形式：

$$Q = \frac{t_{f_1} - t_{w_1}}{\dfrac{1}{\pi d_1 l \alpha_1}} = \frac{t_{w_1} - t_{w_2}}{\dfrac{1}{2\pi \lambda l} \ln \dfrac{d_2}{d_1}} = \frac{t_{w_2} - t_{f_2}}{\dfrac{1}{\pi d_2 l \alpha_2}} \tag{10-6}$$

经整理可以得出：

$$Q = \frac{t_{f_1} - t_{f_2}}{\dfrac{1}{\pi d_1 l \alpha_1} + \dfrac{1}{2\pi \lambda l} \ln \dfrac{d_2}{d_1} + \dfrac{1}{\pi d_2 l \alpha_2}} \tag{10-7}$$

这就是通过圆筒壁传热的热流量计算公式。

由于圆筒壁的内外表面与内外直径的大小相关，只有内直径较大和圆筒壁较薄的情况下，才可近似认为圆筒壁的内外壁面相等，因而在定义通过圆筒壁传热的传热系数时，就必须首先确定传热系数的定义表面。

如果以圆筒壁的外壁面作为计算面积，那么传热系数的定义式可以写为 $Q = \pi d_2 l k_2 (t_{f_1} - t_{f_2})$，对照上述公式可以得出基于圆筒壁外壁面的传热系数的表达式：

$$k = \frac{1}{\dfrac{d_2}{d_1 \alpha_1} + \dfrac{d_2}{2\lambda} \ln \dfrac{d_2}{d_1} + \dfrac{1}{\alpha_2}} \tag{10-8}$$

如果以圆筒壁的内壁面作为计算面积，那么传热系数的定义式可以写为 $Q = \pi d_1 l k_1 (t_{f_1} - t_{f_2})$，对照上述公式可以得出基于圆筒壁内壁面的传热系数的表达式：

$$k_1 = \frac{1}{\dfrac{1}{\alpha_1} + \dfrac{d_1}{2\lambda} \ln \dfrac{d_2}{d_1} + \dfrac{d_1}{d_2 \alpha_2}} \tag{10-9}$$

在实际的计算中，常常采用热阻形式的传热量计算公式，即 $Q = \dfrac{t_{f_1} - t_{f_2}}{R_t}$。对照上述公式可以得出传热过程的传热热阻的表达式为：$R_t = \dfrac{1}{\pi d_1 l \alpha_1} + \dfrac{1}{2\pi \lambda l}\ln\dfrac{d_2}{d_1} + \dfrac{1}{\pi d_2 l \alpha_2}$。我们现在进一步参照传热系数的表达式将传热热阻写成更为一般的形式，即：

$$R_t = \frac{1}{A_1 \alpha_1} + \frac{1}{2\pi \lambda l}\ln\frac{d_2}{d_1} + \frac{1}{A \alpha_2} = \frac{1}{A_1 k_1} = \frac{1}{A_2 k_2} \tag{10-10}$$

式中 $A_1 = \pi d_1 l$，$A_2 = \pi d_2 l$ 分别为圆筒壁的内外表面积。这样的热阻形式完全适用于通过平壁传热的情况。此时由于传热面积为常数，可以采用单位面积的热阻形式，即：

$$r_t = \frac{1}{\alpha_1} + \frac{\delta}{\lambda} + \frac{1}{\alpha_2} = \frac{1}{k} \tag{10-11}$$

对于实际工程中运行的热交换设备，其传热过程的热阻常常还会因换热表面的集灰和结垢而增加。这部分热阻常被称为污垢热阻。在传热计算中需要加入到总热阻中去。

$$R_t = \frac{1}{A_1 \alpha_1} + \frac{1}{2\pi \lambda l}\ln\frac{d_2}{d_1} + \frac{1}{A \alpha_2} + R_f \tag{10-12}$$

式中的 R_f 为换热表面上附加的污垢热阻。

【例 10-1】 有一个气体加热器，传热面积为 11.5m²，传热面壁厚为 1mm，换热系数为 45W/(m²·℃)，被加热气体的换热系数为 83W/(m²·℃)，热介质为热水，换热系数为 5300W/(m²·℃)；热水与气体的温差为 42℃。试计算该气体加热器的传热总热阻、传热系数以及传热量，同时分析各部分热阻的大小，指出应从哪方面着手来增强该加热器的传热量。

解：已知 $F = 11.5\text{m}^2$，$\delta = 0.001\text{m}$，$\lambda = 45\text{W}/(\text{m}\cdot℃)$，$\Delta t = 42℃$，$\alpha_1 = 83\text{W}/(\text{m}^2\cdot℃)$，$\alpha_2 = 5300\text{W}/(\text{m}^2\cdot℃)$，故有传热过程的各分热阻为：$\dfrac{1}{\alpha_1} = \dfrac{1}{5300} = 0.0001887\text{W}/(\text{m}^2\cdot℃)$；$\dfrac{\delta}{\lambda} = \dfrac{0.001}{45} = 0.0000222\text{W}/(\text{m}^2\cdot℃)$；$\dfrac{1}{\alpha_2} = \dfrac{1}{83} = 0.0120482\text{W}/(\text{m}^2\cdot℃)$。

于是单位面积的总传热热阻为 $\dfrac{1}{k} = \dfrac{1}{\alpha_1} + \dfrac{\delta}{\lambda} + \dfrac{1}{\alpha_2} = 0.0122591\text{W}/(\text{m}^2\cdot℃)$，而传热系数为 $k = 81.57\text{W}/(\text{m}^2\cdot℃)$。加热器的传热量为 $Q = \dfrac{\Delta t A}{\dfrac{1}{\alpha_1} + \dfrac{\delta}{\lambda} + \dfrac{1}{\alpha_2}} = 39399.3\text{W}$。

分析上面的各个分热阻，其中热阻最大的是单位面积的换热热阻 $\dfrac{1}{\alpha_2}$，要增强传热必须增加 α_2 的数值。但是这会导致流动阻力的增加，而使设备运行费用加大。实际上从总的热阻，即 $\dfrac{1}{A_2 \alpha_2}$ 来考虑，可以通过加大换热面积来达到减小热阻的目的。

【例 10-2】 夏天供空调用的冷水管道的外直径为 76mm，管壁厚为 3mm，换热系数为 43.5W/(m²·℃)，管内为 5℃ 的冷水，冷水在管内的对流换热系数为 3150W/(m²·℃)，如果用换热系数为 0.037W/(m²·℃) 的泡沫塑料保温，并使管道冷损失小于 70W/m，试问保温层需要多厚？假定周围环境温度为 36℃，保温层外的换热系数为 11W/(m²·℃)。

解：已知 $t_1 = 5℃$，$t_0 = 36℃$，$q_1 = 70W/m$，$d_1 = 0.07m$，$d_2 = 0.076m$，d_3 为待求量，$\alpha_1 = 3150W/(m^2 \cdot ℃)$，$\alpha_0 = 11W/(m^2 \cdot ℃)$，$\lambda_1 = 43.5W/(m^2 \cdot ℃)$，$\lambda_2 = 0.037W/(m^2 \cdot ℃)$。

此为圆筒壁传热问题，其单位管长的传热量为：

$$q_1 = \frac{t_1 - t_0}{\frac{1}{\pi d_1 \alpha_1} + \frac{1}{2\pi \lambda_1}\ln\frac{d_2}{d_1} + \frac{1}{2\pi \lambda_2}\ln\frac{d_3}{d_2} + \frac{1}{\pi d_3 \alpha_0}}$$

代入数据有 $70 = \dfrac{36 - 5}{\dfrac{1}{\pi \times 0.07 \times 3150} + \dfrac{1}{2\pi \times 43.5}\ln\dfrac{76}{70} + \dfrac{1}{2\pi \times 0.037}\ln\dfrac{d_3}{0.076} + \dfrac{1}{\pi d_3 \times 11}}$

整理上式得：

$$= -10.64391 - 0.0289/d_3$$

此式可用试算法求解，最后得到 $d_3 = 0.07717m$。

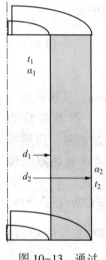

图 10-13 通过绝热保温层的传热

③临界热绝缘直径。在传热表面加上保温层能够起到减少传热的作用。但是在圆筒壁面上增加保温层却有可能导致传热量的增大。其中的原因可以通过分析圆筒壁传热的计算公式得出。注意公式不难发现导热热阻项（保温层）$\frac{1}{2\pi\lambda l}\ln\frac{d_2}{d_1}$ 是随着 d_2 的增加而逐步增大。而换热热阻项 $\frac{1}{\pi d_2 l\alpha_2}$ 却随着 d_2 的增加而逐步减小。因此，传热过程的总热阻会存在一个极小值，这就对应着一个传热量的最大值。那么，在对应总热阻极小值的外直径 d_2 被称为临界热绝缘直径，记为 d_c。可以看出绝热保温层的外直径 $d_2 < d_c$，传热量 Q 会随着 d_2 的增加而增大。只有 $d_2 > d_c$ 传热量 Q 会随着 d_2 的增加而减小。下面用一个实例来说明。

【例 10-3】 有一直径为 2mm 的电缆，表面温度为 50℃，周围空气温度为 20℃，空气的换热系数为 15W/(m² · ℃)。电缆表面包有厚 1mm，导热系数为 0.15W/(m · ℃) 的橡皮，试比较包橡皮与不包橡皮散热量的差别。

解：不包橡皮时的单位管长的散热量为：

$$q_1 = \pi d_1 \Delta \alpha t = 15 \times \pi \times 0.002 \times 30 = 2.827W/m$$

电缆包橡皮后构成一个不完整的传热过程，其单位管长的散热量为

$$q_1 = \frac{\pi \Delta t}{\frac{1}{2\lambda}ln\frac{d_2}{d_1} + \frac{1}{\alpha_2 d_2}} = 4.966W/m$$

从这个结果可以看出包了橡皮的散热量反而比不包橡皮的电缆大，表明橡皮包层的外直径还在临界热绝缘直径以内，或者还在以 d_c 为中心的对应 d_1 值的 d_2 值之内。

临界热绝缘直径具体的表达式是可以通过对传热计算方程求极值而得出。求保温层的外直径 d_2 的导数，并令其为零，有下式：

$$\frac{dQ}{dd_2} = \frac{\pi l(t_{f_1} - t_{f_2})\left(\frac{1}{2\pi d_2} - \frac{1}{\alpha_2 d_2^2}\right)}{\left(\frac{1}{\alpha_1 d_1} + \frac{1}{2\lambda}\ln\frac{d_2}{d_1} + \frac{1}{\alpha_2 d_2}\right)} = 0$$

解出这个方程就可以求得在最大传热量下的保温层外直径，即临界热绝缘直径的计算表达式：

$$d_2 = \frac{2\lambda}{\alpha_2} = d_c \qquad (10\text{-}13)$$

从上式中不难看出，临界热绝缘直径与保温材料的导热系数成正比，而与表面的换热系数成反比。由于大多数绝热保温材料的导热系数是可变的，如材料密实和干燥的程度等，而换热系数又是随环境而变，因而在工程实际中应注意临界热绝缘直径的可变性。

④通过肋壁的传热。在例10-1中我们分析了传热过程的各个分热阻的情况，其中热阻最大的是气侧换热热阻 $\frac{1}{A_2\alpha_2}$。但是要增强传热过程的传热量要么增加气侧换热系数 α_2 要么加大换热面积 A_2 的数值。前者会导致流动阻力的增加，而使设备运行费用加大，而后一种做法是增加投资成本。在实际上总是采取加大换热面积来达到减小热阻的目的。增大换热面积主要的做法是采用肋化表面。

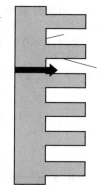

图10-14给出了一侧有肋化表面的通过平壁的传热过程。由传热过程在稳态条件下的热平衡关系式可以得出：

$$Q = \frac{t_{f_1} - t_{w_1}}{\dfrac{1}{A_1\alpha_1}} = \frac{t_{w_1} - t_{w_2}}{\dfrac{\delta}{A_1\lambda}} = \frac{t_{w_2} - t_{f_2}}{\dfrac{1}{\eta_2 A_2\alpha_2}} \qquad (10\text{-}14)$$

图10-14　通过平直肋壁的传热

式中，η_2 为肋面效率，可以由肋化表面的热平衡关系导出，即对于肋化侧有

$Q = A_b\alpha_2(t_{w_2} - t_{f_2}) + \eta_f A_f\alpha_2(t_{w_2} - t_{f_2}) = \eta_2 A_2\alpha_2(t_{w_2} - t_{f_2})$，式中，肋面效率 $\eta_2 = \dfrac{A_b + \eta_f A_f}{A_2}$；$A_b$ 为肋基面积；A_f 为肋面面积；$A_2 = A_b + A_f$ 为肋侧总面积。

从上式中消去 t_{w_1} 和 t_{w_2} 得出通过肋壁传热的传热量计算关系式：

$$Q = \frac{t_{f_1} - t_{f_2}}{\dfrac{1}{A_1\alpha_1} + \dfrac{\delta}{A_1\lambda} + \dfrac{1}{\eta_2 A_2\alpha_2}} = k_1 A_1(t_{f_1} - t_{f_2}) = k_2 A_2(t_{f_1} - t_{f_2}) \qquad (10\text{-}15)$$

式中，基于无肋侧面积的传热系数为 $k_1 = \dfrac{1}{\dfrac{1}{\alpha_1} + \dfrac{\delta}{\lambda} + \dfrac{1}{\eta_2\beta\alpha_2}}$；而基于肋化侧面积的传热

系数为 $k_2 = \dfrac{1}{\dfrac{\beta}{\alpha_1} + \dfrac{\beta\delta}{\lambda} + \dfrac{1}{\eta_2\alpha_2}}$；这里 $\beta = A_2/A_1$ 为肋化系数。从 k_1 的表达式可以看出，由于 β 值

常常远大于1，而使 $\eta_2\beta$ 的值总是远大于1，这就使肋化侧的热阻 $\dfrac{1}{\eta_2\beta\alpha_2}$ 显著减小，从而增大传热系数 k_1 的值。由于肋化侧的几何结构一般比较复杂，其换热系数的确定常常是比较困难的，多为实验研究的结果。

【例10-4】　有一块 $1\times1\mathrm{m}^2$ 的平板，板厚为10mm，板材的导热系数为35W/(m·℃)，板一侧为光表面；另一侧有同样材料制成的直肋片，肋高为30mm，肋厚为5mm，肋间距为

25mm，光面一侧流体温度为85℃，换热系数为2500W/（m²·℃）；肋片侧流体温度为28℃，换热系数为5W/（m²·℃），试计算该平板的传热量。

解：已知 $A_1 = 1\text{m}^2$，$\delta_0 = 0.01\text{m}$，$\lambda = 35\text{W}/(\text{m}\cdot℃)$，$t_1 = 85℃$，$\alpha_1 = 2500\text{W}/(\text{m}^2\cdot℃)$，$t_0 = 28℃$，$\alpha_0 = 5\text{W}/(\text{m}^2\cdot℃)$，肋厚 $\delta_\text{f} = 0.005\text{m}$，肋间距 $S = 0.025\text{m}$，肋片数 $n = 40$，肋高 $h = 0.03\text{m}$。

计算可得 $m = \sqrt{\dfrac{2\alpha_\text{o}}{\lambda\delta_\text{f}}} = 7.56$，而 $h_\text{c} = 0.0325\text{m}$，于是有 $mh_\text{c} = 0.2457$ 和 $\text{th}(mh_\text{c}) = 0.2409$，

最后得出肋片效率 $\eta_\text{f} = \dfrac{\text{th}(mh_\text{c})}{mh_\text{c}} = 0.9804$。

又因 $A_\text{b} = 0.02 \times 1 \times 40 = 0.8\text{m}^2$ 而 $A_\text{f} = 2 \times 0.03 \times 1 \times 40 + 0.005 \times 1 \times 40 = 2.6\text{m}^2$，则肋化侧面积

为 $A_\text{o} = F_\text{b} + F_\delta = 3.4\text{m}^2$。于是肋面效率 $\eta_\text{o} = \dfrac{A_\text{b} + \eta_\text{f}A_\text{f}}{F_\text{o}} = \dfrac{0.8 + 0.9804 \times 2.6}{3.4} = 0.985$。

最后可计算出平壁传热量为 $Q = \dfrac{t_1 - t_0}{\dfrac{1}{\alpha_1 A_1} + \dfrac{\delta_0}{\lambda A_1} + \dfrac{1}{\alpha_0 A_0 \eta_0}} = 943.6\text{W}$。

10.3.2　换热器的传热过程的计算

换热器是用于两种流体之间进行热量传递和交换的设备，其应用十分广阔，其种类非常之多。总体上可以分为三个大类，即：间壁式换热器——冷、热流体在进行热量交换过程中被固体壁面分开而不能互相混合的换热设备；混合式换热器——冷、热流体在互相混合中实现热量和质量交换的设备；蓄热式（回热式）换热器——冷、热流体交替通过蓄热介质达到热量交换的目的的设备。

基于现实工程应用中所占比例，在这里主要讨论间壁式换热器，因为它实现热量交换的过程就是上述讨论的典型传热过程，也就是热流体通过固体壁面把热量传给冷流体的过程。对于间壁式换热器按其流动特征可以分为顺流式、逆流式和叉流式换热器；而按其几何结构可分为套管式换热器、管壳式换热器、板式换热器以及板翅、管翅等紧凑式换热器等。下面我们将以简单流型的顺流和逆流式换热器为对象，分析其流动和传热性能，给出过程的计算方法[9]。

（1）换热器的对数平均温差。考虑一个套管式换热器，如图 10-15 所示。从图中可以看出，它是一个单流程的换热器，其流动和换热构成一个典型的传热过程。如果假定该换热器的热流体进、出口温度分别为 t_1' 和 t_1''；冷流体进、出口温度分别为 t_1' 和 t_1''；热流体的质量流量为 m_1，比热为 c_{p_1}，而冷流体的质量流量为 m_2 比热为 c_{p_2}；传热系数为 K 而传热面积为 A，那么按照其在顺流情况下和逆流情况下可以示意性画出冷热流体温度随换热面积的变化图，同时换热器的传热量的计算式为：

$$\Phi = kA\Delta t_\text{m} \tag{10-16}$$

式中，Δt_m 为冷热流体之间的一个平均温度，显见它与冷、热流体的进出口温度相关。此式通常称为换热器的传热方程。如果不考虑换热器向外界的散热，那么按照换热器冷热流体的热平衡，其传热量也可以表示为：

$$Q = m_1 c_{\text{p}_1}(t_1' - t_1'') = m_2 c_{\text{p}_2}(t_2'' - t_2') \tag{10-17}$$

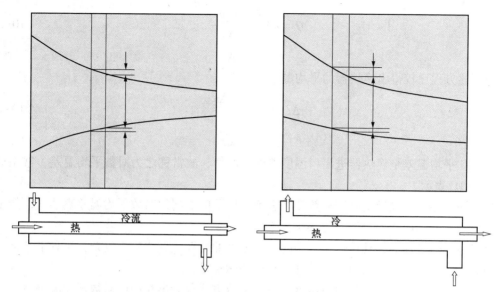

图 10-15 套管式换热器及其温度沿换热面的分布示意图

此式常称为换热器的热平衡方程。如果令 $C_1 = m_1 c_{p_1}$ 和 $C_2 = m_2 c_{p_2}$，分别为热、冷流体的热容流率，那么上式变为：

$$Q = C_1(t_1' - t_1'') = C_2(t_2'' - t_2') \tag{10-18}$$

从式(10-18)可知，要计算换热器的传热量，冷热流体之间的平均温度差是必须求出的。为此，以图中所示的套管式换热器顺流流动为例来寻找它的平均温差 Δt_{m}。在图中所取的微元传热面积为 $\mathrm{d}A$，通过微元面积热流体的温度变化为 $\mathrm{d}t_1$，冷流体的温度变化 $\mathrm{d}t_2$，热、冷流体的温度分别为 t_1 和 t_2 而温度差则为 Δt。那么通过微元面积的传热量从传热方程可以：

$$\mathrm{d}Q = k\mathrm{d}A\Delta t \tag{10-19}$$

而从热平衡方程则得到：

$$\mathrm{d}Q = - m_1 c_{p_1} \mathrm{d}t_1 \text{ 和 } \mathrm{d}Q = m_2 c_{p_2} \mathrm{d}t_2 \tag{10-20}$$

由 $\mathrm{d}(t_1 - t_2) = \mathrm{d}t_1 - \mathrm{d}t_2$，再由上式得出：

$$\mathrm{d}(t_1 - t_2) = - \mathrm{d}Q\left(\frac{1}{m_1 c_{p_1}} + \frac{1}{m_2 c_{p_2}}\right) \tag{10-21}$$

将其代入公式得到：

$$\frac{\mathrm{d}(t_1 - t_2)}{t_1 - t_2} = - \mu k\mathrm{d}A \tag{10-22}$$

式中，$\mu = \left(\dfrac{1}{m_1 c_{p_1}} + \dfrac{1}{m_2 c_{p_2}}\right)$。在整个换热面上积分式(10-22)得到：

$$\ln \frac{\Delta t_2}{\Delta t_1} = - \mu kA \tag{10-23}$$

式中，$\Delta t_1 = t_1' - t_2'$，$\Delta t_2 = t_1'' - t_2''$

从上述方程可以得出 $\mu = \left(\dfrac{1}{m_1 c_{p_1}} + \dfrac{1}{m_2 c_{p_2}}\right) = \dfrac{\Delta t_1 - \Delta t_2}{Q}$，并将其代入式(10-23)得到：

$$Q = kA \frac{\Delta t_1 - \Delta t_2}{\ln \dfrac{\Delta t_1}{\Delta t_2}} \qquad (10-24)$$

与上述方程比较得出换热器的平均温差：

$$\Delta t_{\mathrm{m}} = \frac{\Delta t_1 - \Delta t_2}{\ln \dfrac{\Delta t_1}{\Delta t_2}} \qquad (10-25)$$

由于此平均温差是换热器进出口温度差的平均值，故常称之为对数平均温差，常用英文缩写（LMTD）表示。

用相同的办法可以导出套管换热器在逆流情况下的相同的对数平均温差表达式，只是进出口温度差不同，即 $\Delta t_1 = t_1' - t_2''$，$\Delta t_2 = t_1'' - t_2'$。

对于其他的换热器，其传热公式中的平均温度的计算关系式较为复杂，工程上常常采用修正图表来完成其对数平均温差的计算。具体的做法是：

①由换热器冷热流体的进出口温度，按照逆流方式计算出相应的对数平均温差 $\Delta t_{\mathrm{count}}$；

②从修正图表由两个无量纲数 $P = \dfrac{t_2'' - t_2'}{t_1' - {}_2'}$ 和 $R = \dfrac{t_1' - t_1''}{t_2'' - t_2'}$ 查出修正系数 ψ；

③最后得出交叉流方式的对数平均温差 $\Delta t_{\mathrm{m}} = \psi \Delta t_{\mathrm{count}}$。

【例 10-5】 换热器热重油加热含水石油，重油的温度从280℃降到190℃，含水石油从20℃加热到160℃，试求两流体顺流和逆流时的对数平均温差，假设传热系数 k 和热流密度相同，问逆流与顺流相比加热面积减少多少？

解：两流体顺流时 $\Delta t^1 = 260℃$，$\Delta t^{11} = 30℃$，所以对数平均温差为：

$$\Delta t_{\mathrm{mp}} = \frac{260 - 30}{\ln \dfrac{260}{30}} = \frac{230}{2.16} = 106.5℃$$

两流体逆流时 $\Delta t^1 = 120℃$，$\Delta t^{11} = 170℃$，所以对数平均温差为：

$$\Delta t_{\mathrm{mc}} = \frac{120 - 170}{\ln \dfrac{120}{170}} = \frac{-50}{-0.3483} = 143.6℃$$

当 K 和热流密度相同时，逆流加热面积减少的比率为：

$$\frac{\Delta t_{\mathrm{mp}}}{\Delta t_{\mathrm{mc}}} = \frac{106.5}{143.6} = 0.7416$$

采用逆流加热面积减少为 $(1 - 0.7416) \times 100 = 25.84\%$。

【例 10-6】 在空气加热器中，空气从20℃被加热到230℃，烟气从430℃被冷却到250℃，试求流体顺流、逆流和交叉流时的对数平均温差。两种流体交叉流动时烟气混合，空气不混合。

解：当两流体为顺流时，$\Delta t' = 410℃$，$\Delta t'' = 20℃$，所以对数平均温差为：

$$\Delta t_{\mathrm{mp}} \frac{410 - 20}{\ln \dfrac{410}{20}} = \frac{390}{3.02} = 129.1℃$$

当两流体为逆流时，$\Delta t^1 = 200℃$，$\Delta t^{11} = 230℃$，所以对数平均温差为：

$$\Delta t_{mc} = \frac{200 - 230}{\ln \dfrac{200}{230}} = \frac{-30}{-0.1398} = 214.7℃$$

当两流体交叉流动烟气混合，空气不混合时：

$$P = \frac{230 - 20}{430 - 20} = \frac{210}{410} = 0.512,$$

$$R = \frac{430 - 250}{230 - 20} = \frac{180}{210} = 0.86，查图 5-12 得 \phi = 0.87，所以此时的对数平均温差为：$$

$$\Delta t_m = \phi \Delta t_{m.N} = 0.87 \times 214.7 = 186.8℃。$$

（2）换热器的效能。从上述的讨论可知，一个换热器只要给出冷热流体的进出口温度差，就可以求得其对数平均温差，从而利用传热方程在已知换热器传热量的情况下计算换热器传热面积，或者在已知传热面积和传热系数的情况下计算传热量。但是，在某些情况下只能知道换热器冷热流体的进口温度，即使知道了冷热流体的热容流率，以及传热面积和传热系数，还是不能直接得出冷热流体的出口温度。为了方便换热器的传热计算，这里定义换热器的效能如下：

$$\varepsilon = \frac{Q}{Q_{\max}} = \frac{C_1(t_1' - t'')}{C_{\min}(t_1' - t_2')} = \frac{C_2(t_2'' - t_2')}{C_{\min}(t_1' - t_2')_1} \tag{10-26}$$

式中，$Q_{\max} = C_{\min}(t_1' - t_2')$ 为换热器的最大可能的传热量，也就是热容流率最小的一个 $C_{\max}$ 乘以换热器两流体之中最大的温差 $(t_1' - t_2')$。之所以称为最大可能的传热量是因为在极端的情况下换热器可能达到的传热量，如对于逆流式换热器，当换热面积无限大时，热容流率小的流体的温度改变值就是换热器的最大温差；对于顺流式换热器，当一侧流体的热容流率为无限大，且换热面积也为无限大时，另一侧流体的温度改变也能达到换热器的最大温差。当换热器的效能可以得到时，换热器的传热量就可以由定义式中得出：

$$Q = \varepsilon Q_{\max} \tag{10-27}$$

下面来确定换热器的效能。

在针对顺流式换热器进行对数平均温差的推导中得到换热器进出口温差与换热面积、流体热容流率之间的关系，即下列公式：

$$\ln \frac{\Delta t_2}{\Delta t_1} = -\mu kA，式中，\Delta t_1 = t_1' - t_2'，\Delta t_2 = t_1'' - t_2''，改写为 \frac{t_1'' - t_2''}{t_1' - t_2'} = e^{-\mu kA}。$$

由换热器热平衡方程 $Q = C_1(t_1' - t_1'') = C_2(t_2'' - t_2')$ 可以得出 $t_1'' = t_1' - \dfrac{C_2}{C_1}(t_2'' - t_2')$，将其代

入上述公式可以得到 $1 - \dfrac{t_2'' - t_2'}{t_1' - t_2'}(1 + \dfrac{C_2}{C_1}) = e^{-\mu kA}$。再由效能的定义式，可将此式变为 $1 -$

$\varepsilon\left(\dfrac{C_{\min}}{C_1} + \dfrac{C_{\min}}{C_2}\right) = e^{-\mu kA}$。再将 $\mu = \left(\dfrac{1}{m_1 c_{p_1}} + \dfrac{1}{m_2 c_{p_2}}\right) = \left(\dfrac{1}{C_1} + \dfrac{1}{C_2}\right)$ 代入，经整理得出顺流式换热器的效能计算公式：

$$\varepsilon = \frac{1 - \exp\left[-\dfrac{kA}{C_{\min}}\left(\dfrac{C_{\min}}{C_1} + \dfrac{C_{\min}}{C_2}\right)\right]}{\dfrac{C_{\min}}{C_1} + \dfrac{C_{\min}}{C_2}} \tag{10-28}$$

还可以将上式写成更为紧凑的形式，即：

$$\varepsilon = \frac{1 - \exp\left[-NTU\left(1 + \dfrac{C_{\min}}{C_{\max}}\right)\right]}{1 + \dfrac{C_{\min}}{C_{\max}}} \tag{10-29}$$

式中，$NTU = \dfrac{kA}{C_{\min}}$ 称为传热单元数，它表征了换热器的传热性能与其热传送（对流）性能的对比关系，其值越大换热器传热效能越好，但这会导致反映了换热器的投资成本（A）和操作费用（k）的增大，从而使换热器的经济性能变坏。因此，必须进行换热器的综合性能分析来确定换热器的传热单元数。

利用相同的办法也可以导出逆流式换热器的效能计算公式：

$$\varepsilon = \frac{1 - \exp\left[-NTU\left(1 - \dfrac{C_{\min}}{C_{\max}}\right)\right]}{1 - \dfrac{C_{\min}}{C_{\max}}\exp\left[-NTU\left(1 - \dfrac{C_{\min}}{C_{\max}}\right)\right]} \tag{10-30}$$

当冷、热流体之一发生相变时，即出现凝结和沸腾换热过程，就会有 $C_{\max}$ 趋于无穷大，公式就可以简化为 $\varepsilon = 1 - \exp(-NTU)$。

而当冷热流体的热容流率相等时，公式可以简化为：

对于顺流有　$\varepsilon = \dfrac{1 - \exp(-2NTU)}{2}$

对于逆流有　$\varepsilon = \dfrac{NTU}{1 + NTU}$

以上是换热器在简单的顺流和逆流情况下的效能计算公式，对于比较复杂的流动形式，其效能的计算公式可以参阅有关文献。为了便于工程计算，常用的换热器效能的计算公式已经绘制成相应的线算图，使用时就可以很方便地查出。

这里给出了几种流动形式的 ε - NTU 图。具体见图 10-16~图 10-21。

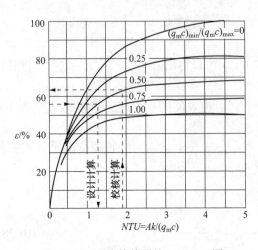

图 10-16　顺流换热器的 ε - NTU 图

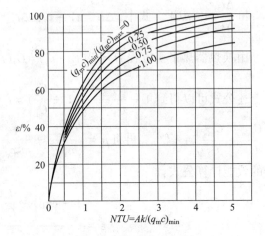

图 10-17　逆流换热器的 ε - NTU 图

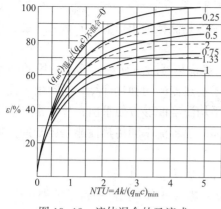

图 10-18　流体混合的叉流式
换热器 $\varepsilon - NTU$ 图

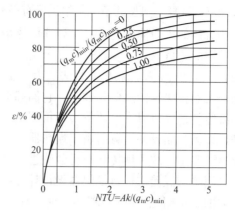

图 10-19　流体不混合的叉流式
换热器 $\varepsilon - NTU$ 图

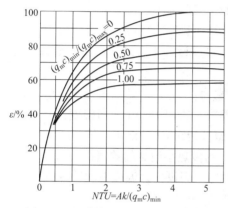

图 10-20　单管程，2、4、6 等管程
换热器的 $\varepsilon - NTU$ 关系图

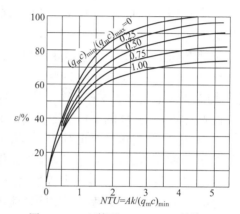

图 10-21　双管程，4、8、12 等管程
换热器的 $\varepsilon - NTU$ 关系图

10.3.3　换热器的热计算

（1）设计计算与校核计算。常有两种情况需要进行换热器的热计算。一种是设计一个新的换热器，以确定换热器所需的换热面积；一种是对已有的换热器进行校核，以确定换热器的流体出口温度和换热量。前者我们称之为设计计算，而后者则称之为校核计算。

由于换热器的传热过程是由冷热流体分别与换热器壁面之间的换热过程和通过换热器壁面的导热过程所组成，其热计算的基本方程应为：

传热方程 $Q = kA\Delta t_{\mathrm{m}}$；

和热平衡方程 $Q = \dot{m}_1 c_{p_1}(t_1' - t_1'') = \dot{m}_2 c_{p_2}(t_2'' - t_2')$；

式中，Δt_{m} 是由冷热流体的进出口温度确定的。以上三个方程中共有 8 个独立变量，它们是 kA、$m_1 c_{p_1}$、$m_2 c_{p_2}$、t_1'、t_1''、t_2'、t_2''、和 Q。因此，换热器的热计算应该是给出其中的五个变量来求得其余三个变量的计算过程。

对于设计计算，典型的情况是给出需设计换热器的热容流率 $m_1 c_{p_1}$、$m_2 c_{p_2}$，冷热流体进出口温度中的三个如 t_1'、t_1'' 和 t_2'，计算另一个温度 t_2''、换热量 Q 以及传热性能量 kA，也就是传热系数和传热面积的乘积，最后达到设计换热器的目的。

对于校核计算，典型的情况是给出已有换热器的热容流率 $m_1 c_{p_1}$ 和 $m_2 c_{p_2}$，传热性能量 kA 以及冷热流体的进口温度 t_1' 和 t_2'，计算换热量 Q 和冷热流体的出口温度 t_1'' 和 t_2''，最后达到核实换热器性能的目的。

(2)平均温差法和传热单元数法。为了实现上述换热器的两种热计算，采用的两种基本方法是平均温差法和传热单元数法，它们都能完成换热器的两种热计算。通常由于设计计算时冷热流体的进出口温度差比较易于得到，对数平均温度能够方便求出，故常常采用平均温差法进行计算；而校核计算时由于换热器冷热流体的热容流率和传热性能是已知的，换热器的效能易于确定，故采用传热单元数法进行计算。

①采用平均温差法进行换热器设计计算的具体步骤为：

(a)由已知条件，从换热器热平衡方程计算出换热器进出口温度中待求的那一个温度；

(b)由冷热流体的四个进出口温度确定其对数平均温差 Δt_m，并按流动类型确定修正因子 ψ；

(c)初步布置换热面，并计算相应的传热系数 k；

(d)从传热方程求出所需的换热面积 A，并核算换热器冷热流体的流动阻力；

(e)如果流动阻力过大，或者换热面积过大，造成设计不合理，则应改变设计方案重新计算。

②平均温差法也能用于校核计算，其主要步骤为：

(a)首先假定一个流体的出口温度，按热平衡方程求出另一个出口温度；

(b)由四个进出口温度计算出对数平均温差 Δt_m 以及相应的修正因子 ψ；

(c)根据换热器的结构，计算相应工作条件下的传热系数 k 的数值；

(d)从已知的 kA 和 Δt_m 由传热方程求出换热量 Q(假设出口温度下的计算值)；

(e)再由换热器热平衡方程计算出冷热流体的出口温度值；

(f)以新计算出的出口温度作为假设温度值，重复以上步骤(2)~(5)，直至前后两次计算值的误差小于给定数值为止，一般相对误差应控制在1%以下。

③传热单元数法是 $\varepsilon - NTU$ 法，即换热器效能-传热单元数法的简称，用其进行换热器的校核计算的主要步骤为：

(a)由换热器的进口温度和假定出口温度来确定物性，计算换热器的传热系数 k；

(b)计算换热器的传热单元数 NTU 和热容流率的比值 C_{min}/C_{ma}；

(c)按照换热器中流体流动类型，在相应的 $\varepsilon - NTU$ 图中查出与 NTU 和 C_{min}/C_{ma} 值相对应的换热器效能的数值 ε；

(d)根据冷热流体的进口温度及最小热容流率，按照公式求出换热量 Q；

(e)利用换热器热平衡方程式(5-24)确定冷热流体的出口温度 t_1'' 和 t_2''；

(f)以计算出的出口温度重新计算传热系数，并重复进行计算步骤(2)~(5)。由于换热器的传热系数随温度的改变不是很大，因此只要试算几次就能满足要求。

④传热单元数法也可以用于换热器的设计计算，其主要步骤是：

(a)由换热器热平衡方程求出那个待求的温度值，进而由式(5-16)计算出换热器效能 ε；

(b)根据所选用的流动类型以及 ε 和 C_{min}/C_{max} 的数值，从线算图中查出传热单元数 NTU；

(c)初步确定换热面的布置，并计算出相应的传热系数 k 的数值；

（d）再由 NTU 的定义式确定换热面积 $A = C_{\min}NTU/k$，同时核算换热器冷热流体的流动阻力；

（e）如果流动阻力过大，或者换热面积过大，造成设计不合理，则应改变设计方案重新计算。

10.3.4 换热器的污垢热阻

换热器在经过一段时间的实际运行之后，常常在换热面上集结水垢、淤泥、油污和灰尘之类的覆盖物。这些覆盖物垢层在传热过程中都表现为附加的热阻，使传热系数减小，从而导致换热性能下降。由于垢层的厚度以及它的导热性能难以确定，我们只能采用它所表现出来的传热热阻值的大小来进行传热计算。这种热阻常称之为污垢热阻，记为 r_f，其单位为 $(m^2 \cdot ℃)/W$。由于污垢热阻通常是由实验确定的，常写为如下形式：

$$r_f = \frac{1}{k} - \frac{1}{k_0} \tag{10-31}$$

式中，k_0 为清洁换热面的传热系数；k 为有污垢的换热面的传热系数。污垢热阻的产生势必增加换热器的设计面积，以及导致使用过程中运行费用的增加。由于污垢产生的机理复杂，目前尚未找到清除污垢的好办法。工程上适用的做法是，在设计换热器时考虑污垢热阻而适当增加换热面积，同时对运行中的换热器进行定期的清洗，以保证污垢热阻不超过设计时选用的数值。同样是基于污垢生成的复杂性，污垢热阻的数值只能通过实验方法来确定。

下面我们以几个简单的例子来说明利用上述两种计算方法进行换热器热计算的过程。

【例 10-7】 在一次交叉流的换热器中，用锅炉的烟气加热水，已知烟气进、出换热器的温度分别为 250℃ 和 140℃，流量为 2.5kg/s，比热容为 1.09kJ/（kg·℃），常压水的温度从 20℃ 加热至 80℃，换热器的传热系数为 190W/（m²·℃），试用对数平均温差法和 $\varepsilon\text{-}NTU$ 法计算所需换热面积。

解：锅炉省煤器中烟气横向混合，水在换热器中不混合，首先用对数平均温差法计算传热面积：

由 $\Delta t' = (250 - 80) = 170℃$，$\Delta t'' = 140 - 20 = 120℃$ 可得 $\Delta t_m = \dfrac{170 - 120}{\ln\dfrac{170}{120}} = 143.6℃$；又由

$P = \dfrac{80 - 20}{250 - 20} = 0.26$，及 $R = \dfrac{250 - 140}{80 - 20} = 1.83$，查图得 $\psi = 0.93$，因而修正后的对数平均温

差为 $\Delta t_m = 0.93 \times 143.6 = 133.5℃$，最后得出换热器传热面积为 $A = \dfrac{Q}{K\Delta t_m} = 11 m^2$。

利用 $\varepsilon\text{-}NTU$ 法计算传热面积 A：

由换热器热平衡方程 $m_1 c_{p_1}(t_1' - t_1'') = m_2 c_{p_2}(t_2'' - t_2')$ 可以得出 $m_2 c_{p_2} = 2.5 \times 1.09 \times 1000(250 - 140)/(80 - 20) = 2725 \times 110/(80 - 20) = 4995.8 W/℃$。

所以 $m_1 c_{p_1} = 2725 W/℃$ 为最小热容流率值。于是换热器效率 $\varepsilon = \dfrac{t_1' - t_1''}{t_1' - t_2'} = \dfrac{110}{230} = 0.478$。再

由热容比 $R = \dfrac{m_1 c_{p_1}}{m_2 c_{p_2}} = \dfrac{60}{110} = 0.55$，可从图中查出 $NTU = \dfrac{KA}{m_1 c_{p_1}} = 0.77$，解出换热器传热面积 $A = 11.0 m^2$。可见两种算法所得面积均为 $11 m^2$。

【例10-8】 某干净冷油器为套管式换热器，内径为1.27cm、壁厚为0.127cm的直管与套管同心，套管外绝热。油以0.063kg/s的质量流量在管内流动；冷却水以0.0756kg/s的质量流量在管和套管间的环形空间内流动，且与油流动方向相反。油从177℃被冷却到65.5℃，冷却水的进口温度为10℃。已知油的换热系数为1.7kW/($m^2 \cdot$℃)，比热容为1.675kJ/(kg·℃)；水的换热系数为3.97kW/($m^2 \cdot$℃)，比热容为4.19kJ/(kg·℃)。忽略管壁热阻，试计算所需的套管长度。

解：这是一个典型的换热器设计问题。

由热平衡关系给出换热量为 $Q = m_1 c_{p_1}(t_1' - t_1'') = 0.063 \times 1675 \times (177 - 65.5) = 11770(W)$

冷流体的出口温度也可由热平衡关系得出 $t_2'' = t_2' + \dfrac{Q}{m_2 c_{p_2}} = 10 + \dfrac{1170}{0.0756 \times 4190} = 47.1℃$

计算出对数平均温差为 $\Delta t_m = \dfrac{(177 - 47.1) - (65.5 - 10)}{\ln \dfrac{177 - 47.1}{65.5 - 10}} = 87.5℃$

由已知条件传热系数为 $k_0 = \dfrac{1}{\dfrac{1}{\alpha_0} + \dfrac{d_0}{\alpha_i d_i}} = \dfrac{1}{\dfrac{1}{3970} + \dfrac{(1.27 + 0.127 \times 2) \times 10^{-2}}{1700 \times 1.27 \times 10^{-2}}} = 1044W/$($m^2 \cdot$℃)

由传热方程有 $Q = k_0 A_o \Delta t_m = k_0 \pi d_0 L \Delta t_L$，可以得出所需的套管式换热器长度：

$L = \dfrac{Q}{K_0 \pi d_0 \Delta t} = \dfrac{11770}{1044 \times \pi \times (1.27 + 0.127 \times 2) \times 10^{-2} \times 87.5} = 2.69m$。

【例10-9】 在一顺流换热器中用水来冷却另一种液体，水的初温和流量分别为15℃和0.25kg/s，液体的初温和流量分别为140℃和0.07kg/s，换热器的传热系数为35W/($m^2 \cdot$℃)，传热面积等于$8m^2$，水和液体的比热容分别为4.187kJ/(kg·℃)和3kJ/(kg·℃)。试求水和热流体的终温和传热量。

解：$m_1 c_{p_1} = 0.07 \times 3 \times 1000 = 210W/℃$，$m_2 c_{p_2} = 0.25 \times 4.187 \times 1000 = 1046.75W/℃$，比较可知 $m_1 c_{p_1}$ 为小值，所以有 $NTU = kA/m_1 c_{p_1} = 35 \times 8/210 = 1.34$，同时 $R = m_1 c_{p_1}/m_2 c_{p_2} = 210/1046.75 = 0.2$，$\varepsilon = \dfrac{1 - \exp[-NTU(1 + R)]}{1 + R} = 0.663$

由换热器效能的定义式 $\varepsilon = \dfrac{140 - t_1''}{140 - 15} = 0.666$，求得 $t_1'' = 56.7℃$

再由冷热流体热平衡方程有 $210(140 - 56.7) = 1046.75(t_2'' - 15)$，可以得出 $t_2'' = 31.7℃$。

换热器的传热量为 $Q = 210(140 - 56.7) = 174.93W$。

【例10-10】 流量为45500kg/h的水在加热器中从80℃加热到150℃，加热器为2壳程8管程的管壳式加热器，传热面积为$925m^2$，热废气的初温为350℃，终温为175℃，假设热废气为空气，其物性参数为常数，试求此加热器的传热系数。

解：查表得水的 $c_{p_2} = 4.254$kJ/(kg·℃)，那么水在换热器中吸热量为 $Q = m_2 c_{p_2}(t_2'' - t_2')$ $= 45500/3600 \times 4.254 \times 1000 \times (150 - 80) = 3763608W$，水的热容流率 $m_2 c_{p_2} = 45500/3600 \times 4.254 \times 1000 = 53765W/℃$，而由热平衡关系有 $m_1 c_{p_1} = 3763608/(350 - 175) = 21506W/℃$，因此废气的 $m_1 c_{p_1}$ 为小值。

因此由换热器效能的定义式得出 $\varepsilon = \dfrac{350 - 175}{350 - 80} = 64.82\%$，而热容比为 $R = \dfrac{21506}{53765} = 0.4$，

从图 5-18 中查得 $NTU = \dfrac{kA}{m_1 c_{p_1}} = 1.25$，从而求出换热器的传热系数 $k = \dfrac{21506 \times 1.25}{925} = 29.1 \text{W}/(\text{m}^2 \cdot \text{℃})$。

10.4 换热器传热过程的强化

换热器传热过程的强化就是力求使换热器在单位时间内单位传热面积传递的热量尽可能增多。其意义在于：在设备投资及输送功耗一定的条件下，获得较大的传热量，从而增大设备容量，提高劳动生产率；在保证设备容量不变情况下使其结构更加紧凑，减少占有空间，节约材料，降低成本；在某种特定技术过程使某些工艺特殊要求得以实施等[10]。

不同场合对于强化传热的具体要求各不相同，但归纳起来应用强化传热技术可达到下列任一目的：

(1)减小换热器的传热面积，以减小换热体积和重量；

(2)提高现有换热器的换热能力；

(3)使换热器能在较低温差下工作；

(4)减少换热器的阻力，以减少换热器的动力消耗。

上述目的和要求是相互制约的，要同时达到这些目的是不可能的，因此，在采用强化传热技术前，必须首先明确要达到的主要目的和任务，以及为达到这一目的所能提供的现有条件，然后通过选择比较，才能确定一种合适的强化传热技术。

10.4.1 强化传热的基本途径

所谓换热器传热强化或增强传热是指通过对影响传热的各种因素的分析与计算，采取某些技术措施以提高换热设备的传热量或者在满足原有传热量条件下，使它的体积缩小。换热器传热强化通常使用的手段包括三类：扩展传热面积(F)；加大传热温差；提高传热系数(K)[11]。

10.4.1.1 基本技术途径

(1)扩展传热面积(F)。扩展传热面积是增加传热效果使用最多、最简单的一种方法。在扩展换热器传热面积的过程中，如果简单地通过单一地扩大设备体积来增加传热面积或增加设备台数来增强传热量，不光需要增加设备投资，设备占地面积大，同时，对传热效果的增强作用也不明显，这种方法现在已经淘汰。现在使用最多的是通过合理地提高设备单位体积的传热面积来达到增强传热效果的目的，如在换热器上大量使用单位体积传热面积比较大的翅片管、波纹管、板翅传热面等材料，通过这些材料的使用，单台设备的单位体积的传热面积会明显提高，充分达到换热设备高效、紧凑的目的。

(2)加大传热温差(Δt)。加大换热器传热温差 Δt 是加强换热器换热效果常用的措施之一。在换热器使用过程中，提高辐射采暖板管内蒸汽的压力，提高热水采暖的热水温度，冷凝器冷却水用温度较低的深井水代替自来水，空气冷却器中降低冷却水的温度等，都可以直接增加换热器传热温差 Δt。但是，增加换热器传热温差 Δt 是有一定限度的，我们不能把它作为增强换热器传热效果最主要的手段，使用过程中我们应该考虑到实际工艺或设备条件上

是否允许。例如，我们在提高辐射采暖板的蒸汽温度过程中，不能超过辐射采暖允许的辐射强度，辐射采暖板蒸汽温度的增加实际上是一种受限制的增加，依靠增加换热器传热温差 Δt 只能有限度地提高换热器换热效果；同时，我们应该认识到，传热温差的增大将使整个热力系统的不可逆性增加，降低了热力系统的可用性。所以，不能一味追求传热温差的增加，而应兼顾整个热力系统的能量合理使用。

(3) 增强传热系数 (K)。增强换热器传热效果最积极的措施就是设法提高设备的传热系数 (K)。

换热器传热系数 (K) 的大小实际上是由传热过程总热阻的大小来决定，换热器传热过程中的总热阻越大，换热器传热系数 (K) 值也就越低；换热器传热系数 (K) 值越低，换热器传热效果也就越差。换热器在使用过程中，其总热阻是各项分热阻的叠加，所以要改变传热系数就必须分析传热过程的每一项分热阻。如何控制换热器传热过程的每一项分热阻是决定换热器传热系数的关键。上述三方面增强传热效果的方法在换热器都或多或少地获得了使用，但是由于扩展传热面积及加大传热温差常常受到场地、设备、资金、效果的限制，不可能无限制地增强，所以，当前换热器强化传热的研究主要方向就是：如何通过控制换热器传热系数 (K) 值来提高换热器强化传热的效果。我们现在使用最多的提高换热器传热系数 (K) 值的技术就是：在换热器换热管中加扰流子添加物，通过扰流子添加物的作用，使换热器传热过程的分热阻大大地降低，并且最终来达到提高换热器传热系数 (K) 值的目的。

总传热系数 K 的计算公式为：

$$(1/K) = d_2/(\alpha_1 d_1) + R_1(d_2/d_1) + (\delta/\lambda)(d_2/d_m) + R_2 + \alpha_2 \qquad (10\text{-}32)$$

式中　d_1——管内径；

　　　d_2——管外径；

　　　d_m——管平均直径；

　　　α_1——管内侧对流传热系数；

　　　α_2——管外侧对流传热系数；

　　　R_1——管内侧污垢热阻；

　　　R_2——管外侧污垢热阻；

　　　λ——管壁材料的导热系数；

　　　δ——管壁厚度。

从上式中可知：要提高传热系数，必须设法提高 α_1 和 α_2 及 λ，降低 δ 和内外污垢热阻 R_1 和 R_2。当两个 α 值相差较大时，要想 K 值提高，应设法使 α 值小的增大；当两个 α 值比较接近时，则应同时予以提高。根据对流传热的分析，对流传热的热阻主要集中在靠近管壁的层流内层里，在层流内层里的传热以传导方式进行，而流体导热系数又很小。针对这些情况，可以相应采取一些措施：

①增加湍流程度，以减小层流内层的厚度，具体的方法是：

(a) 增加流体的流速。例如，在列管换热器内可以采用多管程，在夹套式换热器内增加搅拌等，都可以增加流体的速度。但是，随着流体流速的增加，流体阻力也跟着增加。因此，流速的增加也是有一定局限性的。

(b) 改变流动条件。如果使流体在流动过程中不断改变流动方向，可以使流体在较低的流速下就达到湍流。例如，列管换热器的壳可增设圆缺形或环形挡板，以提高管外的对流传热系数；板式换热器中，流体在波形的板面间流动，当 $Re = 200$ 即进入湍流状态。

②采用导热系数较大的载体。选用 K 较大的载热体可减少层流内层的热阻,增大流体的对流传热系数。目前原子能工业中采用液态金属作为载热体,其导热系数比水的大十几倍,大大加快了传热速率。

③采用有相变的载热体。用饱和水蒸气作加热剂比用热水作加热剂的传热效果就要好得多。

④采用导热系数大的传热壁面。

⑤减小污垢热阻。污垢的存在将会使传热系数大大降低。实践证明,1mm 厚的水垢约相当于 40mm 厚钢板的热阻。当换热器使用时间一长,垢层热阻将成为影响传热速率的重要因素。因此,防止结垢和及时除垢,也成为强化传热的一个重要方法。例如,增加流速可减弱垢层的形成和增厚。易结垢的流体常安排在管方流动,以便于清洗;采用机械或化学的方法或采用可拆卸换热器的结构,以便于垢层的清除。显然,强化传热的途径和和方法是多方面的,凡是可以利用的因素都应当尽可能地加以利用和发挥。但是,任何事物都是一分为二的,某些措施和结构虽然有强化传热的作用,但也可能出现另一方面的问题,例如,采用高压蒸汽可提高传热平均温度差,但从经济角度和节能考虑,则应尽量避免采用。一些新型换热器从强化传热角度来看是先进的,但也会出现结构复杂、价格较贵、检查不便等的缺点。因此,对于某些实际的传热过程,应作具体分析,即抓住影响强化传热矛盾的主要方面,并结合设备结构、动力消耗、检修操作等予以全面考虑,采取经济而合理的强化传热的方法。

10.4.1.2 强化传热技术的分类

强化传热技术分为被动式强化技术(亦称为无功技术或无源强化技术)和主动式强化技术(亦称为有功技术或有源强化技术)。前者是指除了介质输送功率外不需要消耗额外动力的技术,后者是指需要加入额外动力以达到强化传热目的的技术。

(1)被动式强化传热技术。

①处理表面。包括对表面粗糙度的小尺度改变和对表面进行连续或不连续的涂层。可通过烧结、机械加工和电化学腐蚀等方法将传热表面处理成多孔表面或锯齿形表面,如开槽、模压、碾压、轧制、滚花、疏水涂层和多孔涂层等。此种处理表面的粗糙度达不到影响单相流体传热的高度,通常用于强化沸腾传热和冷凝传热。

②粗糙表面。该方法已发展出很多构形,包括从随机的沙粒型粗糙表面到带有离散的凸起物(粗糙元)的粗糙表面。通常,可通过机械加工、碾轧和电化学腐蚀等方法制作粗糙表面。粗糙表面主要是通过促进近壁区流体的湍流强度、阻隔边界层连续发展减小层流底层的厚度来降低热阻,而不是靠增大传热面积来达到强化传热的目的,主要用于强化单相流体的传热,对沸腾和冷凝过程有一定的强化作用。基于粗糙表面技术开发出的多种异形强化传热管在工业生产中的应用颇为广泛,包括有:螺旋槽管、旋流管、缩放管、波纹管、针翅管、横纹槽管、强化冷凝传热的锯齿形翅片管和花瓣形翅片管、强化沸腾传热的高效沸腾传热管以及螺旋扭曲管等。

通常可对换热管进行加工得到各种结构不同的异形管,通过这些异形管进行传热强化。螺旋槽纹管。螺旋槽纹管管壁是由光滑管挤压而成,有单头和多头之分,其管内传热强化主要因两种流动方式起决定作用,一是螺旋槽对近壁处流动的限制作用,使管内流体做整体螺旋运动来产生局部二次流;二是螺旋槽所导致的形体阻力,产生逆向压力梯度使边界层分离。螺旋槽纹管能在有相变和无相变的传热中显著地提高管内外的给热系数,具有双面强化传热作用,适用对流、沸腾、冷凝等工况,抗污垢性能高于光管,传热性能较光管提高 2~4

倍。华南理工大学对螺旋槽管管内流体进行了实验研究，结果发现单头螺旋槽管比多头螺旋槽管的性能优良。

横纹管通常是将光滑换热管经过滚压加工成的，其外壁上有沿轴向间隔的环形槽，内壁则由于外壁环形槽向内扩展而出现对应的环状凸出，使沿内外管壁流动的流体均产生边界层分离流，促进了流体的紊流强度，增加了流体边界层的扰动，从而强化了管内外的传热过程。用横纹管制成的管壳式换热器与传统的光滑管换热器相比总传热系数提高85%。这种横纹管不仅能用于单相对流传热，也可用于强化管内流动沸腾传热，而且能同时强化管子的内、外传热。

螺纹管是一种由钢管经环向滚压轧制而成的整体低翅片管，其螺纹状的低翅片与管子掏成体，具有较好的力学、传热和热膨胀等性能。试验表明，当管内的传热系数比管外的大两倍以上时，其总传热系数值可提高 20%～30%。

因此，当管内膜传热系数为管外膜传热系数 2 倍或更大时，用螺纹管合适，螺纹管也可用来强化有相变流体的传热。

内镀纹螺旋管。该管结构与螺旋槽管相比，具有双面强化作用，它是通过对光管的轧制而成。由于管内螺旋状波纹的存在，提高紊流的脉动性，减小层流底层，使总的传热系数较光管提高 1.7 倍，在湍流时可使对流传热系数增加 1 倍多，从而达到强化传热的目的。

内插物。在低雷诺数或高黏度流体传热工况下，管内插入件是强化管内单相流体(尤其是气体)传热的有效方法之一。其强化传热效果明显，总传热系数可提高 1.5～23 倍。内插物结构有：扭带、螺旋片、螺旋线圈和静态混合器。最近，英国 Cat Cairn Ltd 公司研制出 Hitraft Matrix Elements 的花环式插入物，是一种金属丝制翅片管子插入物，这种插入物用于镶体工况，可使管壳式换热器管程传热效率提高 25 倍；用于气体工况，可使相应值提高 5 倍。同时，与正常流速相比，这种内插件使换热管的防垢能力提高 8～10 倍。管子内插物很多，关键是找出一种既可提高传热系数，而压强增加又不大的内插物。

波纹管是用普通无缝薄钢管经过特殊加工而成的，外形像糖葫芦一样．波纹管换热器属管壳式换热器，只是换热管改成先进的专利波纹管．使其管内流体在低流速的情况下呈湍流状态，总传热系数较光管提高 2.8～3 倍。波纹管的轴向刚度小，可有效地吸收温差变形，所以波纹管换热器可以不设膨胀节。

螺旋椭圆扁管是把圆形光管压成椭圆形，然后扭曲而成，流体在管内处于螺旋流动状态，因而破坏了管壁附近的层流边界层，提高了传热效率。这种管束结构的特点是：两个并行排列的相邻管子的椭圆长轴相互接触、互相支撑，应用这种管的换热器取消了附加的管束支撑物，节约了材料和成本。研究表明，螺旋椭圆扁管换热器具有较好的强化传热性能，管径大小和螺旋导程对传热和阻力性能均有影响。从综合性能来看，大管径优于小管径；对于相同规格的管子，导程增大，传热性能降低，流动阻力减小。这种结构的换热器与光管换热器相比，热流密度高 50%，容积小 30%。

③扩展表面。该方法已在很多换热器中得到了常规应用。如翅片管等非传统的扩展表面的发展使传热系数有了很大的提高。其强化传热的机理主要是此类扩展表面重塑了原始的传热表面，不仅增加了传热面积，而且打断了其边界层的连续发展，提高了扰动程度，增加了传热系数，从而能够强化传热，对层流换热和湍流换热都有显著的效果。因此，扩展表面法得到越来越广泛的应用，不仅用于传统的管壳式换热器管子结构的改进，而且也越来越多地应用于紧凑式换热器。目前已开发出了各种不同形式的扩展表面，如管外翅片和管内翅片(包括很多种结

构形状，如平直翅片、齿轮形翅片、椭圆形翅片和波纹形翅片等）、叉列短肋、波型翅多孔型、销钉型、低翅片管、太阳棒管、百叶窗翅及开孔百叶窗翅(多在紧凑式换热器中使用)等。

④扰流装置。把扰流装置放置在流道内能改变近壁区的流体流动，从而间接增强传热表面处的能量传输，主要用于强制对流。管内插入物中有很多都属于这种扰流装置，如金属栅网、静态混合器及各式的环、盘或球等元件。

⑤漩涡流装置。包括很多不同的几何布置或管内插入物，如内置漩涡发生器、纽带插入物和带有螺旋形线圈的轴向芯体插入物。此类装置能增加流道长度并能产生旋转流动或(和)二次流，从而能增强流体的径向混合，促进流体速度分布和温度分布的均匀性，进而能够强化传热，主要用于增强强制对流传热，对层流换热的强化效果尤其显著。

⑥螺旋盘管。其应用可提高换热器的紧凑度。它所产生的二次流能提高单相流体传热的传热系数，也能增强沸腾传热。

⑦表面张力装置。包括利用相对较厚的芯吸材料或开槽表面来引导流体的流动，主要用于沸腾和冷凝传热。芯吸作用常用在没有芯吸材料冷却介质就不能到达受热表面的情形，常见的如热管换热器，还对水中表面的沸腾换热强化非常有效。

⑧添加物。包括用于液体体系的添加剂和用于气体体系的添加剂。液体中的添加剂包括用于单相流的固体粒子与气泡和用于沸腾系统的微量液体；气体中的添加剂包括液滴和固体粒子，可用于稀相(气固悬浮液)或密相(流化床)。

一般情况下，人们普遍认为双组分液体的沸腾传热性能要比单组分液体低，但是 Williams, Hartnett 等人经过实验表明，在加入一定的添加剂后，其传热性能却有所提高。对于为何加入适量的添加剂能起到强化传热的机理，目前国内外的研究都还没有较为统一的说法。但研究表明，在水中加入浓度低于总质量 50%的挥发性添加剂，在水的物性没有显著变化下，却可使其传热膜系数增加 80%左右。有文献报道，在水中加入微量的十八烷基胺以后，不仅强化了核沸腾换热以及冷凝换热，并且它易吸附于金属表面，可有效地缓解金属的腐蚀，它还具有清除金属表面污垢的能力。污垢的清除对换热过程中能量的损失也有很大的削弱作用。对空气中喷入液滴时的传热工况进行的研究表明，如能在换热面上形成连续液膜，则换热系数最多可增加 30 倍。添加剂强化技术的研究，英国、美国居领先地位。

目前在添加剂的研制方面还存在许多问题。如要保持添加剂的含量不变，防止添加剂对设备的腐蚀，保持较低的添加剂用量等问题一时还难于同时解决。但是也有人研制出少数较为理想的添加剂，如阴阳离子混合物表面活性剂，简称 WT 强化剂。该强化剂可以溶于水及含水有机混合工质，挥发性小，化学性稳定，无毒无腐蚀性，操作中用量小，强化传热效果显著。

⑨壳程强化。壳程传热的强化包括两个方面：一是改变管子外形或在管外加翅片，即通过管子形状或表面性质的改造来强化传热；二是改变壳程挡板或管间支撑物的形式，尽可能消除壳程流动与传热的滞留死区，尽可能减少甚至消除横流成分，增强或完全变为纵向流。

传统的管壳式换热器，通常采用单弓形折流板，其阻力大、死角多、易诱发流体诱导振动等弊端已严重影响换热器传热效率，对工业生产和应用造成相当大的影响。据此，近年研究出了许多新的壳程支撑结构，有效弥补了单弓形折流板支撑物的不足，如双弓形折流板、三弓形折流板、螺旋形折流板、整圆形折流板(包括大管孔、小圆孔、矩形孔、梅花孔和网状整圆形折流板)、窗口不排管、波网支撑、折流杆式、空心环式、管子自支撑(包括刺孔膜片式、螺旋扁管式和变截面管式)、扭曲管和混合管束换热器式以及德国 GRIMMA 公司制造的纵流管束换热器等。

⑩强化冷凝的锯齿形翅片管和花瓣形翅片管。锯齿管是一种新型冷凝传热管，锯齿管比螺纹管翅片距更密，而且翅片外缘带有锯齿缺口，其传热面比螺旋管还大，由于翅片顶部呈错开锯齿状，使冷凝液的流动呈扰动状态，促进了冷凝液膜的对流传热，所以锯齿管的管外冷凝给热系数是光管的 6 倍，是低肋管的 1.5~2 倍。

花瓣形翅片管是一种特殊的三维翅片结构强化传热管，其最大的特点是翅片从翅顶到翅根都被割裂开，翅片侧面呈一定的弧线，并有相对较小的曲率半径，从截面上看各翅片呈花瓣状。花瓣形翅片管的冷凝传热系数是光管的 11~18 倍，在自然对流条件下，花瓣形翅片的单管冷凝传热系数比锯齿形翅片管提高了 8%~10%。

⑪强化沸腾传热管。用于有相变强化传热的强化沸腾传热管有：烧结多孔表面管、机械加工的多孔表面管、电腐加工的多孔表面管、T 型翅片管、ECR40 管和 Tube-B 型管。武汉冷冻机厂分别用表面机加工的多孔管与目前制冷业流行的低肋管组装而成的两台蒸发器进行比较，结果表明：多孔管的热流密度比低肋管高 36%，可减少传热面积 26%。目前，高效沸腾传热管可用于制冷剂的蒸发、轻烃的分离、地热发电、海水温差发电、废热余热的动力回收以及水溶液的蒸发等低温差沸腾传热过程。

⑫外导流筒折流杆换热器。折流杆换热器是美国菲利蒲公司 20 世纪 70 年代为减小天然气流体诱导振动而研制的一种杆式折流栅式换热器，80 年代在我国开始推广应用。该换热器改善了管壳式换热器的流体分布和温度分布，消除了壳程滞流区．现已广泛应用于单相、沸腾和冷凝各种工况。它可采用外导流筒结构，最大限度地消除管壳式换热器挡板的传热不活跃区，增加了单位体积设备的有效传热面积。

目前。应用的浮头式折流杆管壳换热器均带有外导流筒。最近，武汉化工学院郭丽华、冯志力等对浮头式内导流筒折流杆换热器进行了壳程进出口降阻试验，目前，这种换热器的内导流筒结构正在进一步探讨阶段。

（2）主动式强化传热技术。

①机械搅动。包括用机械方法搅动流体、旋转传热表面和表面刮削。带有旋转的换热器管道的装置目前已用于商业应用。表面刮削广泛应用于化学过程工业中黏性流体的批量处理，如高黏度的塑料和气体的流动，其典型代表为刮面式换热器，广泛用于食品工业。

②表面振动。无论是高频率还是低频率振动都主要用于增强单相流体传热。其机理是振动增强了流体的扰动，从而使传热得以强化。虽然振动本身对强化传热有不小的贡献，但激发振动所需从外界输入的能量可能会得不偿失。为此，山东大学研究表明，可利用流体诱导振动来强化传热，依靠水流本身激发传热元件振动，会消耗很少的能量。利用流体诱导振动强化传热既能提高对流传热系数，同时又能降低污垢热阻，即实现了所谓的复合式强化传热。

③流体振动。由于换热设备一般质量很大，表面振动这种方法难以应用，然后就出现了流体振动，该方法是振动强化中最实用的一种类型。所使用的振荡发生器从扰流器到电压转换器，振动范围大约从脉动的 1Hz 到超声波的 10^6Hz。主要用于单相流体的强化传热。

④静电场。可以通过很多不同的方法将静电场作用于介电流体。总体来说，静电场可以使传热表面附近的流体产生较大的主体混合，从而使传热强化。静电场还可以和磁场联合使用用来形成强制对流或电磁泵。静止流体中加足够强度静电场所形成的电晕风能在一定条件下强化单相流体的传热。

早在 1916 年，英国学者 Chubb 就提出了电场强化传热的理论。但长时间内没有引起人们的重视。近年来，一些发达国家，开展的 EHD 强化沸腾传热研究取得了很大的发展，但也尚未真正应用于工程实践。在该领域，国内研究才刚刚起步。在液体中加一静电场以强化单相流体的对流换热量是一种有吸引力的强化传热方法。这种方法对气体和液体的自然对流和强制对流都能产生一定的强化传热效应。在静止流体中加上足够强度的静电场后，会促使流体流动，形成一股所谓的电晕风。它在一定条件下能强化单相流体的对流换热。日本 Mizushina 以空气为介质，进行环形通道内电晕风对强制对流影响的试验，分别得到了存在电晕风时的努塞尔数及阻力系数与雷诺数关系曲线及经验公式。采用静电场可使蒸发器的传热系数提高一个数量级，并克服油类介质对泡核沸腾的影响，也能使冷凝液膜产生波状失稳，引起膜层减薄，进而降低热阻，使传热系数增加 2 倍。与此同时，另一个问题就是石油炼化以及许多其他的化工过程都对电荷比较敏感，操作不慎则会引起较大的安全事故。如何在换热设备中设置可增强换热的电场又能避免安全事故的发生及发生电场本身的能耗问题，也是该构想所面临的一个实际问题。

⑤喷射。包括通过多孔的传热表面向流动液体中喷射气体，或向上游传热部分喷注类似的流体。

⑥抽吸。包括在核态沸腾或膜态沸腾中通过多孔的受热表面移走蒸汽和在单相流中通过受热表面排出液体。有研究预测，抽吸能大大提高层流流动和湍流流动的换热系数，其中能大大增强湍流对流换热已被 Agawam 等人证实。

两个或两个以上这些传热强化技术可以复合使用，从而达到比仅仅使用一种技术更好的强化传热效果，这种复合使用被称为复合式强化传热技术。如在内翅管或粗糙管中插入纽带插入物，带有声波振动的粗糙柱面，在流化床中使用翅片管，带有振动的外翅管，加有电场的气固悬浮液以及有空气脉动的流化床等。

但须注意的是，并不是每两个或多个单个强化技术任意复合都能产生比单个强化技术更好的传热强化效果，比如有研究表明，带有内翅的螺旋盘管的平均努塞尔准数要低于普通的螺旋盘管。必须经过实践检验才能确认其对传热强化的有效性，获得最佳的强化传热效果。

⑦纳米传热介质。以前对传热介质的研究主要是针对它的流动特性，对增强介质换热系数的研究很少。增强介质的换热系数是近些年新开辟的领域，并迅速受到重视，成为热点课题。研究表明纳米流体具有很好的传热功能，Eastman JA 等人对纳米流体导热系数的实验研究显示，以不到 5%的体积比在水中添加氧化铜纳米粒子形成的纳米流体导热系数比水提高 60%以上；Lee 等人用纳米流体和微型热交换器构成了冷却强度可达 30MW/m^2 的高效冷却系统。影响纳米流体导热系数的主要因素有四种：ⓐ非限域传递的影响；ⓑ布朗运动的影响；ⓒ液膜层的影响；ⓓ颗粒聚集的影响。

换热器中如果利用纳米介质换热，传热效率将大大提高，与之相匹配的各种换热器将相继开发出来，并可以节约能源，降低成本。

此外，换热器的场协同原理也是今后强化传热技术发展的重要方向，并在此基础上开发第三代传热技术。

10.4.1.3　常见换热器提高传热能力的措施

管壳式换热器的传热能力是由壳程换热系数、管程换热系数和换热器冷、热介质的对数平均温差决定的，因此，提高管壳式换热器传热能力的措施包括以下几点。

①提高管壳式换热器冷、热介质的平均对数温差。冷、热介质平均对数温差除直接受冷、热介质进出口温度影响外，还受到冷、热介质的流动方向和换热流程的影响。当换热器

冷、热流体的温度沿传热面变化时，两种流体逆流平均温差最大，顺流平均温差最小，在实际换热器设计中，冷、热流体多采用交错流方式，其平均对数温差介于逆流和顺流之间。因此，应尽量增加换热器冷、热流体的逆流比例，提高冷、热流体的对数平均温差，提高换热器的传热能力。

②合理确定管程和壳程介质。在换热器设计中，对于壳程安装折流板的换热器来说，$Re>100$ 时，壳程介质即达湍流，因此，对于流量小或黏度大的介质优先考虑作为壳程换热介质；由于管程清洗相对于壳程清洗要容易，因此对于易结垢、有沉淀及杂物的介质宜走管程；从经济性考虑，对于高温、高压或腐蚀性强的介质，作为管程换热介质更加合理；对于刚性结构的换热器，若冷、热介质温差大，因壁面温度与换热系数大的介质温度接近，为减小管束与壳体的膨胀差，换热系数大的介质走壳程更加合理，而冷、热介质温差小，两介质换热系数相差大，换热系数大的介质走管程更加合理。

③采用强化管壳式换热器传热的结构措施。在换热器设计中，通常采用强化传热的措施来提高换热器的传热能力。强化传热的常用措施有：采用高效能传热面、静电场强化传热、粗糙壁面、搅拌等。

10.4.2 对流换热强化的基本方法

热量传递方式有导热、对流以及辐射三种，因此，强化传热方法的研究也势必从这三个方面来进行。由于导热和辐射传热的强化受到的限制条件较多，所以对流换热的强化受到重视。因此，强化换热方法中研究最多、涉及面最广的是对流换热的强化。强化传热的研究从 20 世纪 50 年代中期开始增多，近几十年来发展迅速，并成为传热学中重要的研究方向和组成部分。

10.4.2.1 单相流管内强制对流换热的有效强化方法

使管内流体发生旋转运动。流体发生旋转可是贴近壁面的流体速度增加，同时还改变了整个流体的流动结构。在采用各种有效的使流体旋转的措施后，增加了旋转流体的流动路径，加强了边界层流体的扰动以及边界从流体和主流流体的混合，因而使传热过程得以强化。具体可行的方法有：在管内插入各种可使流体旋转的插入物，诸如扭带、错开扭带、静态混合器、螺旋片以及螺旋线圈等；在管子内壁上开设内螺纹；采用滚压成型的螺旋槽管和在管壁上带螺旋内肋片的内肋管。

扭带。插入管内的扭带和流体相互作用会引起旋转流体中生成复杂的二次流漩涡现象。同时还会出现边界层中流动缓慢的流体和流核区流体相互混合的现象。这些现象无疑将使流动阻力增大。我们将这一附加阻力增量称为旋转流体的漩涡流动损失。管内插入扭带以强化传热的方法存在一定的缺点。当换热器管子中采用插入扭带的方法来强化传热过程中，常须消耗大量钢板。此外当 Re 数增大时，采用扭带插入物的强化传热效果将减小；再者，扭带插入管子后，将管子通道分隔成两部分。当这种管子用于脏流体时，易造成管子堵塞。

螺旋片和螺纹槽管。在管内插入螺旋片和采用压制而成的螺纹槽管以强化传热，就可以改进这些缺点。螺旋片的宽度 h 和螺纹槽管的螺纹高度比管子内直径小得多，所以制造所需金属量要比纽带少得多。螺旋片插入物和螺纹槽管的强化传热机理，是同时应用了使流体旋转和使流体周期性地在螺旋凸出物区域受到扰动的原理来强化传热，所以能保持较高的传热强度。对插有纽带管子的紊流强度分布进行的测定表明，管中近壁区的紊流强度较弱。因而，要强化传热主要应使这一区域中的流体发生旋转，以增加其紊流强度而不需使全部流体旋转。纽带的作用是使全部流体旋转，因而阻力较大。流体在插有螺旋片的管子和螺纹槽管中流动时，流体的旋转主要发生在强化传热所需要扰动的近壁区域。因而与插有纽带的管子相比，在高雷诺数时，这两种管子能在低阻力损失情况下，保持和插有纽带管相近的传热效果。

螺旋线圈或静态混合器。在管内插入螺旋线圈或插入静态混合器也可有效地增强传热效果。螺旋线圈由直径为 3mm 以下的铜丝或钢丝按一定节距绕成。将金属螺旋线圈插入并固定在管内，即可构成一种强化传热管。静态混合器是由一系列串联布置的左、右扭转 180° 的短扭转元件组成。每一原件的前缘与前一元件的后缘互成 90° 接触。每一元件扭转 180°，其长度和管子内直径的比为 1.5。前一元件为右旋，后一元件为左旋。各元件互相焊成一体插入管内构成一种强化传热管。在插有螺旋线圈的管子中，在近壁区域，流体一面由于螺旋线圈的作用而发生旋转，一面还周期性地受到线圈的螺旋金属丝的扰动，因而可以是传热强化。由于绕制线圈的金属丝直径较细，流体旋转强度也较弱，所以这种管子的流动阻力相对较小。螺旋线圈自身所起的肋片传热效应不大，可略而不计。关于静态混合器强化传热的机理，现在一般认为是这样的，流体流入第一个元件时被分为两股，各自在相应的半圆形流道内作旋转运动。当流体流到下一个元件时，这两股流体再次被分隔。由于下一个元件的旋转方向相反，因而使流体质点沿流程交替地由管子中心流向管壁以及按相反的方向流动。在这种流动过程中，流体经过反复不断的分割和正反方向的旋转使流体得到均匀的径向混合。这种流动过程中，流体经过反复不断的分割和正反方向的旋转使流体得到了均匀的径向混合。这种流体方式有效地加强了主流和近壁区域的径向混合，减小了流体在径向的温度差和速度差，从而强化了传热。

内肋管。采用内肋管也可增强换热量。应用内肋可起到两个作用，一是提高管内工质到管壁的换热系数；二是降低管壁温度。直的内肋管不扰动管内的流动，螺旋内肋管中的流动工况和螺纹槽管的相似。管内存在肋片后，由于湿周增大，所以通道截面的当量直径减小。由于当量直径的减小和内壁换热面积的增大，使直内肋管的换热系数高于光管的。因而在相同的换热量时，与光管相比可保持较低的管壁温度。螺旋内肋管也同样具有这样的作用。

10.4.2.2 单相流体在管束中的强制对流换热的强化

在各种换热器中，管子的排列方式一般有两种：顺列和叉列。流体流过管束的基本方式也有两种，当流体流动方向和管束轴线平行时，这种流动方式称为纵向冲刷；当流动方向和管束轴线垂直时，则称为横向冲刷。横向冲刷的流动工况和传热工况比较复杂，受到管束排列方式、管子间距大小和沿流动方向上管子排数的影响。当流体横向冲刷顺列管束时，从第二排起，每排管子正对来流的一面位于前排管子的漩涡尾流内，受到流体的冲刷情况较差。而管子与管子之间（垂直流动方向上）的流体却受到管壁的干扰较小，流动方向较稳定。当流体流过叉列管束时，各排管子受到的冲刷情况大致相同，各处流体混合情况较顺列时有所改善，因而平均换热系数一般比顺列的高。

人工粗糙度。单相流体管束传热的较实用强化方法为采用扩展换热面及在管子外壁上增加人工粗糙度。采用合适的扩展表面后，可以提高换热器的换热量，降低换热器的壁面温度，使换热器价格下降，因而在换热器中扩展换热面得到广泛应用。暖气设备上的散热片、发电机气体冷却器中的肋片管、汽车上的散热器、大型锅炉中的肋片管以及其他工业换热器中应用的各式肋片管均属此列。在管子外壁覆盖方格铁丝网或绕上金属丝等，都可增加管束的换热量。

横纹槽管。应用横纹槽管可以强化纵向冲刷管束，且有以下优点：

（1）横纹槽管不像外肋管那样会增加管子的周向尺寸，从而使管子难以布置紧凑，横纹槽管可用于紧凑式换热器；

（2）横纹槽管在管内形成周向突出物，可同时加强管内换热；

（3）制造及装配工艺简单。

周向肋片管。横向冲刷周向肋片管管束传热效果与光管管束相比是显著的。对于顺列管束而言，有相当一部分肋片换热面处于低速漩涡区。因而顺列周向列片管束的平均换热系数较低。在漩涡区和死滞区外面，尤其在肋尖处流速较高；因而在顺列管束中，在低速漩涡区和死滞区流体迅速受热，温度较高；而在流速较高处，则流体温度较低。这两种流体混合不良。在叉列周向肋片管中，流体混合情况就好得多，因而传热效果也好。

鳞片管和膜式管束。应用鳍片管束可以减小部件尺寸，减小价格较高的承压管子金属消耗量。管内的水阻力和管外的烟气流动阻力也相应降低。鳍片管的排列，可以是顺列，也可以是叉列的。前者用于烟气温度较高的污染流体中。顺列管束不易结渣，单传热效果不如叉列管束，所以用得较少。鳍片管结构简单，宜于在含灰的锅炉烟气中使用。鳞片管的主要缺点为背向来流的鳍片传热效果不好，而且在锅炉中应用时，管束的支撑需要专用的耐高温的支撑设备。因而随后又发展了膜式管束结构。在膜式管束中，各种纵向外肋片将管束中每列管子整个焊成一片。扰动型膜式管束用皱纹膜片和管子相焊，以便增强流体扰动，改进传热。带假管的膜式管束试图进一步减小承压管子的材料消耗量。透镜型膜式管束试图进一步减少烟气流动阻力。在实际工程应用中，平膜式管束因其结构简单，运行可靠而应用最广。

10.4.2.3 单相流体对流换热的其他强化方法

用有功强化传热技术来强化单相流体作自然对流以及强制对流时的传热。此类方法都需要应用外部能量来达到强化传热的目的，其中包括有：机械搅拌法、换热面旋转法、振动强化法、电场法、加入添加剂法以及抽压法等。混合容器中单相流体的换热主要是自然对流换热、换热系数低，温度分布很不均匀。因而，如何强化容器中的换热是一个重要的工业生产问题。较大的工业容器一般应用机械搅拌法进行强化传热。如容器中的工质为低黏度液体，一般采用高速小尺寸机械搅拌器，此时，搅拌过程将在高雷诺数的紊流状态下进行。如容器中的工质为高黏度液体，应用小尺寸的搅拌器一般效果不大。于是，通常应用低速锚式和螺旋式搅拌器。这些搅拌器的直径比容器直径略小，在搅拌器和容器壁之间存在一小间隙。螺旋式搅拌器与锚式搅拌器相比，具有使顶部和底部流体加强混合的优点，但制造价格较贵。采用这两种搅拌器时，在容器壁上都不需装肋片。此外，在采用螺旋式搅拌器时，常难以应用螺旋管换热设备，一般常应用容器夹层换热设备。

利用振动强化单相流体对流换热的方法可分为两种：一种是使换热面振动以强化传热；另一种是使流体脉动或振动以强化传热。研究表明，不管是换热面振动还是流体振动，对单相流体的自然对流和强制对流换热都是有强化作用的。

在流体中加一静电场以强化单相流体的对流换热是一种有吸引力的强化传热方法。这种方法对气体和液体的自然对流和强制对流都能产生一定的强化传热效应。在静止的流体中加上足够强度的静电场后，会促进流体流动，形成一股所谓的电晕风。这股电晕风在一定条件下能够强化单相流体的对流换热。

在流动液体中加入气体或固体颗粒；在气体中喷入液体或加入固体颗粒，都可起到强化单相流体强制对流换热的作用。这些强化传热的方法统称为添加剂法。

另一种强化传热的方法称为抽压法，多用于冷却受到高温作用的空心叶片的场合。此法是使冷却介质通过抽吸或压出的方法经叶片或管道的多孔壁面流出。这种冷却方式可以使换热系数大为增高，使金属壁温保持在适宜的水平。

10.4.3　凝结换热与沸腾换热的强化方法

10.4.3.1　凝结换热强化方法

水平圆管管外膜状凝结换热的强化方法：冷却表面特殊处理法、冷却表面粗糙法、扩张表面法、螺纹槽管、在管外加螺旋线圈。对于垂直布置的换热面，应用纵槽管可以利用凝结液的表面张力来促进凝结液的排泄，是一种有效的强化凝结传热的措施。如将螺纹槽管垂直布置，管内流动单相冷却工质，管外凝结蒸汽，则这种管子不仅凝结换热系数比光管高，而且综合考虑管内换热系数后的传热系数也比光管高得多。垂直螺纹槽管之所以能强化凝结换热是由于凝结液不能在管子上停留过久。由于螺纹槽道的作用，管子上的凝结液体会迅速顺着螺纹脱离冷却壁面，而不会像纵槽管和光管的情况那样使凝结液体一直流到管子下部再排走，所以整个螺纹管有较多的冷却壁面直接和蒸汽接触。

管内凝结过程的强化方法：扩展表面法、插入扭带法、表面粗糙法、管子旋转法、流体振动法和静电场法等。

10.4.3.2　大容器沸腾换热强化方法

有表面粗糙法、表面特殊处理法、扩展表面法、添加剂法、机械搅拌法、振动法、静电场法和抽压法等。强化传热的目的在于增强换热、提高换热系数。

（1）表面粗糙法。应用表面粗糙法能有效地强化汽泡状沸腾换热过程，但要注意强化效应的持久性问题。增加粗糙度能使沸腾换热系数增高，但有一极限粗糙度，超过此值后，换热系数不再随粗糙度增加而增高。此外，增加粗糙度并不能提高临界热流密度的数值。由于影响表面粗糙度的因素很多，因而至今还无法确定一种最优的粗糙壁面，还需作进一步的研究。

（2）内凹穴。在表面凹凸不平的换热面上汽泡最易在表面的圆锥形凹穴中形成，因为凹穴易于吸附气体使之成为形成汽泡的胚胎。但是，进一步研究表明，普通换热表面上的圆锥形凹穴并非理想的稳定汽化核心，因为易于发生表面老化现象。随后的研究表面，内凹穴是较为理想的稳定汽化核心。表面多孔换热面具有大量尺寸较大的稳定汽化核心，因而可以使工质在过热度很小的工况下产生大量汽泡，强化了汽泡状沸腾换热过程。制造表面多孔换热面的制造方法总的来说可以分为两类：一类为在换热面表面上用各种方法加一层多孔覆盖物，这样制成的换热面称为带覆盖层的表面多孔换热面；另一类为在换热面表面上用机械加工方法加工成所需的内凹穴，这样制成的换热面称为机械加工表面多孔换热面。带覆盖层的表面多孔换热面又可分为带金属覆盖层和带非金属覆盖层两种。

（3）外肋管。应用扩展表面法以强化传热，一般用外肋管代替光管，可以增加大容积沸腾换热系数。其原因在于一方面外肋管比之光管具有较大的换热面积，所以增加了实际汽化核心；另一方面，肋片和管子基体连接处受到液体的湿润作用较差，是良好的吸附气体场所，此外，肋片与肋片之间的空间里由于液体三面受热，最易过热。由于外肋管比之光管具有这些有利于汽泡成长和长大的优越条件，使外肋管比光管易于起沸，能保持稳定沸腾，并具有较高换热系数。

（4）添加剂法。在液体中加气体或另一种合宜的液体以强化传热的方法，对大容积沸腾换热是适用的。在液体中加入气体有利于汽化核心的汽化，加入含挥发分多的液体以及可以增加液体对金属湿润性能的液体，也可以起到增加活化的汽化核心和汽泡脱离频率的作用，因而都能强化沸腾换热过程。在液体中加入固体颗粒以强化传热，试验表明，带固体颗粒层的大容积沸腾换热，不仅能提高换热系数，并且能使换热面在大气压和低压运行时不结垢。

（5）机械方法。用机械方法搅拌大容积中的液体，能使液体得到一强制对流速度。这一方法对于加强低热负荷沸腾换热和提高临界热流密度是有效的，但是对于充分发展了的汽泡状沸腾作用很小。应用旋转换热面的方法也能提高沸腾换热系数和临界热流密度值。另一种应用机械扰动方法以增强换热的措施是在换热面附近引入汽泡。

10.4.3.3　管道中强制对流沸腾换热的强化传热方法

换热面表面粗糙法对于强化大容器沸腾换热是有效的，但是用于强化管内强制对流沸腾换热则效应较差。当工质流速较低时，表面粗糙法还有一些强化作用，但是流速略增，强化作用即消失。

采用换热面表面特殊处理法也可提高管内强制对流沸腾换热系数。由于管道内较难进行机械加工，一般都采用烧结法使管子内壁形成一层多孔金属覆盖层。研究表明，可使管内强制对流沸腾换热系数显著提高。

在管道内强制对流沸腾换热情况下，应用流体旋转法有两个目的：一个是提高管内强制对流沸腾换热系数；另一个是提高临界热流密度值，推迟或防止换热系数恶化的发生。后一目的对于在高热流密度工况下运行的锅炉、核反应堆中的沸腾管道尤为重要。使管内液体旋转的方法很多，如在管内插入扭带、螺旋片、螺旋线圈，采用螺纹槽管、螺旋内肋管和内螺纹管等。

在管道内要扩展换热面只有采用内肋管。当工质在管内作强制对流沸腾换热是也广泛应用内肋管以强化沸腾换热过程。例如，在制冷蒸发器中，当制冷剂在管内沸腾时常应用内肋管以强化沸腾换热过程。

10.5　本章小结

通过本章的学习，学习者应该了解以下知识点：换热器的用途及分类，不同类型换热器的结构组成和特点及应用的范围，换热器的基本传热过程，常见换热器传热过程热工参数的计算，如何强化换热器的传热。其中应该重点掌握管壳式换热器和板式换热器结构和特点，换热器传热过程的计算，以及换热器传热强化的基本途径。

参 考 文 献

[1] 杨世铭. 传热学[M]. 北京：高等教育出版权，2006：460-480.

[2] 毛希谰. 换热器设计[M]. 上海：上海科技出版社，1988：404-410.

[3] 潘继红，田茂盛. 管壳式换热器的设计计算[M]. 北京：科学出版社，1996：15-50.

[4] 钱颂文，岑汉钊，江楠等. 换热器管束流体力学与传热学[M]. 北京：中国石化出版社，2002：10-57.

[5] 史美中，王中铮. 换热器原理与设计[M]. 南京：东南大学出版社，1996：10-18.

[6] 孙兰义. 换热器工艺设计[M]. 北京：中国石化出版社，2015：14-90.

[7] 方彬. 热管节能减排换热器设计与应用[M]. 北京：化学工业出版社，2013：50-97.

[8] 余建祖. 换热器原理与设计[M]. 北京：北京航空航天大学出版社，2006：20-80.

[9] 刘纪福. 翅片管换热器的原理与设计[M]. 哈尔滨：哈尔滨工业大学出版社，2013：51-103.

[10] Adrian bejan. Convection Heat Transfer [M]. North Carolina：hemisphere publishing corporation 2003：523-600.

[11] john H. lienhard. A Heat Transfer textbook[M]. Massachusetts：Cambridge Massachusetts corporation 2005：611-700.

第 11 章　炼厂能量综合利用及节能技术

能源是国民经济发展的基础，节能技术是一项涉及范围广泛，又与科学进步关系重大的课题。随着生产的发展和人民生活水平的提高，能源需要量日益增加，能源供需平衡关系日益紧张。节能是我国一项长期的能源政策。现在能源供不应求，部分生产能力因能源短缺而不能发挥其应有的作用，必须降低能源消耗。但是，国内大多数石油、化工厂热能消耗不仅仍是国内耗能大户，而且能耗不合理，所以改善石油、化工过程的热能回收，提高现有石化企业的社会经济效益意义重大。本章主要介绍了夹点分析方法对炼厂换热网络进行优化改造，分别从换热网络基本概念、夹点技术基本原理、炼厂炼油工艺(常减压、加氢精制、加氢脱硫)的换热网络优化几方面进行了详细介绍。

11.1　换热网络基本概念

11.1.1　换热网络

换热网络是能量回收利用中的一个重要系统。在石油化工生产过程中，常常会遇到某些物流需要加热，而某些物流需要冷却，如果用热流来加热冷流，这样就可以回收能量。此外，为了保证过程物流达到指定温度要求，往往还需要设置一些辅助的加热设备和冷却设备，换热流程中的换热器、加热器、冷却器、混合器和分流器的组合便构成了换热网络。对换热网络结构已定或已在运行的换热网络，如何优化改进使其达到最优，或者在换热网络中的某些过程物流的流量、进出口温度发生变化时，要求换热网络的换热仍能满足工艺上的换热要求，并能在最优或接近最优状态下运行，要解决这一问题，就提出了换热网络的优化改进问题。

11.1.2　夹点分析

图 11-1(a)是一种专用化学品过程前端传统设计流程简图。它使用了 6 个传热"单元"(即加热器、冷却器、换热器)，加热所需的能量为 1722kW，冷却需要 654kW。图 11-1(b)是一种可选流程，由 Linnhoff 等(1979)利用夹点分析技术进行能量目标确定和网络集成后得到的。该可选流程只用了 4 个热传递"单元"，热公用工程负荷大概降低了 40%，不需要冷却，与传统流程一样安全、可操作，且绝对是更好的设计。

这种结果使夹点分析自提出后很快成为热点话题，它通过改进过程集成产生效益，且常常开发更简单、更好的热回收网络，而不需要先进的单元操作技术。夹点分析的第一个关键概念是确定能量目标。多年来节能目标已经成为能量检测的关键内容。典型地，要求工程能量消耗量每年以 10% 的速度减少。但是，就像工业和管理中的"生活率目标"一样，这是武断的数据目标。对设计和操作不好的工厂而言，减少 10% 的能量目标非常容易实现，因为存在许多节能的机会，应该对其确定更高的目标。然而，对一个经过多年不断改进的好工厂而言，进一步减少 10% 可能是无法达到的。而更有趣的是，有效工厂的负责人而不是无效工程的负责人可能面对谴责，因为没有达到改进的目标。

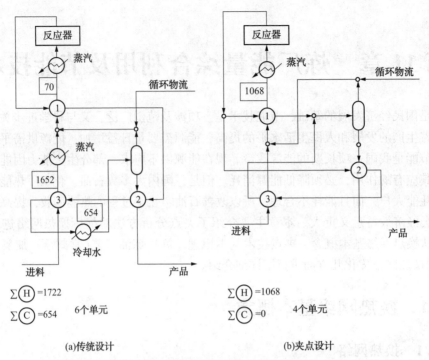

$\Sigma \text{(H)} = 1722$
$\Sigma \text{(C)} = 654$
6个单元

$\Sigma \text{(H)} = 1068$
$\Sigma \text{(C)} = 0$
4个单元

(a)传统设计 (b)夹点设计

图 11-1 专用化学品过程前端流程简图

利用夹点分析得到的目标是不同的。它们是完全的热力学目标,如果热回收、加热和冷却系统正确设计的话,本质上是能够达到的。以图 11-1 为例,确定目标的过程表明,仅需要 1068kW 的外部热量,根本不需要冷却。从而产生了以下动机:寻找实现这一目标的换热网络。

11.1.3 热交换的基本概念

图 11-2 所示为一个简单过程。这里有一个化学反应器,目前可看作一个黑箱。液体需要从接近室温加热到反应器的操作温度送入到反应器。相反,从分离系统来的热产品需要冷却到较低温度。另外,还有一股不需要加热的补充物进入反应器。

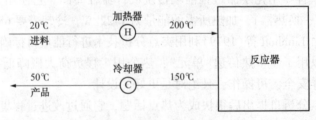

图 11-2 简单过程流程图

任何需要加热或冷却的但其组成保持不变的流动称为物流。进料刚开始是冷的,需要被加热,称为冷物流。需要降温的热的产品称为热物流。但反应过程不是物流,因为它在组成上发生了变化;补充物不是物流,因为它不需加热或冷却。

为了完成加热或冷却任务,可把一台蒸汽器放置在冷流上,把一台水冷器放置在热流上。表 11-1 给出了相关数据,很明显,为操作这一过程需要提供 180kW 蒸汽加热和 180kW 冷却水冷却。

表 11-1　简单的物流数据

项目	质量流率 W/(kg/s)	比热容 c_P/[kJ/(kg·K)]	热容流率 CP/(kW/K)	初始(供应)温度 T_S/℃	最终(目标)温度 T_T/℃	热负荷 H/kW
冷流	0.25	4	1	20	200	−180
热流	0.4	4.5	1.8	150	50	+180

　　能减少能量消耗吗？答案是肯定的。如果能从热流回收一些热量在换热器中加热冷流，就只需要较少的蒸汽和冷却水了。图 11-3 就是这样一个过程。当然，理想地希望把热流的 180kW 能量全部回收回来用于冷流的加热，但由于温度的限制这是不可能的。根据热力学第二定律，不能使用 150℃ 的热流来加热 200℃ 的冷流(第二定律的不正式表达就是不能在冰上浇开水)。所以，问题就是实际可回收多少能量？换热器究竟要多大，它的出口温度是多少？

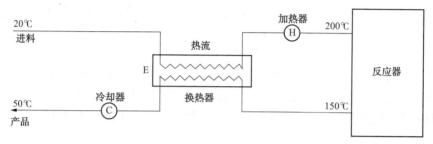

图 11-3　具有热交换的简单过程流程图

11.2　夹点技术基本原理

11.2.1　第一定律分析

物流的温度发生变化时将会从外界吸收或向外界释放热量，通过第一定律可以计算该热量值。

$$Q = CP(T_S - T_T) \tag{11-1}$$

式中　Q——热量，kW；

　　　CP——热容流率，kW/K；

　T_S、T_T——物流的初始(供应)和最终(目标)温度，℃。

　　如表 11-2 所示，假设有 4 股热物流、冷物流，其中 2 股需要加热，2 股需要冷却。如果简单地算出热物流可以提供的热量和冷物流需要的热量，则这两个值之差就是为了满足第一定律所必须移出或供入的净热量。按式(11-1)计算，结果列在表 11-2 最右侧。所以，如果没有温度推动力的限制，就必须由公用工程系统提供 165kW 的热量。

表 11-2　第一定律的计算

物流号	类型	CP/(kW/℃)	T_S/℃	T_T/℃	热量 Q/kW
1	冷	3.0	60	180	−360
2	热	2.0	180	40	280
3	冷	2.6	30	105	−195
4	热	4.0	150	40	440/165

第一定律计算算法没有考虑一个事实，即只有热物流温度超过冷物流时，才能把热量由热物流传到冷物流。因此，在热、冷物流之间必须存在一个正的温度推动力(温差)，才能得到所需加热与冷却负荷的实际值。因此所开发的任何换热网络既要满足第一定律，还要满足第二定律。

Hohmann、Umeda 等以及 Linnhoff 与 Flowor 提出的能量集成分析中，同时考虑第二定律的一种非常简单的方法，即划分温度区间，具体方法如下：

首先根据工程设计中传热速率要求，设置冷、热流之间允许的最小温差 $\Delta T_{\min}$，将热物流的起始温度与目标温度减去最小允许温差 $\Delta T_{\min}$，然后与冷物流的起始、目标温度一起按从大到小排序，分别用 T_1、$T_2 \cdots$、T_{n+1} 表示，从而生成 n 个温度区间。冷、热物流按各自的始温、终温落入相应的温度区间(注意，热物流的始温、终温应减去最小允许温差 $\Delta T_{\min}$)

由于落入各温度区间的物流已考虑了温度推动力，所以在每个温度区间内，都可以把热量从热物流传给冷物流，即热量传递总是满足第二定律。每个区间的传热表达式为：

$$Q_i = [\Sigma (CP)_{H,i} - \Sigma (CP)_{C,i}] \Delta T_i \qquad (11-2)$$

温度区间具有以下特性：

(1)可以把热量从高温区间内的任何一股热物流，传给低温区间内的任何一股冷物流。

(2)热量不能从低温区间的热物流向高温区间的冷物流传递。

【例 11-1】 根据表 11-2 给出的四个冷、热物流数据，若最小允许温差 $\Delta T_{\min}$ 为 10℃，试划分其温度区间。

解：将热物流的初、终温度分别减去 $\Delta T_{\min}$ 后，与冷物流的初、终温度一起排序，得到温度区间的端点温度值如下：

$$T_1 = 180℃ \quad T_2 = 170℃ \quad T_3 = 140℃ \quad T_4 = 105℃ \quad T_5 = 600℃ \quad T_6 = 30℃$$

这 6 个温度把原问题划分成 5 个温度区间，冷、热物流在各温区的分布如图 11-4 所示。

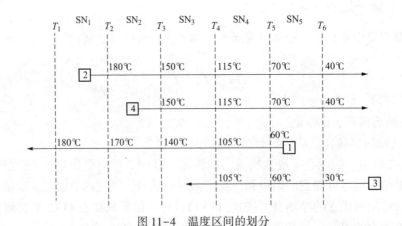

图 11-4　温度区间的划分

11.2.2　T-H 图与组合曲线

对于同一个温度区间的冷物流或热物流，由于温差相同，只需将冷物流、热物流的热容流率分别相加再乘上温差，就能得到冷物流或热物流的总热量。因为

$$\Delta H = \Sigma Q_i = (T_T - T_S) \Sigma CP_i \qquad (11-3)$$

所以冷物流或热物流的热量与温差的关系可以用 T-H 图上的一条曲线表示，称之组合

曲线。

$T–H$ 图上的焓值是相对的。为了在图上标出焓值，需要为冷物流和热物流规定基准点。基准点可以任意选取，具体步骤如下：

(1)对于热物流，取所有热物流中最低温度 T，设在 T 时的 $H=H_{H_0}$，以此作为焓基准点。从 T 开始向高温区移动，计算每一个温区的积累焓，用积累焓对 T 作图，得到热物流的组合曲线。

(2)对于冷物流，取所有冷物流中最低温度 T，设在 T 时的 $H=H_{c_0}(H_{c_0}>H_{H_0})$，以此作为焓基准点。从 T 开始向高温区移动，计算每一个温区的积累焓，用积累焓对 T 作图，得到冷物流的组合曲线。

【例 11-2】 根据表 11-3 的数据，用 $T–H$ 图表示冷、热物流的组合曲线。

表 11-3　某系统的问题数据表

温区	流股与温度				T_i-T_{i+1}	$\Sigma CP_C - \Sigma CP_H$	1	2	3	4	5
	热流股 (2)(4)	$T/℃$		冷流股 (1)(3)			D_i	I_i	Q_i	最大允许热流量/kW	
			180							输入	输出
1		180	170	↑	10	3.0	+30	0	−30	+60	+30
2		150	140		30	1.0	+30	−30	−60	+30	0
3		115	105	↑	35	−3.0	−105	−60	+45	0	+105
4	↓	70	60		45	−0.4	−18	+45	+63	105	+123
5		40	30		30	−3.4	−102	+63	+165	123	+225
CP	2.0 4.0			3.0 2.6							

解：热物流的最低温度 $T=40℃$，设其对应的基准焓 $H_{H_0}=0$。冷物流的最低温度 $T=30℃$，对应的基准焓 $H_{c_0}=1000$。表 11-4 列出冷、热物流积累焓的计算，用温度区间的端点温度对各温区的积累焓在 $T–H$ 上作图，得到冷、热物流的组合曲线(图 11-5)。

表 11-4　$T–H$ 图积累焓计算表

$T/℃$		累计焓 H/kW
热物流		
40	$H_0=0$	0
70	$H_1=(2+4)(70-40)=180$	180
115	$H_2=(2+4)(115-70)=270$	450
150	$H_3=(2+4)(150-115)=210$	660
180	$H_4=2(180-150)=60$	720
冷物流		
30	$H_0=1000$	1000
60	$H_1=2.6(60-30)=78$	1078
105	$H_2=(3+2.6)(105-60)=252$	1330
140	$H_3=3(140-105)=105$	1435
180	$H_4=3(180-140)=120$	1555

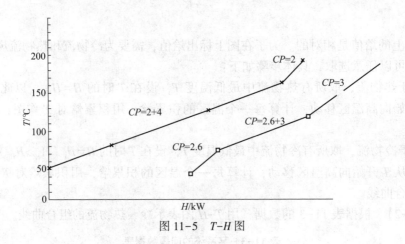

图 11-5　T-H 图

11.2.3　夹点在 T-H 图中的描述

由于 T-H 图上的 H 值为相对值，因此曲线可以沿 H 轴平移而不会改变换热量。基于这一特点，可以用 T-H 图来描述夹点。以图 11-5 为例，将冷物流的组合曲线沿 H 轴向左平移，这时两条曲线之间的垂直距离随曲线的移动而逐渐减小，也就是说传热温差 ΔT 逐渐减小。当两条曲线的垂直最小距离等于最小允许传热温差 $\Delta T_{\min}$ 时，就达到了实际可行的极限位置。这个极限位置的几何意义就是冷、热物流组合曲线间垂直距离最小的位置。从图 11-6 中不难看到，这个最窄的位置就是夹点。这时，两条曲线端点的水平差值分别代表最小冷、热公用工程需要量，以及最大热回收量（即最大换热量）。这个位置的物理意义表示为一个热力学限制点。这一点限制了冷、热物流进一步作热交换，使冷、热公用工程都达到了最小值，这时物流间的匹配满足能量利用最优的要求。

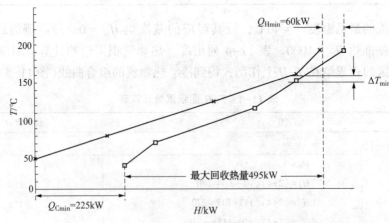

图 11-6　夹点图

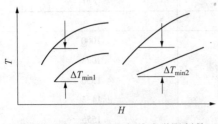

图 11-7　常规匹配与热力学限制数

相同温度区间中物流间的组合称为过程物流的热复合。如果不进行过程物流的热复合，只是把两股冷流和两股热流进行常规匹配（图 11-7）则存在两个热力学限制。由此可见：

（1）经过物流热复合可以减少整个换热过程的热力学限制数；

274

（2）经过热复合后只剩下一个热力学限制点，即夹点。这时，过程需要的公用工程用量可达到最小。

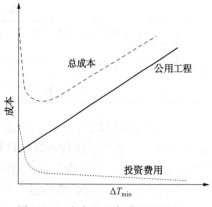

图 11-8　夹点温差与费用的关系

11.2.4　最优传热温差 $\Delta T_{\min}$ 的确定

在换热网络的综合中，夹点温差的大小是一个尤为关键的因素。夹点温差与费用关系见图 11-8。夹点温差越小，公用工程减小但换热面积增加继而投资费用增大。因此，当系统物流和经济环境一定时，存在一个夹点温差使总费用目标最小。

换热网络综合，应该在此最优夹点温差下进行。但目前没有直接方法能够精确地确定最佳 $\Delta T_{\min}$，因为设备投资费用与 $\Delta T_{\min}$ 的关系无法用函数直接描述。通常选取 10℃ 或 20℃ 为最佳（特殊情况除外）。

11.2.5　最小公用工程目标

综合换热网络的主要目的是有效利用热的过程物流来加热冷的过程物流。在综合换热网络之前，需要计算出最大能量回收，即对给定的需加热和冷却的过程物流，确定出网络中最小的热公用工程和冷公用工程需要量。这称为最小公用工程目标的实现。下面将介绍实现最小公用工程目标的三种方法。

（1）问题表法。问题表法是 Linnhoff（1978）提出的，利用此法可以方便地计算出换热网络所需的最小公用工程用量。问题表法的步骤如下所述。

①设冷、热物流之间允许的最小温度差为 $\Delta T_{\min}$。将热物流的初始温度、目标温度均减去 $\Delta T_{\min}$，然后与冷物流的初始温度、目标温度一起从大到小排序，分别用 T_0、T_1、$\cdots$、T_n 表示，这样生成 n 个温度区间。

②计算每个温度内的热平衡，以确定各温区所需的加热量和冷却量，计算式为

$$\Delta H_i = (T_i - T_{i-1})(\sum CP_c - \sum CP_H) \tag{11-4}$$

式中，ΔH_i 为第 i 区间所需外加热量，kW；$\sum CP_c$，$\sum CP_H$ 分别为该温区内冷、热物流热容流率之和，kW/℃；T_i、T_{i-1} 分别为该温区的进、出口温度，℃。

③进行热级联计算。第一步，计算外界无热量输入时各温区之间的热通量。此时，各温区之间可有自上而下的热流流通，但不能有逆向热流流通。第二步，为保证各温区之间的热通量不小于 0，根据第一步级联计算结果，取绝对值最大的负热通量的绝对值为所需外界加入的最小热量，即最小加热公用工程用量，由第一个温区输入；然后计算外界输入最小加热公用工程量时各温区之间的热通量；而由最后一个温区流出的热量，就是最小冷却公用工程用量。

④温区之间热通量为零处，即为夹点。

【例 11-3】　某一换热系统的工艺物流为两股热流和两股冷流，其物流参数如表 11-5 所示。取冷、热流体之间最小传热温差为 10℃。现用问题表法确定该换热系统的夹点位置以及最小加热公用工程量和最小冷却公用工程量。

表 11-5 【例 11-3】物流数据

物流	类型	初始温度 /℃	目标温度 /℃	热容流率 /(MW/℃)	物流	类型	初始温度 /℃	目标温度 /℃	热容流率 /(MW/℃)
1	热	250	40	0.15	3	冷	20	180	0.2
2	热	200	80	0.25	4	冷	140	230	0.3

解：首先按问题表步骤 1 和步骤 2，计算得到各温度区间内的热平衡计算结果，如表 11-6所示。然后，进行热级联计算，图 11-9(a)为外界无热量输入的热级联算结果。图中所示的热量流率有些为负值，这在热力学上是不可行的，为了使热级联可行，需要从热公用工程引入至少 7.5MW 的热量。图 11-9(b)是从第一个温区引入 7.5MW 热量的热级联结果。此时，温区 4 和温区 5 之间的热通量为零，此处就是夹点，即夹点在 140℃（热物流温度 150℃，冷物流 140℃）处。

表 11-6 温度区间内的热平衡

温区/℃	物流	$T_i - T_{i-1}$	$\sum CP_C - \sum CP_H$	ΔH_i
240	0.15			
230		10	−0.15	−1.5
190	0.25	40	0.15	6.0
180		10	−0.1	−1.0
140		40	0.1	4.0
70	0.3	70	−0.2	−14.0
30		40	0.05	2.0
20		10	0.2	2.0
	0.2			

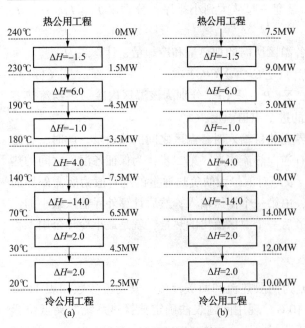

图 11-9 问题表热级联图

最后得：最小热公用工程为 7.5MW，最小冷公用工程为 10.0MW。

（2）组合曲线法。物流的热特性可以用温焓(T-H)图表示，T-H 图以温度 T 为纵坐标，以焓 H 为横坐标。热物流线的走向是从高温向低温，冷物流线的走向是从低温向高温，当物流的热容流率为常数时，曲线成直线。在图 11-10 中绘出了表 11-5 所列的物流线，每条线是沿着横坐标任意定位的，以避免相交和挤在一起。

基于 11.2.2 部分各个温区冷、热负荷的数据，可以方便地合成冷组合曲线和热组合曲线，步骤如下：

①对于热物流，取所有热物流中最

低温度 T 时的焓等于零为基准点。从 T 开始向高温区移动，计算每个温区的累计焓，用累计焓对温度作图，得到热物流的组合曲线；

②对于冷物流，取所有冷物流中最低温度 T 时的焓等于 H_{C_0} ($H_{C_0}>0$) 为基准点。从 T 开始向高温区移动，计算每个温区的累计焓，用累计焓对温度作图，得到冷物流的组合曲线；

③在 T-H 图中，将冷物流组合曲线向左平行移动，直到与热组合曲线之间的最小垂直距离达到 $\Delta T_{\min}$ 为止。

此时图中，两组合曲线之间的最小垂直距离之处，即为夹点。冷、热物流的夹点温度可以从纵坐标上读出。最大热回收量、最小冷公用工程和最小热公用工程量可以方便地从图中读出。

【例 11-4】 用组合曲线法确定表 11-5 数据的最小公用工程目标。

解：根据上节问题表法所得到的各个温区划分结果，可计算出各个温区冷却、加热热负荷和累计负荷。表 11-7 给出了计算结果，其中冷物流的累计是按最低温度 20℃时的焓等于 20MW 为基准计算的。注意，表中各温区的温度范围已还原成实际温度。

表 11-7　各个温度区间冷、热物流的热负荷

区　间	冷　却			加　热		
	温度范围/℃	冷却负荷/MW	累计焓/MW	温度范围/℃	冷却负荷/MW	累计焓/MW
1	240~250	1.5	61.5	230~240	—	—
2	200~240	6.0	60.0	190~230	12.0	79.0
3	190~200	4.0	54.0	180~190	3.0	67.0
4	150~190	16.0	50.0	140~180	20.0	64.0
5	80~150	28.0	34.0	70~140	14.0	44.0
6	40~80	6.0	6.0	30~70	8.0	30.0
7	30~40	—	—	20~30	2.0	22.0

分别将表 11-7 中温度区间的端点温度对各个温区的冷物流和热物流的界计焓在 T-H 图上作图 (注意：热物流取温度为 40℃时的焓等于零为基准点，冷物流取温度为 20℃时的焓等于 2MW 位基准点)，可得到冷组合曲线和热组合曲线，见图 11-11。将冷组合曲线向左平移直到两条组合曲线的垂直最小距离等于最小允许传热温差 $\Delta T_{\min}=10℃$ 时为止。

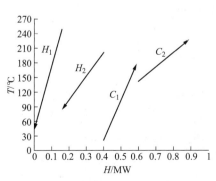

图 11-10　各物流的加热曲线和冷却曲线

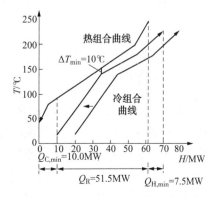

图 11-11　热组合曲线和冷组合曲线

从图 11-11 中可看出，在夹点处，冷、热组合曲线上对应的温度分别为 150℃和 140℃。冷、热组合曲线重叠部分所对应焓值为该夹点下最大热回收量，$Q_R = 51.5\text{MW}$，超出热组合曲线起点的那部分冷组合曲线，进行热回收是不可能的，必须采用外部热公用工程对其供热，该外部热公用工程即为热公用工程目标，$Q_{H,\min} = 7.5\text{MW}$。同样，超出冷组合曲线起点的那部分热组合曲线，进行热回收也是不可能的，必须采用外部冷公用工程对其供冷，这一冷量即为冷公用工程目标，$Q_{C,\min} = 10.0\text{MW}$。

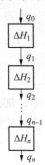

图 11-12　热级联图

（3）线性规划法

最小公用工程目标可用线性规划法求解得到。对图 11-12 所示的热级联图，以外加的热公用工程最小为目标，以每个温区的能量平衡为约束条件，可写出优化模型如下：

$$Q_{H,\min} = \min q_0 \tag{11-5}$$

$$s.t.\ q_i = q_{i-1} + \Delta H_i (i=1,\ 2,\ \cdots,\ n) \tag{11-6}$$

$$q_i \geqslant 0 (i=1,\ 2,\ \cdots,\ n) \tag{11-7}$$

解上述线性规划问题，可得最小热公用工程量 $Q_{H,\min} = q_0$ 和最小冷公用工程量 $Q_{C,\min} = q_n$，以及各区间传递的热量 $q_i(i=1,\ 2,\ \cdots,\ n)$。

【例 11-5】　对图 11-9 的热级联建立线性规划模型，并求解。

解：建立线性规划模型如下：

$$Q_{H,\min} = \min q_0$$

$$s.t.\ \begin{cases} q_0 - q_1 + 1.5 = 0 \\ q_1 - q_2 - 6.0 = 0 \\ q_2 - q_3 + 1.0 = 0 \\ q_3 - q_4 - 4.0 = 0 \\ q_4 - q_5 + 14 = 0 \\ q_5 - q_6 - 2.0 = 0 \\ q_6 - q_7 - 2.0 = 0 \\ q_i \geqslant 0,\ i=1,\ 2,\ \cdots,\ 7 \end{cases}$$

用 MATLAB 优化工具箱的解线性规划的程序，可解得：

$$Q_{H,\min} = q_0 = 7.5\text{MW}$$

$$q_1 = 9.0\text{MW},\ q_2 = 3.0\text{MW},\ q_3 = 4.0\text{MW},\ q_4 = 0\text{MW},\ q_5 = 14.0\text{MW},\ q_6 = 12.0\text{MW}$$

$$Q_{C,\min} = q_7 = 10.0\text{MW}$$

所求得的最优解与问题表法相同。

11.2.6　夹点的意义

夹点是制约整个系统能量性能的"瓶颈"，它的存在限制了进一步回收能量的可能。如果有可能通过调整工艺改变夹点处物流的热特性，例如使夹点处热物流温度升高或使夹点处冷物流温度降低。就有可能把冷组合曲线进一步左移，从而增加回收的热量。

夹点的出现将整个换热网络分成了两部分，如图 11-13（a）多物流问题的组合曲线所示。夹点以上（右侧区域）热组合曲线的全部热量传给冷组合曲线，余下的仅需要公用工程加热。因此，夹点以上区域是一个热阱，仅热量流入而不流出。它仅需涉及与热公用工程的加热，而不需冷公用工程。相反，夹点以下区域仅需要冷却，称为热源，需要冷公用工程冷却，而不需热公用工程。因此，问题变成了两个不同区域的热力学问题，如图 11-13(b)所示。夹点以上，热量流入问题；夹点以下，热量流出问题，而流经夹点的热量为零。在问题表方法的描述中也已看到这一结果。

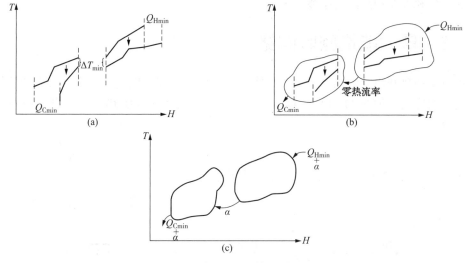

图 11-13　将一个问题在夹点处分区

由图 11-13(c)所示，由总体焓平衡可知，对于通过夹点传递 α 热量的任意换热网络，需要的热、冷公用工程比最小值多 α。得到以下推论：夹点以上使用冷公用工程 α 量必然导致额外的 α 量热公用工程消耗，夹点以下正好相反。因此，设计者需要达到最小公用工程目标的换热网络必须遵循以下三个原则：

(1)不要通过夹点传递热量。

(2)夹点以上不要使用冷公用工程。

(3)夹点以下不要使用热公用工程。

反之，如果一个过程比它的热力学目标用了更多的能量，肯定是没有遵循以上三个原则造成的。正如将要看到的，需要慎重的权衡，但更重要的是要清楚发生了什么。在网络设计时，在夹点处分解问题是非常有用的(Linnhoff 和 Hindmarsh，1983)。这些见识给出以下五个简单且有效的概念：

(1)目标。一旦知道了组合曲线和问题表，就能准确知道所需的外部加热负荷。就能以极快的速度和信心识别出接近最优过程或非最优过程。

(2)夹点。夹点以上需要外部加热，夹点以下需要外部冷却。这告诉我们在哪里安放加热炉、加热器、冷却器等。还会告诉我们需要怎样的全厂蒸汽动力系统，如何从蒸汽透平和烟气透平排气中回收热量。

(3)进得越多，出得越多。偏离目标的过程需要比最小外部加热量和最小外部冷却量多的加热冷却负荷，如图 11-13(c)所示。套用习语"进得越多，出得越多"来形容这种情况，但注意对于过程中每个过量的外部加热单元，必须提供两次换热的设备，在一些情况下，可允许我们改善能量费用和操作费用。

(4)选择的自由。在图 11-13(b)中热阱和热源是分开的。只要设计者遵循这一限制就可以随心所欲地选择布置图和控制方案等。如果违背了这一限制，他可估计穿过夹点的热量，从而预测会受到的总惩罚。

（5）折中。问题中物流数（过程物流数加上公用工程数）与最小换热单元数（即加热器、冷却器和热交换器数）之间存在简单的关系。热源和热阱分离的达到最小能量目标的换热网络比没有用夹点分割的换热网络需要更多的单元数。这种能量回收和单元数间的折中，增加到传统的能量和表面积间的折中概念上。

11.3　最大能量回收网络

确定最小加热和冷却公用工程量后，需要设计两个热交换网路，一个在夹点的热侧，另一个在夹点的冷侧。如图 11-14 所示，图中自左向右的箭头表示热物流，自右向左的箭头表示冷物流。

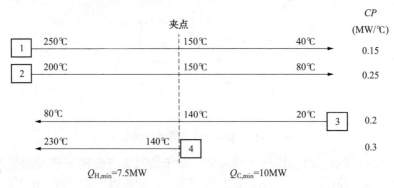

图 11-14　热物流与冷物流的夹点分解

在夹点设计中，物流的匹配应遵循以下准则。

（1）热容流率 CP 不等式准则。夹点处的温差 $\Delta T_{\min}$ 是网络中的最小温差，为保证各换热匹配的温差始终不小于 $\Delta T_{\min}$，要求在夹点处匹配的物流热容流率满足以下准则：

$$CP_{\mathrm{H}} \leqslant CP_{\mathrm{C}}（夹点之上） \tag{11-8}$$

$$CP_{\mathrm{H}} \geqslant CP_{\mathrm{C}}（夹点之下） \tag{11-9}$$

该准则可用图 11-15 来解释。在夹点之下，若 $CP_{\mathrm{H}} \leqslant CP_{\mathrm{C}}$，则热物流线比冷物流线陡，在换热的过程中就会出现 $\Delta T < \Delta T_{\min}$；反之，若 $CP_{\mathrm{H}} \geqslant CP_{\mathrm{C}}$，则匹配各处的 ΔT 将不小于 $\Delta T_{\min}$，如图 11-15（a）所示。同样，在夹点之上，若 $CP_{\mathrm{H}} \geqslant CP_{\mathrm{C}}$，则冷物流线比热物流线陡，在换热的过程中就会出现 $\Delta T < \Delta T_{\min}$；反之，若 $CP_{\mathrm{H}} \leqslant CP_{\mathrm{C}}$，就能保证匹配各处的 ΔT 不小于 $\Delta T_{\min}$，如图 11-15（b）所示。

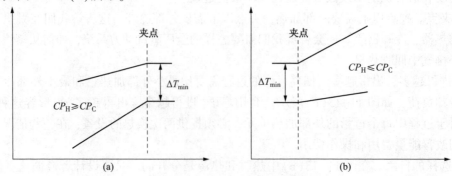

图 11-15　夹点处匹配的热容流率准则

（2）最大热负荷准则。为保证最小数目的换热单元，每一次匹配应换完两股物流中的一股。

【例 11-6】 现以表 11-5 所列物流系统为例说明设计过程。

解：夹点之上：根据热容流率准则 $CP_H \leqslant CP_C$，应使热物流 1 与冷物流 3 匹配，热物流 2 与冷物流 4 匹配。为满足最大热负荷准则，热流 1 与冷物流 3 的匹配中，应将负荷较小的冷物流 3 换完，同样，热物流 2 与冷物流 4 的匹配中，应将负荷较小的热物流 2 换完。这样匹配后，热物流 1 和冷物流 4 还有剩余负荷，这两股物流可以进行匹配，将热物流 1 剩余的负荷换完。最后，冷物流 4 所剩加热负荷由热公用工程提供。图 11-16 给出了夹点之上换热网络子系统的设计结果。

夹点之下：根据热容流率准则 $CP_H \geqslant CP_C$，应使热物流 2 与冷物流 3 匹配，再根据最大热负荷准则，将负荷较小的热物流 2 换完。热物流 1 与冷物流 3 的匹配由于离开了夹点，可不受热容流率准则的限制进行匹配，并将冷物流 3 剩余的负荷换完。最后，热物流 1 所剩冷却负荷由冷公用工程提供。图 11-17 给出了夹点之下换热网络子系统的设计结果。

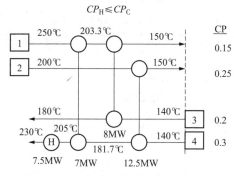

图 11-16　夹点之上换热网络子系统设计

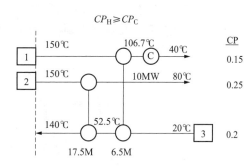

图 11-17　夹点之下换热网络子系统设计

把夹点之上热侧换热网络设计图 11-16 与夹点之下冷侧换热网络设计图 11-17 合并在一起可得到图 11-18 所示的最终完整设计。此换热网络实现了最小公用工程的目标，热公用工程为 7.5MW，冷公用工程为 10MW。

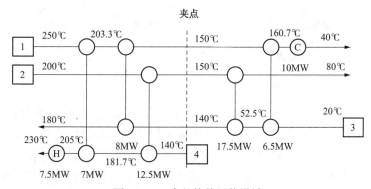

图 11-18　完整换热网络设计

通过例 11-6 的实例计算，可总结出满足最小公用工程目标标的换热网络设计步骤如下：

①在夹点处将问题分成两个子问题，采用如图 11-14 所示的表示方法，将每股物流的

热容流率放在靠右边的列中作为参考是有益处的；

②每个子问题的设计从夹点处开始，并向离开夹点的方向推进；

③对于夹点处的匹配，必须满足热容流率准则；

④使用最大热负荷准则来确定单个换热器的负荷以实现换热单元数最小；

⑤离开夹点后，物流的匹配有较大的自由度，设计者可依据自己的判断和过程知识来设计。

11.4 常减压蒸馏工艺换热网络的优化与节能

11.4.1 常减压蒸馏工艺流程简介

原油是极为复杂的混合物，必须经过一系列加工处理，才可以从原油提炼出多种多样的燃料、润滑油和其他合格的石油产品。提炼的基本途径为采用原油蒸馏技术：根据原油中各组分沸点的不同所造成挥发性质上的差异，经高温加热（分别在常压、低压两种情况下）将原油分割。所谓的原油一次加工，通常就是指原有的常减压蒸馏。

目前，炼油行业普遍采用的常减压蒸馏工艺流程为：两段汽化流程（常压蒸馏和减压蒸馏）；或三段汽化流程，即在此基础上增加原油初馏操作单元。以图11-19为例，介绍典型的三段汽化工艺流程。

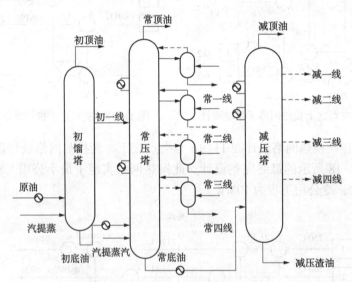

图 11-19　三段汽化常减压工艺流程

预处理后的原油经过一系列换热器预热到 220~240℃ 左右时进入初馏塔，塔顶馏出初顶油抽离装置，初一线进入常压塔，初底油经常压炉加热到 360~370℃ 与汽提蒸汽一起送入常压塔。作为原油的主分馏塔，塔顶馏出塔顶油气，侧线产出汽油、航煤、轻柴油等相应油品。汽提段采用吹入水蒸气或采用加热油品使之汽化的方式调节产品质量。此外，由于常压重油中仍含有许多宝贵的润滑油馏分和催化裂化、加氢裂化原料未能蒸馏出，若继续常压加热，它们中的不稳定成分会发生受热分解、缩合等化学反应。为此所需沸点较高的馏分只能在减压和较低的温度下通过减压蒸馏获得。塔底重油经换热器与减压炉加热至 400~410℃ 送入减压塔。减压塔同时会设置一个塔顶循环以及 2~3 个中段回流，将部分高温物流抽出换热后再次返塔,提高热量的利用率。

减压塔顶产生瓦斯,以及少量水蒸气,可通过塔顶的蒸汽抽真空油水分离器,抽出减顶瓦斯。各测线油品将抽出换热后被送出装置作为成品使用或用作加氢精制以及催化裂化的原料等。塔底抽出为减压渣油,原油中绝大部分的胶质、沥青质等重组分油都集中在渣油中。常见的初馏塔、常压塔和减压塔的工艺特点如表 11-8 所示。

表 11-8 初馏塔、常压塔和减压塔的工艺操作特点

	作用	侧线	侧线汽提塔	中段回流	主要操作条件
初馏塔	通过高温脱水去除杂质减少常压塔负荷,保证其操作顺畅	一般不设置侧线或初馏一线	当设置初馏一线时可使用侧线汽提塔	一般不开中段回流	进料温度:200~240℃ 塔顶温度:20~110℃ 塔底温度:180~230℃
常压塔	常压蒸馏沸点不高于 350℃ 左右的馏分以及部分二次加工原料	根据生产要求开不同数目的侧线	设有汽提塔	1~3 个	进料温度:360~370℃ 塔顶温度:100~140℃ 塔底温度:350~355℃ 常一线温度:160~200℃ 常二线温度:230~270℃ 常三线温度:300~320℃ 常四线温度:320~340℃ 进料温度:≤400℃
减压塔	减压蒸馏(8kPa 左右绝对压力下)沸点在 350~560℃ 之间的馏分	根据生产要求开不同数目的侧线	设有侧线汽提塔(如果只生产裂化原料,不设侧线汽提塔)	1~3 个	塔顶温度:60~100℃ 塔底温度:370~380℃ 减二线温度:240~270℃ 减三线温度:280~320℃ 减四线温度:350~360℃ 减五线温度:360~370℃

本节主要以中海油惠州炼化分公司第一套常减压装置为背景,对其换热网络进行综合优化,节能降耗,增加企业效益。惠州炼化常减压蒸馏装置的年原油加工量为 1200 万 t,由电脱盐罐、闪蒸塔、常压塔、减压塔以及相应汽提装置组成,装置的工艺流程图如图 11-20 所示。该常减压蒸馏装置采用炼厂最常使用的三段汽化工艺:原油初馏-常压蒸馏-减压蒸馏。其流程特点简述如下:来自罐区 300℃ 的原油经一系列换热器与温度较高的各塔侧线产品换热,加热至 139℃ 后进入电脱盐设备。原油经脱盐脱水后再次换热,当温度升至 220℃ 后,进入闪蒸塔底部。经闪蒸操作,塔顶气进入常压塔第 23 层塔板下方处;塔底油加热至 360℃ 时进入常压塔下段第 5 层塔板上方处。常压塔设有塔顶冷回流和两个中段循环回流,经常压蒸馏,塔顶逸出气体经油气分离后,常顶不凝气抽出装置;常顶油作为加氢重整原料送至下游装置进一步加工。常一线作为航煤冷却后送入罐区;常二线和常三线为柴油馏分;常底重油经加热至 390℃ 左右送入减压塔。减顶瓦斯抽离装置,减一线作为柴油馏分,减二线至减四线经汽提后抽出用做催化裂化原料,减压渣油作为燃料油抽出装置或送至焦化车间。

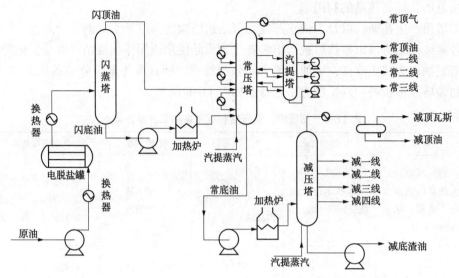

图 11-20　惠州炼化 1200 万吨/常减压蒸馏装置工艺流程图

11.4.2　换热网络的生成

换热网络的能量回收水平是影响整个常减压蒸馏装置能耗的关键，它的优劣对装置具有重要意义。通常情况下，在常减压蒸馏装置的换热网络中，原油为冷物流，各测线流出产品及塔的循环回流为热物流。通过换热器进行冷、热物流间的热量交换；利用蒸馏出各种高温油品来加热原油，以提高其换热终温，减少燃料消耗；利用原油使各个侧线产品降温，以减少公用工程中冷却负荷的消耗，从而节能。

根据图 11-20 中的工艺流程图可绘制装置换热段流程图。由于该炼厂换热设备繁多，热段结构复杂，可将其分为三段一一进行分析，分别为：脱前原油换热段、脱后原油换热段和闪底油换热段。

（1）脱前原油换热分析。图 11-21 为脱前原油的换热网络，图中脱前原油初温为 30℃，以 1428.5t/h 的流量并联为四路换热：第一路依次通过 E101、E102/AB、103/AB、E104 分别跟常顶油气、减顶循三次、常二线二次和常三线二次换热；第二路依次经过 E201、E202、E203、E204/AB 分别跟常顶油气、减一线、常二线三次和减二线三次换热；第三路依次通过 E301、E302、E303、E304/AB 分别跟常顶油气、常顶循二次、常一线和减压渣油五次换热；第四路依次经过 E401、E402、E403、E404/AB 分别跟常顶油气、常顶循一次、减二线四次和减四线二次换热，最后四路原油合并为一股温度为 139℃的物流进电脱盐罐内脱盐脱水。

（2）脱后原油换热分析。图 11-22 中初温为 135℃，流量 1428.5t/h 的脱后原油并联为四路换热：第一路依次通过 E10_5/AB、E10_5/A-C 分别跟减三线三次、减压渣油三次换热；第二路依次经过 E20_5、E206/AB 分别跟常三线和减二线油气换热；第三路依次通过 E30_5、E306、E1307A-C 分别跟减二线二次、常二线一次和减三线二次换热；第四路依次经过 E40_5/AB、E406/A-C 分别跟减压渣油四次和减三线二次换热，最后四路原油合并为一股物流，以 222℃的温度进入闪蒸塔内。

（3）闪底油换热分析。图 11-23 中闪底油的换热初温为 220℃，流量为 1363.4t/h，它的

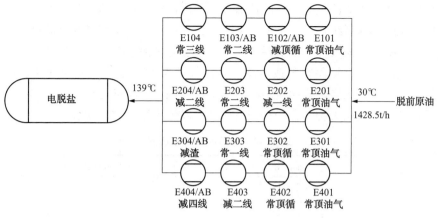

图 11-21　脱前原油换热网络

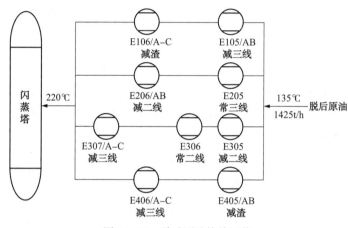

图 11-22　脱后原油换热网络

换热流程为：首先，并联为四路换热，第一路依次通过 E107A-C、E108 分别跟常二中和减四线一次换热；第二路经过 E207/A-D 跟减三线一次换热；第三路通过 E308/A-D 跟减三线一次换热；第四路经过 E407A-C 跟减压渣油二次换热。接下来，四路原油合并为一股物流升至 270℃，再次分为两路换热，第一路经过 E109/AB 跟减压渣油一次换热；第二路经过 E109/CD 跟减渣油一次换热，最后两路原油合并成温度为 297℃ 一股物流进加热炉进行加热。

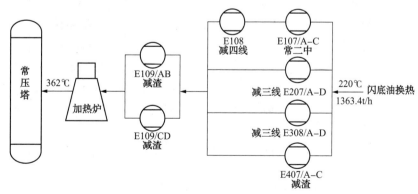

图 11-23　闪底油的换热网络

针对该炼厂常减压蒸馏工艺自身的特殊性，本次换热网络初始流股数据的提取原则是将整个常减压装置的流程系统作为一个整体来考虑，把参与到能量交换的物流全都看作是换热流股，这其中包括初顶油气和某些低温位热源。这点与之前学者对于换热网络的综合优化是有所不同的，他们往往直接用空气或水冷却低温位热源而不是将其参与到换热进程中。另外，对于较为繁复的常压塔中段回流与减压塔中段回流，对其进行相应的简化，去除不必要的中段流股分支或进行相关合并，经整理后得到中段回流流股数据如表 11-9 所示。

表 11-9　中段回流流股数据

中段回流	流量/(t/h)	抽出温度/℃	返回温度/℃	热量/(10⁴kcal/h)	比率/%
常顶循	750	138	115	1069.5	0.062
常一中	330	223	163	1287	0.065
常二中	500	303	223	2720	0.068
减顶循	210	142	50	1043.28	0.054
减一中	180	237	117	1339.2	0.062
减二中	280	307	227	1500.8	0.067

最终，提取出夹点分析需要的所有参与换热过程的工艺流股以及公用工程流体匹配换热工艺流股的数据包含：流股流量、起始温度和目标温度以及达到终温所需换热量，表 11-10 为提取流股的具体数据。

表 11-10　物流数据一览表

物流名称	流量/(t/h)	起始温度/℃	目标温度/℃	热量/(10⁴kcal/h)	比率/%
常顶油气	64.8	118	40	515.5488	0.102
常顶循	750	138	115	1069.5	0.062
常一线	91.3	193	80	619.014	0.06
常一中	330	223	163	1287	0.065
常二线	130.4	253	80	1376.1112	0.061
常二中	500	303	223	2720	0.068
常三线	109.3	304	82	1528.6698	0.063
减顶循+减一	240	142	50	1192.32	0.054
减一中	180	237	117	1339.2	0.062
减二线	244.7	237	80	2266.6561	0.059
减二中	280	307	227	1500.8	0.067
减三线	208.3	307	90	2757.2671	0.061
减四线	54.3	361	90	912.3486	0.062
减渣	489.1	369	130	7364.3787	0.063
脱前原油	1428.5	30	139	7941.0315	-0.051
脱后原油	1425	135	220	7146.375	-0.059
闪底油	1363.4	220	362	13939.402	-0.072
0.3MPa 蒸汽	16.6	130	140	830	50
1.0MPa 蒸汽	21.7	180	190	1085	50

系统中常压加热炉及减压加热炉分别用来预热闪底油和常压渣油，其实际上也相当于热公用工程（即加热器）；冷却公用工程物流为蒸汽冷却，0.3MPa 蒸汽初始温度为 130℃，1.0MPa 蒸汽的初始温度为 180℃。可得，参与换热的过程流股共 19 条，其中热流股 14 条，冷流股 5 条。

11.4.3 夹点位置的确定

在换热网络的模拟过程中，最小夹点温差 $\Delta T_{\min}$ 的选取具有重要意义。由第二节夹点理论的分析可知，夹点温差值越小，冷热流股在温焓图中的重叠区域就越大，也就是说换热过程中可回收的热量越多。由热力学原理 $A = \dfrac{Q}{K \times \Delta T}$ 可知，夹点温差 ΔT 减少，换热面积 A 增大，虽然公用工程能耗量得以降低，但网络中换热设备的投资费用提高并且可能带来一系列技术上的困难。对于一个操作工艺、设备单元特定的换热网络，总是存在一个最优夹点传热温差可使其能耗量与总投资费用得以平衡。一般情况下，可采用国内外炼油石化行业的经验值，即换热网络的最小传热温差在 10~25℃ 的范围内选取较为适宜。本文采用了目前现行换热网络的夹点传热温差 $\Delta T_{\min} = 15℃$。该夹点温差是否最优，将会在后续章节中验证。

将流股数据输入到软件中进行处理，利用 Aspen pinch 绘制出夹点传热温差 $\Delta T_{\min} = 15℃$ 时该常减压蒸馏装置换热网络的冷、热流股复合曲线温焓图和总组合曲线图，如图 11-24（其中，实线为热流股的组合曲线，虚线为冷流股组合曲线）和图 11-25 所示。此时，利用 pinch 模块计算得到夹点温度以及冷、热公用工程耗量的精确值，如图 11-26 所示。

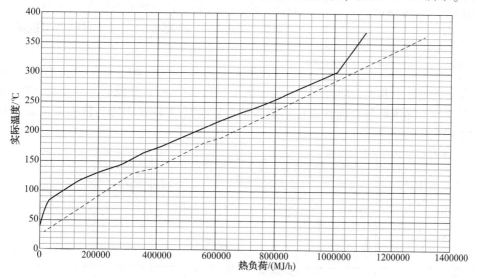

图 11-24　组合曲线 T-H 图

从图中可得，该常减压蒸馏装置换热网络的夹点温度为 295.5℃，热公用工程耗量为 205258.03MJ/h，冷公用工程耗量为 17145.3MJ/h。综合冷热物流的组合曲线图（图 11-24）及总组合曲线图（图 11-25）进行分析知：该换热网络属于单夹点换热问题；冷、热流股复合曲线在温焓图中重叠的部分较多，这说明系统内部的可换热量较大而所需要公用工程耗量相对较少；夹点温度值处于总的温度区间的中上游水平，符合换热网络的设计规则；冷热物流复合曲线在 237~303℃ 的温度区间内几乎趋近于平行，两曲线间的温度差值在 18~15℃ 的微

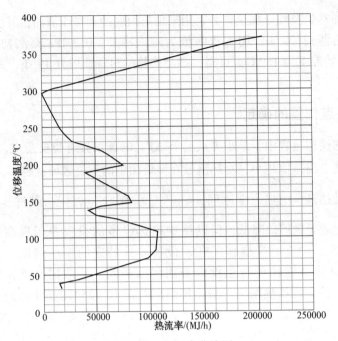

图 11-25　总组合曲线图

热流股	303℃
冷流股	288℃
夹点温度	295.5℃

热公用	
工程耗量	205258.03 MJ/h
冷公用	
工程耗量	17145.34 MJ/h

图 11-26　夹点温度与公用工程耗量

小区间内轻微变化，且冷公用工程耗量远远低于热公用工程耗量，两者相差一个单位量级。从而可以得出：本文中的最小传热温差取值合理而且得到的换热网络设计较优。进一步分析，建立该换热网络中所有冷、热物流建立焓平衡间隔，以便考虑在每个间隔内可能的最大热量。为了确保换热顺利进行，需要使得每个间隔内冷、热物流的温差值至少相差 ΔT_{min}，也就是 15℃。可通过位移温度来满足这个要求，即将所有热流股向上平移 $\Delta T_{min}/2$，冷流股向下平移 $\Delta T_{min}/2$。此时，所得到冷、热流股复合曲线以位移温度轴重新绘制的 $T\text{-}H$ 图即为位移组合曲线图，如图 11-27 所示。

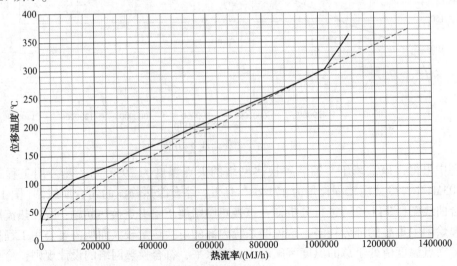

图 11-27　位移组合曲线

由图 11-27 可以看出，两组合物流曲线仅在夹点处有交点。冷流股每点温度增加 7.5℃，最高温由原来的 362℃ 增加到 369.5℃；热流股每点温度减少 7.5℃，最低温由原来的 40℃ 降低到 32.5℃。根据物流温度值，使用 Aspen pinch 绘制问题表格如表 11-11 所示。

表 11-11　问题表格

位移温度/℃	间隔号	相邻温度差 $T_{(i+1)}$/℃	热容流率 mCP_{net} /[MJ/(h·K)]	无热量输入级		有热量输入级	
369.5				▼	0	▼	205258
	1	8	-4109.964	-32879.7		-32879.71	
361.5				▼	-32880	▼	172378
	2	8	-2819.8727	-22559		-22558.98	
353.5				▼	-55439	▼	149819
	3	54	-2678.9199	-144662		-144661.7	
299.5				▼	-200100	▼	5157.7
	4	3	-1361.4889	-4084.47		-4084.467	
296.5				▼	-204185	▼	1073.2
	5	1	-1073.19	-1073.19		-1073.19	
295.5				▼	-205258	▼	0
	6	50	350.322	17516.1		17516.1	
245.5				▼	-187742	▼	17516
	7	16	683.3568	10933.71		10933.71	
229.5				▼	-176808	▼	28450
	8	2	1755.0646	3510.129		3510.129	
227.5				▼	-173298	▼	31960
	9	8	2344.9764	18759.81		18759.81	
219.5				▼	-154538	▼	50720
	10	4	1559.5328	6238.131		6238.131	
215.5				▼	-148300	▼	56958
	11	18	1034.0894	18613.61		18613.61	
197.5				▼	-129687	▼	75571
	12	10	-3508.5886	-35085.9		-35085.89	
187.5				▼	-164772	▼	40486
	13	2	1034.0894	2068.179		2068.179	

位移温度/℃	间隔号	相邻温度差 $T_{(i+1)}$/℃	热容流率 mCP_{net} /[MJ/(h·K)]	无热量输入级		有热量输入级	
185.5				▼	−162704	▼	42554
	14	30	1263.4423	37903.27		37903.27	
155.5				▼	−124810	▼	80457
	15	8	365.3737	2922.989		2922.989	
147.5				▼	−121878	▼	83380
	16	1	−3109.6703	−3109.67		−3109.67	
146.5				▼	−124988	▼	80270
	17	4	−6159.9007	−24639.6		−24639.6	
142.5				▼	−149627	▼	55631
	18	5	−2639.8486	−13199.2		−13199.24	
137.5				▼	−162827	▼	42432
	19	3	835.1954	2505.586		2505.586	
134.5				▼	−160321	▼	44937
	20	4	1377.8047	5511.219		5511.219	
130.5				▼	−154810	▼	50448
	21	8	3324.6667	26597.33		26597.33	
122.5				▼	−128212	▼	77046
	22	12	2034.5755	24414.91		24414.91	
110.5				▼	−103797	▼	101461
	23	1	2311.3062	2311.306		2311.306	
109.5				▼	−101486	▼	103772
	24	2	1844.0593	3688.119		3688.119	
107.5				▼	−97798	▼	107460
	25	25	−102.8027	−2570.07		−2570.067	
82.5				▼	−100368	▼	104890
	26	8	−775.7429	−6205.94		−6205.943	
74.5				▼	−106574	▼	98684
	27	2	−1064.0417	−2128.08		−2128.083	
72.5				▼	−108702	▼	95665

位移温度 /℃	间隔号	相邻温度差 $T_{(i+1)}$ /℃	热容流率 mCP_{net} /[MJ/(h·K)]	无热量 输入级		有热量 输入级	
	28	30	−2230.8903	−66926.7		−66926.71	
42.5				▼	−1175629	▼	29629
	29	5	−2773.4996	−13867.5		−13867.5	
37.5				▼	−189496	▼	15762
	30	5	276.7307	1383.654		1383.654	
32.5				▼	−188113	▼	17145

11.4.4 换热网络夹点分析

在上一节夹点的确定中，取夹点传热温差 ΔT_{min} 为 15℃，本节主要是对传热温差取值的正确与否做一验证。本文选取了 5~15℃ 在内的 10 个经验值，分别计算系统在不同该传热温差下的夹点温度和公用工程耗量。利用 Aspen pinch 模块，分别取 $\Delta T_{min}=5℃$，6℃，7℃…15℃ 时，计算结果如表 11-12 所示。图 11-28 和图 11-29 分别为当夹点温差变化时，冷、热流股的变化线图和冷、热公用工程耗量的变化曲线图。

表 11-12 夹点温度与公用工程耗量对照表

最小传热温差 ΔT_{min}/℃	热流温度/℃	冷流温度/℃	热公用工程耗量/(MJ/h)	冷公用工程耗量/(MJ/h)
15	303	288	20528	17145.34
14	303	287.35	20528	17145.34
13	303	287.6	20528	17145.34
12	303	286.85	20528	17145.34
11	303	285.1	20528	17145.34
10	303	285.35	20528	17145.34
9	303	285.6	20528	17145.34
8	303	284.85	20528	17145.34
7	303	284.2	20528	17145.34
6	303	283.35	20528	17145.34
5	303	273.6	20528	17145.34

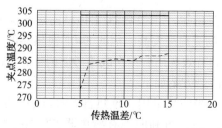

图 11-28 传热温差对夹点温度的影响

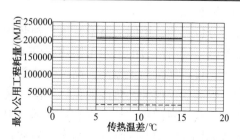

图 11-29 夹点温差对公用工程耗量的影响

由表中数据可以看出：当夹点传热温差在 5~15℃ 的温度区间内变化时，热夹点温度不改变，流股的夹点温度在 1℃ 的范围内变动，从整个系统的宏观角度上看，该微小变化可忽略不计。另外，冷、热公用工程的耗量基本无影响。在图 11-24 中观察夹点温差变化引起冷、热物流夹点温度的变化情况。其中，红色实线为热物流，蓝色虚线为冷物流，热物流为平行直线，冷物流轻微浮动，所得结论相同。在图 11-25 中，横轴为夹点温差，纵轴为公用工程耗量，其中蓝色、红色线段分别表示冷、热公用工程耗量。两线段基本保持平行，并未随着夹点温差的取值变化而改变。由此可得，本次换热网络模拟中所取夹点传热温差 $\Delta T_{min} = 15℃$ 的正确性，这大大提高换热网络模拟的精准度。

通过夹点计算，原油理论换热终温可达到 310℃，而目前实际换热后的温度仅为 297℃，结合热力学定律，换热流股 E402、E403、E205、E206 换热不合理，违反了夹点理论，会对换热网络造成额外的公用工程耗量。结合系统的换热网络图，通过夹点计算可得：这主要是由于现行换热网络对减二线、减四线、减压渣油等高温位热量的回收存在不合理之处，具体分析如下：

（1）常顶循换热流程中，常顶循—脱前原油换热器（E402）换热温差过大，换热过程的热量损失较大，常顶循的高温为热量未得到合理利用；

（2）常三线换热流程中，常三线—脱后原油换热器（E205）>换热温差过大，这将使得常三线的高温位热量未得到合理利用，造成部分热量的浪费；

（3）大量的低温热未得到回收利用，主要的低温热集中在减四线等物流，在现有流程中直接冷却排弃，耗费大量冷公用工程。

11.4.5　换热网络优化设计

根据上一节中的分析结果，利用夹点技术对过程系统中换热网络能量调优的方法对现行换热网络中存在的问题加以改进，拟采用调整换热顺序、增设部分换热物流以及取消部分深减压段换热设备来加深已有物流的换热深度。通过对换热网络的改造，优化脱前原油、脱后原油、闪底油三段换热网络中热量的分配，提高原油换热终温，达到节能降耗的目的。本章节按脱前、脱后、闪底油三段分别来阐述换热网络的优化调整。

（1）脱前原油换热网络调整。现有脱前原油换热段共有四个支路，其中第 2~4 支路的最后一组换热器均是深减压塔的物流，分别为深二线（E2-105/1-2）、深三线（E2-105/1-2）和深顶循（E4/104）。深减压塔取消后，这三个支路的换热后温为较低。本次改造考虑将常一线纳入脱前原油换热网络，深化常二线的换热，同时将常一中纳入备用，以提高各支路的换后温度。改造后脱前原油的换热流程如图 11-31 所示。

现有脱前原油换热段第 2~4 支路的换热深度均不够，导致这三个支路的换后温度较低，如图 11-30 所示。

经过分析可知，第四支路中常顶循换热流股经过的第一个换热器（E402）的热物流温度比后面的减二线所经过的第四个换热器（E403）的热物流温度要高，因此 E402 换热器的换热温差较大，过程能量损失偏高，高温位热量没有得到有效利用。本次改造考虑调整原油的换热次序，提高脱前原油换热段的换热终温。具体的改造方案如下：

①常一线换热网络调整。现有换热网络中，常一线的热量用于预热自产蒸汽的除氧水，换热流程如图 11-31（a）所示。结合装置停产工艺产汽，可利旧现有换热器 E2-105/1-2，编号 EN-C1，改造后换热流程如图 11-31（b）所示。

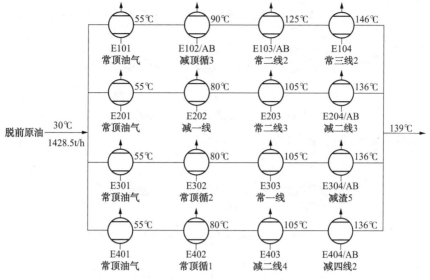

图 11-30 脱前原油换热网络

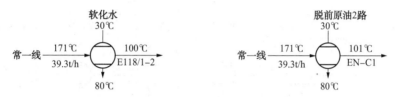

图 11-31(a) 现有常一线换热网络   图 11-31(b) 改造后常一线换热网络

②常一中换热网络调整。现有换热网络中，部分常一中的热量用于自产 0.455MPa 蒸汽，但流程模拟显示实际用于产汽的热量较少，换热网络如图 11-31(c)所示。结合装置停产工艺产汽和脱后原油换热流程调整，可将常一中的热量尽可能用于提高脱后原油，并考虑利用旧换热器 E3-106，编号 EN-C1Z，提高换热网络的弹性，改造后换热网络如图 11-31(d)所示。

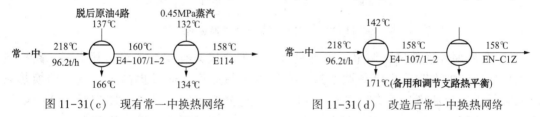

图 11-31(c) 现有常一中换热网络   图 11-31(d) 改造后常一中换热网络

③常二线换热网络调整。现有换热网络中，常二线从脱后原油换热段出来后就进入空冷、水冷，换热流程如图 11-31(e)所示。为充分回收常二线的热量，在脱前原油第 4 路增加一次换热，利旧现有换热器 E4-104，位于常顶循换热器 E4-103/1-3 之前，标号 EN-C2，改造后换热流程如图 11-31(f)所示。

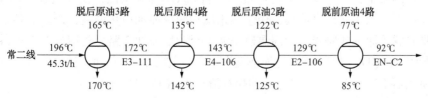

图 11-31(e) 现有常二线换热网络

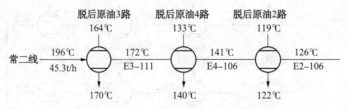

脱后原油3路 164℃　脱后原油4路 133℃　脱后原油2路 119℃

常二线　196℃　172℃　141℃　126℃
45.3t/h　E3-111　E4-106　E2-106

170℃　140℃　122℃

图 11-31(f)　改造后常二线换热网络

改造后的脱前原油换热网络如图 11-32 所示。

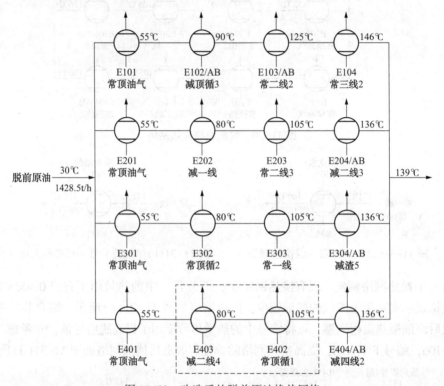

图 11-32　改造后的脱前原油换热网络

（2）脱后原油换热网络调整。现有脱后原油换热段共有 4 个支路，其中第二路换热后温位较低。本次改造主要是调整这一支路的换热顺序，通过提高这一支路的换热终温来降低脱后原油换后混合时的热量损失。经过分析可知，第二支路中常三线换热流股所经过的第一个换热器（E205）的热物流温度较后面的减二线第一换热器（E206/AB）的热物流温度要高，因此换热器 E205 的换热温差较大使得高温位热量没有得到有效利用。更换两台换热器的换热次序来调整换热器的换后温度以实现能量优化的目的，如图 11-33 所示。

现有换热网络中，部分浅一中的热量用于自产 1.0MPa 蒸汽，换热流程如图 11-34(a)示。本次改造拟取消工艺产汽流程，用余热来增加脱后原油换热温度，以缩小各个支路的换热温差。将原脱后原油 4 路浅一中高温热量调整至脱后原油 2 路，利用现有换热器 E2-113/1-2，编号为 EN-Q1Z，保留现有的换热流程；同时增加脱后原油三路浅一中的换热面积，利旧现有换热器 E3-114/1-2，改造后的换热流程如图 11-34(b)所示。

调整换热器提高换后温度，改造后脱后原油的换热网络如图 11-35 所示。

294

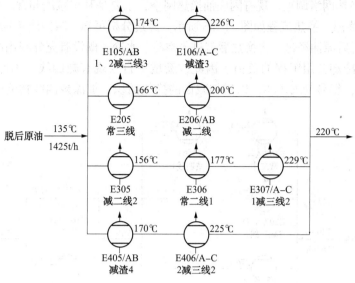

图 11-33 脱后原油换热网络

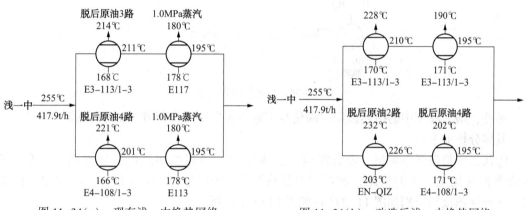

图 11-34(a)　现有浅一中换热网络

图 11-34(b)　改造后浅一中换热网络

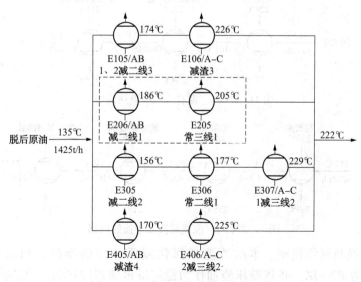

图 11-35　改造后脱后原油换热网络

（3）闪底油换热网络调整。现有闪底油换热网络，主要是利用减渣和常二中等物流的高温位热量提高换热终温，换热流程如图 11-36 所示。经过分析可知，减四线从减压塔中馏出的温度为 361℃，和脱后原油经过一次换热后就进入空冷、水冷，既没有充分利用减四线高温位的热量，又增加了冷却公用工程的负荷。因此，新增一台与现有减四线—闪底油换热器 E108 相同的换热设备，编号为 E1088，以增加减压的换热面积，加深减四线物流的换热深度。

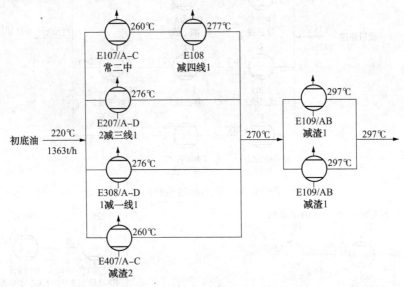

图 11-36　闪底油换热网络

另外，增加浅二中的换热面积，深化减压渣油换热，充分利用其高温位热源。

具体分析如下：

①浅二中换热网络调整。现有流程中，浅二中在初底油换热段的换热面积不足。本次改造拟深化浅二中的换热，利用现有换热器 E1-107/9-10，编号 EN-Q2Z。改造前、后浅二中的换热流程分别如图 11-37（a）和图 11-37（b）所示。

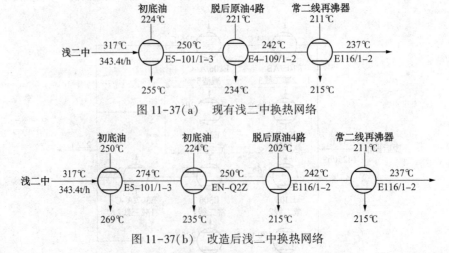

图 11-37（a）　现有浅二中换热网络

图 11-37（b）　改造后浅二中换热网络

②减压渣油换热网络调整。本次改造拟深化减压渣油的换热，利用现有的换热器 E5-102，编号为 EN-JZ，并将减压渣油作为稳定塔再沸器的热源。改造前、后减压渣油的换热流程分别如图 11-37（c）和图 11-37（d）所示。

图 11-37(c) 现有减压渣油换热网络

图 11-37(d) 改造后减压渣油换热网络

改造后闪底油的换热网络如图 11-38 所示。

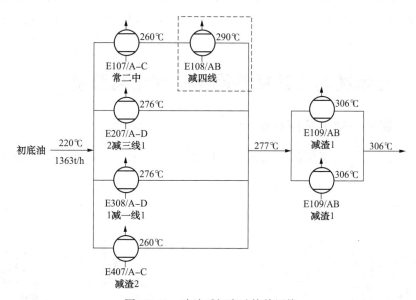

图 11-38 改造后闪底油换热网络

本次换热网络改造在充分利用现有换热设备的基础上,对换热流程进行调整。为保证装置正常生产,现有热物流的空冷器和水冷器等冷却设备全部予以保留,本次换热网络改造涉及的主要工程包括:

(a)将常一线用于预热脱前原油第 2 路,利用现有换热器 E2-105/1-2,编号更新为 EN/C 1,置于浅二线换热器 E2-104/1-2 之后,仅调整管线;

(b)将常一中的热量尽可能用于提高脱后原油,并考虑利用现有换热器 E3-106 备用,编号更新为 EN/C1Z,置于浅三线换热器 E3-105/1-2 之后,调整换热器换热次序;

(c)在脱前原油 4 路新增常二线换热器,利用现有换热器 E4-104,编号更新为 EN/C2,位于常顶循换热器 E4-103/1-2 之前,增加换热器并调整管线;

(d)将原脱后原油 4 路浅一中高温热量调整至脱后原油 2 路,利旧现有换热器 E2-113/1-2,编号更新为 EN/Q1Z,位于浅三线换热器 E2-111 之后;同时增加脱后原油 3 路浅一中的换热面积,利用现有换热器 E3-114/1-2,编号更新为 E3-113/4-5,位于浅一中换热器

E3-113/1-3 之后，做管线调整；

（e）增加浅二中在初底油换热段的换热面积，利用现有换热器 E1-107/9-10，编号更新为 EN-Q2Z，为初底油的第一组换热器；

（f）增加减四在初底油换热段的换热面积，增加一台与现有初底油-减四线换热器 E-108 相同的换热器，编号为 E-1088/B；同时增加减渣的二次换热，利用现有换热器 E1-107/11-12，编号更新为 EN-JZ，位于浅二中换热器 EN-Q2Z 之后，增加换热器并调整管线。

11.4.6 网络优化节能效果

通过上述换热流程的优化调整，原油换热终温达到 306℃。当前流程换热实际操作终温约为 297℃。因此，通过上述换热网络的改造，可提高能量回收率。装置节能效果按 1429t/h 估算，年操作时间按 8000 小时计算。

改造换热设备投资约 100 万元，改造后换热终温按 90℃ 计，可节省加热炉负荷约 60×10⁴kcal/h。若加热炉效率按 90% 计，燃料气热值按 950×10⁴kcal/t 计，通过相应的换热网络改进共可节约燃料气约 70kg/h，可降低装置能耗 0.7kg/h，年节省燃料气 560t。

11.5 加氢精制工艺换热网络的优化与节能

11.5.1 加氢精制工艺流程简介

某炼油厂汽、柴油加氢精制工艺流程如图 11-39 所示，主要由反应部分和分馏部分组成。

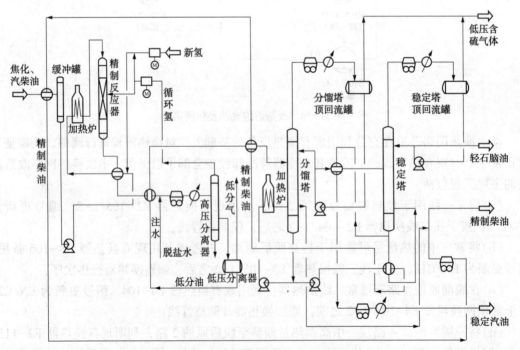

图 11-39 加氢精制工艺流程图

298

(1)反应部分。自单元外来的焦化汽油、柴油混合后经(精制柴油料油过滤器)除去原料中大的颗粒，然后进入原料油缓冲罐。经泵升压后，与混合氢混合，再经(反应流出物一混合进料)换热器换热后进入加热炉。混合进料经加热炉加热至反应所需温度后进入加氢精制反应器，在催化剂作用下进行反应。

来自精制反应器的反应流出物，经(反应流出物一混合进料)换热器、(反应流出物一低分油)换热器换热，然后经空冷器、后冷器冷却至45℃后进入高压分离器。为了防止铵盐析出，将脱盐水注至空冷器上游侧的管道中。

冷却后的反应流出物在高压分离器中进行气、油、水三相分离，顶部出来的高分气(循环氢)进入循环氢压缩机升压，然后分两路：一路去反应器控制反应器床层温升；另一路与新氢混合成为混合氢。含硫化氢和氨的污水自高压分离器底部排出，与低压分离器含硫污水合并后送至酸性水汽提单元处理；高分油相进入低压分离器。在低压分离器中，加氢生成油进行分离。分离出的低分气送至脱硫单元脱硫，低分油经换热后至分馏部分。

(2)分馏部分。自反应部分来的低分油经(反应流出物一低分油)换热器、(精制柴油一低分油)换热器依次与反应流出物、精制柴油换热后，进入产品分馏塔。产品分馏塔塔顶油气经塔顶空冷器、后冷器冷却至40℃后进入产品分馏塔顶回流罐中，进行气、油、水分离，闪蒸出的气体与稳定塔顶气合并后送至焦化单元脱硫；油相经产品分馏塔顶回流泵升压后分成两路，一路作为塔顶回流，另一路作为稳定塔进料。

产品分馏塔塔底油经精制柴油泵升压后，依次经稳定塔底重沸器、(精制柴油一低分油)换热器、(精制柴油一原料油)换热器及精制柴油空冷器冷却至50℃后在产品分馏塔液位控制下送出单元。

产品分馏塔塔底油经泵升压、分馏塔底重沸炉加热后返回产品分馏塔底部。

产品分馏塔塔顶粗汽油经(稳定汽油一粗汽油)换热器换热后在产品分馏塔顶回流罐液位控制下进入稳定塔。稳定塔塔顶油气经塔顶空冷器、后冷器冷凝冷却至40℃后进入稳定塔顶回流罐中，进行气、油、水分离，闪蒸出的气体与产品分馏塔塔顶气合并后送至焦化单元脱硫；油相经稳定塔顶回流泵升压后分成两路，一路作为塔顶回流，另一路作为轻石脑油产品送出单元；含硫污水与产品分馏塔含硫污水合并后进入酸性水罐，经酸性水泵送至酸性水汽提单元处理。

稳定塔塔底油依次经(稳定汽油一粗汽油)换热器、稳定汽油空冷器、稳定汽油后冷器冷却至40℃后作为稳定汽油产品送出单元。

11.5.2 换热网络的生成

根据加氢精制工艺流程图11-39以及现场数据，提取了14个物流的数据(6个热流和8个冷流)见表11-13中。

表11-13 物流参数

物流类型	物流编号和名称	供应温度/℃	目标温度/℃	平均热容流率/(kW/℃)	热量/kW
热流	H_1 精制反应器反物	355	125	146.2	33626
	H_2 精制柴油	309	50	63.08	16338
	H_3 稳定汽油	176	40	20.06	2728

物流类型	物流编号和名称	供应温度/℃	目标温度/℃	平均热容流率/(kW/℃)	热量/kW
热流	H_4 分馏塔顶产物	167	40	85.9	10909
	H_5 精制反应物混合水	125	45	116.3	9304
	H_6 稳定塔顶产物	120	40	17.53	1402
	C_1 分馏塔底回流	309	327	523.39	9421
	C_2 原料油加氢	127	300	133.9	23165
	C_3 低分油	45	2388	86.97	16785
冷流	C_4 稳定塔底回流	176	184	282.25	2258
	C_5 粗汽油	40	128	21.48	1890
	C_6 氢(新氢+循环氢)	71	127	33.47	1874
	C_7 原料油	84	127	78.1	3358
	C_8 脱盐水	25	125	21.93	2193

表 11-14 由表 11-13 和流程图生成了加氢精制工艺的初始换热网络,见图 11-40。在图 11-40 中,加氢精制工艺的初始换热网络包含 19 个换热单元,其中 2 个加热炉,5 个空气冷却器。氢与原料油、精制反应器反应物与脱盐水存在混合换热,为便于提取换热网络,假定存在换热器换 7(氢与原料油之间),换 6(精制反应器反应物与脱盐水之间),其作用为使得氢与原料油经换热器 7、精制反应器反应物与脱盐水经换热器 6 分别达到其原来混合后的温度再混合,换热器热负荷为原来其混合时交换的热量。各换热单元的热负荷和换热物流见表 11-14。

表 11-14 各换热单元的热负荷和换热物流

换热单元名称	换热物流	热负荷/kW	换热单元名称	换热物流	热负荷/kW
加热炉 1	C_1、烟气	9421	冷 1	H_2、空气	2988
加热炉 2	C_2、烟气	2694	冷 2	H_3、空气	664
换 1	H_1、C_2	20511	冷 3	H_3、水	174
换 2	H_2、C_4	2258	冷 4	H_4、空气	10473
换 3	H_2、C_3	5859	冷 5	H_4、水	437
换 4	H_1、C_3	10927	冷 6	H_5、空气	9514
换 5	H_3、C_5	1890	冷 7	H_5、水	1163
换 6	H_1、C_8	2193	冷 8	H_6、空气	1291
换 7	C_6、C_7	1874	冷 9	H_6、水	111
换 8	H_2、C_7	5233			

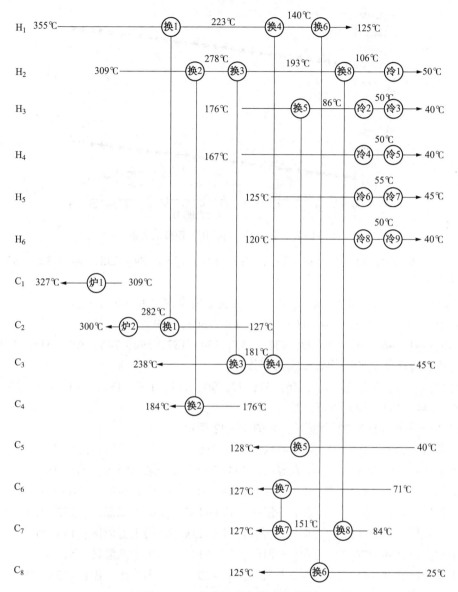

图 11-40 加氢工艺初始换热网络

11.5.3 夹点位置的确定

根据表 11-13 的数据进行计算，可得到夹点温差与公用工程的关系图，见图 11-41。如图所示，公用工程用量随最小传热温差的减小而减小，属于夹点问题，按夹点技术进行改造设计。

原换热网络中的最小温差为 12℃，见图 11-40 中换 3（H_2 精制柴油与 C 低分油）温度端差。取夹点温差为 12℃，利用问题表格法确定夹点位置。

（1）问题表格法确定夹点位置。

第一步，划分温区。

①分别将冷热物流的初始、目标温度按升序排列。

热物流：40，45，50，120，125，167，176，309，355

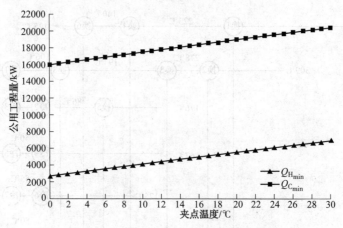

图 11-41　夹点温差与共用工程量的关系

冷物流：25，40，45，71，84，125，127，128，176，184，238，300，309，327

②计算平均温度。

热物流温度全部下降6℃（$\Delta T_{\min}/2$）；冷物流温度全部上升6℃（$\Delta T_{\min}/2$）。

热物流：34，39，44，114，119，161，170，303，349

冷物流：31，46，51，77，90，131，133，134，182，190，244，306，315，333

③将所有冷热物流的平均温度按升序排列。

冷热物流：31，34，39，44，46，51，77，90，114，119，131，133，134，161，170，
182，190，244，303，306，315，333，349

④将整个系统划分为22个温区，如图11-42所示。

第一温区：349~333　　　第二温区：333~315　　　第三温区：315~306

第四温区：306~303　　　第五温区：303~244　　　第六温区：244~190

第七温区：190~182　　　第八温区：182~170　　　第九温区：170~161

第十温区：161~134　　　第十一温区：134~133　　　第十二温区：133~131

第十三温区：131~119　　　第十四温区：119~114　　　第十五温区：114~90

第十六温区：90~77　　　第十七温区：77~51　　　第十八温区：51~46

第十九温区：46~44　　　第二十温区：44~39　　　第二十一温区：39~34

第二十二温区：34~31

第二步，依次对每温区作热量衡算。计算结果列于表11-15第三列。

第一温区：$\Delta H_1 = (-146.20)(349-333) = -2339.2\text{kW}$

第二温区：$\Delta H_2 = (523.39-146.20)(333-315) = 6789.42\text{kW}$

第三温区：$\Delta H_3 = (-146.20)(315-306) = -1315.8\text{kW}$

第四温区：$\Delta H_4 = (133.90-146.20)(306-303) = -36.9\text{kW}$

第五温区：$\Delta H_5 = (133.90-63.08-146.20)(303-244) = -4447.42\text{kW}$

第六温区：$\Delta H_6 = (133.90+86.97-146.20-63.08)(244-190) = 625.86\text{kW}$

第七温区：$\Delta H_7 = (133.90+86.97+282.25-146.20-63.08)(190-182) = 2350.72\text{kW}$

第八温区：$\Delta H_8 = (133.90+86.97-146.20-63.08)(182-170 = 139.08\text{kW}$

第九温区：$\Delta H_9 = (133.90+86.97-146.20-63.08-20.06)(170-161) = -76.23\text{kW}$

第十温区：$\Delta H_{10} = (133.90+86.97-146.20-63.08-20.06-85.90)(161-134) =$

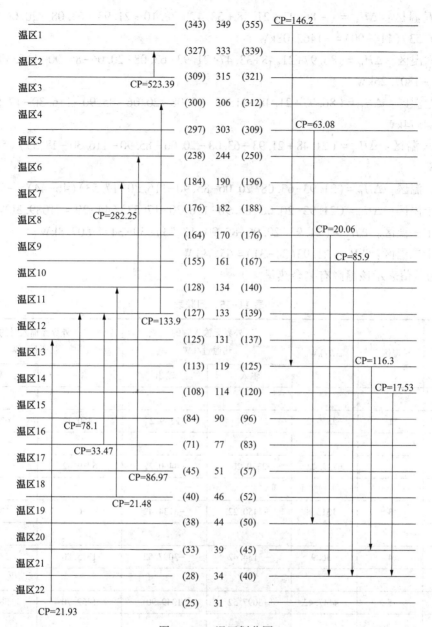

图 11-42 温区划分图

-2547.99kW

第十一温区: $\Delta H_{11} = (133.90 + 86.97 + 21.48 - 146.20 - 63.08 - 20.06 - 85.90)(134 - 133) =$ -72.89kW

第十二温区: $\Delta H_{12} = (86.97 + 21.48 + 33.47 + 78.10 - 146.20 - 63.08 - 20.06 - 85.90)(133 - 131) = -190.44$kW

第十三温区: $\Delta H_{13} = (86.97 + 21.48 + 33.47 + 78.10 + 21.93 - 146.20 - 63.08 - 20.06 - 85.90)(131 - 119) = -879.48$kW

第十四温区: $\Delta H_{14} = (86.97 + 21.48 + 33.47 + 78.10 + 21.93 - 63.08 - 20.06 - 85.90 - 116.30)(119 - 114) = -216.95$kW

第十五温区：$\Delta H_{51} = (-86.97 + 21.48 + 33.47 + 78.10 + 21.93 - 63.08 - 20.06 - 85.90 - 116.30 - 17.53)(114-90) = -1462.08kW$

第十六温区：$\Delta H_{16} = (86.97 + 21.48 + 33.47 + 21.93 - 63.08 - 20.06 - 85.90 - 116.30 - 17.53)(90-77) = -1807.26kW$

第十七温区：$\Delta H_{17} = (86.97 + 21.48 + 21.93 - 63.08 - 20.06 - 85.90 - 116.30 - 17.53)(77-51) = -4484.74kW$

第十八温区：$\Delta H_{18} = (21.48 + 21.93 - 63.08 - 20.06 - 85.90 - 116.30 - 17.53)(51-46) = -1297.3kW$

第十九温区：$\Delta H_{19} = (21.93 - 63.08 - 20.06 - 85.90 - 116.30 - 17.53)(46-44) = -561.88kW$

第二十温区：$\Delta H_{20} = C21.93 - 20.06 - 85.90 - 116.30 - 17.53)(44-39 = -1089.3kW$

第二十一温区：$\Delta H_{21} = (21.93 - 20.06 - 85.90 - 17.53)(39-34 = -507.8kW$

第二十二温区：$\Delta H_{22} = 21.93(34-31) = 65.79kW$

ΔH_k 为负值表示该温区有剩余热量。

表 11-15　问题表

平均温度/℃	温区	ΔH/kW	外界无输入时的热通量/kW		外界无输入时的热通量/kW	
			输入	输出	输入	输出
349						
	1	-2339.2	0	2339.2	4450.22	6789.42
333						
	2	6789.42	2339.20	-4450.22	6789.42	0
315						
	3	-1315.8	-4450.22	-3134.42	0	1315.80
306						
	4	-36.9	-3134.42	-3097.52	1315.80	1352.70
303						
	5	-4447.42	-3097.52	1349.90	1352.70	5800.12
344						
	6	625.86	1349.90	724.04	5800.12	5174.26
190						
	7	2350.72	724.04	-1626.68	5174.26	2823.54
182						
	8	139.08	-1626.68	-1765.76	2823.54	2684.46
170						
	9	-76.23	-1765.76	-1689.53	2684.46	2760.69
161						
	10	-2547.99	-1689.53	858.46	2760.69	5308.68

304

平均温度/℃	温区	ΔH/kW	外界无输入时的热通量/kW		外界无输入时的热通量/kW	
			输入	输出	输入	输出
134						
	11	−72.89	858.46	931.35	5308.68	5381.57
133						
	12	−190.44	931.35	1121.79	5381.57	5572.01
131						
	13	−879.48	1121.79	2001.27	5572.01	6451.49
119						
	14	−216.95	2001.27	2218.22	6451.49	6668.44
114						
	15	−1462.08	2218.22	3680.30	6668.44	8130.52
90						
	16	−1807.26	3680.30	5487.56	8130.52	9937.78
77						
	17	−4484.74	5487.56	9972.30	9937.78	14422.52
51						
	18	−1297.3	9972.30	11269.6	14422.52	15719.82
46						
	19	−561.88	11269.6	11831.48	15719.82	16281.70
44						
	20	−1089.3	11831.48	12920.78	16281.70	17371.00
39						
	21	−507.8	12920.78	13428.58	17371.00	17878.80
34						
	22	65.79	13428.58	13362.79	17878.80	17813.01
31						

第三步，进行热级联计算。计算外界无热量输入时各温区之间的热通量，输出热量=输入热量−ΔH。计算结果列于表11-15第四列。

第一温区：输入热量=0kW，输出热量=0−(−2339.2)=2339.20kW

第二温区：输入热量=2339.20kW，输出热量=2339.20−6789.42=−4450.22kW

第三温区：输入热量=−4450.22kW，输出热量=−4450.22−(−1315.8)=−3134.42kW

第四温区：输入热量=−3134.42kW，输出热量=−3134.42−(−36.9)=−3097.52kW

第五温区：输入热量=−3097.52kW，输出热量=−3097.52−(−4447.42)=1349.90kW

第六温区：输入热量=1349.90kW，输出热量=1349.90−625.86=724.04kW

第七温区：输入热量 = 724.04kW，输出热量 = 724.04 - 2350.72 = -1626.68kW

第八温区：输入热量 = -1626.68kW，输出热量 = -1626.68 - 139.08 = -1765.76kW

第九温区：输入热量 = -1765.76kW，输出热量 = -1765.76 - (-76.23) = -1689.53kW

第十温区：输入热量 = -1689.53kW，输出热量 = -1689.53 - (-2547.99) = 858.46kW

第十一温区：输入热量 = 858.46kW，输出热量 = 858.46 - (-72.89) = 931.35kW

第十二温区：输入热量 = 931.35kW，输出热量 = 931.35 - (-190.44) = 1121.79kW

第十三温区：输入热量 = 1121.79kW，输出热量 = 1121.79 - (-879.48) = 2001.27kW

第十四温区：输入热量 = 2001.27kW，输出热量 = 2001.27 - (-216.95) = 2218.22kW

第十五温区：输入热量 = 2218.22kW，输出热量 = 2218.22 - (-1462.08) = 3680.30kW

第十六温区：输入热量 = 3680.30kW，输出热量 = 3680.30 - (-1807.26) = 5487.56kW

第十七温区：输入热量 = 5487.56kW，输出热量 = 5487.56 - (-4484.74) = 9972.30kW

第十八温区：输入热量 = 9972.30kW，输出热量 = 9975.30 - (-1297.3) = 11269.60kW

第十九温区：输入热量 = 11269.60kW，输出热量 = 11269.60 - (-561.88) = 11831.48kW

第二十温区：输入热量 = 11831.48kW，输出热量 = 11831.48 - (-1089.30) = 12920.78kW

第二十一温区：输入热量 = 12920.78kW，输出热量 = 12920.78 - (-507.8) = 13428.58kW

第二十二温区：输入热量 = 13428.58kW，输出热量 = 13428.58 - 65.79 = 13362.79kW

第四步，确定最小加热公用工程量。由第三步得知第二温区与第三温区之间的热通量为负的绝对值最大（-4450.22），即最小加热公用工程用量为 4450.22kW。

第五步，计算外界输入最小加热公用工程量时各温区之间的热通量。计算结果列于表 11-15 第五列。

第一温区：输入热量 = 4450.22kW，输出热量 = 4450.22 - (-2339.2) = 6789.42kW

第二温区：输入热量 = 6789.42kW，输出热量 = 6789.42 - 6789.42 = 0kW

第三温区：输入热量 = 0kW，输出热量 = 0 - (-1315.8) = 1315.80kW

第四温区：输入热量 = 1315.80kW，输出热量 = 1315.80 - (-36.9) = 1352.70kW

第五温区：输入热量 = 1352.70kW，输出热量 = 1352.70 - (-4447.42) = 5800.12kW

第六温区：输入热量 = 5800.12kW，输出热量 = 5800.12 - 625.86 = 5174.26kW

第七温区：输入热量 = 5174.26kW，输出热量 = 5174.26 - 2350.72 = 2823.54kW

第八温区：输入热量 = 2823.54kW，输出热量 = 2823.54 - 139.08 = 2684.46kW

第九温区：输入热量 = 2684.46kW，输出热量 = 2684.46 - (-76.23) = 2760.69kW

第十温区：输入热量 = 2760.69kW，输出热量 = 2760.69 - (-2547.99) = 5308.68kW

第十一温区：输入热量 = 5308.68kW，输出热量 = 5308.68 - (-72.89) = 5381.57kW

第十二温区：输入热量 = 5381.57kW，输出热量 = 5381.57 - (-190.44) = 5572.01kW

第十三温区：输入热量 = 5572.01kW，输出热量 = 5572.01 - (-879.48) = 6451.49kW

第十四温区：输入热量 = 6451.49kW，输出热量 = 6451.49 - (-216.95) = 6668.44kW

第十五温区：输入热量 = 6668.44kW，输出热量 = 6668.44 - (-1462.08) = 8130.52kW

第十六温区：输入热量 = 8130.52kW，输出热量 = 8130.52 - (-1807.26) = 9937.78kW

第十七温区：输入热量 = 9937.78kW，输出热量 = 9937.78 - (-4484.74) = 14422.52kW

第十八温区：输入热量 = 14422.52kW，输出热量 = 14422.52 - (-1297.3) = 15719.82kW

第十九温区：输入热量 = 15719.82kW，输出热量 = 15719.82 - (-561.88) = 16281.70kW

第二十温区：输入热量 = 16281.70kW，输出热量 = 16281.70 - (-1089.30) = 17371kW

第二十一温区：输入热量=17371kW，输出热量=17371-(-507.8)=17878.80kW

第二十二温区：输入热量=17878.80kW，输出热量=17878.80-65.79=17813.01kW

第六步，确定夹点的位置。温区2和温区3之间的热通量为0，该处为夹点。夹点平均温度为315℃，即夹点处热流温度321℃，冷流温度309℃。

(2)冷热复合曲线。根据物流线在温-焓图中可以平移的特性，得到冷热复合曲线，见图11-43，夹点温度为热流321℃，冷流309℃。

400
350
300
250
200
150
100
50
0
T/℃
0
10000
20000
30000
40000
50000
60000
70000
80000
90000
H/kW

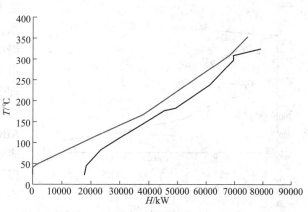

图11-43 最小温差下的T-H图

冷热复合曲线将冷热物流有机地组合在一起，同时考虑冷热物流的匹配换热，使得能够很好地解释由问题表格法得到的夹点位置和夹点温差，并且能够形象直观地显示冷却公用工程量、加热公用工程量和内部换热部分。

(3)换热网络系统的总复合曲线。

①热通量级联图

由表11-15可绘制出热通量级联图，见图11-44，图中每个温区用一个矩形表示，矩形内为该温区的ΔH，左侧给出了经过每个温区的热通量情况，右侧给出了各温区边界的冷、热流体平均温度，热通量级联图中热通量为零处为夹点。

热通量
/kW
平均温度
/℃
4450.22
349
-2339.2
6789.42
333
6789.42
0
315
-1315.80
1315.80
306
-36.90
1352.70
303
-4447.42
5800.12
244
625.86
5174.26
190
2350.72
2823.54
182
139.08
2684.46
170
-76.23
2760.69
161
-2547.99
5308.68
134
-72.89
5381.57
133
-190.44
5572.01
131
-879.48
6451.49
119
-216.95
6668.44
114
-1462.08
8130.52
90
-1807.26
9937.78
77
-4484.74
14422.52
51
-1297.30
15719.82
46
-561.88
16281.70
44
-1089.30
17371
39
-507.80
17878.80
34
65.79
17813.01
31

图11-44 热通量级联图

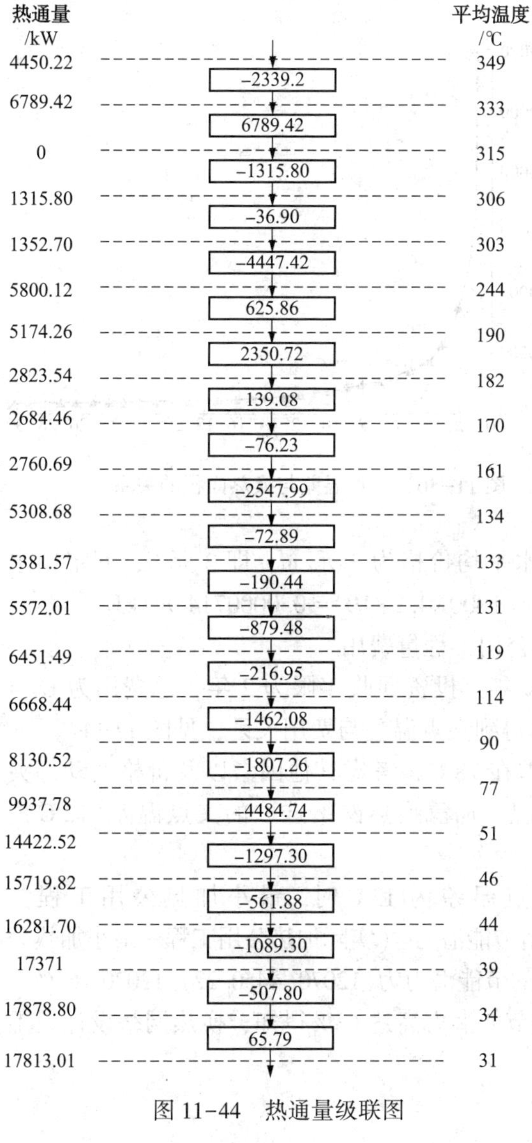

从热通量级联图中可以看出夹点将整个温度区间划分为两部分：夹点之上需要外界输入热量，而不向外部提供任何热量，即需要加热器；夹点之下可以向外部提供热量，而不需要外界输入热量，即需要冷却器。

②总复合曲线

将热通量级联图中各温区左右边界的冷热流体平均温度及其热通量，以点的形式标注在总复合曲线图上(平均温度为纵坐标，热通量为其横坐标)，把相邻的点用直线连接，就构成了总复合曲线，见图11-45。

总复合曲线的实质是在T-H图上描述出过程系统中热通量与平均温度的关系。夹点

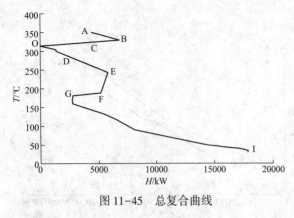

图 11-45　总复合曲线

之上表示需要的外界加热量与平均温度的关系；夹点之下表示需要的外界冷却量与平均温度的关系。O 点表示夹点，A 点的焓值为最小加热公用工程量，I 点的焓值为最小冷却公用工程量。总复合曲线总的趋势是朝 H 增大的方向延伸，但有时也会出现折弯，ABC 和 DEFG 处。夹点之上有折弯 ABC，表示 AB 段为一局部热源，可用来加热 B 点以下的净冷流如加热 BC 段；夹点之下有折弯 DEFG，表示 FG 段为一局部热阱，可用来冷却 F 点以上的净热流如 DEF 段。所以，实际上需要冷却公用工程的为 OD 和 GI 段；实际上需要加热公用工程的为 CO 段，这为下面的换热网络优化提供了方向和目标。

11.5.4　换热网络夹点分析

换热器费用为：$C_N = (d + 300A^{0.95})$ 英镑，其中对于加热，$d = 10000$；冷却，$d = 5000$。故计算取平均值 $d = 7500$。取 1 英镑 $= 10$ 元，故换热器费用为：$C_E = 10(d + 300A^{0.95})$ 元。取平均换热系数为 200W/$(m^2 \cdot ℃)$。换热面积与夹点温差的关系见图 11-46。

加热公用工程量换算为燃料价值，燃油低位发热量 41860kJ/kg，取价格 4500 元/t，燃油效率为 75%，则单位加热公用工程能量费用为：4500/1000/$(75\% \times 41860) = 0.000143$ 元/kJ。同理，

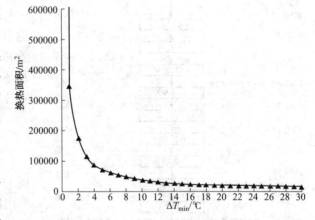

图 11-46　夹点温差与换热面积的关系

冷却公用工程量（含空冷）换算为用水价值，取水平均价格为 3 元/m，即 3 元/t，假定用水温升为 10℃，则单位冷却公用工程量费用为：3/$(1000 \times 4.2 \times 10) = 0.0000714$ 元/kJ。

能量费用 $C_E =$ 加热公用工程能量费用+冷却公用工程量费用

假定年运行时间为 8000h/年，即 28800000s/年，投资回收年限为 2 年，总费用为 $C_T = C_N/2 + 28800000C_E$。根据图 11-41 的数据，计算得到夹点温差与费用关系，见图 11-47。

由图 11-47 可以看出，理想的最优夹点温差在 18℃，考虑其他因素以及价格波动，夹点温差在 12~22℃ 之间取值合理。依据实际情况，加氢换热网络选取的夹点温差（12℃），符合要求。

（1）换热网络节能潜力。原换热网络夹点温差为 12℃ 时，最小加热公用工程为 4450.22kW，而实际加热公用工程为 12070kW，由节能潜力 =（实际加热公用工程－最小加热公用工程量）/实际加热公用工程得知，原换热网络的节能潜力为（12070－4450.22）/12070=63%。

（2）换热网络的不合理之处。由换热网络的节能潜力高达 63% 得知，换热网络设计很不合理见图 11-48，具体如下：

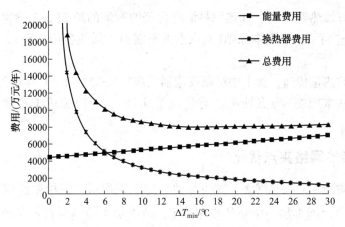

图 11-47 夹点温差与费用的关系

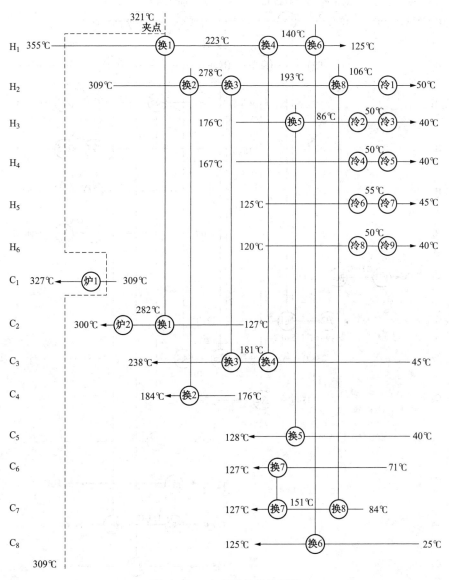

图 11-48 夹点下的换热网络

①夹点之下有加热器(炉)，加热原料油混合氢的物流的炉2(282~300℃)处在夹点(冷流309℃)之下，违背了夹点基本原则(夹点下方不能引入加热公用工程)，使得公用工程增加2649kW。

②跨越夹点的热量传递，换1中精制反应器反应物从355~223℃存在跨越夹点的热量传递，违背了夹点基本原则(夹点处不能有热流量穿过)，使得公用工程增加146.2×(355−321)=4970.8kW。

11.5.5 换热网络夹点优化

考虑网络变动最小的换热网络，减少加热公用工程用量，在精制反应器反应物(H_1)与分馏塔底回流(C_1)之间再加一个新的换热器E，减少炉1的热负荷；又炉2—换1—换4—换3—冷1组成一回路，可以进行热负荷转移，见图11-49。

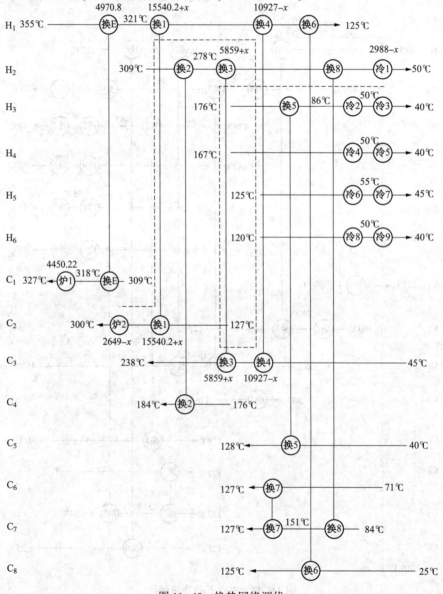

图11-49 换热网络调优

310

换热器 E 的热负荷为 146.2(355-321=4970.8kW，炉 1 的热负荷减小为 9421-4970.8=4450.2kW，换 1 的热负荷为 20511-4970.8=15540.2kW。

为了去掉加热炉 2，将 $x=2649$，则热负荷转移后的结果见图 11-50。但是换 3 端温差为 143-140=3℃，明显低于夹点温差。需要进行"能量松弛"。

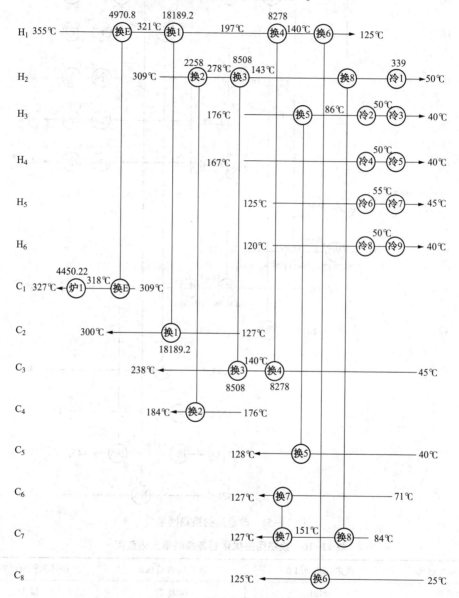

图 11-50　最小能耗的换热网络

根据 $Q=CP\Delta T$，图 11-47 中 x 值为：

$$278-\frac{5859+x}{63.08}=12+238-\frac{5859+x}{86.97}$$

$$x=570.88$$

(11-10)

通过能量松弛，使得换 3 端温差恢复到 12℃。改造后最终的换热网络见图 11-51，节约加热公用工程量为(4970.8+570.88)=5541.68kW，各换热单元换热面积改造前后的比较见表 11-16。

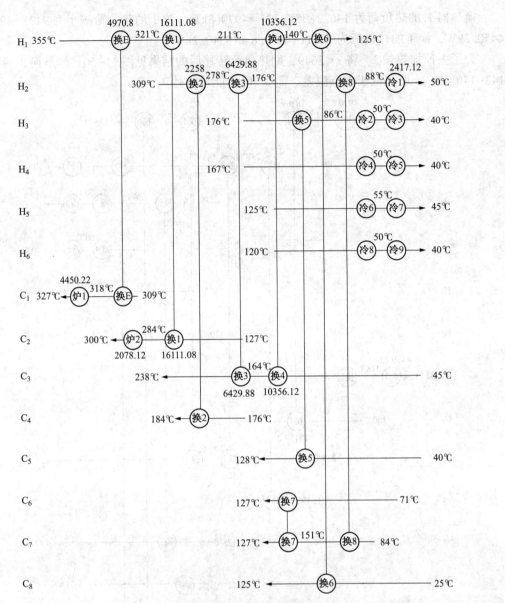

图 11-51 改造后的换热网络

表 11-16 换热网络优化后各换热单元热负荷

换热单元名称	改造前负荷/kW	改造后负荷/kW	换热面积或燃料量
加热炉 1	9421	4450. 22	减少
加热炉 2	2649	2078. 12	减少
换 E	—	4970.8	新增
换 1	20511	16111.08	减少
换 2	2258	2258	不变
换 3	5859	6429. 88	增大
换 4	10927	10356. 12	减少

312

换热单元名称	改造前负荷/kW	改造后负荷/kW	换热面积或燃料量
换5	1890	1890	不变
换6	2193	2193	不变
换7	1874	1874	不变
换8	5233	5233	不变
冷1	2988	2417.12	减少
冷2	664	664	不变
冷3	174	174	不变
冷4	10473	10473	不变
冷5	437	437	不变
冷6	9514	9514	不变
冷7	1163	1163	不变
冷8	1291	1291	不变
冷9	111	111	不变

11.5.6 网络优化节能效果

实际工程应用中，可选择的公用工程有多种品位，合理应用不同温位的多级公用工程会更加经济。

(1)加热公用工程。加氢网络利用加热炉进行加热，即利用烟道气进行加热。为保证能量性能最佳，一般使得加热公用工程的流量最小，流量受夹点温度制约或受净热阱线上"口袋"左端点(图11-45中的A点)的制约，这要根据烟道气的 $CP(T-H$ 图中的斜率的倒数)决定。

(2)冷却公用工程。加氢网络中，夹点温度较高，净热源的温位足够高，可以考虑用来发生蒸汽。发生蒸汽为高压级蒸汽(298℃)2.6MW 和低压级蒸汽(128℃)4.5MW。见图11-52，其流量由总复合曲线分析确定。

(3)多夹点问题处理。当考虑设置多级公用工程后(引入中间温位的公用工程物流)，当某温位热源恰好满足该温位的净冷流所需的热量，或者某温位热阱恰好满足该温位的净热流所需放出的热量，就会出现公用工程夹点，如图 11-52 中 286℃(实际温度 298℃)和 106℃(实际温度 128℃温位处。公用工程夹点特征与过程夹点的特征一样。对多夹点(公用工程夹点与过程夹点)，每一个夹点的特征同单夹点的一样，设计仍按单夹点问题处理，只是夹点之间不设公用工程。当多级公用工程处在中

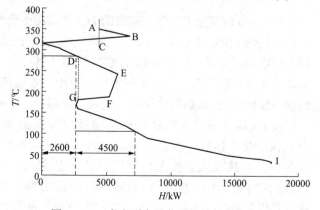

图 11-52 考虑副产品蒸汽的总复合曲线

间温区时，可将公用工程看成是物流(CP 无限大)参与匹配。

(4)节能效果。加氢网络考虑多级公用工程的可多回收 7.1MW 的热量，生成的副产蒸汽可作为氢气的动力来源。利用蒸汽透平代替电能来带动氢气压缩机，设置透平为全凝式，蒸汽流量为高压级蒸汽(298℃)6.07t/h 和低压级蒸汽(128℃)7.18t/h，不考虑其他因素，则蒸汽做的理论功为 7.1MW。电机效率按 80%，节省电能为 7.1/80% = 8.88MW，取电价为 420 元/(MW·h)，可以实现节能效益 2983.68 万元/年。

加氢换热网络考虑多级公用工程并经改造后每年节约费用为 28800000×(5541.68×0.000143+(2988-2417.12)×0.0000714)/10000+2983.681≈3223.65 万元/年。

11.6 加氢脱硫工艺换热网络的优化与节能

11.6.1 加氢精制工艺流程简介

汽油馏分主要包括直馏汽油、催化裂化(FCC)汽油、热加工汽油、加氢裂化汽油等。FCC 汽油绝大部分用作车用汽油组分，在车用汽油的硫含量限值约为 0.1% 的时期，FCC 汽油一般不需经脱硫处理，但从 20 世纪 90 年代以来，车用汽油质量规格不断变严和对汽车污染物排放的控制加大，不少国家和地区甚至提出了超低硫汽油(硫含量低于 $10\sim30\mu g/g$)的要求，因此，FCC 汽油加氢脱硫成为炼油工业必须解决的问题。

某炼油厂有限责任公司 FCC 汽油加氢脱硫工艺流程见图 11-53。

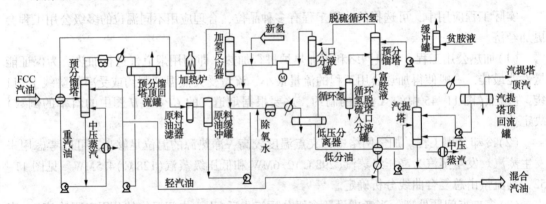

图 11-53 某炼油厂加氢脱硫工艺流程

(1)预分馏部分来自催化装置的 FCC 汽油经(重汽油-催化汽油)换热器与预分馏塔底重汽油换热到 110℃进入预分馏塔，塔顶气相经预分馏塔顶的空冷器、后冷器冷凝冷却后进入预分馏塔顶回流罐。回流罐的轻汽油经泵升压后，一部分作为预分馏塔顶回流，另一部分与精制汽油混合出装置。塔底采用中压蒸汽作为重沸热源。预分馏塔底重汽油经泵升压、(重汽油-催化汽油)换热器冷却后，进入反应部分。

(2)反应部分。重汽油经原料油过滤器除去原料中大的颗粒后进入原料油缓冲罐。重汽油经泵升压后与混合氢混合，经(反应流出物-混合进料)换热器换热后进入反应加热炉，加热至反应器入口温度后进入加氢反应器进行加氢精制反应。反应流出物经(反应流出物-混合进料)换热器、反应流出物空冷器、反应流出物冷却器换热、冷却后进入低压分离器，进行气、油、水三相分离，底部出来的低分油进至汽提部分；水相作为含硫污水至装置外；顶部出来的循环氢经循环氢脱硫塔入口分液罐分液后进入循环氢脱硫塔

314

底部。

自装置外来的贫溶剂进入贫溶剂缓冲罐，再由泵升压后进入循环氢脱硫塔，与自塔底上升的循环氢逆向接触，脱除硫化氢。

脱硫后循环氢经循环氢压缩机入口分液罐分液后由循环氢压缩机增压后分两路：一路作为急冷氢去加氢反应器控制反应器床层温升；另一路与装置外来新氢混合作为混合氢，再与原料油混合作为混合进料。

为了防止反应流出物在冷却过程中析出铵盐堵塞管道和设备，将除氧水注至反应流出物空冷器上游侧的管道中。

（3）汽提部分。低分油经（精制油一低分油）换热器换热后，进入汽提塔。塔顶油气经汽提塔顶冷却器冷凝冷却至 40℃后进入汽提塔顶回流罐中，进行油、气、水分离，闪蒸出的含 HZS 酸性气送至催化装置压缩机入口，油相经汽提塔顶回流泵升压后作为塔顶回流。汽提塔底采用中压蒸汽作为重沸热源，塔底精制汽油经精制油泵升压、（精制油一低分油）换热器换热、精制油冷却器冷凝冷却后与预分馏部分来的轻汽油混合，作为产品送至罐区。

11.6.2　换热网络的生成

根据某炼油厂的加氢脱硫工艺流程图（图 11-53）以及现场数据，提取了 12 个物流的数据（7 个热流和 5 个冷流）和 2 种加热公用工程（加热炉和 3.5MPa 中压蒸汽），见表 11-17。

表 11-17　物流参数

物流类型	物流编号和名称	供应温度/℃	目标温度/℃	平均热容流率/（kW/℃）	热量/kW
热流	H_1 加氢反应器产物	275	124	14.821	2238
	H_2 汽提塔产物	200	40	7.375	1180
	H_3 重汽油	168	64	7.300	759
	H_4 汽提塔产物	121	40	2.469	200
	H_5 加氢反应物混合水	107	40	13.851	928
	H_6 预分馏塔顶产物	88	40	38.188	1833
	H_7 混合氢	74	64	6.600	66
	C_1 重汽油混合氢	64	230	14.633	2429
	C_2 汽提塔底回流	200	208	64.875	519
	C_3 预分馏塔底回流	168	170	963.500	1927
冷流	C_4 低分油	40	160	7.225	867
	C_5 FCC 汽油	40	110	11.786	825

由加氢脱硫工艺流程图 11-53 得知，重汽油和混合氢存在混合换热，为便于提取换热网络，假定重汽油和混合氢之间存在一换热器（换 4），其作用为使得混合氢与重汽油经换热器 5 达到其原来混合后的温度再混合，换热器热负荷为原来其混合时交换的热量。其他部分存在的混合换热忽略不计。

加氢脱硫工艺初始换热网络见图 11-54。各换热单元的热负荷和换热物流见表 11-18。

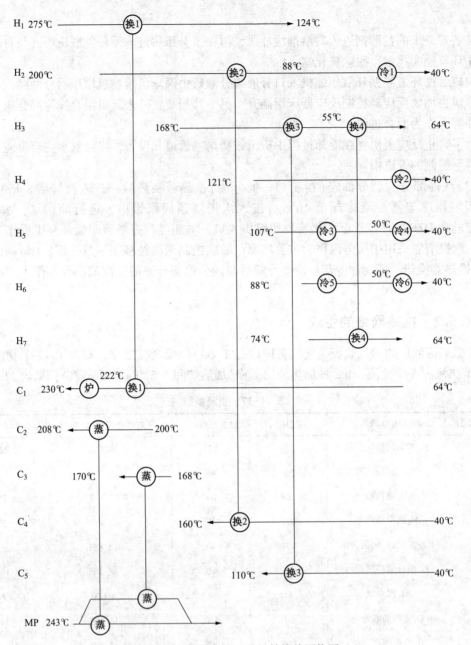

图 11-54　加氢脱硫工艺初始换热网络图

表 11-18　各换热单元热负荷和换热物流

换热单元名称	换热物流	热负荷/kW	换热单元名称	换热物流	热负荷/kW
加热炉	烟气、C_1	191	冷 1	H_2、水	313
中压蒸汽	蒸汽、C_2和蒸汽、C_3	2446	冷 2	H_4、水	200
换 1	H_1、C_1	2238	冷 3	H_5、空气	821
换 2	H_2、C_4	867	冷 4	H_5、水	107
换 3	H_3、C_5	825	冷 5	H_6、空气	1739
换 4	H_1、C_7	66	冷 6	H_6、水	94

11.6.3 夹点位置的确定

根据表 11-17 的数据进行计算，可得到夹点温差与公用工程的关系图，见图 11-55。公用工程用量随最小传热温差的减小而减小，属于夹点问题，按夹点技术进行改造设计。

原换热网络中的最小温差为 15℃，见原始换热网络图 11-54 中换 3（H_3 重汽油与 C_5 FCC 汽油）温度端差。取夹点温差为 15℃，利用问题表格法确定夹点位置。

（1）问题表格法确定夹点位置。

第一步，划分温区。

①分别将冷热物流的初始、目标温度按升序排列。

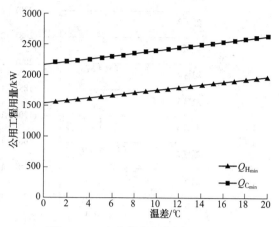

图 11-55　夹点温差与公用工程量

热物流：40，64，74，88，107，121，124，168，200，275

冷物流：40，64，110，160，168，170，200，208，230

②计算平均温度。

热物流温度全部下降 7.5℃（$\Delta T_{min}/2$）；冷物流温度全部上升 7.5℃（$\Delta T_{min}/2$）。

热物流：32.5，56.5，66.5，80.5，99.5，113.5，116.5，160.5，192.5，267.5

冷物流：47.5，71.5，117.5，167.5，175.5，177.5，207.5，215.5，237.5

③将所有冷热物流的平均温度按升序排列。

冷热物流：32.5，47.5，56.5，66.5，71.5，80.5，99.5，113.5，116.5，117.5，160.5，167.5，175.5，177.5，192.5，207.5，215.5，237.5，267.5

④将整个系统划分为 18 个温区，如图 11-56 所示。

第一温区：267.5~237.5；第二温区：237.5~215.5；第三温区：215.5~207.5

第四温区：207.5~192.5；第五温区：192.5~177.5；第六温区：177.5~175.5

第七温区：175.5~167.5；第八温区：167.5~160.5；第九温区：160.5~117.5

第十温区：117.5~116.5；第十一温区：116.5~113.5；第十二温区：113.5~99.5

第十三温区：99.5~80.5；第十四温区：80.5~71.5；第十五温区：71.5~66.5

第十六温区：66.5~56.5；第十七温区：56.5~47.5；第十八温区：47.5~32.5

第二步，依次对每温区作热量衡算。计算结果列于表 11-19 第三列。

第一温区：$\Delta H_1 = (-14.821)(267.5-237.5) = -444.63\text{kW}$

第二温区：$\Delta H_2 = (14.633-14.821)(237.5-215.5) = -4.136\text{kW}$

第三温区：$\Delta H_3 = (64.875+14.633-14.821)(215.5-207.5) = 517.496\text{kW}$

第四温区：$\Delta H_4 = (14.633-14.821)(207.5-192.5) = -2.82\text{kW}$

第五温区：$\Delta H_5 = (14.633-14.821-7.375)(192.5-177.5) = -113.445\text{kW}$

第六温区：$\Delta H_6 = (963.500+14.633-14.821-7.375)(177.5-175.5) = 1911.874\text{kW}$

第七温区：$\Delta H_7 = (14.633-14.821-7.375)(175.5-167.5) = -60.504\text{kW}$

第八温区：$\Delta H_8 = (14.633+7.225-14.821-7.375)(167.5-160.5) = -2.366\text{kW}$

第九温区：$\Delta H_9 = (14.633+7.225-14.821-7.375-7.300)(160.5-117.5) = -328.434\text{kW}$

317

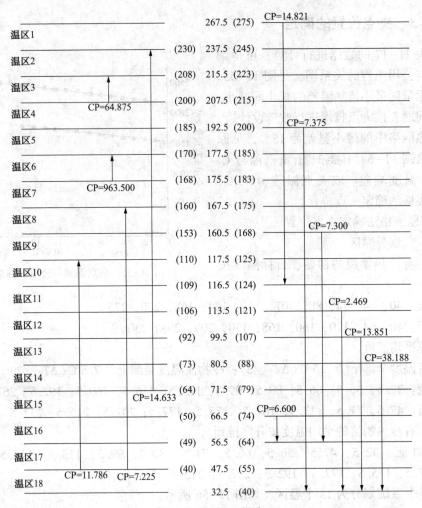

图 11-56　温区划分

第十温区：$\Delta H_{10} = (11.786 + 7.225 + 14.633 - 14.821 - 7.375 - 7.300(117.5 - 116.5)$
$= 4.148\text{kW}$

第十一温区：$\Delta H_{11} = (11.786 + 7.225 + 14.633 - 7.375 - 7.300)(116.5 - 113.5) = 56.907\text{kW}$

第十二温区：$\Delta H_{12} = (11.786 + 7.225 + 14.633 - 7.375 - 7.300 - 2.469)(113.5 - 99.5)$
$= 231.0\text{kW}$

第十三温区：$\Delta H_{13} = (11.786 + 7.225 + 14.633 - 7.375 - 7.300 - 2.469 - 13.851)(99.5 - 80.5) = 50.331\text{kW}$

第十四温区：$\Delta H_{14} = (11.786 + 7.225 + 14.633 - 7.375 - 7.300 - 2.469 - 13.851 - 38.188)$
$(80.5 - 71.5) = -319.851\text{kW}$

第十五温区：$\Delta H_{15} = (11.786 + 7.225 - 7.375 - 7.300 - 2.469 - 13.851 - 38.188)(71.5 - 66.5) = -250.86\text{kW}$

第十六温区：$\Delta H_{16} = (11.786 + 7.225 - 7.375 - 7.300 - 2.469 - 13.851 - 38.188 - 6.600)$
$(66.5 - 56.5) = -567.72\text{kW}$

第十七温区：$\Delta H_{17} = (11.786 + 7.225 - 7.375 - 2.469 - 13.851 - 38.188)(56.5 - 47.5)$
$= -385.848\text{kW}$

318

第十八温区：$\Delta H_{18} = (-7.375-2.469-13.851-38.188)(47.5-32.5) = -928.245\text{kW}$

ΔH_k 为负值表示该温区有剩余热量。

第三步，进行热级联计算。计算外界无热量输入时各温区之间的热通量，输出热量=输入热量$-\Delta H$。计算结果列于表 11-19 第四列。

第一温区：输入热量=0kW，输出热量=0-(-444.63)=444.63kW

第二温区：输入热量=444.63kW，输出热量=444.63-(-4.136)=448.766kW

第三温区：输入热量=448.766kW，输出热量=448.766-517.496=-68.73kW

第四温区：输入热量=-68.73kW，输出热量=-68.73-(-2.82)=-65.91kW

第五温区：输入热量=-65.91kW，输出热量=-65.91-(-113.445)=47.535kW

第六温区：输入热量=47.535kW，输出热量=47.535-1911.874=-1864.339kW

第七温区：输入热量=-1864.339kW，输出热量=-1864.339-(-60.504)=-1803.835kW

第八温区：输入热量=-1803.835kW，输出热量=-1803.835-(-2.366)=-1801.469kW

第九温区：输入热量=-1801.469kW，输出热量=-1801.469-(-328.434)=-1473.035kW

第十温区：输入热量=-1473.035kW，输出热量=-1473.035-4.148=-1477.183kW

第十一温区：输入热量=-1477.183kW，输出热量=-1477.183-56.907=-1534.09kW

第十二温区：输入热量=-1534.09kW，输出热量=-1534.09-231.0=-1765.09kW

第十三温区：输入热量=-1765.09kW，输出热量=-1765.09-50.331=-1815.421kW

第十四温区：输入热量=-1815.421kW，输出热量=-1815.421-(-319.851)=-1495.57kW

第十五温区：输入热量=-1495.57kW，输出热量=-1495.57-(-250.86)=-1244.71kW

第十六温区：输入热量=-1244.71kW，输出热量=-1244.71-(-567.72)=-676.99kW

第十七温区：输入热量=-676.99kW，输出热量=-676.99-(-385.848)=-291.142kW

第十八温区：输入热量=-291.142kW，输出热量=-291.142-(-928.245)=637.103kW

第四步，确定最小加热公用工程量。由第三步得知第二温区与第三温区之间的热通量为负的绝对值最大(-1864.339)，即最小加热公用工程用量为1864.339kW。

第五步，计算外界输入最小加热公用工程量时各温区之间的热通量。计算结果列于表 11-19 第五列。

第一温区：输入热量=1864.339kW，输出热量=1864.339-(-444.63)=2308.969kW

第二温区：输入热量=2308.969kW，输出热量=2308.969-(-4.136)=2313.105kW

第三温区：输入热量=2313.105kW，输出热量=2313.105-517.496=1795.609kW

第四温区：输入热量=1795.609kW，输出热量=1795.609-(-2.82)=1798.429kW

第五温区：输入热量=1798.429kW，输出热量=1798.429-(-113.445)=1911.874kW

第六温区：输入热量=1911.874kW，输出热量=1911.874-1911.874=0kW

第七温区：输入热量=0kW，输出热量=0-(-60.504)=60.504kW

第八温区：输入热量=60.504kW，输出热量=60.504-(-2.366)=62.87kW

第九温区：输入热量=62.87kW，输出热量=62.87-(-328.434)=391.304kW

第十温区：输入热量=391.304kW，输出热量=391.304-4.148=387.156kW

第十一温区：输入热量=387.156kW，输出热量=387.156-56.907=330.249kW

第十二温区：输入热量＝330.249kW，输出热量＝330.249−231.0＝99.249kW

第十三温区：输入热量＝99.249kW，输出热量＝99.249−50.331＝48.918kW

第十四温区：输入热量＝48.918kW，输出热量＝48.918−(−319.851)＝368.769kW

第十五温区：输入热量＝368.769kW，输出热量＝368.769−(−250.86)＝619.629kW

第十六温区：输入热量＝619.629kW，输出热量＝619.629−(−567.72)＝1187.349kW

第十七温区：输入热量＝1187.349kW，输出热量＝1187.349−(−385.848)＝1573.197kW

第十八温区：输入热量＝1573.197kW，输出热量＝1573.197−(−928.245)＝2501.442kW

第六步，确定夹点的位置。温区6和温区7之间的热通量为0，该处为夹点。夹点平均温度为175.5℃，即夹点处热流温度183℃，冷流温度168℃。

表11-19　问题表

平均温度/℃	温区	ΔH/kW	外界无输入时的 热通量/kW		外界无输入时的 热通量/kW	
			输入	输出	输入	输出
267.5						
	1	−444.630	0	444.630	1864.339	2308.969
237.5						
	2	−4.136	444.630	448.766	2308.969	2313.105
215.5						
	3	517.496	448.766	−68.730	2313.105	1795.609
207.5						
	4	−2.820	−68.730	−65.910	1795.609	1798.429
192.5						
	5	−113.445	−65.910	47.535	1798.429	1911.874
177.5						
	6	1911.874	47.535	−1864.339	1911.874	0
175.5						
	7	−60.504	−1864.339	−1803.835	0	60.504
167.5						
	8	−2.366	−1803.835	−1801.469	60.504	62.870
160.5						
	9	−328.434	−1801.469	−1473.035	62.870	391.304
117.5						
	10	4.148	−1473.035	−1477.183	391.304	387.156
116.5						
	11	56.907	−1477.183	−1534.090	387.156	330.249
113.5						

平均温度/℃	温区	ΔH/kW	外界无输入时的热通量/kW		外界无输入时的热通量/kW	
			输入	输出	输入	输出
	12	231.000	−1534.090	−1765.090	330.249	99.249
99.5						
	13	50.331	−1765.090	−1815.421	99.249	48.918
80.5						
	14	−319.851	−1815.421	−1495.570	48.918	368.769
71.5						
	15	−250.860	−1495.570	−1244.710	368.769	619.629
66.5						
	16	−567.720	−1244.710	−676.990	619.629	1187.349
56.5						
	17	−385.848	−676.990	−291.142	1187.349	1573.197
47.5						
	18	−928.245	−291.142	637.103	1573.197	2501.442
32.5						

（2）冷热复合曲线。根据物流线在 $T-H$ 图中可以平移的特性，得到冷热复合曲线，见图 11-57，夹点温度为热流温度 183℃，冷流温度 168℃。

（3）换热网络系统的总复合曲线。

①热通量级联图。由表 11-19 可绘制出热通量级联图，见图 11-58。热通量级联图中右侧热通量为零处为夹点，图 11-58 中夹点位置为平均温度为 175.5℃。

从图 11-58 中可以看出：夹点之上需要外界输入热量，而不向外部提供任何热量，即需要加热器；夹点之下可以向外部提供热量，而不需要外界输入热量，即需要冷却器。

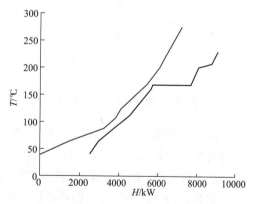

图 11-57 最小温差下的 $T-H$ 图

②总复合曲线。图 11-59 中 O 点表示夹点，A 点的焓值为最小加热公用工程量，L 点为最小冷却公用工程量。总复合曲线总的趋势是朝焓增大的方向延伸，同时出现了折弯，大的折弯 ABCD，EFG 和 IJK 处。夹点之上有折弯 ABCD 和 EFG，表示 AB 段和 EF 段为一局部热源，可用来加热 B 点以下的净冷流如加热 BCD 段和加热 F 点以下的净冷流如加热 FG 段；夹点之下有折弯 IJK，表示 JK 段为一局部热阱，可用来冷却 J 点以上的净热流如 IJ 段。所以，实际上需要冷却公用工程的为 OI 和 KL；实际上需要加热公用工程的为 GO 段，这为下面的换热网络优化提供了方向和目标。

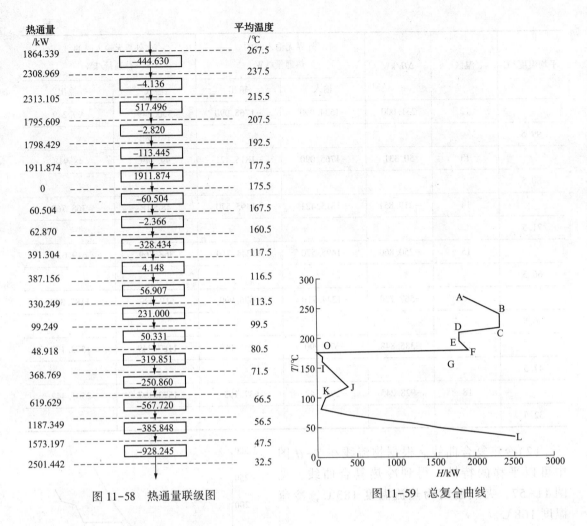

图 11-58　热通量联级图 　　　图 11-59　总复合曲线

11.6.4　换热网络夹点分析

换热器费用为：$C_N = (d + 300A^{0.95})$ 英镑，其中对于加热，$d = 10000$；冷却，$d = 5000$。故计算取平均值 $d = 7500$。取 1 英镑 = 10 元，故换热器费用为：$C_E = 10(d + 300A^{0.95})$ 元。取平均换热系数为 $200W/(m^2 \cdot C)$。换热面积与夹点温差的见图 11-60。

加热公用工程量换算为燃料价值，燃油低位发热量 $41860kJ/kg$，取价格 4500 元/吨，燃油效率为 75%，则单位加热公用工程能量费用为：$4500/1000/(75\% \times 41860) = 0.000143$ 元/kJ。同理，冷却公用工程量（含空冷）换算为用水价值，取水平均价格为 3 元/m，即 3 元/t，假定用水温升为 100C，则单位冷却公用工程量费用为：$3/(1000 \times 4.2 \times 10) = 0.0000714$ 元/kJ。

能量费用 C_E = 加热公用工程能量费用 + 冷却公用工程量费用。

假定年运行时间为 8000 小时/年，即 28800000 秒/年，投资回收年限为 2 年，总费用为 $CT = CN/2 + 28800000C_E$。计算得到夹点温差与费用关系，见图 11-61。

由图 11-61 可以看出，理想的最优夹点温差在 16℃，考虑其他因素以及价格波动，夹点温差在 120~200℃ 之间取值合理。依据实际情况，加氢脱硫换热网络选取的夹点温差（15℃），符合要求。

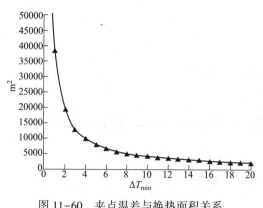

图 11-60 夹点温差与换热面积关系

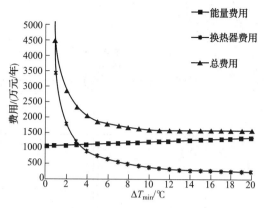

图 11-61 夹点温差与费用关系

（1）换热网络节能潜力。夹点温差为 15℃ 时，换热网络最小加热公用工程为 1864.34kW，而实际加热公用工程为 2637kW，节能潜力为 (2637−1864.34)/2637 = 29.3%。

（2）换热网络的不合理处。换热网络的不合理见图 11-62，具体为跨越夹点的热量传递：换热器 1 中加氢反应产物 (H_1) 275℃−124℃、重汽油加氢 (C_1) 64℃−222℃ 和换热器 2 中汽提塔底油 (H_2) 200℃−88℃ 都存在跨越夹点热量传递，使公用工程增加 14.633×(168−64−14.821×(183−124)+7.375×(200−183) = 772.768kW，正是本网络的节能潜力。

11.6.5 换热网络夹点优化

考虑最小能源消耗，应把换热器 1 和换热器 2 拆分，去掉加热炉，尽量减少中压蒸汽的使用量，见图 11-63。

新增换热器 E1 的热负荷为 907.246kW，新增换热器 E2 的热负荷为 456.5kW，新增换热器 E3 的热负荷为 125.375kW，新增换热器 E4 的热负荷为 512.155kW，换热器 1 的热负荷减小了 (907.246+456.5) = 1363.746kW，去掉了加热炉，中压蒸汽使用量减小了 456.5kW，冷却公用工程量减少 (512.155+125.375) = 637.53kW。

但是新增换热器 E4 两端温差明显低于夹点温差，需要进行"能量松弛"，换热器 E2 端温差和 15℃ 相差不大可忽略。根据 $Q=CP\Delta T$，图 11-64 中 x 值为

$$107-\frac{512.155-x}{13.851}=15+108-\frac{125.375+x}{7.375}$$

$$x=173.136$$

通过能量松弛，使得换热器 E4 端温差恢复到 15℃，见图 11-65。

从图 11-65 得知，换热器 E4 端温差恢复到 15℃ 后，换热器 E3 存在跨越夹点传热，换热器 2 两端温差都过小。为保证换热器 2 右端温差，见图 11-66 所示，冷却器 1 换热负荷至少为 (40+15−40)×7.375 = 110.625kW，则换热器 E3 换热负荷为 (313−110.625) = 202.375kW，换热器 1 负荷为 980.379kW，换热器 E2 负荷为 350.56kW。换热器 2 左端温差 13℃ 和 15℃ 相差不大可忽略。

为优化换热单元数目，将换热器 E1 与换热器 1 合并，改造后最终的换热网络见图 11-67。改造后换热网络节约加热公用工程量为 (191+350.56) = 541.56kW，各换热单元换热面积改造前后的比较见表 11-20。

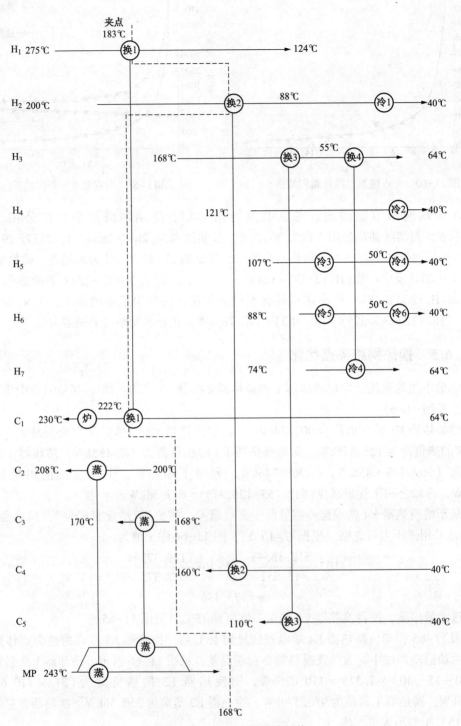

图 11-62　夹点下的换热网络

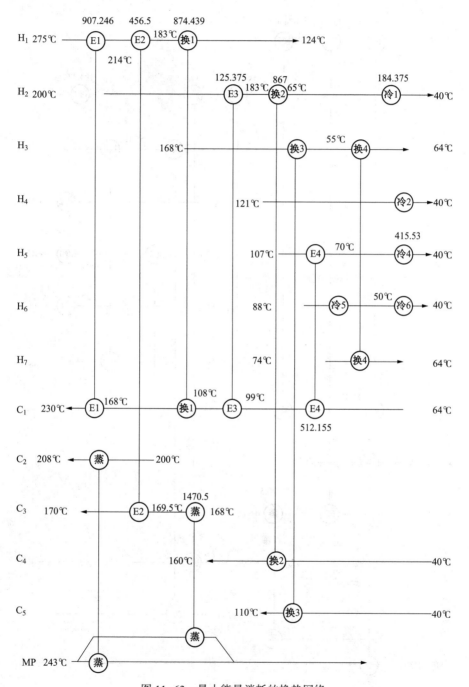

图 11-63 最小能量消耗的换热网络

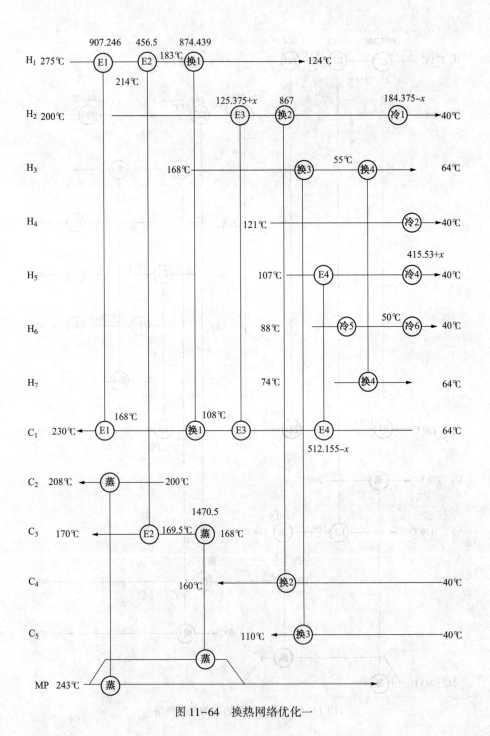

图 11-64　换热网络优化一

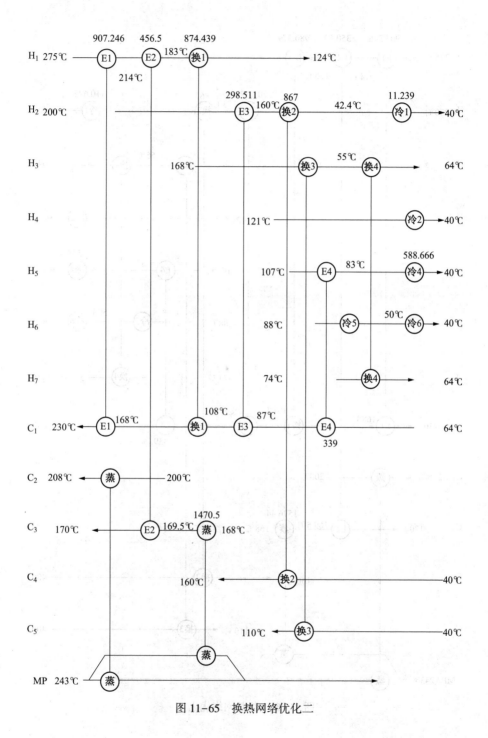

图 11-65　换热网络优化二

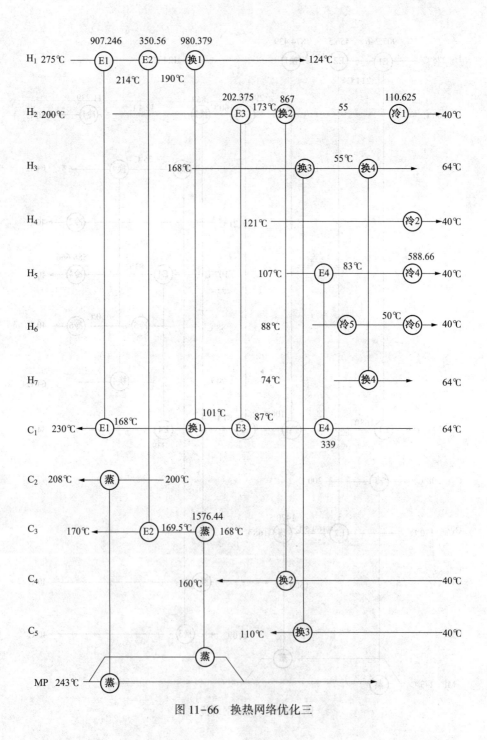

图 11-66　换热网络优化三

328

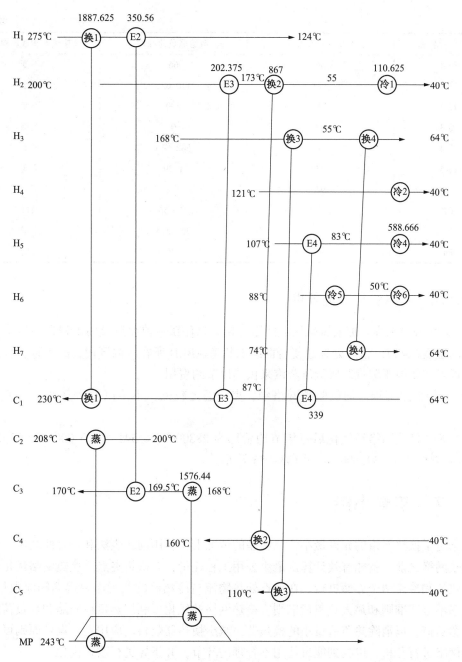

图 11-67 优化后的换热网络

表 11-20 换热网络优化后各换热单元热负荷

换热单元名称	改造前负荷/kW	改造后负荷/kW	换热面积或燃料量
加热炉 1	191	0	去除
中压蒸汽	2446	2095.44	减小
换 1	2238	1887.625	减小
换 2	867	867	不变
换 3	825	825	不变

换热单元名称	改造前负荷/kW	改造后负荷/kW	换热面积或燃料量
换4	66	66	不变
冷1	313	110.625	减小
冷2	200	200	不变
冷3	821	0	去除
冷4	107	588.666	增加
冷5	1739	1739	不变
冷6	94	94	不变
E2	—	350.56	新增
E3	—	202.375	新增
E4	—	339	新增

11.6.6　网络优化节能效果

(1)加热公用工程。加氢脱硫换热网络优化后只存在一种加热公用工程即中压蒸汽,中压蒸汽的温度(243℃)恰好处在总复合曲线的折弯 ABCD 所在的温区内,故不存在公用工程夹点。可考虑将中压蒸汽改成低压蒸汽来供热以节约费用。

(2)冷却公用工程。加氢脱硫网络中,夹点温度较低,不足以发生蒸汽,不考虑副产蒸汽。

加氢脱硫换热网络经优化后每年节约费用为 28800000×[541.56×0.000143+(202.375+339)×0.0000714]=3343600.94 元 1334.36 万元。

11.7　本章小结

在选定了换热网络的允许最小传热温差的情况下,应用问题表法和组合曲线法,在没有设计换热网络之前,就能有效计算出最小公用工程耗量,并确定夹点。换热网络优化可分解为夹点热流和冷流两个方面进行。在夹点处热物流与冷物流的匹配需要遵循物流数目准则、热容流率不等式准则和最大热负荷准则。换热网络的优化可利用热负荷回路和热负荷路径的概念转移负荷,以消除热负荷量小的换热器,减少换热器数目。应用夹点设计原则可对现有的换热网络进行分析,以找到能量使用不合理的环节,并指导进行改造优化。

参 考 文 献

[1]Linnhoff B, et al. User Guide on Process Intergration for the Efficient Use of Energy. The Institution of Chemical Engineers, 1982.

[2]伊恩 C. 肯普(Lan C. Kemp)著. 能量的有效利用-夹点分析与过程集成[M]. 项曙光等译. 化学工业出版社, 2010.

[3]高维平, 杨莹, 韩方煜. 换热网络优化节能技术[M]. 中国石化出版社, 2004.

[4]鄢烈祥著. 化工过程分析与综合[M]. 化学工业出版社, 2009.

[5]王保国, 王春艳, 李会泉译. 化工过程设计[M]. 化学工业出版社, 2001.

附　录

N	$f(N)$	N	$f(N)$	N	$f(N)$
0.00	0.00000	0.76	0.71754	1.52	0.96841
0.02	0.02256	0.78	0.73001	1.54	0.97059
0.04	0.04511	0.80	0.74210	1.56	0.97263
0.06	0.06762	0.82	0.75381	1.58	0.97455
0.08	0.09008	0.84	0.76514	1.60	0.97635
0.10	0.11246	0.86	0.77610	1.62	0.97804
0.12	0.13476	0.88	0.78669	1.64	0.97962
0.14	0.15695	0.90	0.79691	1.66	0.98110
0.16	0.17901	0.92	0.80677	1.68	0.98249
0.18	0.20094	0.94	0.81627	1.70	0.98379
0.20	0.22270	0.96	0.82542	1.72	0.98500
0.22	0.24430	0.98	0.83423	1.74	0.98613
0.24	0.26570	1.00	0.84270	1.76	0.98719
0.26	0.28690	1.02	0.85084	1.78	0.98817
0.28	0.30788	1.04	0.85865	1.80	0.98909
0.30	0.32863	1.06	0.86614	1.82	0.98994
0.32	0.34913	1.08	0.87333	1.84	0.99074
0.34	0.36936	1.10	0.88020	1.86	0.99147
0.36	0.38933	1.12	0.88679	1.88	0.99216
0.38	0.40901	1.14	0.89308	1.90	0.99279
0.40	0.42839	1.16	0.89910	1.92	0.99338
0.42	0.44749	1.18	0.90484	1.94	0.99392
0.44	0.46622	1.20	0.91031	1.96	0.99443
0.46	0.48466	1.22	0.91553	1.98	0.99489
0.48	0.50275	1.24	0.92050	2.00	0.995322
0.50	0.52050	1.26	0.92524	2.10	0.997020
0.52	0.53790	1.28	0.92973	2.20	0.998137
0.54	0.55494	1.30	0.93401	2.30	0.998857
0.56	0.57162	1.32	0.93806	2.40	0.999311
0.58	0.58792	1.34	0.94191	2.50	0.999593
0.60	0.60386	1.36	0.94556	2.60	0.999764

N	f(N)	N	f(N)	N	f(N)
0.62	0.61941	1.38	0.94902	2.70	0.999866
0.64	0.63459	1.40	0.95228	2.80	0.999925
0.66	0.64938	1.42	0.95538	2.90	0.999959
0.68	0.66378	1.44	0.95830	3.00	0.999978
0.70	0.67780	1.46	0.96105	3.20	0.999994
0.72	0.69143	1.48	0.96365	3.40	0.999998
0.74	0.70468	1.50	0.96610	3.60	1.000000